磨矿过程运行反馈控制

周 平 著

科学出版社

北 京

内 容 简 介

本书从经济全球化背景下的现代选矿对提高产品质量与生产效率以及节能降耗的迫切需求出发，针对目前磨矿过程运行控制存在的关键科学问题，结合作者多年在该领域的研究工作积累，比较系统地探讨磨矿过程运行反馈控制方法及其应用的问题。内容包括运行控制的一般性介绍及磨矿运行控制问题描述、基于模型的磨矿运行反馈控制方法、基于数据与知识的磨矿智能运行反馈控制方法及工业应用、磨矿运行反馈控制半实物仿真实验系统等。

本书适合从事自动控制理论与技术、冶金选矿工程等领域的专业研究人员和工程技术人员阅读，也可作为高等院校相关专业研究生及高年级本科生的教材参考书。

图书在版编目（CIP）数据

磨矿过程运行反馈控制/周平著. —北京：科学出版社，2015.7
ISBN 978-7-03-045129-3

Ⅰ. ①磨… Ⅱ. ①周… Ⅲ. ①磨矿–工业控制系统 Ⅳ. ①TD921

中国版本图书馆 CIP 数据核字（2015）第 133820 号

责任编辑：姜 红 张 震 / 责任校对：鲁 素
责任印制：徐晓晨 / 封面设计：无极书装

科 学 出 版 社 出版
北京东黄城根北街 16 号
邮政编码：100717
http：//www.sciencep.com
北京中石油彩色印刷有限责任公司印刷
科学出版社发行 各地新华书店经销
*
2015 年 7 月第 一 版 开本：B5（720×1000）
2015 年 7 月第一次印刷 印张：17 7/8
字数 360 000

定价：108.00 元

（如有印装质量问题，我社负责调换）

序　一

现代过程工业的发展和日趋激烈的国际市场竞争，对过程控制提出新的要求。过程控制不仅使被控过程的输出尽可能好地跟踪控制器设定值，而且要控制整个工业装置的运行，使反映产品在该装置加工过程中的质量、效率与消耗等指标，即运行指标，控制在目标值范围内，尽可能提高质量与效率指标，尽可能降低消耗指标，即实现工业过程运行优化。工业过程运行优化一直受到学术界和工业界的广泛关注。对于可以建立数学模型的化工过程，国际上广泛采用实时优化（RTO）静态开环优化方法来实现过程控制设定值优化。原材料工业是社会经济发展中不可取代的基础工业。中国已经成为世界上门类最齐全、规模最庞大的原材料生产大国，为了充分利用资源，必须采用品质低、成分波动大的资源作为原材料工业生产的原料。中国的钢铁、电熔镁砂、氧化铝等原材料工业的产量不仅居世界第一位，而且是原料赤铁矿、菱镁矿、铝土矿等的资源大国。由于这类矿石资源品位低、成分波动大、难以选别，这使得处理这类矿石的生产过程的动态特性复杂，机理不清，难以建立数学模型，运行指标不能在线测量，加上生产边界条件变化频繁，难以采用已有的运行优化方法。因此，必须研究复杂工业过程的运行优化控制方法。

我和我的团队以及学生近 20 年在国家 973 计划项目、国家自然科学基金重点项目的资助下，结合企业重大自动化工程项目，一直致力于复杂工业过程运行优化控制的研究。该书作者，我的学生周平，从 2003 年硕士阶段开始就一直以冶金磨矿过程为研究背景，致力于磨矿过程运行优化控制的研究，取得较系统的研究成果，部分成果已在 *IEEE Trans. Contr. Sys. Techno.*、*IEEE Trans. Auto. Sci. Eng.*等著名学术期刊发表 SCI 论文 10 余篇，授权国家发明专利 5 项，获得“中国自动化学会优秀博士学位论文”“辽宁省优秀硕士学位论文”等多项奖励。

该书是作者对上述研究成果的总结和提升。该书分析了冶金磨矿等复杂工业过程运行控制与优化的研究现状，介绍了磨矿过程运行优化控制问题的数学描述。以可以建立数学模型的磨矿过程为背景，介绍了针对表示质量、效率的多运行指标及其测量滞后等问题提出的改进两自由度解析解耦运行反馈控制方法；介绍了针对运行过程受未知随机干扰所提出的基于改进单变量干扰观测与模型预测控制

（MPC）的集成运行反馈控制方法和基于多变量干扰观测与 MPC 的集成运行反馈控制方法；介绍了针对难以建立数学模型的复杂赤铁矿两段全闭路磨矿提出的设定值闭环优化与回路控制构成的两层结构运行反馈控制方法，该控制方法包括基于案例推理（CBR）的控制回路预设定算法、基于动态神经网络（ANN）的粒度软测量算法、多变量模糊偏差补偿算法；介绍了针对赤铁矿闭路磨矿过负荷故障工况提出的复杂磨矿过程运行优化与安全的智能运行反馈控制方法，该控制方法包括基于自适应二次规划的回路设定值优化设定算法、基于 CBR-ANN 的磨矿粒度混合智能软测量算法、多变量模糊动态补偿算法以及基于统计过程控制与规则推理的过负荷工况诊断与自愈控制算法。同时，该书还介绍了采用所提出的运行优化控制方法的仿真实验，特别介绍了在大型赤铁矿选厂磨矿过程的成功工业应用案例。

该书对于从事工业过程控制与优化的研究人员有参考价值，特别是对以实际工业为背景从事研究的博士生如何从实际需求提炼科学问题进行深入研究并撰写高水平学术论文具有参考价值，也可作为从事选矿过程控制与优化的工程技术人员的参考书。

作为导师，我衷心为周平出版他人生的第一部学术专著而感到高兴和欣慰。在该书出版之际，谨为之作序，寄望于作者能够在此方向上进行持续研究，取得解决工业实际难题并具有高水平学术价值的成果。

中国工程院院士

IEEE Fellow

IFAC Fellow

2015 年 4 月 7 日

序　二

中国工业化进程已取得举世瞩目的成就，钢铁、水泥、煤炭、有色金属等的产量常年位居世界第一。但一直以来，中国工业的快速发展是建立在大量消耗能源、原材料的基础上，依靠规模总量取胜，产品附加值低。中国现有生产装置工艺技术基本从国外引进，但生产运行过程的操作水平以及控制与优化水平与国际先进水平相比仍差距明显，综合竞争能力不强，以致在关键运行指标，如能耗和物耗指标上与国际先进水平仍存在较大差距。如冶金、石化、电力、建材、轻工、纺织等行业主要产品单位能耗平均比国际先进水平高 40%，能源利用效率仅为 33%，比发达国家低 10%左右。

2015 年 3 月 25 日，国务院常务会议强调“中国制造 2025”要以“信息化与工业化深度融合”为主线，要强化工业基础能力，提高工艺水平和产品质量，推进“智能制造、绿色制造”。实际上，“信息化与工业化深度融合”以及“智能制造、绿色制造”是今后一个历史时期里，实现中国工业产业结构优化升级的必由之路，也是经济全球化背景下提高中国现代工业竞争力的必然选择。信息技术中，工业控制是实现优化产品质量、提高生产效益和节能减排的重要手段，因而也是实现“信息化与工业化深度融合”和“智能制造、绿色制造”的关键之一。传统的过程控制假定可以获得控制器设定值的条件下，研究集中在如何设计控制器在保证闭环系统稳定的条件下，使被控对象的输出尽可能好地跟踪设定值。忽略偏离理想设定点的反馈控制不能实现系统的优化运行。现代过程工业的发展和日趋激烈的国际市场竞争使得工业界对过程控制提出了新的需求——过程控制不仅使被控过程的输出尽可能好地跟踪控制器设定值，而且要对整个工业装置的运行进行控制，使反映产品在该装置加工过程中的质量、效率与消耗等运行指标在目标值范围内，尽可能提高质量与效率指标，尽可能降低消耗指标，即实现工业过程运行控制。现代飞速发展的计算机技术和通信技术为实现工业过程运行控制提供了平台。

众多流程工业中，选矿是重要的金属原材料工业，在国民经济生产中占有重要地位。作为选矿过程最为关键的工序——磨矿，是任何一种金属选别的先决工序，其作用就是将大颗粒矿物原料粉碎到适宜粒度，使有用矿物与脉石单体解离或不同有用矿物相互解离，为后续金属选别提供原料。磨矿是典型的高能耗、低效率过程，磨矿运行指标即磨矿产品粒度、磨矿生产效率等决定着选矿精矿品位的好坏和生产能力的高低，并与选厂经济技术指标密切相关。因此，必须研究将复杂磨矿生产与各个磨矿设备作为紧密联系的整体，建立磨矿整体运行控制的分层控制结构，实现控制指标、运行指标以及经济性能指标的集成控制与优化。我想这也是该书作者周平多年一直致力于磨矿过程运行反馈控制以及撰写该书的最主要目的。

该书从现代选矿对提高产品质量与生产效率以及节能降耗的迫切需求出发，针对磨矿过程运行控制存在的几个关键科学问题，结合作者多年在该领域的研究工作积累，系统地阐述了磨矿运行反馈控制方法及其应用的研究内容，具体包括：运行控制的一般性介绍及运行控制问题描述、几种基于模型的磨矿运行反馈控制方法、几种基于数据与知识的磨矿智能运行反馈控制方法及工业应用、磨矿运行反馈控制的半实物仿真实验系统的研制等。全书工作饱满，深入浅出、融会贯通，既有深入的方法研究和理论推导，也有精彩的工业试验与应用，以及独特的运行反馈控制半实物仿真实验平台设计。因此该书是一本难得的控制技术与应用方面的学术专著。

中国正在经历着应用信息技术改造传统工业产业、实现跨越式发展的新型工业化进程。该书阐述的“复杂工业过程运行反馈控制方法”正是这一进程中的一项研究成果。对于希望深入掌握工业过程运行反馈控制方法与技术这一控制领域前沿方向的读者，该书非常值得一读。对于受困于某个特定工业过程运行反馈控制问题以及其他相关技术问题的工程技术人员，也可将其作为参考书。对于高等院校的控制专业以及选矿工程专业的研究生，也可选择其中某些章节进行阅读，开阔视野。

我相信，该书的出版能对中国流程工业过程自动化的研究、应用和教学有所帮助。

中组部千人计划教授

教育部长江讲座教授

英国曼彻斯特大学教授

王　宏

2015 年 3 月 30 日

前　　言

过程控制与自动化作为工业生产不可缺少的组成部分，一直是实现安全、平稳、优质、高效生产的重要保证。在过去很长一段时间，模拟控制器被当做唯一的控制器广泛应用于工业过程控制。20 世纪 60 年代初，数字计算机开始代替老旧的模拟控制器，这就是沿用至今的直接数字控制。然后就是 Rockwell、Siemens、Honeywell 等专用控制系统，如可编程逻辑控制器（programmable logic controller，PLC）和分布式控制系统（distributed control system，DCS）的出现，使得工业过程控制越来越简易化和集中化。借助 PLC、DCS 等专用控制装置对生产过程的基础回路控制和顺序逻辑控制，即可使工业生产按一定的工况条件连续运行。然而，运行环境的变化、原料成分的波动、工艺设备的磨损和老化等因素形成了对过程运行的持续扰动。这种情况下，之前设定的过程运行工作点不再与当前工况条件相匹配。为此，需要根据运行工况和过程干扰的变化，通过上层系统自动修改和调整各底层 PLC 或 DCS 系统的设定值和相关参数，使工业过程能长时间保持在最优运行状态，从而达到提高产品质量与生产效率，减少原材料和能源消耗的控制目标。这就是工业过程运行反馈控制，它与传统的过程控制有着本质的不同。传统过程控制假定可以获得控制器设定值的条件下，研究集中在如何设计控制器使被控对象输出尽可能好的跟踪设定值，完成特定的稳定性、鲁棒性等过程控制指标。传统过程控制通常忽略偏离理想设定点的反馈控制，不能实现工业系统的整体优化运行。而运行反馈控制被控对象包含基础控制层和运行控制层两层动态系统，需要控制整个运行过程以实现产品质量、生产效率与能耗等运行指标的优化，并最终提高经济效益。

众多流程工业中，选矿是重要的金属原材料工业，在国民经济中占有重要地位。选矿作业中，磨矿是任何一种金属选别的先决工序，其作用就是将大颗粒矿物原料粉碎到适宜粒度，使有用矿物与脉石单体解离或将不同的有用矿物相互解离，为后续选别提供原料。磨矿是典型的高能耗、低效率过程，其电能消耗占整个选厂的 45%～70%，生产成本占选矿总成本的 40%～60%。磨矿运行指标，即磨矿产品粒度、磨矿生产效率等，决定着选矿精矿品位的好坏和生产能力的高低，并与选厂经济技术指标密切相关。长期以来，磨矿过程控制与优化被认为是提高磨矿产品质量与生产效率以及整个选厂经济利润的关键，一直受到国内外学者的关注和重视。本书从经济全球化背景下的现代选矿企业对提高产品质量与生产效率以及节能降耗的迫切需求出发，针对目前磨矿过程运行控制与优化存在的几个共性问题，以冶金选矿的两类典型磨矿过程为研究对象，开展复杂磨矿过程的运行反馈控制方法及其应用的研究。

全书共分 8 章：第 1 章为绪论，主要介绍本书工作的背景和研究意义，以及运行反馈控制的相关基本概念；第 2 章介绍冶金磨矿过程及其运行反馈控制问题的数学描述以及难点分析；第 3、4 章研究基于模型的工业过程运行反馈控制方法和在国际通用的可建模磨矿过程的仿真应用及比较研究；第 5、6 章为基于数据与知识的磨矿过程智能运行反馈控制方法，其中第 5 章研究基于数据与知识的两段全闭路赤铁矿磨矿过程运行反馈控制方法，第 6 章在第 5 章的基础上研究面向运行优化与安全的球磨机-螺旋分级机闭路磨矿过程智能运行反馈控制方法；第 7 章为磨矿过程运行反馈控制的半实物仿真实验系统的设计及实验研究；第 8 章对全书工作进行总结，并对潜在的研究问题进行概述。

作者一直从事复杂工业过程运行反馈控制及工业应用的研究。本书一方面是对作者近几年从事磨矿过程运行反馈控制研究的阶段性工作和心得体会进行总结；另一方面，对工业过程运行优化与控制的基本概念、内涵、研究现状以及一些挑战性的问题作一个较为全面的介绍和探讨。

本书涉及的研究工作得到了众多科研项目及机构的支持和资助。这里要特别感谢国家自然科学基金项目（项目编号 61473064，61104084，61290323，61333007）、中央高校基本科研业务费项目（项目编号 N130508002，N130108001）以及国家 973 计划项目（项目编号 2009CB320601）的资助。

本书的研究工作都是在作者的导师柴天佑院士的精心指导下完成的，本书的撰写也得到柴老师的大力支持。同时，作者多年的科研工作和本书的撰写也得到了英国曼彻斯特大学王宏教授的热心帮助和指导。本书的责任编辑也为提高本书质量付出了辛勤劳动，在此一并表示感谢！

最后，要特别感谢作者的家人尤其是妻子张琼女士，是他们在工作和生活上一如既往的支持、鼓励和默默奉献，才使作者能够顺利完成各项科研工作和本书的撰写工作。

本书某些观点属个人见解，由于作者理论水平和技术经验有限，因而书中难免存在不完善或不妥之处，敬请各位读者批评指正。

作　　者
2015 年 4 月 8 日于沈阳

目　录

第1章　绪　　论

1.1　研究背景及研究意义

改革开放以来，我国30多年工业化的进程取得了举世瞩目的成就。目前，我国已成为全球制造业大国，其钢铁、水泥、煤炭、有色金属、石化、纺织和电子等主要生产制造产业均取得了跨越式发展[1]。以钢铁生产为例，我国的钢铁产量自1996年已连续17年排名世界第一，并且领先优势越来越大，其总量已超过排名世界前几位的其他国家钢铁产量的总和。据中国社会科学院发布的《产业蓝皮书：中国产业竞争力报告（2010）》报道，2009年我国粗钢产量达56800万吨，居世界第一位，是排在第二到第五位的日本、俄罗斯、美国和印度粗钢产量总和的2.2倍[2]。另据统计，2010年，我国国内生产总值（gross domestic product，GDP）为408903.0亿元，首次超过日本，成为世界第二大经济体。其中，以石化加工与制造、黑色与有色金属冶炼、装备制造业、电子及相关产业为主体的工业生产总值为162376.4亿元，占到GDP的39.71%。因此，我国工业企业的经济效益和市场竞争力在我国国民经济和社会发展中占有重要地位并具有重大影响。

《国家中长期科学和技术发展规划纲要（2006～2020年）》指出："我国是世界制造大国，但还不是制造强国；制造技术基础薄弱，创新能力不强；产品以低端为主；制造过程资源、能源消耗大，污染严重[3]。"与发达国家相比，我国工业生产与制造普遍存在能耗高、资源消耗大、生产效率低、产品质量差的问题。据不完全统计，在我国国民经济体系中，以金属冶炼、石油化工等行业工业能耗为主体的我国工业生产能耗占我国总能耗的71.4%左右，工业单位能源消耗比发达国家高30%以上，其中比重较大的石化行业（占全国总能耗的15%，2007年数据）、钢铁行业（占全国总能耗的6%，2007年数据）的工业单位能耗尤其高[4, 5]。除此之外，我国工业生产整体起步较晚、基础薄弱，并面临着复杂多变的原料供应、日新月异的技术创新、瞬息万变的市场需求，处于更加激烈的国际竞争之中。

为了在全球化经济大环境下提高企业竞争力，我国流程工业企业也逐渐由过去的单纯追求大型化、高速化、连续化，转向注重提高产品质量、降低生产成本、减少资源消耗和环境污染、可持续发展的轨道上来。中共十六大[6]、中共十七大[7]及中共十八大[8]报告均指出：信息化与工业化融合是提高我国流程过程工业以及制造业竞争力的必然选择，其关键是工业过程自动化[9-13]。如今，过程自动化的前沿核心技术是流程工业的过程运行优化与控制，其内涵是采用信息技术，围绕生产过程的知识与数据信息进行集成，通过过程运行控制与优化的智能化与集成化，在保证过程安全运行的条件下，不仅使过程基础反馈控制系统输出很好地跟踪设定值，而且控制整个运行过程，使其在生产条件约束下尽可能提高产品在加工过程的质量与效率的运行指标，尽可能降低反映产品在加工过程中消耗的运行指标，实现工业过程的优化运行[9, 10]。

采用先进、可靠的自动化技术，可以改善流程工业生产设备的运营状况、提高运行效率与产品质量、降低消耗、延长设备运行周期，从而最终提高企业竞争力，实现可持续发展。1994 年，美国 SimSci 公司基于其 DMC 软件应用绘制了先进控制与优化的投资收益图，如图 1.1 所示。用 DCS 实现常规基础反馈的多回路 PID 控制，其投资占总投资的 70%，但取得的经济效益仅占总效益的 15%；实现比值、串级和前馈等传统先进控制，投资额增加 10%的同时效益也会提高 10%；如果再增加 10%的投入实现 DMC 先进控制，便可使经济效益增加 35%；若进一步增加成本 10%，实施工业过程的闭环实时优化，可再使经济效益大大提高 40%[14]。又据国外某权威机构分析，流程工业生产过程采用先进控制技术，可提高产值 3%～5%；实现优化调度与优化运行，质量提高 19.2%，生产效率提高 13.5%，产量提高 11.5%。

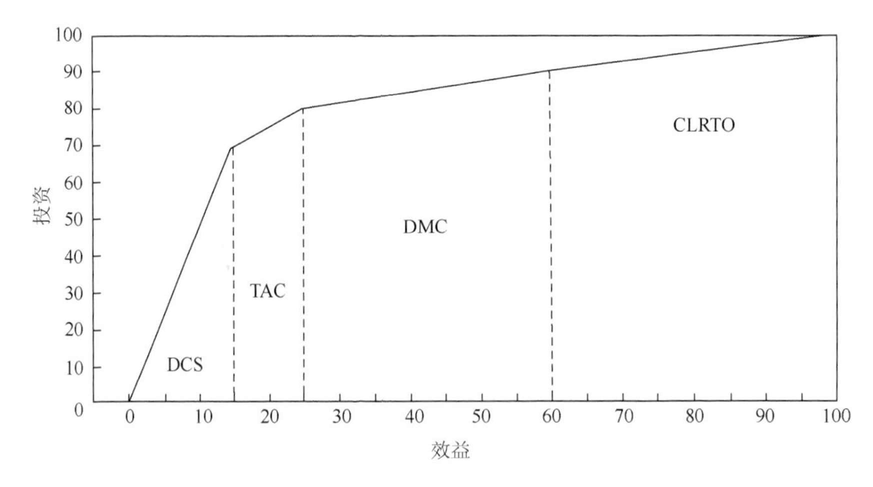

图 1.1　文献[14]绘制的先进控制及过程优化的投资效益图

CLRTO（closed-loop real-time optimization）表示闭环实时优化；DMC（dynamic matrix control）表示动态矩阵控制；TAC（traditional advanced control）表示常规先进控制；DCS（distributed control system）表示分散控制系统

流程工业中，选矿是极为重要的金属原材料工业。特别是在我国，由于矿石品位低、成分复杂、嵌布粒度细等原因，97%的铁矿石需要经过选矿处理以得到有用成分含量高的精矿，然后才能再进行金属的冶炼及相关处理。一个完整的选矿作业流程包括破碎、磨矿和选别三个典型过程。其中，磨矿是最为关键的工序，起着承上启下的作用，其任务就是将破碎后的矿物原料粉碎到适宜的粒度，使有用矿物与脉石单体解离，或使不同有用矿物相互解离，为后续选别作业提供原料。另外，磨矿不但用于冶金选矿，在国民经济的其他工业领域，如水泥与硅酸盐及陶瓷制造、新型建筑材料、火力发电以及国防等均具有非常重要的作用。磨矿是典型的高耗能、低效率过程，其电能消耗占整个选厂的45%～70%，生产成本占选矿总成本的40%～60%。磨矿产品粒度（质量指标）、磨矿生产效率等决定着选厂精矿品位的好坏和生产能力的高低，并与整个选矿的经济技术指标密切相关。长期以来，磨矿过程控制与优化被认为是提高磨矿产品质量与生产效率以及整个选厂经济利润的重要手段，因而一直受到国内外学者的关注和重视。以多回路PI/PID和多变量预测控制为主的控制技术均一定程度达到了调控磨矿设备，使其按照期望目标运行的目的。然而，从过程工程层次控制的角度来看，这些控制方法仅限于底层局部单元的基础反馈控制，因而对磨矿过程整体运行性能即磨矿产品质量、磨矿运行效率等的改进和提高非常有限。

目前，工业过程运行反馈控制已然成为信息领域中用于解决国家绿色生产、节能降耗目标的重要手段，受到国家相关部门以及工业界和学术界的密切关注。2009年，以东北大学柴天佑院士为首席科学家的国家973计划项目“复杂生产制造过程一体化控制系统理论和技术基础研究”，将复杂生产制造过程的运行控制作为最为重要的子课题（课题1）进行专项研究。2012年，国家自然科学基金委员会将“复杂工业系统运行控制”作为当时中国自动化领域唯一的国家自然科学基金重大项目“一类复杂工业系统高性能运行控制的基础理论与关键技术”进行立项，并授予由浙江大学、中南大学、东北大学、清华大学、上海交通大学等中国控制学科实力最强的几所高校联合参与的研究团队。另外，近年关于复杂工业过程运行优化与控制的国家自然科学基金重点项目、面上项目、青年基金也越来越多地被申请立项。例如，2013年东北大学千人计划教授王宏联合华南理工大学和浙江大学获得国家自然科学基金重点项目“面向节能降耗和纤维形态分布的制浆过程运行优化控制”。作者近年也以运行控制为主题连续获得了两项国家自然科学基金项目。

本书从现代选矿企业对提高产品质量与生产效率以及节能降耗的迫切需求出

发，依托国家自然科学基金项目（项目编号 61104084，61290323，61333007，614730646）、国家 973 计划项目（项目编号 2009CB320601）以及中央高校基本科研业务费项目（项目编号 N130508002，N130108001），以冶金选矿的两类典型磨矿过程（一类为国际通用的可建模一段棒磨开路、二段球磨-旋流器闭路磨矿，另一类为具有中国特色的难建模赤铁矿磨矿）为研究对象，开展以提高产品质量和生产效率为目标的磨矿过程运行反馈控制方法及应用研究。

1.2 工业过程运行反馈控制的含义及特点

1.2.1 过程控制指标与运行控制指标

对每一个工业过程的全局优化与控制来说，存在过程控制指标和过程运行指标两方面的优化与控制问题。过程控制指标通常是要求过程或装置局部单元中的某个或一些变量稳定在一个范围之内，一般由基础反馈控制系统的控制回路来完成；过程运行指标问题一般包括反映过程整体运行性能的产品质量、产量以及能耗大小等，它的实现一般遵循这样的原则，首先由设定系统或操作人员给出基础反馈控制回路的设定值或操作值，然后基础反馈控制回路按此设定值进行动作，通过上层设定或运行控制系统及底层基础反馈控制系统的共同作用实现过程运行指标。

（1）过程控制指标。对每一个具体复杂工业过程或系统来说，可以从长期的生产运行中总结出若干人工手动操作的经验，并结合机理分析法从中找出影响过程运行指标好坏而需要基础回路控制的关键过程变量。过程优化与控制的目的就是保证关键过程变量被控制在人们希望的范围之内或者跟踪某设定值的变化，达到预期的控制指标，如响应速度、稳定性、收敛性、干扰抑制能力等。而这些关键过程变量的控制往往与生产运行指标的实现有着不可分割的联系，所以在控制系统的实现中需要考虑运行指标的要求。

（2）过程运行指标（简称运行指标）。在实际工业过程中，往往有一些表征过程整体运行性能的工艺指标，包括工业生产在加工过程的产品质量、生产效率以及能源消耗等。此时需要分析出衡量产品质量好坏的质量指标以及决定单位时间产量的主要因素。在此基础上，还要分析出影响能源消耗的主要原因。只有从工业过程运行的全局优化与控制角度出发，即从考虑工业生产中的运行指标出发，才能抓住主要矛盾，真正达到生产过程的优化控制与优化运行。

注 1.1　由于产品质量、生产效率以及消耗等运行指标与工业企业经济利润直接相关，因此上述运行指标可通过更上层的经济性能指标优化来确定。在实际工程中，涉及产品质量、产量的运行指标往往与所在过程工艺和后续过程工艺直接相关，有可能直接取决于这些工艺，因此这些运行指标可根据特定的生产工艺由领域专家进行确定。

1.2.2　工业过程运行反馈控制的含义

过程自动化作为工业生产不可缺少的组成部分，一直是实现生产过程安全、平稳、优质、高效的基本条件和重要保证。随着现代工业生产的集中化和大型化，自动化装置与大型工业设备已成为不可分割的一个整体。可以说，如果不配置合适的自动化系统，现代过程生产根本无法进行。实际上，生产过程自动化的水平已经成为衡量工业企业现代化水平的一个极为重要的标志[15]。

工业过程的运行工况是由控制器进行闭环反馈控制的，而控制器的设定值是根据某些特定要求规定的。在过去很长时间内，模拟控制器被作为唯一的控制器广泛应用于工业过程控制中。20 世纪 60 年代初，出现了用数字计算机代替老旧的模拟控制器，这就是沿用至今的直接数字控制。此后，就是 Rockwell、Siemens、Honeywell、三菱等专用控制系统 PLC 和 DCS 的出现，使得工业过程控制越来越简易化和集中化。借助于数字计算机专用 PLC 以及 DCS，尽管使得工业过程被设计得按一定的正常工况条件连续运行，但是运行环境的变化、原料成分的波动、工艺设备的磨损和老化等因素形成了对工业过程运行的持续或快或慢的扰动。这种情况下，之前设定的过程运行工作点不再与当前工况条件相匹配，即不是最优的。为此，需要根据运行工况和干扰因素以及边界条件的变化，通过上层运行控制系统自动修改和调整各个底层基础反馈控制回路的设定值，使工业过程能长时间保持在最优运行状态，从而达到提高产品质量与生产效率，减少原材料和能源消耗的控制目标。这就是工业过程运行反馈控制，它与传统的过程反馈控制有着本质的不同。

（1）传统的过程反馈控制假定可以获得控制器设定值的条件下，研究集中在如何设计控制器在保证闭环系统稳定的条件下，使被控对象的输出尽可能好地跟踪设定值，从而完成特定的过程控制指标。传统过程反馈控制通常忽略偏离理想设定点的反馈控制不能实现工业过程或系统的整体优化运行[9-11]。

（2）工业过程运行反馈控制的被控对象包含基础反馈控制层和运行控制层两层动态系统，其内涵就是在保证过程安全运行的条件下，采用分层反馈控制结构，不仅使过程底层局部单元的基础反馈控制系统输出很好地跟踪设定值，而且要控制整个运行过程，通过调整底层基础反馈控制系统的设定值使反映产品在整个加工过程中产品质量、生产效率与消耗的运行指标在目标值范围内。尽可能提高产品加工过程的产品质量与生产效率的运行指标，尽可能降低反映产品在加工过程中消耗的运行指标，实现工业过程的优化运行[9-11]。

为了适应目前经济环境的变化，提高产品质量和生产效率、提高运行安全性、减少资源消耗和环境污染，就必须采用先进自动化技术实现生产过程的运行反馈控制。从实现过程综合效益最大化的目标出发，工业生产过程运行反馈控制面临两项控制任务。

（1）实现工艺要求的运行控制指标。无论什么样的工业企业和生产过程，其首要任务是生产出具有使用价值的产品。随着市场竞争的日趋激烈，对产品的品质指标要求在逐渐提高，为此，如何保证产品的品质指标的高精度和高稳定性成为工业过程运行反馈控制首先要解决的问题。

（2）最大化生产过程的经济利润。任何工业企业的生存和发展都面临着市场的严苛选择，无论产品的品质和效率指标如何，所能获得的经济利润是生产企业能否被市场接受的另一个前提条件，同时这也是生产企业自身能否生存的决定性因素。因此，以最大化经济利润为最终目标的生产过程运行反馈控制成为工业用户关注的焦点。

注 1.2 工业企业经济利润的大小最终取决于生产过程产品质量、生产效率以及消耗等运行控制指标的好坏。因此，为了实现工业生产的运行优化与反馈控制，需要考虑两个方面的问题，即过程运行优化和动态运行反馈控制[16-18, 211]。过程运行优化的目标是决定最佳可能的过程操作条件，即最优运行控制指标；而动态反馈控制是如何实现最优的运行控制指标，并考虑实现最佳可能的动态系统响应以及干扰作用下的系统鲁棒性问题。上层运行优化与反馈控制计算运行过程的操作条件，并对底层下达当前工况下的操作指令，给出底层反馈控制最优或适宜的设定点。然而，大多数控制理论研究和工程应用中并没有考虑到这一点。大部分的研究仍集中在如何提高反馈控制的效果，这通常需要假设理想的设定点可以得到，并没有偏离设定点的反馈控制不能实现系统的良好运行。

1.2.3 工业过程运行反馈控制的特点

流程工业生产过程是由多个生产过程有机连接而成，工业过程运行控制涉及基础反馈控制层与运行反馈控制层的两层动态系统，涉及多个运行控制指标与多个基础反馈控制器设定值的解耦和抗干扰控制问题，涉及不可测参数的在线软测量，涉及关键工艺参数的在线监测以及异常工况诊断与调节，涉及为适应复杂环境和动态干扰的变化而对系统进行实时在线动态校正等。因此，工业过程运行反馈控制技术的研究不仅成为过程控制领域的重要方向，而且对已有的优化与反馈控制理论和方法提出了挑战[19-29]。工业过程运行反馈控制的特色及其难点具体表现如下。

1. 工业过程运行反馈控制的分层闭环体系结构

工业过程运行反馈控制的被控对象为整个生产过程，其被控对象特性、过程约束、涉及范围及系统的实现结构超出已有控制方法的适用范围。因此，工业过程运行反馈控制必须采用分层闭环反馈控制结构将表征过程整体运行性能的质量、效率以及能耗指标控制在满足工艺生产要求的目标范围内，实现过程的优化运行。

2. 运行控制模型复杂具有高维多时滞特性

工业过程的运行控制系统涉及基础反馈控制层与运行控制层的动态模型，控制系统的被控对象具有多变量、强耦合及多时滞特性，不仅表现在回路控制层的被控变量与控制变量之间，而且表现在设备运行层的产品质量、产量、能耗等运行指标与被控变量之间。这造成运行过程的动态模型往往十分复杂，具有高维多时滞特性，为了在采用基于模型的反馈控制系统设计方法进行设计时得到可以实现并且简单有效的过程运行控制系统，必须采用有效的模型近似方法对高维多时滞系统进行降阶和近似。

3. 难建模、大时滞、强非线性特性

冶金选矿行业的一些复杂工业过程，特别是在中国广泛使用的工业赤铁矿研磨过程，其运行特性十分复杂，如运行指标往往难以在线测量，与底层控制回路的设定值密切相关，它们之间的动态特性常常具有强非线性、强耦合、大时滞、难以用精确模型描述、随生产设备状况、原材料成分与性质和其他生产环境变化而变化的综合复杂性，难以采用单纯基于模型的控制方法实现过程运行控制，运行控制仍采用人工设定的控制方法。针对难以建立过程模型的复杂工业过程的运行反馈控制问题，只能借助于人工智能技术并融合数据与知识来实现工业过程运行的反馈控制。因此，难建模、大时滞、强非线性是复杂工业过程运行反馈控制的主要难题。

4. 受强干扰、严重不确定动态环境影响

由于原料成分与性质的波动以及复杂动态环境的变化，工业过程运行总会存在着各种各样的外部干扰和不确定动态，甚至运行环境极为恶劣。另外，生产边界条件改变、各运行设备或子系统故障、外界干扰等多种因素常导致被控系统从一个工作点变到另一个工作点，这时系统参数往往发生大范围跳变。基于模型预测控制（model predictive control，MPC）的传统运行反馈控制以及其他许多先进控制策略在控制具有较强干扰和不确定动态的复杂工业系统时均难以获得满意的过程运行性能。这是因为 MPC 等先进控制算法没有在控制器设计时对过程干扰进行直接考虑和处理，因而基于单运行反馈控制装置的运行控制策略均不能直接或快速地抑制外部过程干扰和不确定动态[21, 30-34, 215]。显然，这将严重限制这些基于单反馈装置的传统运行反馈控制方法的运行控制性能。因此，强干扰、严重不确定动态环境下的工业过程运行反馈控制设计是复杂工业过程运行反馈控制的另一个难题。

5. 工业过程运行反馈控制复合闭环控制系统的性能分析难

工业过程运行的反馈控制不仅涉及底层基础反馈控制，而且涉及上层运行指标的反馈控制。因此，工业过程运行反馈控制对现有反馈控制方法提出挑战。回路控制层与设备运行层构成的复合闭环控制系统的稳定性、鲁棒性是对现有闭环控制系统性能分析方法的挑战。

1.3 工业过程运行优化与控制的研究现状

工业过程运行控制的研究是现今控制理论与控制工程领域的一个研究热点，引起了国内外学者的广泛关注。目前，关于工业过程运行反馈控制的研究成果主要包括自优化控制、实时优化控制以及基于智能的优化设定方法等。

1.3.1 调节优化或自优化控制

早在 1980 年，Morari 等提出了反馈优化控制（feedback optimizing control）的思想[35]。2000 年，Skogestad 在文献[35]的基础上提出了自优化控制（self-optimizing control，SOC）的概念[36-38]。SOC 是以工业过程运行经济效益为目标函数，在满足各种约束条件下，寻找一组合适被控变量，并将该组被控变量的设定值固定为合适常数，当工业过程受变量波动、测量误差等干扰因素影响时，不需要改变被控变量的设定值，实际工况仍然可以处在近似最优操作点上，即实际目标函数与最优目标函数的偏差在合理范围内[36, 37, 211]。

SOC 策略如图 1.2 所示[39]，其目的就是选择反馈控制器的被控变量 $\boldsymbol{c}\in\mathbf{R}^{n_u}$：

$$\boldsymbol{c}=\boldsymbol{H}(\boldsymbol{y}_{\mathrm{m}})$$

使得被控过程运行成本 $\boldsymbol{J}(\boldsymbol{u},\boldsymbol{d})$ 最小。式中，$\boldsymbol{H}\in\mathbf{R}^{n_u\times n_y}$ 以及可测变量定义为

$$\boldsymbol{y}_{\mathrm{m}}=\boldsymbol{y}+\boldsymbol{n}^{y}$$

式中，$\boldsymbol{y}\in\mathbf{R}^{n_y}$ 为可测矢量；$\boldsymbol{n}^{y}\in\mathbf{R}^{n_{n^y}}$ 为噪声矢量。如果控制器设有积分器，那么被控变量 $\boldsymbol{c}=\boldsymbol{c}_{\mathrm{s}}$ 就处于稳态。通过最优化如下成本损失函数来选择不同候选被控制变量：

$$\boldsymbol{L}=\boldsymbol{J}\left(\boldsymbol{u},\boldsymbol{d}\right)-\boldsymbol{J}\left(\boldsymbol{u}^{\mathrm{opt}}(\boldsymbol{d}),\boldsymbol{d}\right)\tag{1.1}$$

式中，$\boldsymbol{J}\left(\boldsymbol{u},\boldsymbol{d}\right)$ 为所选控制结构在输入 $\boldsymbol{u}$ 下的实际运行成本；$\boldsymbol{J}(\boldsymbol{u}^{\mathrm{opt}}(\boldsymbol{d}),\boldsymbol{d})$ 为最优输入 $\boldsymbol{u}^{\mathrm{opt}}(\boldsymbol{d})$ 下的运行成本。这里需要注意的是，选择控制结构就是为了自优化[36]。

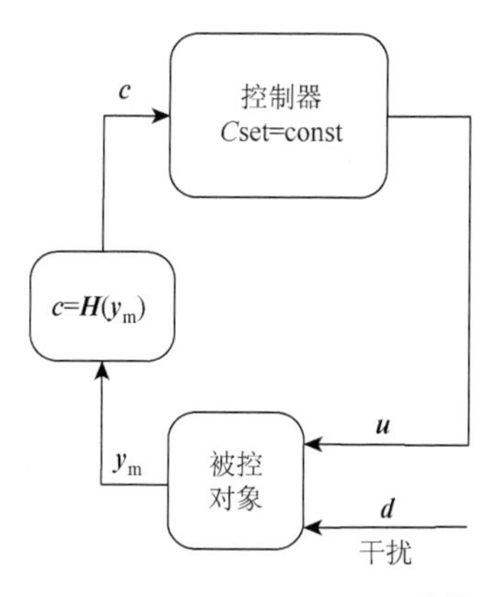

图 1.2　SOC 策略的方块图[39]

令 $\boldsymbol{c}=\boldsymbol{J}_{\boldsymbol{u}}\left(\boldsymbol{u},\boldsymbol{d}\right)$ 为 $\boldsymbol{J}\left(\boldsymbol{u},\boldsymbol{d}\right)$ 关于 $\boldsymbol{u}$ 的梯度，即

$$\boldsymbol{c}=\boldsymbol{J}_{\boldsymbol{u}}\left(\boldsymbol{u},\boldsymbol{d}\right)=\partial\boldsymbol{J}\left(\boldsymbol{u},\boldsymbol{d}\right)/\partial\boldsymbol{u}$$

当 $\boldsymbol{c}=0$ 时，意味着被控过程在干扰 $\boldsymbol{d}$ 存在下能够获得最优性能，此时选取的被控变量即为自优化变量。类似于上述梯度最小求取被控变量从而选择控制结构的思想在其他文献也均有报道和使用，如文献[40]～[43]。

SOC 的关键是如何根据目标函数和约束条件选择一组合适的被控变量，并将

其设定值固定为一组合适的常数。事实上，如何根据不同的控制目标和不同的工业对象，选择合适的被控变量是工业过程控制中所关心的重要问题之一[36]。Skogestad 在文献[35]、[44]工作基础上，指出控制结构确定时，所选择的被控变量需要满足几个条件：对干扰不敏感、对控制变量或操作变量变化敏感；容易采用常规方法进行检测和控制；各个被控变量之间的关联应尽可能小[37]。

总的来说，SOC 方法具有较好的鲁棒性，且实现简单且易于工程实施。SOC 通常采取离线运行的方式，避免了在线反复确定优化设定值[45]。SOC 的本质基于过程稳态目标函数的优化控制方法，忽略了工业过程中广泛存在的动态特性，而且对于某些工业过程，难以事先判断出是否存在合适的被控变量[46]，需要根据文献[36]、[37]给出的步骤进行反复试凑，特别是对于干扰众多或者干扰变化幅度较大的工业过程来说，难以确定合适的被控变量或者 SOC 确定的被控变量根本不存在。目前，SOC 主要用于动态干扰较少的石油化工行业，如蒸馏/精馏过程[36, 37, 46]、加氢脱烷基过程[47]、循环制冷过程[48, 49]、循环反应器过程[50]、汽油配料过程[51]以及氨气生产过程[52]。

鉴于 SOC 的离线优化本质，难以对具有较强动态干扰过程进行有效控制。Jäschke 等[39]将文献[53]提出的最优跟踪必要条件（necessary conditions of optimality tracking，NCO Tracking）与 SOC 相集成，提出了集成 SOC 与 NCO Tracking 的集成优化方法。NCO Tracking 是将动态或稳态优化问题转化为控制问题的通用框架，如图 1.3 所示。NCO Tracking 的机理就是基于这样一个事实：无约束优化问题的最优运行点就是使得 $\boldsymbol{J}_{\boldsymbol{u}}(\boldsymbol{u},\boldsymbol{d})=0$ 的一阶必要条件，即最优性必要条件为被控变量，即 $\boldsymbol{c}=\boldsymbol{J}_{\boldsymbol{u}}(\boldsymbol{u},\boldsymbol{d})$。这个通用的概念目前即应用于稳态优化和动态优化[54-60]。

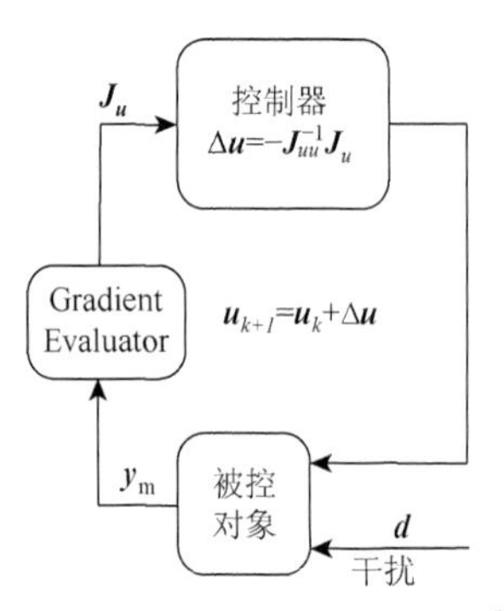

图 1.3　NCO Tracking 的方块图[39]

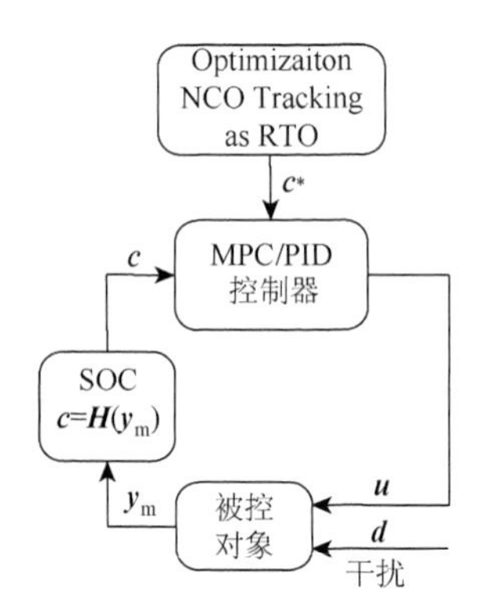

图 1.4　NCO Tracking 与自优化控制 SOC 结合的控制策略图[39]

文献[39]提出的 SOC 与 NCO Tracking 集成的优化框架如图 1.4 所示。优化层 NCO Tracking 可看做基于模型的实时优化控制（real-time optimization，RTO）的一种替代，而 SOC 为底层控制系统的被控变量进行辨识。图 1.4 所示混合串级结构，NCO Tracking 控制器用于更新自优化变量 $\boldsymbol{c}$ 的设定值。而自优化被控变量用于实现更快的最优干扰反应。最近，文献[52]基于文献[52]、[61]的显示模型预测控制（explicit MPC）研究的最新结果，扩展了文献[52]、[62]提出的用于被控变量选择的零空间法（nullspace method）。基于扩展的零空间法，文献[52]提出了具有有效集变化的自优化控制方法，并且应用于氨气生产过程，结果表明文献[52]所提方法优于实时优化控制方法。

1.3.2　实时优化控制

实时优化控制是建立过程基础控制与运行过程经济优化之间联系的有效方法[211, 63-70]，其思想来源于 Findeisen 等 1980 年合著的专著 *Control and Coordination in Hierarchical Systems*[71]。如图 1.5 所示，RTO 首先根据运行数据判断过程是否处于稳态。如果稳态，那么在满足各种约束条件下，进行经济或成本函数的稳态优化，以此计算新的最优工作点。获得最优工作点之后，再次判断当前运行过程是否处于稳态：若系统稳态不成立，则需要重复上述步骤；若系统处于稳态，则把优化设定点下装到基础控制系统。基础控制系统将 RTO 的优化结果作为设定点，完成适当的控制动作从而对设定值进行跟踪。另外，实时过程数据经过协调用来更新 RTO 的模型参数，使得系统模型在当前稳态工作点尽可能反映真实系统的动态特性。

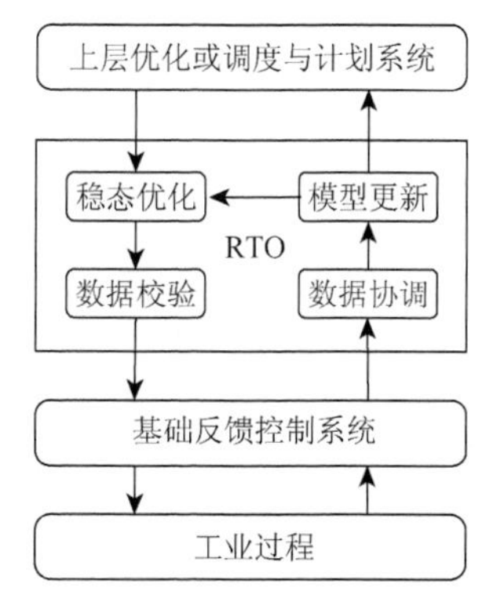

图 1.5　具有实时优化控制的层次控制结构[81, 72]

RTO 系统运行中过程稳态判断非常重要。一般根据过程特性选择系统的几个关键过程参数（如压力、流量、浓度、温度等），然后采用统计过程控制（statistical process control，SPC）方法进行方差和均值分析来确定运行过程是否满足稳态条件。此外，也可对一段时间的主要过程变量选择不同滤波时间常数进行滤波计算，根据其差异大小来确定工况是否处于稳态[72, 211]。RTO 采用稳态的过程模型，且只有过程近似达到稳态时才进行优化操作，因而相邻两次稳态优化之间的间隔必须足够大，系统才能从一个稳态达到另一个稳态。因此采样周期必须大于被控过程最大的稳定时间常数[73, 211]。

对于复杂动态特性的工业过程，确定过程是否稳态是比较困难的。很多实际工业过程由于存在着循环回路和传输延迟，使得过程具有很长的动态特性，有些动态过程会持续好几个小时甚至好几天。这时系统达到一个新的稳态需要花费很长的时间，这大大限制了 RTO 实时优化的执行频率。另外，稳态模型计算出来的优化操作点有时不是最优的而是次优的，甚至由于动态特性、模型失配和干扰等因素，先前计算的设定点在新的工况下有时是不可行的[20, 74]。针对这一问题，很多学者提出了小周期采样 RTO 的方案。Sequeira 等在文献[75]中提出了利用过程稳态模型和可测变量，以较短时间间隔改变基础反馈控制系统的设定点的方案。另外，为了减少 RTO 优化计算的时间和运算量，采用启发式搜索算法完成设定点的“实时演变”，在每一步优化计算时限制决策变量的步数。文献[76]中讨论了精馏塔的实时优化控制策略，提出了对精馏塔装置进行稳态优化以实现产品性质约束条件下的经济成本性能函数的最小化，并以小时级别的采样频率将计算的操作变量值和模型参数直接应用到被控对象上。这里需要注意的是，RTO 采用快速采样策略时，由于时间尺度及大小难以把握，在采样周期非常短时，RTO 与基础控制层的结合可能会产生不可控的问题[77-79]。

随着实际工业生产越来越复杂，传统 RTO 技术面临着越来越多的挑战，其中一个关键问题是难以建立能够反映复杂工业过程内在物理化学变化的精确数学模型。文献[68]基于模型不确定性补偿的几种方法，提出了三种 RTO 的自适应策略，包括通过更新模型参数进行重新优化的模型参数自适应（model-parameter adaptation）方法、通过修改优化问题约束和梯度而进行重新优化的改进自适应（modifier adaptation）方法以及将优化问题转化为反馈控制问题并通过跟踪近似被控变量而实现过程最优的直接输入自适应（direct input adaptation）方法。文献[68]中的所提方法在半间歇式反应器系统进行了应用。另外，文献[68]结合 NCO 以及常规 RTO，提出了一种有效且鲁棒性的改进 RTO 策略，并在具有不确定动态的终值时间优化问题进行仿真比较研究，以说明方法的优越性。

1.3.3 RTO与MPC集成优化与控制方法

RTO与MPC集成控制是针对MPC的优点以及常规RTO方法的缺点而提出的一种运行优化和控制的方法。

首先，MPC本身就是一种优化控制算法，它通过某一性能指标的最优来确定未来的控制作用，这一性能指标涉及系统未来的行为，通常可采取如下几种形式[80, 81]：

（1）最小化与参考值的偏差；

（2）最大化生产效率；

（3）最大化利润；

（4）最大化产率；

（5）最小化生产成本。

由于RTO采用稳态过程模型，并且只有系统近似达到稳态时才进行优化。这造成RTO优化具有较大的时间滞后特性，当干扰存在时，优化必须延迟到被控系统进入新的稳态时才能进行。另外，确定系统是否处于稳态本身就是一项十分棘手的任务。

Marlin等列举了几条针对RTO进行改进的策略[63, 211]。这里列举了其中比较重要的两条：对过程控制层进行集成以及对动态运行层进行扩展[211]。同时，为了减少常规过程控制与RTO之间的失配，提出了两种重要的改进方案，即集成稳态优化的MPC方法以及集成非线性稳态优化的线性MPC方法等。

1. 集成稳态优化的MPC

为了缩小RTO层低频非线性稳态优化与相对快速的线性MPC层之间的失配，工业工程控制中通常采用所谓的线性规划（linear programming，LP）MPC和二次型规划（quadratic programming，QP）MPC两阶段的MPC结构[82-93]，如图1.6所示，各部分功能具体如下。

（1）位于最上层的RTO通过最优化非线性稳态经济目标函数求解MPC输入输出变量的期望稳态最优值。

（2）上层MPC综合RTO层和MPC控制层的信息，通过求解受限线性或二次型优化问题计算被控变量和底层MPC控制操作输入量的设定值。考虑到当前生产受干扰、仪器和设备可用性、过程环境等约束的变化而变化，上层MPC的优化计算采用与底层MPC控制器相同的采样周期实施，即在每个采样时刻都重复进行。上层MPC层的LP或QP优化问题一般采用如下形式[80]：

式中，$\boldsymbol{e}_y \triangleq \boldsymbol{y}_{\text{sp}} - \boldsymbol{y}_{\text{ref}}$；$\boldsymbol{e}_u \triangleq \boldsymbol{u}_{\text{sp}} - \boldsymbol{u}_{\text{ref}}$；$\boldsymbol{\varepsilon}$ 为松弛变量，$\boldsymbol{y}_{\text{ref}}$ 和 $\boldsymbol{u}_{\text{ref}}$ 是 $\boldsymbol{y}$ 和 $\boldsymbol{u}$ 的期望稳态值，由上层 RTO 给出。加权因子 $\boldsymbol{c}$、$\boldsymbol{d}$、$\boldsymbol{Q}_{\text{sp}}$、$\boldsymbol{R}_{\text{sp}}$、和 $\boldsymbol{T}_{\text{sp}}$ 根据经济利益进行选择，可随时间而变，以适应产品价格、原材料成分与性质等经济条件的变化。

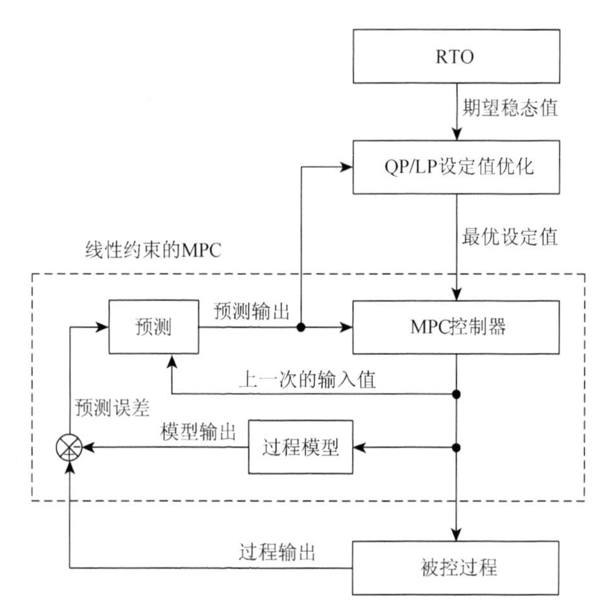

图 1.6　RTO 与具有设定点优化的两层 MPC 结构

$$
\min \boldsymbol{J}_s(\boldsymbol{u}_{\text{sp}}, \boldsymbol{y}_{\text{sp}}) = \boldsymbol{c}^{\text{T}}\boldsymbol{u}_{\text{sp}} + \boldsymbol{d}^{\text{T}}\boldsymbol{y}_{\text{sp}} + \boldsymbol{e}_y^{\text{T}}\boldsymbol{Q}_{\text{sp}}\boldsymbol{e}_y + \boldsymbol{e}_u^{\text{T}}\boldsymbol{R}_{\text{sp}}\boldsymbol{e}_u + \boldsymbol{\varepsilon}^{\text{T}}\boldsymbol{T}_{\text{sp}}\boldsymbol{\varepsilon}
$$
$$
\text{s.t.} \begin{cases} \boldsymbol{u}_{\min} \leqslant \boldsymbol{u}_{\text{sp}} \leqslant \boldsymbol{u}_{\max} \\ \boldsymbol{y}_{\min} \leqslant \boldsymbol{y}_{\text{sp}} \leqslant \boldsymbol{y}_{\max} \\ \boldsymbol{e}_{y,\min} \leqslant \boldsymbol{e}_y \leqslant \boldsymbol{e}_{y,\max} \\ \boldsymbol{e}_{u,\min} \leqslant \boldsymbol{e}_u \leqslant \boldsymbol{e}_{u,\max} \\ \qquad\vdots \end{cases} \tag{1.2}
$$

注 1.3　图 1.6 所示的控制策略，区别 $\boldsymbol{y}_{\text{ref}}$、$\boldsymbol{u}_{\text{ref}}$ 和 $\boldsymbol{y}_{\text{sp}}$、$\boldsymbol{u}_{\text{sp}}$ 非常重要。$\boldsymbol{y}_{\text{ref}}$、$\boldsymbol{u}_{\text{ref}}$ 和 $\boldsymbol{y}_{\text{sp}}$、$\boldsymbol{u}_{\text{sp}}$ 均代表了期望的 $\boldsymbol{y}$、$\boldsymbol{u}$，但是它们的具体意义不同，并且将以不同的方式实现。参考值 $\boldsymbol{y}_{\text{ref}}$、$\boldsymbol{u}_{\text{ref}}$ 由上层 RTO 以非线性优化形式给出，作为 QP 和 LP 优化计算的期望值或者参考值；而 $\boldsymbol{y}_{\text{sp}}$、$\boldsymbol{u}_{\text{sp}}$ 是在每次 MPC 控制执行时间都要计算一次，它作为 MPC 动态控制计算的设定值。那么为什么不用 $\boldsymbol{y}_{\text{ref}}$、$\boldsymbol{u}_{\text{ref}}$ 替代 $\boldsymbol{y}_{\text{sp}}$、$\boldsymbol{u}_{\text{sp}}$？这是因为 $\boldsymbol{y}_{\text{ref}}$、$\boldsymbol{u}_{\text{ref}}$ 是上层稳态优化计算的 $\boldsymbol{y}$ 和 $\boldsymbol{u}$ 的理想值，由于原料成分等动态环

境的变化，$\boldsymbol{y}_{\mathrm{ref}}$、$\boldsymbol{u}_{\mathrm{ref}}$ 可能满足不了当前运行工况条件和约束，而且之前计算 $\boldsymbol{y}_{\mathrm{ref}}$、$\boldsymbol{u}_{\mathrm{ref}}$ 的条件和约束可能变了。因此上层 MPC 稳态优化必须每次计算当前工况下的 $\boldsymbol{y}_{\mathrm{sp}}$、$\boldsymbol{u}_{\mathrm{sp}}$，它们可以更精确地反映当前过程的运行工况[80]。

下面讨论三种不同情况的优化目标函数 $\boldsymbol{J}_s(\boldsymbol{u}_{\mathrm{sp}},\boldsymbol{y}_{\mathrm{sp}})$ 设计[80]。

（1）最大化生产效益 OP。将产品、原料、成本等看做控制输入或干扰，可以选择 $\boldsymbol{J}_s=-\mathrm{OP}$，二次项 $\boldsymbol{Q}_{\mathrm{sp}}$、$\boldsymbol{R}_{\mathrm{sp}}$ 均设为零。

（2）最小化与参考值的偏差。可令 $\boldsymbol{c}=0$ 以及 $\boldsymbol{d}=0$，其他加权因子根据输入、输出和违反约束等情况进行标定。

（3）最大化产率。假设产率可通过物流控制回路进行调整，因而性能指标中的加权因子除了 $\boldsymbol{c}$ 外（通常 $\boldsymbol{c}=-1$），其他均标定为 0。

总的来说，上述 MPC 与 RTO 集成优化控制具有如下几个特点：实现扰动产生后的设定点快速改变；减少 RTO 层非线性稳态模型和 MPC 线性稳态模型之间的矛盾；避免设定点变化过大导致线性控制器不稳的问题；由 MPC 控制器实现的期望指标偏移量的分布被明确地控制和优化。另外，中间优化层的对象模型和偏差估计与 MPC 层相同，因此可以避免各层失配的矛盾[73]。

2. 集成非线性稳态优化的线性 MPC 控制

集成稳态优化的 MPC 方法，由于其控制问题求解是与优化分离的，即控制与优化在不同层次上实施，通常称为层次或分层优化控制方法。另外，也有新的单层或者集成优化控制方法[94-99]，其基本思想就是将控制问题和经济优化进行集中求解，也就是说将常规 RTO 的非线性稳态优化求解问题集成到 MPC 的控制中进行统一处理。

1998 年，Tvrzska de Gouvea[94]首先提出了单层集成优化控制的概念，指出：单层优化控制方法的经济目标更新速度要快于常规两层优化控制方法。另外，对于单层优化控制方法，没有必要进行被控变量选择，因为它们都参加优化问题的求解。单层优化控制方法的动态响应也比较平滑，这使得其具有更好的稳定性。但是，单层优化控制方法可能由于响应太慢而不能充分满足过程中有强外部干扰时的控制精度要求。另外，单层优化控制方法给出的最优操作点也可能受过程模型误差的影响[211]。

Zanin 等[95, 96]在文献[103]的基础上报道了流体床催化裂化设备的 MPC/RTO 混合优化控制策略的问题描述、求解和工业应用。该系统具有 7 个操作变量和 6 个被控变量。经济性能函数为液化石油气的生产总量。在每一控制器采样时刻的优化问题上通过混合性能函数的方式进行求解，如下：

$$\begin{aligned}\min_{\Delta u(k+i);i=0,\cdots,m-1} &\sum_{j=1}^{p}\left\|W_1\left(y(k+j)-r\right)\right\|_2^2+\sum_{i=1}^{m-1}\left\|W_2\Delta u(k+i)\right\|_2^2\\&+W_3 f_{\text{eco}}\left(u(k+m-1)\right)+\left\|W_4\left(u(k+m-1)-u(k-1)-\Delta u(k)\right)\right\|\\&+W_5\left[f_{\text{eco}}\left(u(k+m-1),y(k+\infty)\right)-f_{\text{eco}}\left(u(k),y'(k+\infty)\right)\right]^2\end{aligned}\tag{1.3}$$

式中，经济目标 f_{eco} 采用非线性稳态过程模型进行计算。只要实施了第一个控制器步长，为了确保经济优化控制动作一直进行最优化操作，惩罚因子就会对操作变量偏离进行惩罚。通过对成本函数中不同组成部分进行加权，以使得经济评判（含 f_{eco}）部分和 MPC（含 y、u 等）部分对整体成本数值具有类似的影响。

在文献[96]中，集成非线性稳态优化的线性 MPC 控制技术在一个真实的石化流体床催化裂化设备上进行了实施和测试。据报道，无论经济性能的最优性还是过程动态性能的平滑性，该集成优化控制的控制性能都比较好。其实施效果要远好于根据操作者凭借经验选择设定点，并用常规 MPC 控制策略实施跟踪控制的传统控制模式。仿真还表明文献[96]提出的混合单层优化控制方法的控制效果较常规具有设定值经济优化和线性 MPC 跟踪控制的两层优化控制策略要好，类似的优化控制策略还应用在贴板干燥机优化控制中[97]。

近年，波兰学者 Lawryczuk 和 Tatjewski 对集成优化控制方法作了进一步的研究，为了简化实际优化问题求解，对优化求解中涉及的非线性稳态过程模型进行线性和二次近似，并对未简化、线性近似以及二次近似三种方法应用到 pH 中和对象的优化控制效果进行了比较研究[98, 99]。

1.3.4 基于智能技术的工业过程运行控制方法

我国的钢铁、选矿、有色等过程工业产品产量长期位居世界前列，但大多存在能耗高、资源消耗大、产品质量低的问题。这些流程工业中运行着大量耗能设备，如矿石选磨中的球磨机、钢铁冶炼中的大型高炉、氧化铝和水泥生产中的回转窑等。由于其运行指标难以在线测量，生产边界条件变化频繁，如原材料成分波动、原矿品位低等，难以建立数学模型，难以采用单纯基于模型的运行优化和反馈控制方法，其运行控制采用人工设定开环控制，即操作人员给出回路控制器的设定值。当工况变化频繁时，不能及时准确地调整设定值，致使这类设备长期运行在非经济优化状态[9, 19, 79]。

另外，随着计算机和人工智能技术的发展，使工业生产过程的智能优化控制成为可能。对于难以获得过程精确数学模型的冶金、选矿等复杂工业过程的运行控制，智能运行控制方法受到了越来越广泛的关注。神经网络（artificial neural network，ANN）、模糊逻辑（fuzzy logic）、专家系统（expert systems）等智能技术的一个主要特性是通过数据与知识来模仿或接近于人的思维习惯，并能摒弃人的主观性及随意性，因而被广泛应用于复杂工业过程的建模与控制之中[100-109]。在没有很强理论模型和领域知识不完全、难以定义或定义不一致而经验丰富的决策环境与对象中，人工智能中一种新的技术——案例推理（case-based reasoning，CBR）得到了广泛关注[110-118]。

为了提高热镀锌过程的产品质量与运行性能，文献[119]将质量监测、诊断、控制以及优化技术相集成，提出一种基于 ANN 的智能控制方法。文献[207]针对热轧层流冷却过程将常规控制与基于 ANN、模糊推理的智能控制技术相结合，提出一种混合智能监控方法以提高产品性能。文献[206]提出基于集成智能控制的优化设定方法，应用于六段步进梁式加热炉，改善了梁坯的加热效果。文献[120]采用由过程控制层与监控层组成的分层控制方法，通过监督层回路设定智能模型给出热轧带钢层流冷却过程冷却阀门数，将热轧带钢卷取温度控制在目标值范围内。文献[121]通过机理分析和专家规则，借助于统计过程控制技术，建立了加热炉炉温优化设定模型。针对炉温的设定值设计了专家补偿器，可以适应频繁变化的边界条件和外部干扰，自动更新炉内每段温度的设定值。文献[122]建立了智能监督控制协调器用于 Laboratory-scale servo-tank liquid process 的监督和故障诊断。为了提高氧化铝配料过程的原矿浆质量，文献[123]、[124]集成机理知识与智能技术，提出了基于集成模型和层次推理的设定控制方法。Wu 等综合使用 ANN、聚类分析以及过程机理分析等技术，提出了智能集成优化与控制系统，用于优化铅锌烧结过程[125]以及气体混合加压过程[126]的运行性能。文献[127]针对冷连轧机轧制过程的优化设定问题，以板厚板形为目标函数，采用免疫遗传算法（immune genetic algorithm，IGA）对冷连轧机轧制参数进行优化，应用实例证明其性能优于传统优化方法，可获得满意的综合效果；文献[128]针对炼铜转炉的铜锍最佳入炉量、熔剂和冷料加入制度、鼓风制度的优化设定问题，采用基于人工智能和解析方法相结合的集成建模方法研制了优化操作智能决策支持系统，提高了炼铜转炉的利用系数。文献[129]设计了智能静脉血液过滤系统，其系统同样采用层次结构，底层采用直接自适应控制，上层监督算法用于决策制定以实现静脉血液过滤系统的安全运行。文献[208]提出了由冲矿漂洗水流量、励磁电流和给矿浓度回路控制器和基于案例推理的控制回路设定模型、基于规则推理的反馈补偿器构成的控制回路设定层组成的混合智能控制方法，用于将强磁选过程的精矿品位与尾矿品位控制在目标值范围内。

智能技术中，CBR 是利用过去经验中的特定知识即具体案例来解决新问题的一种类比推理方法。Schank 在 1982 年出版的专著 *Dynamic Memory：a Theory of Learning in Computers and People* 中首次系统地阐述了 CBR 的思想。CBR 适用于没有很强理论模型和领域知识不完全、难以定义或定义不一致而经验丰富的决策环境与对象中。文献[22]采用 CBR 技术解决了竖炉焙烧运行故障工况诊断和容错控制问题，以故障工况类型、加热煤气阀门开度、炉体负压、炉顶废气温度等作为 CBR 系统的输入，当工况条件发生变化时，CBR 诊断系统能及时动态改变燃烧室温度、搬出时间以及还原煤气流量设定值。针对热轧带钢层流冷却过程关键参数与带钢的硬度等级、带钢厚度、带钢进入冷却区的表面温度、速度之间的关系难以采用数学模型精确描述，文献[130]采用 CBR 建立了层流冷却过程边界条件与模型参数之间的模型，提高了层流冷却过程的带钢温度预报精度。文献[131]、[132]做了进一步的工作，即使对于一条带钢来说，每个采样点的带钢入口温度、入口速度、入口厚度也不尽相同，在文献[130]获得不同工作点上的模型参数后，采用 CBR 技术补偿不同采样点的带钢入口温度、入口速度、入口厚度偏差，从而进一步提高带钢温度预报精度。文献[133]结合 CBR 与规则推理（rule-based reasoning，RBR）技术，提出了一种新的专家智能控制器，并成功应用于鼓风炉的控制，表明 CBR 与 RBR 相结合的方法对于处理复杂工业过程的控制问题是明显有效的。另外，案例推理技术还被成功应用于稀土萃取分离过程、浮选过程、电熔镁熔炼过程的运行优化设定控制[134-143]。

1.4 磨矿过程运行反馈控制的必要性及研究现状

1.4.1 磨矿过程的重要性及其运行控制研究的必要性

铁（Fe）是人们日常生活和工业生产必不可少的重要元素，铁的应用推动着社会的发展和人类文明的进步。大自然中，铁元素基本都是以矿物的形式蕴涵在各种矿石当中。因此，将铁等有用矿物通过冶炼进行提炼是人类对铁进行应用的关键和前提。然而，自然形成的铁矿中，品位高的富矿很少，平均铁含量为 43%，且基本集中在澳大利亚、巴西以及南非等地区。我国虽然铁矿资源丰富，但主要以赤铁矿、菱铁矿、褐铁矿、镜铁矿及其混合物等低品位贫矿为主，平均铁矿品位仅为 32%，比世界平均品位低 11 个百分点。因此，我国 97%的铁矿石需要经过选矿过程的处理以得到有用成分含量高的精矿，然后才能再进行冶炼[144]。

所谓选矿，就是把大颗粒的原矿石加以粉碎，并将金属含量高的矿物或其他有价值矿物与大量无用的脉石分离，富集精矿，抛弃无用的脉石及尾矿。图 1.7 所示为一个在我国广泛使用的典型赤铁矿选矿生产作业流程，主要包括破碎、竖炉焙烧、磨矿、选别等几个关键工序。在选矿作业的破碎、磨矿和选别三个典型代表性作业中，磨矿作业是一道最为关键的工序。因为任何一种选矿方法，都是根据矿石内部的有用矿物和脉石的不同性质来进行的，而让有用矿物和脉石充分单体解离，是金属选别的先决条件，磨矿过程的重要性正在于此[144, 145]。冶金选矿过程中，磨矿过程的任务就是将矿物原料粉碎到适宜的粒度，使有用矿物与脉石单体解离，或不同有用矿物相互解离，为后续选别作业提供原料。

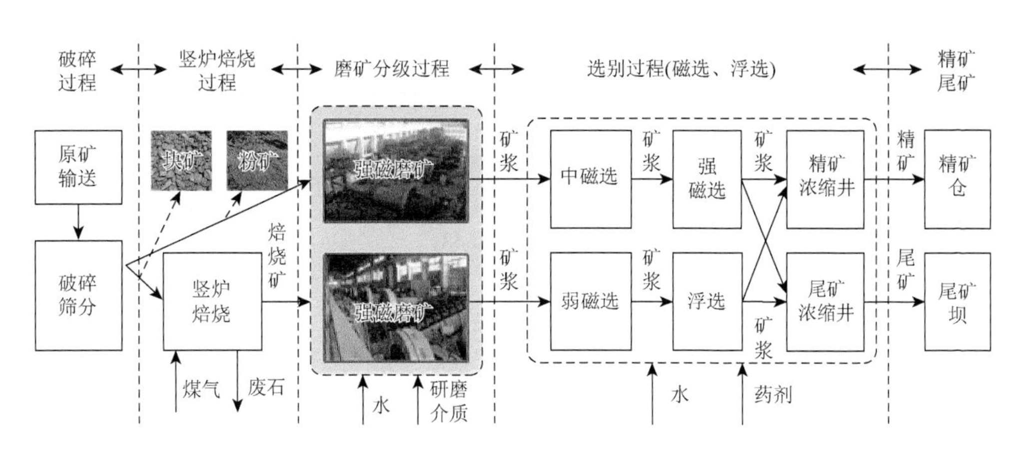

图 1.7　典型赤铁矿选矿过程流程

磨矿过程是选矿厂中能源动力消耗、金属材料消耗最大的作业，所用的设备投资也占有很高的比重。据统计，磨矿作业的电耗占整个选矿厂电耗的 45%～70%，基建投资约占整个选厂的 60%。随着对日趋贫化的矿产资源的开发和利用，磨矿过程中的能耗将越来越大，在工业经济中所占比重也将不断增加。同时，磨矿作业是整个选矿厂的“瓶颈”作业，选矿厂的处理能力实际上取决于磨机的处理能力，磨矿产品的质量对后续选别作业（如磁选、浮选等）的精矿品位和金属回收率指标乃至整个选矿厂的经济技术指标具有很大的影响。因此，磨矿过程历来备受选矿工作者的重视，改善磨矿作业，实现磨矿过程的自动控制具有重要意义，它是整个选矿过程实现自动控制的关键。据国外资料统计，磨矿过程实现自动控制后，一般可提高磨机处理能力 5%～20%，节约能耗、钢耗 5%～25%，提高选厂回收率 1%～2%，提高精矿品位 0.4%～2%，节约药剂用量 10%～40%[144-146]。

经过长期不懈努力，目前已有许多可以实际应用的磨矿过程控制方法和实现技术，并在磨矿工业生产中取得了可喜的应用效果，如 PID 控制、多变量控制、鲁棒控制以及近年来出现的预测控制等[32, 34, 147-151]。它们一定程度的达到了控制和操作磨矿设备，使其按照设定目标运行的目的。然而，这些已有控制策略大部分只是简单的底层基础控制，并且只根据给定设定值对单一变量进行单回路的分散控制。这些底层基础控制对磨矿过程运行性能的改进和提高是单一、狭隘的，且控制效果也十分有限[144, 145]。

另外，随着全球化经济的发展，市场竞争日趋激烈。追求高质、高效和低耗生产已成为选矿企业能否在激烈市场竞争中立于不败之地的重要保证。因此，将工业生产的各个运行工艺设备作为紧密联系整体，实现控制指标、运行指标以及经济性能的集成控制与优化，已经成为各个工业企业提高自身市场竞争力的重要手段。

磨矿过程运行控制的任务：将复杂磨矿生产与各个磨矿设备作为紧密联系的整体，采用分层反馈控制结构，在保证系统稳定与安全运行的前提下，不仅要使局部单元的各磨矿装置系统尽可能好地跟踪期望设定值，而且要控制整个生产过程运行。通过上层运行控制系统根据运行工况自动调整底层基础控制回路设定值，使表征磨矿整体运行性能的磨矿粒度、磨矿生产率以及能耗等运行指标控制在目标范围内，并尽可能提高产品质量与生产效率的指标，降低能耗指标，最终提高磨矿生产经济利润。

注 1.4 关于磨矿运行控制，著名选矿控制专家加拿大 Laval 大学的 Hodouin 教授在其最近发表在 *Journal of Process Control* 的选矿控制综述论文中指出“控制器的性能远没有为其选择正确设定值重要”“为磨矿过程设置优化系统来对底层基础控制进行在线监督非常必要且意义重大，优化系统能够根据原矿石性质、处理能力及金属市场价格和环境约束来在线调节基础控制器的设定值”。为了说明这些问题，Hodouin 绘制了图 1.8 所示的最优回路控制器设定值与经济性能损失的关系图。Hodouin 指出经济性能损失来自两个方面：一是由于控制偏差；另一个是由于过程运行在不恰当或者错误的设定点。相对于控制偏差，控制器设定值对经济性能的影响要严重得多。这是因为当设定值最优但有控制偏差时，经济性能仅仅在最优设定值对应的最优性能曲线上作小幅波动；而当设定值远离最优工作点时，无论控制精度有多高，经济性能损失是非常巨大的[152]。

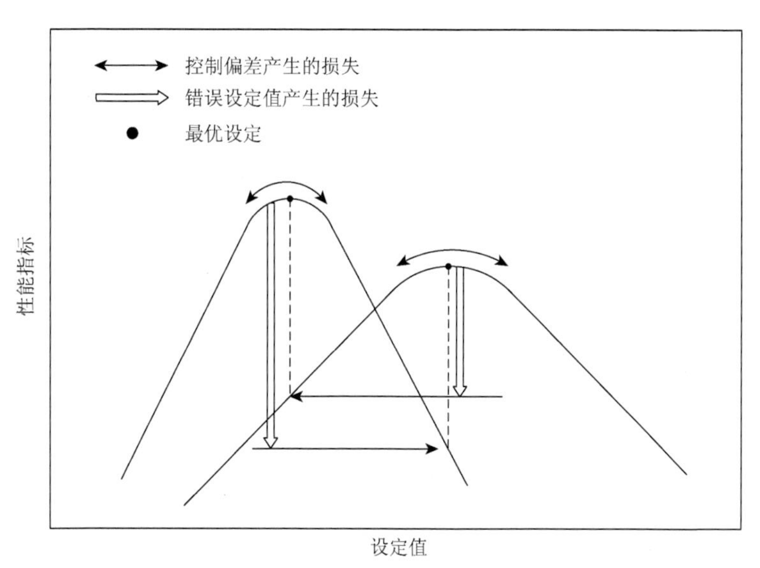

图 1.8　经济性能损失与最优基础反馈控制设定值[152]

注 1.5　根据处理矿石成分与性质、过程影响因素及其复杂性，可以将磨矿过程分成两类：一类磨矿是处理的矿石为富矿，其品位①较高、可磨性好、且成分比较稳定。这类磨矿由于生产比较平稳、具有稳定运行工作点，因此能够建立过程的近似动态模型；另一类磨矿所处理的矿石为贫矿，其品位低、矿石硬度大，并且所处理矿石经常是几种矿石的混合物因而成分波动明显（如某选矿厂所处理的矿物来自不同采矿场的混合矿物，包括赤铁矿、菱铁矿、褐铁矿以及镜铁矿等，这些矿石均为低品位、高硬度的难选难磨矿石）。由于这类磨矿生产受原矿石性质和成分波动的影响较大，其运行具有明显的动态时变特性，难以采用数学和机理建模方法建立过程的近似动态模型。

注 1.6　第一类磨矿在国外选矿厂非常常见，通常采用一段棒磨开路、二段球磨机+水利旋流器构成的闭路磨矿回路（图 1.9），其控制与优化可以采用基于模型的方法也可以采用基于智能或者数据驱动的方法。第二类磨矿在中国比较常见，通常采用两段全闭路磨矿回路的形式，并且广泛使用螺旋分级机等老式机械分级设备，如图 1.10 所示。由于这类磨矿处理的赤铁矿成分和性质复杂且不稳定，并且采用两段全闭路以及使用螺旋分级机进行机械分级，因而其动态特性较第一类磨矿要复杂得多，单纯采用基于模型的方法难以对其进行有效控制，通常需要集成数据与知识，并采用基于智能的控制与优化方法。

① 铁矿石的品位即指铁矿石的含铁量，以 TFe（%）表示。品位是评价铁矿石质量的最主要指标。

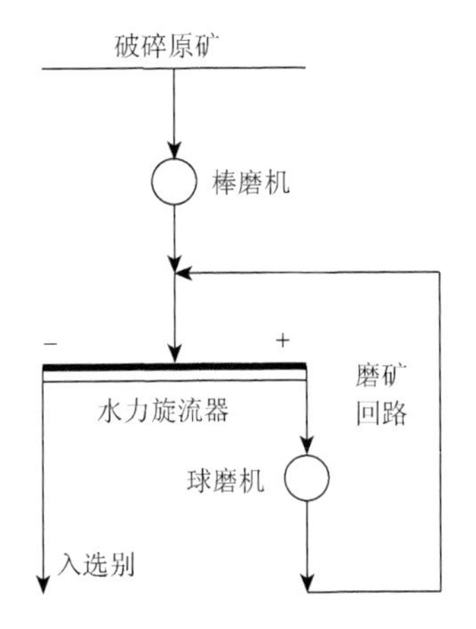

图 1.9 一段棒磨开路、二段球磨-水力旋流器闭路磨矿

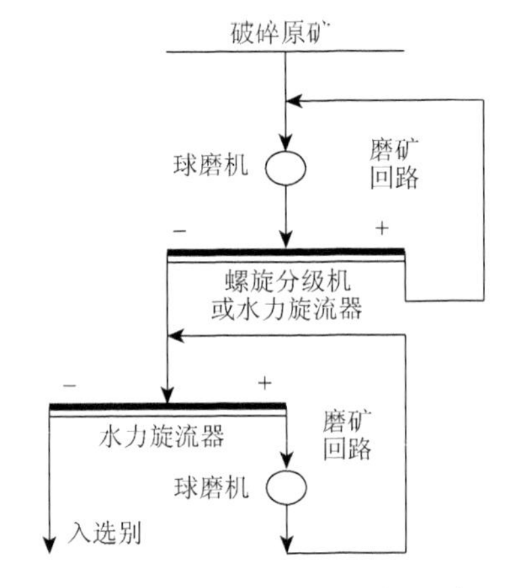

图 1.10 一段球磨机-螺旋分级机闭路、二段球磨机-水力旋流器闭路磨矿

磨矿过程运行优化与控制的研究已经受到选矿工程人员和自动控制研究者的广泛关注与重视，相关研究成功和应用技术也相继产生，具体综述如下。

1.4.2 基于模型的磨矿过程运行控制与优化方法及技术

1. 理论方法方面

早在 20 世纪 80 年代，Massacci 等以及 Herbst 等就较早地研究和讨论了基于模型的磨矿过程最优控制和随机控制问题[153, 154]。之后，Herbst 等在文献[155]中指出基于模型的控制与决策依赖于好的在线模型以及基于准确测量与适宜分布控制的精确参数估计。Herbst 在文献[155]中给出了几种基于模型的选矿控制方案，其中三种是针对磨矿过程：第一种是针对半自磨回路的基于模型的监督控制方案，采用 Kalman 滤波算法估计矿石硬度、研磨介质等参数；第二种是针对一段棒磨开路、二段球磨-旋流器闭路磨矿产品粒度和泵池矿浆体积优化设定的最优控制策略；第三种是可以动态优化磨机给矿和粒度的单段磨矿的模型辅助控制策略。

Borell 等研究了基于经验模型的自磨过程监督控制问题，其控制目标主要通过严格的磨机功率控制来最大化磨机处理量。当矿石性质发生变化时，监督控制系统能够自动调节控制回路的设定值从而优化过程运行性能[156]。文献[156]所提监督控制方法的实际工程应用有效提高磨机处理量 5%。

Duarte 在文献[157]中利用子优化控制策略研究了 CODELCO-Andina 选矿厂的磨矿运行优化问题。首先，文献[157]根据所制定的磨矿过程运行优化目标建立了如下性能指标：

$$J=\int_{t_0}^{t_0+T}\left[\alpha_1 Q_m^2+\alpha_2 P_{Q_m}\left(Q_m-Q_m^*\right)+\alpha_3 P_{G_{100}}\left(G_{100}-G_{100}^*\right)\right]\mathrm{d}t$$

其基本思想就是在不超过磨机最大容量Q_m^*的基础上最大化磨机处理量Q_m，同时力求以-100目表示的磨矿粒度G_{100}不超过限值G_{100}^*。式中，P_{Q_m}、$P_{G_{100}}$为惩罚因子，具体表式如下：

$$P_{Q_m}=\exp\left(\beta_1\left(Q_m-Q_m^*\right)\right)$$

$$P_{G_{100}}=\exp\left(\beta_2\left(G_{100}-G_{100}^*\right)\right)$$

为了求解上述运行控制与优化问题，文献[157]采用子优化控制算法，具体分三步进行：

（1）辨识磨矿对象模型；

（2）估计用于求解参数估计矩阵方程的哈密顿（Hamiltonian）梯度；

（3）进行最优控制问题求解。

文献[158]针对由球磨机和水力旋流器构成的典型闭路磨矿，研究了基于模型的磨矿过程监督控制问题，底层基础反馈控制采用常规多回路PID控制技术进行设计，上层监督层为基于经济性能指标的优化模型，用于在线求解底层基础反馈控制系统的合适设定值。

针对一个具有磨矿（球磨机+旋流器）–浮选的仿真选矿过程，为了最大化浮选经济效益，文献[159]对磨矿进行了优化研究。建立的优化模型包括质量模型、产量模型以及经济性能指标的数学模型，决策变量为磨矿过程新给矿量、磨机给水量和磨机排水量等调节变量以及旋流器结构参数、研磨介质等参数。最后，采用步步逼近（step by step）的方法对建立的三个性能指标分别进行优化求解。

Lestage等在文献[160]采用稳态LP监督控制技术研究了磨矿过程带有约束的实时优化控制问题。底层采用多变量预测控制技术，上层为基于模型的优化器，其运行控制目的是最大化磨机处理量，相关过程约束为循环负荷、泵池液位以及旋流器溢流和底流浓度的上下限值。为了便于优化计算，文献[160]采用泰勒近似将非线性性能函数转化关于底层控制回路设定值的线性函数，然后采用线性规划方法对其进行优化求解。文献[161]报道了采用类似技术对具有多个并行磨矿回路和一个浮选机的选矿厂进行了监督控制和最优经济优化。其中底层控制采用基于线性模型的多变量约束预测控制，而上层优化器为具有线性约束的非线性动态模型表示的经济性能指标，运行优化的目标是最大化经济利润，以此求解底层控制器的最优设定值。

近年来，文献[144]研究了磨矿过程的综合优化控制问题，并提出了图1.11所示的磨矿过程综合优化控制结构，由三部分组成，即磨矿生产率模型、能耗模型以及优化求解模型。由于过程动态机理模型难以得到，因而文献[141]采用回归试验建模技术建立了磨矿生产率 E 与磨矿浓度、介质填充率与料球比之间的回归分析模型。由于磨矿能耗可用磨机驱动功率（包括有用功率和机械损耗功率）来表示，为此文献[141]通过分析磨机运行机理，建立了磨机驱动功率 P 与磨机内部参数之间的近似数学模型，这些参数包括磨矿浓度、介质填充率、料球比以及磨机转速、磨机驱动转矩、物料密度、介质密度、物料间空隙、介质间空隙等。综合优化控制通过求解式（1.4）所示的优化问题来对决策变量即磨矿浓度、介质填充率、料球比三个基础控制回路的设定值进行求解：

$$\min J = 1/(\theta_b E - \theta_i P + \gamma)$$

$$\text{s.t.}\begin{cases} E_{\min} \leqslant E \leqslant E_{\max} \\ 0 \leqslant \theta_b E - \theta_i P \leqslant P \\ \quad \vdots \\ 0 \leqslant P \end{cases} \tag{1.4}$$

式中，J 表示单位时间磨矿生产利润的倒数（原材料和设备其他损耗在此作为常量，故在优化问题中没有考虑）；θ_b 为磨矿生产率产值系数；θ_i 为单位时间能耗成本系数；γ 为任意小正数，避免性能指标的被除数为零[144]。由于上述优化目标函数 J 为多变量、光滑非线性函数，因此文献[144]选择序列二次规划（sequential quadratic programming，SQP）方法进行优化计算。并且文献[144]还指出在实际操作中可以通过调整利润和成本因子 θ_b、θ_i 来使磨矿优化根据市场需求的变化而变化。

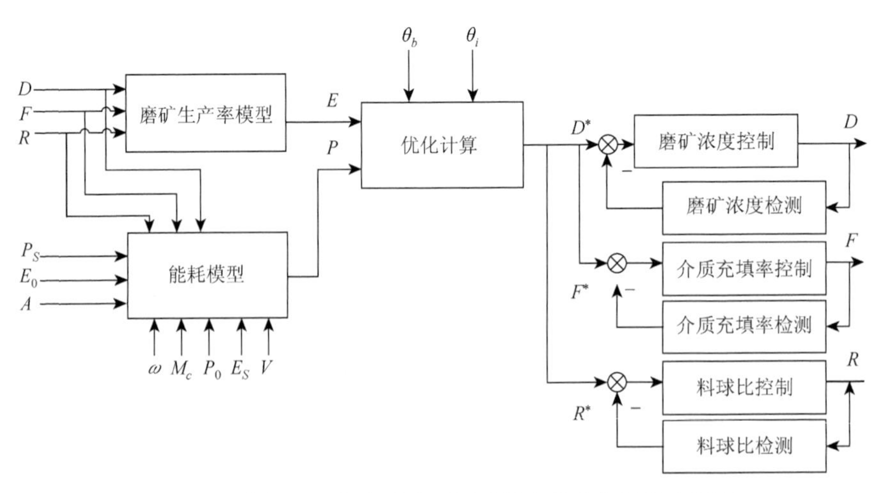

图 1.11　文献[144]提出的磨矿过程综合优化控制原理框图

2. 专用技术与软件方面

在基于模型的磨矿过程运行优化与控制专用技术及软件方面，美国Honeywell公司推出了基于现场基金会总线的Plant Scape系统。该系统包括两个用于选矿行业的软件包：Smart Grind和Smart Float。即智能磨矿控制软件和智能浮选控制软件。Smart Grind使用Honeywell公司的鲁棒多变量预测控制技术，通过分析过程的动态因素，包括操作模式、产量、进料质量等，在保证过程约束的同时，达到操作人员对磨矿控制系统进行优化设定的目标。据报道，使用Smart Grind先进控制软件能够稳定磨矿过程运行，优化磨矿产品粒度，提高矿石处理量2%～5%，降低磨矿系统运行能耗1%～2%。而Smart Float可以稳定精矿品位并使其增加1%，提高回收率1%～3%，减少药剂消耗2%～20%，带来可观的经济利润[27, 162]。

南非Mintek公司采用优化控制技术和软测量技术开发了磨矿过程优化控制的一系列软件系统，包括磨矿过程优化控制软件系统MillStar、磨矿粒度软测量软件系统PSE、旋流器非接触角度测量软件系统CYCAM等。如图1.12所示，MillStar软件系统通过上层基于模型的优化器在线优化调整底层给矿、给水以及旋流器给矿压力等基础控制回路的设定值参数以优化磨机功耗和稳定磨矿粒度。另外，通过引入给矿量的摄动自动寻找最佳磨机负荷，以适应矿石性质的变化。据报道，MillStar在稳定旋流器溢流浓度和粒度的前提下，可提高破碎处理能力4%，磨机处理能力6%～16%[163, 164]。

澳大利亚Manta Controls Pty Ltd开发了Manta Cube控制软件用于磨矿先进控制。该系统采用了基于模型的约束控制、前馈控制、解耦控制、增益调度等控制技术，能够有效克服给矿量和矿石成分的扰动，稳定磨矿生产与产品质量，提高磨矿处理量约6%[163, 165]。

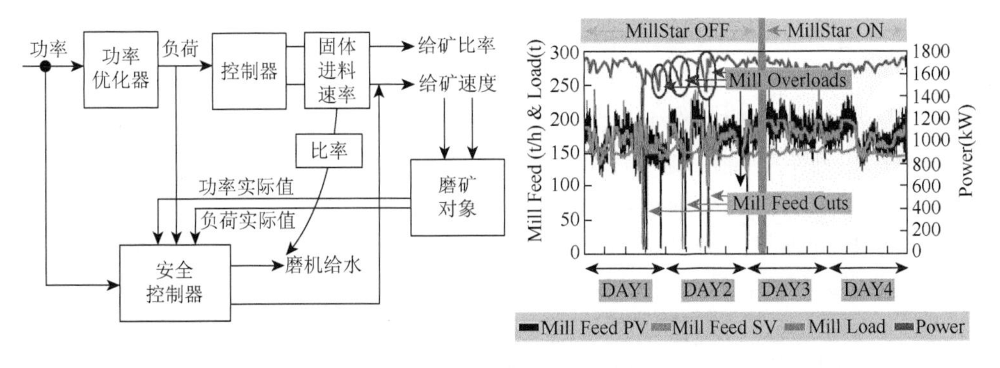

图1.12 MillStar软件系统的磨机功耗运行优化控制策略及控制效果

1.4.3 基于智能的磨矿过程运行控制与优化方法及技术

随着计算机科学、机器学习以及人工智能等学科的迅速发展，人类对自身智能行为及其机理的认识逐渐明确和深化，产生了多种人工智能技术，如专家系统、模糊推理、人工神经网络、仿生进化计算、案例推理等。这些智能技术已经被广泛应用于各行各业解决建模、控制以及优化等诸多学术和工程应用问题。多年以来，国内外学者在应用人工智能的概念和方法解决磨矿过程的运行优化与控制问题进行了许多理论研究和实践探索，并取得了显著的成效。

1. 理论方法方面

由于采用专家系统技术设计的控制系统在层次结构、知识表达上具有较强的灵活性，既能精确地表达推理，也可模糊描述演绎；既可进行符号推理，又可数值计算[15]，因此基于专家系统技术的磨矿过程运行控制与优化受到广泛关注。基于专家智能技术的磨矿过程运行控制及优化方法可追溯到20世纪80年代末至90年代初。早在20世纪80年代末，Harris等就介绍了专家系统在选矿过程的应用[166]。McDermott等报道了一个真实磨矿专家系统的具体设计和实施过程[167]。Bearman等在文献[168]中分析了专家系统在选矿工业以及其他工业的研究和应用状况，指出专家系统是选矿工业未来发展的机遇，值得深入研究和推广应用。文献[169]指出采用专家系统与最新分布控制系统在提高设备性能和运行效益上取得了成功，超过了用现代化仪控系统所获得的最高水平。这是因为专家系统可以全天24小时监测运行过程，对各种干扰能快速作出控制动作响应。同时，文献[169]统计了一些选厂采用专家系统后关键指标的提高程度：磨矿产量提高4%～8%、单位电能消耗降低约10%、精矿品位增加2%～8%、金属回收率增加1%～4%等。Yianatos等在文献[170]中针对一个实际工业磨矿回路，研究了基于专家系统的磨机处理量控制问题。其具体控制策略就是通过在保持磨矿粒度一定的条件下最大化旋流器底流浓度（即返砂浓度），其决策变量为调整磨机新给矿量控制回路和泵池加水流量控制回路的设定值。在Colon选矿厂的试验表明磨机处理量增加了5%～12.5%，并且磨矿粒度也在可控范围内。另外，磨机处理量的提高有助于减少运行的磨矿机组数，从而大大减小磨矿运行的成本。近年来，Chen等在文献[171]中也报道了一个类似的磨矿运行专家控制系统，其控制目的是稳定磨矿粒度和最大化磨机新给矿量，通过调节磨矿浓度、泵池加水量以及泵池液位三个基础控制回路对上层专家系统给出的设定值进行跟踪，从而实现既定的运行控制目标。

应用模糊逻辑推理技术来解决磨矿过程运行控制问题是另一个应用广泛的方法。这很大程度得益于模糊逻辑自身所具有的技术优势，模糊逻辑推理可用于模拟人在信息不清晰、不完备的情况下的判断推理、分析和决策能力，即将人的语言中所具有的多义、不确定信息定量地表示出来，以此来模拟人脑的思维、推理和判断[15]。另外，模糊控制系统输入变量的模糊化钝化了系统噪声等干扰的影响，因而系统鲁棒性较强，这尤其适用于磨矿过程这类工况动态时变、大滞后复杂系统的控制。早在 1987 年，Harris 等就指出模糊逻辑是选矿过程一种潜在的控制技术[172]。

在实际工程应用中，模糊逻辑通常与专家系统进行集成，构成模糊专家系统或者模糊推理系统。文献[173]针对球磨机-螺旋分级机闭路磨矿回路，采用模糊推理技术提出了磨矿过程的多变量模糊监督控制方法，取得了较好的应用成效。文献[174]提出了基于模糊逻辑在线优化并集成专家系统的磨矿过程运行优化与控制方法，通过上层的模糊逻辑优化确定底层基础控制的设定值，从而达到最大化磨矿效率和稳定磨矿粒度的运行反馈控制目标。文献[175]、[176]报道了某选矿厂的半自磨装载量多变量模糊监督控制系统，用于对磨机给矿速度、磨矿浓度（给矿水）等基础控制回路进行优化设定。

针对磨矿过程实际运行环境的不确定性及多变量动态特性，基于强化学习（reinforcement learning）的运行优化与控制方法也受到了重视。Valenzuela 等[177]较早研究了强化学习在磨矿过程控制的应用研究；Najim 等在文献[178]中研究了基于强化学习技术研究了自磨过程的自优化控制问题；而 Conradie 等研究了基于进化强化学习技术的磨矿过程神经控制方法[179]。

2. 专用技术与软件方面

国外相关机构利用专家系统、模糊推理技术开发了专用的磨矿过程及选矿处理的先进控制软件，如法国 Metso Minerals Cisa 公司的 OCS©software、丹麦 FLSmidth 的 ECS/FuzzyExpert、美国 KnowledgeScape 公司的 GrindingExpert™、芬兰 Outokumpu 公司的 PROSCON ACT 等[180, 181]。

全球著名的岩石和矿物加工系统供应商法国 Metso Minerals Cisa 公司开发了用于解决选矿全流程包括破碎、磨矿、浮选、浓缩等过程最优运行控制问题的优化控制软件，即 Optimizing Control Software（OCS）。图 1.13 为 OCS©software 的运行控制系统架构及结构图。可以看出，OCS©software 通过采用专家系统、模糊逻辑、建模与优化模块、神经网络等混合智能技术，并集成使用优化、软测量、自适应预测建模以及机器视觉等混合技术，在线给出最优底层基础控制回路设定值，以克服传统 DCS 和 PLC 控制系统的不足，从而实现选矿过程的最优运行。该系统已经成功地应用于加拿大、南非、瑞典、坦桑尼亚、荷兰等国家的多家选矿厂。据统计，该产品每年为客户带来的投资回报率为 100%～500%。

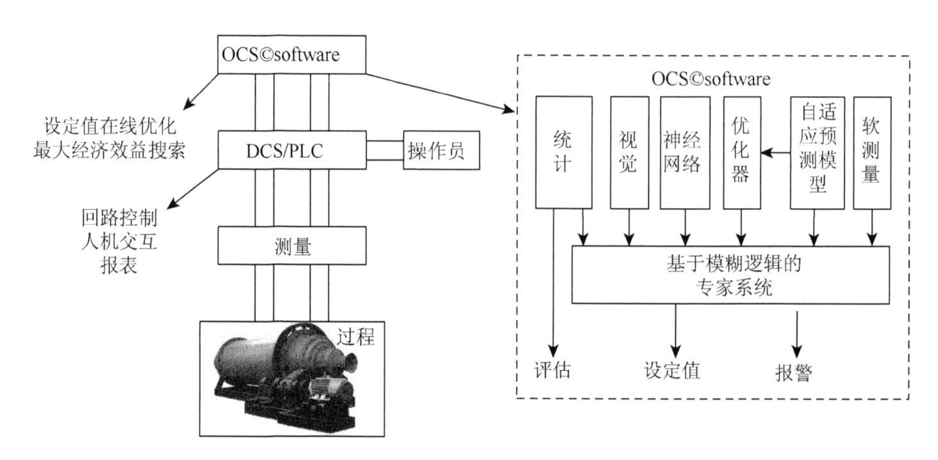

图 1.13 具有 OCS©software 的运行控制系统架构及 OCS©的软件结构[181]

丹麦 FLSmidth 公司开发了 ECS/ProcessExpert 磨矿过程专家系统，该软件融合了模糊逻辑、专家系统和 Kalman 滤波等技术，通过对给矿量、磨机加水量、磨机转速、旋流器给矿浓度等回路参数的调整，使得磨矿生产过程远离非正常工况，实现磨矿过程的最大处理量、获得理想的磨矿粒度指标，最终在增加效益的同时达到降低生产成本的目的。ECS/ProcessExpert 在 Nkomati Nickel Mine 镍矿磨矿系统的应用表明能够有效预防磨机发生过负荷事故，使得磨矿生产过程连续稳定生产，在满足各种生产操作的限制条件下，提高了磨矿过程的处理量 4.30%，降低了一段自磨机功耗 5.10%，降低了二段球磨机功耗 9.25%。

芬兰 Outokumpu 公司集成了规则推理、模糊逻辑等智能控制技术，结合 Outokumpu 在选矿生产过程中积累大量操作经验和生产推理知识，推出了 ACT 专家控制系统软件 PROSCON ACT，用以实现磨矿过程和浮选过程等的运行优化控制。该软件由 ACT Designer、ACT Engine 和 ACT User Interface 三部分组成。其中 ACT Designer 提供了控制策略的图形开发环境，可实现专家规则或模糊规则的编程；ACT Engine 是控制策略的执行引擎，并提供了与 DCS/PLC 控制系统通信接口；ACT User Interface 运行在 Web server 上以提供一个可实现过程监控的 Web 人机交互系统。在应用到磨矿过程时，PROSCON ACT 通过优化各基础控制回路的设定值来实现增加处理量、提高产品质量和回收率、降低能耗的生产目标。江西铜业集团公司德兴铜矿大山选矿厂磨矿系统投入 PROSCON ACT 软件后磨机台式处理量增加了 5t/h。

美国 KnowledgeScape 公司将模糊逻辑、神经网络结合其在矿物加工过程优化 30 多年积累的科研成果，开发了专家控制软件 KSX，以通过调整控制回路设定值来实现选矿过程运行优化。为实现半自磨机与球磨机在保持最佳磨矿粒度的同时尽可能提高处理量，并有效保护磨机生产设备的目标，KSX 提供了磨矿过程专家软件 GrindingExpert™。GrindingExpert™ 以 10s 的采样周期从 DCS 系统读取当前磨矿运行数据，并利用一个磨机通过量监视软件 MillsSanner™，采用所建立的专家规则推理机制，每分钟对磨机给矿量、磨机转速、磨机入口给水等回路的设定值进行调整，如图 1.14 所示，从而在保证产品质量的同时可提高 3%～6%的矿石处理量。

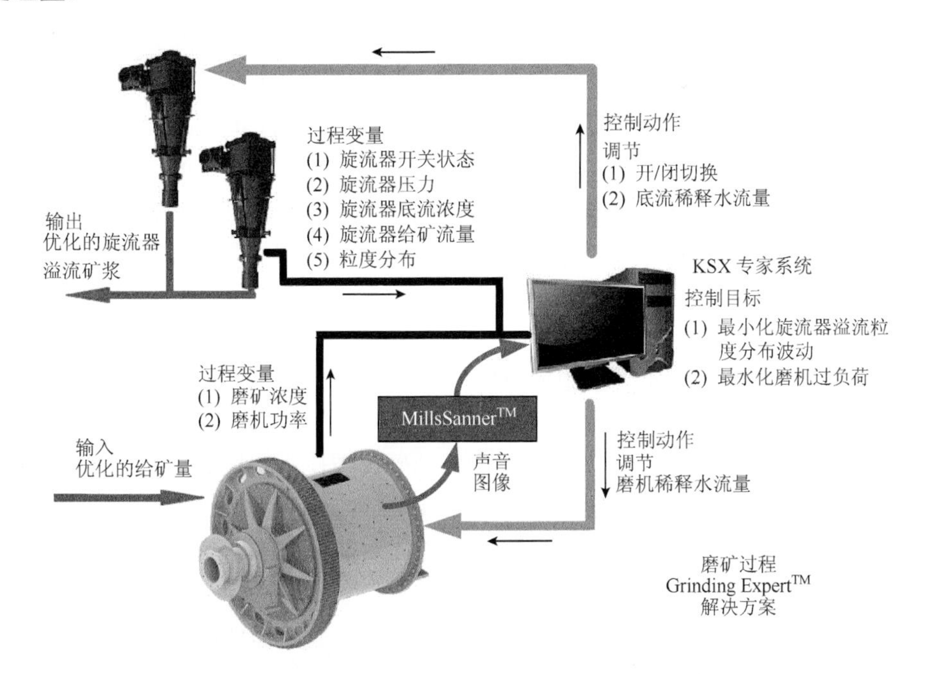

图 1.14　GrindingExpert™在球磨机-旋流器闭路磨矿过程中的应用实例

另外，Baker Process 技术公司开发的专家系统已于 1998 年安装在澳大利亚的新克雷斯特加迪亚（New Creset Cadia）铜金矿，该系统与选矿厂的分散控制系统相连，用于控制磨矿过程，取得显著应用成效。美国的国际控制公司（International Control Company）结合选矿厂操作员的操作经验与专家知识开发的ICC专家系统，可使选矿厂的产品质量在保持稳定的前提下，处理量提高5%～15%。

1.5 存在的问题及本书主要工作

1.5.1 存在的问题

自从1969年第一台PLC问世以来，就陆续有专门性的工业过程控制系统及其软件面世，并得到广泛应用，如国际著名的Rockwell的ControlLogix系列控制系统、Honeywell的DCS系统、Foxboro I/A系列DCS、Siemens的PCS7系列控制系统以及国内浙江大学中控的ECS系列DCS以及优稳自动化公司UW500集散控制系统等。相对于过程基础控制的理论与技术，工业过程运行优化与反馈控制技术起步较晚。但是经过多年学术界与工程技术界的共同努力，磨矿过程运行优化与反馈控制技术也得到长足进步，并得到了广泛应用和可观的控制成效。但是，上述已有磨矿过程运行控制方法还存在诸多问题，具体如下。

（1）上层开环设定加底层基础控制的控制模式没有真正实现针对运行指标的运行反馈控制。上述已有的运行优化与控制方法，特别是用于磨矿过程的运行优化与控制方法大都采取的是上层设定+底层基础控制的模式，没有考虑实际运行指标的实时反馈信息，因而没有真正意义实现针对磨矿运行指标的上层闭环反馈控制。当生产平稳、运行过程无干扰时，这种开环优化设定+底层基础控制的运行优化与控制模式确实可以实现期望所需的磨矿运行指标。但是，实际磨矿过程运行存在各种复杂动态干扰，如原矿石成分与颗粒大小的波动。再加上受生产设备与作业环境的动态约束，以上开环设定+底层基础反馈控制的运行控制模式难以适应复杂工况和运行环境的动态变化，因而也难以对运行磨矿过程作出及时调整。这种情况下，就必须利用实时或者间歇性的运行指标反馈信息，实现磨矿运行指标的上层反馈控制，即磨矿过程运行反馈控制。

（2）对于国际通用的可建模磨矿过程，缺少针对多运行指标上层解析解耦与多层次反馈控制的运行反馈控制方法。对于越来越复杂的工业对象，人们所要求的控制性能不再局限于单个运行指标。由于磨矿运行控制指标和基础反馈控制的被控变量间表现为多变量耦合、多时滞特性，因此这就要求设计的基于模型的运行控制系统具有良好的高维解耦、多时滞补偿能力。而现有的针对运行控制指标的上层多变量解耦控制方法极其有限，目前主要为广泛使用的MPC方法，因此必须进一步研究针对磨矿多运行指标解析解耦的具有基础反馈与运行反馈分层反馈结构的工业过程运行反馈控制方法[25, 28, 214]。

（3）常规基于MPC的工业过程运行反馈控制方法抗干扰性能不足，磨矿动态运行环境变化时，难以获得满意的运行控制性能。由于原料成分的波动以及动态环境的变化，磨矿过程运行总会存在着各种各样的外部干扰和不确定动态。目前普遍使用的基于MPC的运行反馈控制技术以及其先进控制策略在控制具有较强干扰和不确定动态的复杂工业系统时均难以获得满意的运行控制性能。这是因为MPC等先进控制算法没有在控制系统设计时对过程干扰进行直接考虑和处理，不能直接或快速地抑制外部过程干扰和不确定动态。显然，这将限制这些单一MPC运行反馈控制的运行控制性能。因此，必须在MPC基础上，研究具有较强干扰抑制能力的复杂工业过程运行反馈的集成控制方法[21, 182, 215]。

（4）针对具有中国特色的难建模赤铁矿磨矿过程，缺少具有普适意义且具有层次反馈控制结构的磨矿过程运行反馈控制方法及相关工业应用的研究工作。我国赤铁矿磨矿过程的由于受生产设备状况、原材料和其他生产环境变化的影响，其过程的数学模型往往难以得到，或者建立的模型由于适应性差而根本不可靠。另外，赤铁矿磨矿设备多、流程长、滞后大，从原料加入到产品形成一般有长达几十分钟甚至好几个小时的时滞。另外，受矿石成分与性质的显著波动，粒度计等昂贵仪表难以在此进行应用，这使得磨矿粒度等被控运行指标难以在线检测。这种情况下，基于过程数学模型并具有调节时间滞后特性的自优化控制、RTO等难以在此发挥作用。已有基于数据与知识并融合智能技术的运行反馈控制方法也非常有限，基本采用的是上层开环智能监督+底层基础控制的运行控制模式，没有实现运行指标的上层闭环控制。因此必须利用丰富的过程数据与知识，并借助于智能建模与控制技术，研究具有普适意义且具有层次反馈控制结构的智能运行反馈控制方法及工业应用。

（5）缺少同时考虑过程运行安全与运行优化的复杂赤铁矿磨矿运行反馈控制方法及相关工业应用的研究工作。无论基于模型的运行反馈控制还是基于数据与知识的运行控制方法，大多只考虑产品质量、生产效率或者经济性能的优化，而对于过程运行的安全却未有直接考虑。从过程工程实际需求的角度出发，首先关注的是系统运行的安全和稳定性，只有在过程运行安全的前提下，才能谋求生产过程运行指标的优化。由于我国赤铁矿磨矿过程的原矿石成分与性质频繁变化，磨矿系统因运行工作点设置不合理而容易产生磨机过负荷等故障工况，甚至造成磨机“胀肚”等重大安全事故。因此，必须充分利用丰富的生产过程数据以及领域专家知识和操作经验，借助于智能建模与智能控制技术，研究面向运行安全与优化的磨矿过程智能运行反馈方法[29, 183-189, 212, 213]。

（6）亟待开发脱离于监控组态软件并且具有自主知识产权用于工业过程运行反馈控制的仿真实验系统和平台。现代过程工业对运行反馈控制的迫切需求以及运行反馈控制方法研究的日益深进，也推动了相关专业性运行控制软件或者先进控制软件的研究和发展。虽然国外高技术系统软件公司开发了用于化工过程先进控制软件或系统，如 DMCplus、RMPCT、Profit Optimizer、AIM Quick Optimizer 等，但是用于工业过程运行反馈控制仿真实验的系统和平台却极其少见。在国内，针对具体工业过程开发了基于监控组态软件的运行控制仿真实验平台。然而，基于组态软件的开发模式由于需要专用的监控组态软件，一种型号的监控软件开发的过程运行反馈系统很难移植到另一种型号的监控系统上，从而极大地影响运行反馈控制方法及相关系统软件的推广应用。另外，目前各监控组态软件技术主要被国外先进控制公司所垄断，那么在监控机上开发的运行控制仿真系统不能摆脱对各 DCS 生产厂家的依赖。因此，亟待开发脱离于监控组态软件并且具有自主知识产权的运行控制仿真系统及其专用软件，以服务于我国过程工业界，促进国民经济的发展。

1.5.2 主要工作及内容概述

针对复杂磨矿过程运行优化与控制研究存在的上述问题，依托国家自然科学基金项目（项目编号 61104084，61290323，61333007，61473064）、国家 973 计划项目（项目编号 2009CB320601）以及中央高校基本科研业务费项目（项目编号 N130508002，N130108001），以冶金选矿的两类典型复杂磨矿过程为研究对象，开展复杂磨矿过程的运行反馈控制方法及其应用的研究，本书主要工作如下。

（1）提出具有上层运行反馈控制和底层基础反馈控制的磨矿过程分层运行反馈控制的体系结构。

针对已有上层设定+底层基础控制的磨矿过程运行控制模式没有真正意义实现磨矿运行指标上层闭环控制的问题，利用实时或者间歇性的运行指标在线检测或者软测量信息，研究具有上层运行反馈控制+底层基础反馈控制的磨矿过程分层运行反馈控制结构。

（2）以国际通用的一段棒磨开路、二段球磨-水力旋流器闭路的可建模磨矿过程，研究基于模型的磨矿过程运行反馈控制方法及与已有 MPC 运行反馈控制方法的比较研究。

首先，借助于提出的多点阶跃响应匹配模型近似算法，提出基于改进 2-DOF 解析解耦的运行反馈控制方法：针对具有磨矿粒度、循环负荷等多运行指标的可建模磨矿过程（图 1.9），提出基于改进 2-DOF 解耦的运行指标测量大时滞过程运行反馈控制方法。由于磨矿过程的多变量耦合及时滞特性，运行控制的对象模型往往十分复杂。因此，提出基于频域多点阶跃响应匹配的模型近似方法，用于设计能够物理实现的改进 2-DOF 解耦运行控制系统。

其次，针对常规基于 MPC 运行反馈控制方法在控制具有较强外部干扰和不确定动态工业过程时控制性能的不足，引入干扰观测（disturbance observer，DOB）技术，研究基于 DOB 与 MPC 的集成运行反馈控制方法。首先，针对已有 DOB 设计仅适用于最小相位时滞或非时滞系统，提出了非最小相位时滞系统的改进干扰观测器（improved DOB，IDOB）设计方法。并在此基础上，提出基于 IDOB-MPC 的集成运行反馈控制方法；其次，针对已有 DOB 设计的单变量本质，提出了基于 MIMO 系统近似逆的多变量干扰观测器（multivariable DOB，MDOB）设计方法。在此基础上，提出基于 MDOB-MPC 的集成运行反馈方法。上述方法在图 1.9 所示国际通用的可建模闭路磨矿过程的仿真应用表明：基于 MDOB-MPC 的集成运行反馈控制方法在干扰抑制、干扰观测以及过程整体运行控制性能方面均要优于基于 IDOB-MPC 的运行反馈控制方法、基于单个 MPC 的运行反馈控制方法以及基于扩展 2-DOF 解耦的运行反馈控制方法。而在干扰观测和干扰抑制方面，基于 IDOB-MPC 的方法要优于基于单个 MPC 的方法。

（3）以我国广泛分布的赤铁矿石性质与成分变化、嵌布粒度细、粒度与生产效率等运行指标难以在线测量以及难以建立数学模型的复杂磨矿过程为背景，研究基于数据与知识的复杂磨矿过程智能运行反馈控制方法。

首先，针对一段球磨机-螺旋分级机闭路、二段球磨机-水力旋流器闭路的赤铁矿两段全闭路磨矿过程，将建模与控制相集成，充分应用数据与知识，提出了设定值闭环控制与回路控制两层结构双闭环运行反馈控制方法，包括基于案例推理的控制回路预设定模型，基于动态神经网络的磨矿粒度软测量以及模糊反馈校正补偿器。在某赤铁矿选厂磨矿的工业实验及应用效果表明：提出的智能运行反馈控制方法能够优化磨矿粒度指标，提高磨矿生产效率和设备运行率以及减小能源消耗。

其次，针对赤铁矿磨矿过程运行潜在的过负荷故障工况，提出面向运行优化与安全的磨矿过程智能运行反馈控制方法。所提方法包括过程控制系统设定值自适应二次规划（QP）优化、基于 CBR-ANN 的磨矿粒度混合智能软测量、多变量智能反馈校正以及基于 SPC 与 RBR 的过负荷智能诊断与调节。过程控制系统设定值优化用于保证运行磨矿系统的标称性能，多变量智能动态校正用于增强系统的运行性能，过负荷监测与调节采用数据驱动与知识驱动集成技术，用于确保系统运行的安全性能。另外，CBR-ANN 混合软测量用于解决磨矿粒度不能在线检测的问题。工业应用表明：所提方法在优化磨矿运行性能的同时，还能有效抑制磨机过负荷故障工况的发生，从而实现磨矿过程的安全稳定运行。

（4）磨矿过程运行反馈控制的半实物仿真实验室系统的设计及实验研究。

为了便于运行控制方法在进行实际工程应用前进行贴近实际现场环境的仿真实验验证，研制了由过程运行反馈控制系统、过程监控系统、过程控制系统、过程虚拟对象、过程虚拟执行与检测机构等组成的磨矿过程运行反馈控制半实物仿真实验平台。针对已有基于组态软件的运行反馈控制系统软件开发模式的不足，采用 Visual Studio 2010 集成开发环境，开发了集开放性、灵活性、可视化、可组态、可扩展为一体的磨矿过程运行反馈控制软件系统。通过设计开发实例及其半实物仿真验证说明了研制的系统对运行控制算法和方法的研究以及实际应用均具有较高应用和研究价值。

本书结构及各部分研究内容安排如下。全书共分 8 章。第 1 章为绪论，主要介绍本书工作的背景与研究意义、工业过程运行控制的含义及研究现状、磨矿过程运行控制的必要性及研究现状、存在问题以及本书工作。第 2 章介绍冶金磨矿过程及其运行反馈控制问题的数学描述以及难点分析，另外第 2 章对研究的两类典型磨矿过程进行详细介绍。第 3～6 章为本书重点，详细介绍提出的四种运行反馈控制方法。其中第 3 章和第 4 章研究基于模型的工业过程运行反馈控制方法及在国际通用的可建模磨矿过程（一段棒磨开路、二段球磨-水力旋流器闭路）的仿真应用以及与国际上已有方法的比较研究。第 5 章和第 6 章为基于数据与知识的磨矿过程智能运行反馈控制方法，其中第 5 章研究基于数据与知识的两段全闭路赤铁矿磨矿过程运行反馈控制方法，第 6 章在第 5 章基础上研究面向运行优化与安全的球磨机-螺旋分级机闭路磨矿过程智能运行反馈控制方法。第 7 章为磨矿过程运行反馈控制的半实物仿真实验系统的设计及实验研究。第 8 章对全书工作进行总结，并对磨矿过程运行反馈控制几个潜在的研究问题进行概述。

第 2 章　冶金磨矿过程及其运行反馈控制问题描述

磨矿过程是使物料粒度（颗粒）减小的过程，广泛应用黑色与有色金属冶金、水泥与硅酸盐及陶瓷制造、新型建筑材料、火力发电、化肥与化工产品制造以及国防军工工业等领域。就冶金选矿领域而言，磨矿过程的基本任务是使矿物原料粉碎到适宜的粒度，使有用矿物成分从脉石中单体解离，或不同有用矿物成分相互解离，为后续选别过程提供原料。磨矿过程的特点是基建投资大、电耗和物耗高、磨机处理能力和磨矿产品粒度对后续作业效率和质量的技术经济指标影响显著。因此，有关磨矿的研究在国内外一直受到广泛关注和高度重视，其中磨矿过程控制与优化是磨矿研究的重要方向。但是，许多实际磨矿过程具有如下典型综合复杂动态特性：赤铁矿磨矿的产品粒度、磨机处理量等指标难以采用常规检测仪表进行直接在线检测且化验过程滞后；各运行指标之间与磨机给矿量、磨机给水等关键过程变量之间动态特性十分复杂，存在着多变量耦合等复杂动态关系，并且其动态行为还受原矿石性质、成分、磨矿生产技术规范与操作规范、磨矿设备能力、磨矿作业条件以及各种未知动态干扰的影响，具有强时变特性，难以定性和定量描述或评估。到目前为止，对磨矿过程的机理、动态特性、自动控制、最优操作条件等方面的研究还远远不够，这也是过程工业界亟待研究的问题。

为了便于后续章节进行磨矿过程运行反馈控制方法及其应用的研究，本章将对冶金选矿的磨矿过程及其运行控制问题进行描述。首先，对磨矿工艺进行了描述，包括具体工艺过程、关键工艺设备、动态特性、典型闭路磨矿过程的特点。其次，对反映磨矿过程运行性能的指标及其影响因素进行分析。然后，对运行反馈控制的必要性和磨矿过程运行反馈控制问题描述及其难点进行阐述。最后，描述了人工监督的磨矿运行控制过程。

2.1 冶金磨矿过程工艺描述

2.1.1 磨矿过程简介

冶金选矿行业中，矿石冶炼入选前的准备工作包括破碎和磨矿两大作业，其中磨矿作业是破碎作业的继续，是入选（如磁选、浮选等）前矿料准备的最后一道作业。相对于破碎过程，磨矿过程的作用更为重要。因为任何机械选矿方法都是利用有用矿物和脉石矿物颗粒性质的差异来进行的，如果不将矿物与矿物相互解离开来，那么无论它们的性质差异如何大也无法进行分选。这种使矿物与矿物充分解离的磨矿便成为任何选矿方法的先决条件。另外，磨矿过程不仅能源及材料消耗高，其生产的处理量决定了整个选厂的处理能力，磨矿产品质量直接影响后面选别作业的工艺指标的高低，如磨矿过程的有用矿物解离度不够或者过粉碎严重均会导致最终选矿产品金属回收率以及精矿品位的显著下降[190, 191]。

由于矿石性质的非均匀性、给料粒度的参差不齐，加上介质对物料磨碎作用的概率性，因此磨机排矿产品的粒度分布也是非均一和参差不齐的。欲使物料在磨机中都能磨碎至合格粒度，则必然会使部分有用矿物颗粒过粉碎，因此具有分级作业的闭路磨矿是必要的，即磨矿作业通常是闭路工作的，这称为磨矿回路。一个闭路磨矿回路主要包括磨矿设备（磨机）和分级设备（分级机）以及相关的输送设备等，如图 2.1 所示。其具体工艺描述如下。首先，将存储在原矿仓的破碎原矿石以一定速度由给矿机经给矿皮带输送到磨机中，同时按比例添加一定水。磨机内装入一定数量的不同形状的研磨体（即磨矿介质），如钢球、钢棒、短圆柱或较大块的矿石、砾石等。矿石和磨矿介质随着磨机筒体的旋转而被带到一定的高度后，在磨机旋转的离心力和摩擦力的作用下自由下落或滚下，筒体内的矿石受到磨矿介质的冲击力。另外，由于磨矿介质在磨机内沿筒体轴心的公转和自转，在介质之间及其在筒体接触区又产生对矿石的挤压和磨剥力，从而将矿石磨碎。然后，磨碎后的矿石输送到分级机（螺旋分级机或水力旋流器等）进行粒度分级，粒度合格的矿浆从分级机排出进入下段磨矿过程或者直接进行浮选、磁选等选别工序进行矿石分选。

2.1.2 磨矿过程关键工艺设备

磨矿机（简称磨机）是物料被破碎之后，再进行粉碎的关键设备，用于对各种矿石和其他可磨性物料进行干式或湿式粉磨。根据磨矿介质和研磨物料的不同，磨机可分为球磨机、棒磨机、柱磨机、自磨机、立磨机等。在冶金选矿中，目前应用最广泛的是球磨机和棒磨机，其实物分别如图 2.2(a)和(b)所示。

球磨机（ball mill）。球磨机是由筒体内所装载研磨体一般为钢制圆球而得名，它是磨矿过程应用最为广泛的磨矿设备，由水平筒体、进出料空心轴及磨头等部分组成。筒体由钢板制造，为长的圆筒，有钢制衬板与筒体固定。筒内装按不同直径和一定比例装入的有研磨体，一般为钢制圆球，少数也可用钢段。被磨物料由球磨机进料端空心轴装入筒体内，当球磨机筒体转动时候，研磨体由于惯性、离心力以及摩擦力的共同作用，使它黏附在筒体衬板上被筒体带走。当被带到一定的高度时，由于其本身的重力作用而被抛落。下落的研磨体像抛射体一样将筒体内的物料给击碎。根据有无加水，球磨机通常分为干式和湿式两种磨矿方式；根据排矿方式不同，可分格子型球磨机和溢流型球磨机；根据筒体形状可分为短筒球磨机、长筒球磨机、管磨机和圆锥型磨机四种。溢流型球磨机随着筒体的旋转和磨矿介质的运动，矿石等物料破碎后逐渐向右方扩散，最后从右方的中空轴颈溢流而出；格子型球磨机在排料端安装有格子板，由若干块扇形孔板组成，其上的箅孔宽度一般为 7～20mm，矿石通过箅孔进入格子板与端盖之间的空间内，然后由举板将物料向上提升，物料沿着举板滑落，再经过锥形块而向右至中空轴颈排出磨机外。

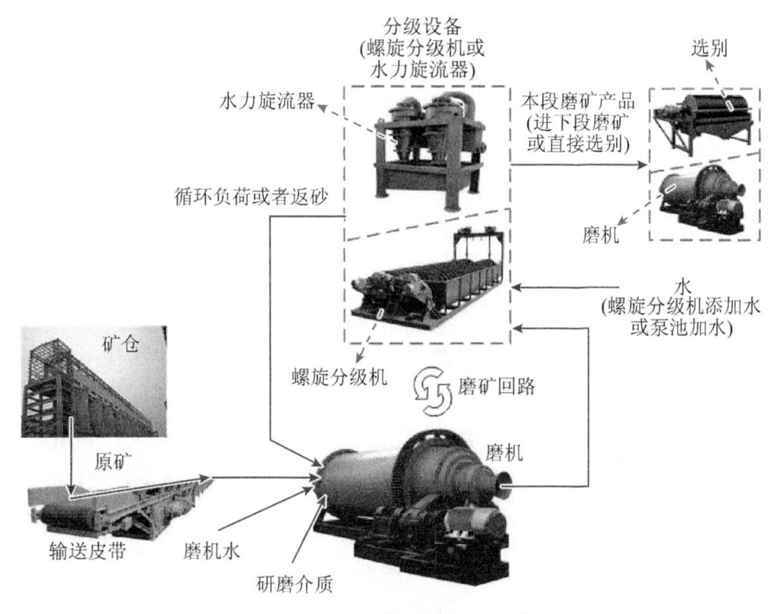

图 2.1 闭路磨矿回路示意图

(a) 球磨机　　(b) 棒磨机

图 2.2　球磨机和棒磨机实物图

棒磨机（rod mill）。棒磨机是由筒体内所装载研磨体为钢棒而得名的，一般采用湿式溢流型，广泛用于冶金选矿厂、化工厂以及热力发电的一段粗磨矿。棒磨机内磨矿介质棒的长度应比筒体长度短 30～50cm。为保证磨棒在棒磨机内有规则的运动和落下时不互相打击而变弯曲。棒磨机在结构上与球磨机略有不同：棒磨机的锥形端盖曲率较小，内侧面铺有平滑衬板，筒体上多采用不平滑衬板，排矿中空轴比同规格球磨机要大，其他部分与同类型球磨机基本相同。棒磨机由于磨棒处于线接触，所以大的物料首先受到磨碎，具有选择性磨碎作用，因此产品粒度范围较窄，产品粒度均匀，过粉碎现象较少，磨矿效率较高。现在通用的棒磨机有三种：溢流型棒磨机、端头周边排矿棒磨机、中心周边排矿棒磨机。溢流型棒磨机产品粒度较细，一般用来磨细破碎后的产品，再供给球磨机使用；端头周边排矿棒磨机一般用做干式磨矿，产品粒度较粗；中心周边排矿棒磨机可用于湿式和干式，产品粒度更粗，物料从棒磨机的两端给入，磨碎过程短，很快就排出，梯度高，细矿少。

分级机是磨矿过程的另一关键设备，其工作机理就是根据矿物颗粒在介质（水或空气）中沉降速度的不同，将宽级别粒群分成两个或多个粒度相近的窄级别过程。分级机在选矿中的应用主要有如下几个方面：①与磨机构成闭合回路，及时分选出合格粒度产物，以减少过磨；②在重选作业（如摇床选、溜槽选）之前，对原料进行分级，分级后的产物分别给入不同的设备或在不同操作条件下进行选别；③对磨矿或选别产物进行脱泥、脱水[190]。目前，工业上最常用的分级设备主要有水力旋流器和螺旋分级机，其实物分别如图 2.3(a)和(b)所示。

水力旋流器（hydrocyclone，简称旋流器）。旋流器属于离心力分级设备，主要由圆锥形容器组成，锥体上连接一个圆筒部分，筒体上部有一个切向给料口。圆筒顶部有一个轴向溢流管穿过盖板，插入筒体内，称为旋涡溢流管，用于防止给矿短路而直接跑入溢流管路。矿浆在一定压力下通过切向进料口给入到旋流器，并使矿浆在旋流器内产生涡流运动，沿垂直轴形成一个低压区。旋流器内颗粒的流动方式受两个相反力的作用：一个是外向的离心力；另一个是内向的拖曳力。形成的离心力加速颗粒的沉降速度，因而得以按粒度和比重对颗粒进行分级。沉降较快的颗粒被抛向器壁，然后逐步流向排砂口；由于拖曳力的作用，沉降较慢的颗粒流向垂直轴线周围的低压区，并向上流动，最终经旋涡溢流管排入溢流。

(a) 水力旋流器　　(b) 螺旋分级机

图 2.3　水力旋流器和螺旋分级机实物图

螺旋分级机（spiral classifier）。螺旋分级机在选矿厂中与球磨机配成闭路回路对矿浆进行粒度分级，具有结构简单、工作可靠、操作方便等特点。螺旋分级机基于固体颗粒大小和比重的不同而在液体中的沉降速度不同的原理对矿浆进行机械分级。细矿粒浮游在水中溢流出；粗矿粒沉于槽底由螺旋推向上部排出，能把磨机内磨出的细料过滤，然后把粗料利用螺旋片旋入磨机进料口，把过滤出的细料从溢流管子排出。该机底座采用槽钢，机体采用钢板焊接而成。螺旋轴的入水头、轴头采用生铁套，耐磨耐用，提升装置分电动和手动两种。

2.2 闭路磨矿回路流程以及两类典型闭路磨矿过程描述

2.2.1 磨矿回路流程

黑色与有色冶金常用的磨矿流程一般采用一段和两段闭路磨矿回路流程，目前只有在处理锡、钨这些贵重且易泥化的矿石时才使用两段以上的多段磨矿流程。一段磨矿回路流程的特点为：设备简单、配置方便、操作和维护容易，因为一台磨机或分级机出故障时不影响其他系列磨矿回路的正常工作。但是，我国大多数选厂所处理的铁矿石都是品位较低、硬度较大、嵌布粒度细且不均匀的贫矿，如镜铁矿、赤铁矿、菱铁矿、褐铁矿以及它们的混合物，因此一段磨矿回路流程难以对这些矿石进行一次性的单体解离，不易得到粒度较细而泥化又少的产品。另外，磨机的给矿粒度范围太宽，合理装球又困难，常造成磨矿效率较低。两段磨矿回路流程磨矿比大，可以产出较细或很细的产品。而且两段磨矿回路的一段磨矿和二段磨矿分别进行粗磨及细磨，可以各自选用合适尺寸的钢球、磨机转速以及磨矿浓度等，因而两段磨矿回路流程可以获得很高的磨矿效率。另外，两段磨矿回路流程可以配合进行阶段选别，产品粒度均匀而泥化少。但是，两段磨矿设备较多，配置比较困难，操作管理也较复杂，设备投资以及维护也较困难。

2.2.2 两类典型磨矿过程介绍

根据生产过程所处理矿石成分与性质、过程影响因素及复杂性，本书将磨矿过程分为两类。

（1）其处理的矿石品位好、成分和性质比较稳定、并且给矿粒度范围较窄。这类磨矿由于生产比较平稳、具有稳定运行工作点，能够建立过程的近似动态模型。

（2）其处理的矿石成分和性质复杂且不稳定（有时是好几种矿石的无规则混合物)、给矿粒级范围宽、矿石嵌布粒度细且不均匀。由于这类磨矿生产受原矿石性质和成分波动的影响，造成运行不稳定和工况动态时变，难以建立过程数学模型。

第（1）类磨矿为国际通用磨矿，在我国处理高品位矿石的选矿厂也常见，通常采用一段棒磨开路、二段球磨机-水利旋流器闭路的磨矿回路流程（图 2.4)。由于可以获得过程的近似动态模型，因而其控制与优化即可采用基于模型的方法也可采用数据驱动和智能的方法。第（2）类磨矿在中国最为常见。虽然我国铁矿资源丰富，但多数是低品位、难磨的贫矿和杂矿（如赤铁矿、菱铁矿、褐铁矿、镜铁矿等)，矿石成分不稳定。这类磨矿通常采用两段全闭路磨矿回路工艺，并且使用螺旋分级机等老式机械分级设备，其中一段磨矿通常由球磨机和螺旋分级机构成的闭路磨矿回路构成，二段磨矿通常由球磨机和水力旋流器构成的闭路磨矿回路构成，如图 2.5 所示。由于原矿石成分与粒级波动大，图 2.5 所示两段全闭路典型中国式磨矿过程的动态特性较第（1）类磨矿过程要复杂得多，因而保证运行性能所需的调控手段也要复杂得多，单纯采用基于模型的方法难以对其进行有效调控，需要融合数据与知识，并借助于智能技术才能对其进行有效控制和优化。

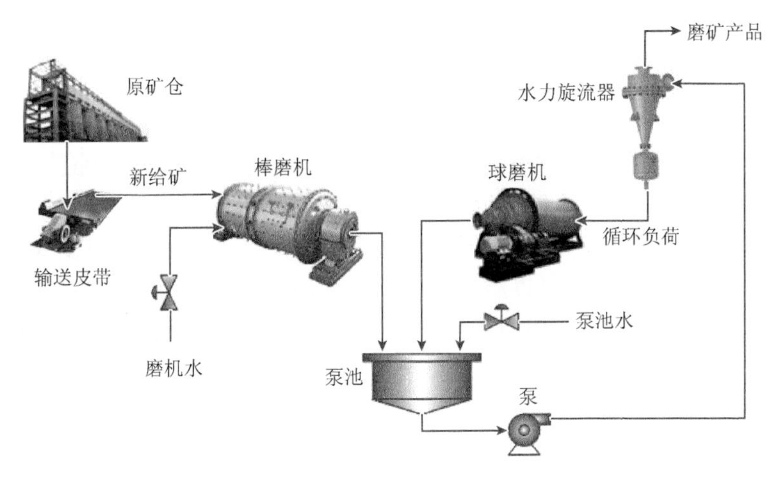

图 2.4 第（1）类典型磨矿回路流程（一段棒磨开路、二段球磨机-水力旋流器闭路）

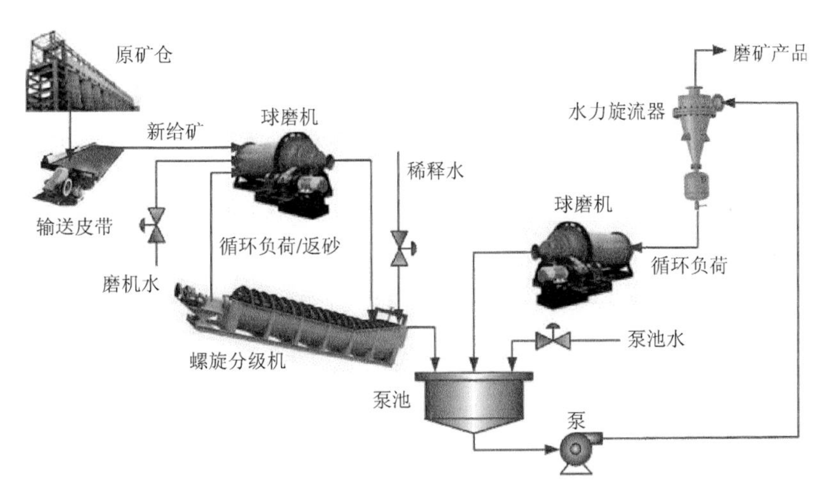

图 2.5 第（2）类典型磨矿回路流程（一段球磨机-螺旋分级机闭路、二段球磨机-水力旋流器闭路）

2.3 磨矿过程运行指标及其影响因素分析

2.3.1 磨矿过程运行指标

无论从工艺角度还是从控制角度来看，磨矿生产和磨矿控制均需要考虑工艺生产对如下几个运行控制指标的需求。

1. 磨矿产品粒度或磨矿粒度（product particle size，PPS）

PPS 是磨矿生产最为重要的质量指标，直接影响选矿产品精矿品位的好坏和金属回收率的高低（图 2.6），制约整条选矿生产线的工艺指标。在选矿行业中，所谓粒度，就是矿块（或矿粒）大小的量度，一般用 mm 或 μm 表示，并通常选用直径来表示矿粒的粒度。磨矿粒度或分级产物粒度，一般指水力旋流器溢流矿浆粒度或螺旋分级机溢流矿浆粒度等，磨矿粒度是以磨矿产物的粒度范围或某特定粒度（如小于 0.074mm）在该产物中的含量来表示，如-200 目百分含量（%，-200 mesh 或%＜200mesh）。

对于特定的磁选或者浮选等选别作业流程，每一种矿石都有一个适宜选别的磨后产品粒度及范围，PPS 过粗和过细都不利于有用矿物的选别，并且也不利于选厂的经济利润。如图 2.7 所示，PPS 过粗，矿石未能单体解离，这显然不利于矿石在选别过程的有效选离；而 PPS 过细，矿石大多已泥化，同样也难以在选别过程将有用矿物分选出来。并且由于矿石在磨细过小过程中消耗了过多的能量，这也不利于节能减排以及选厂经济性能指标[192]。

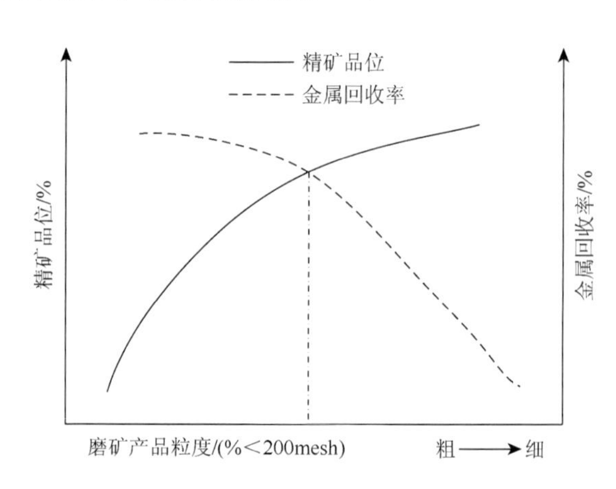

图 2.6　PPS 与选矿精矿品位与金属回收率的关系

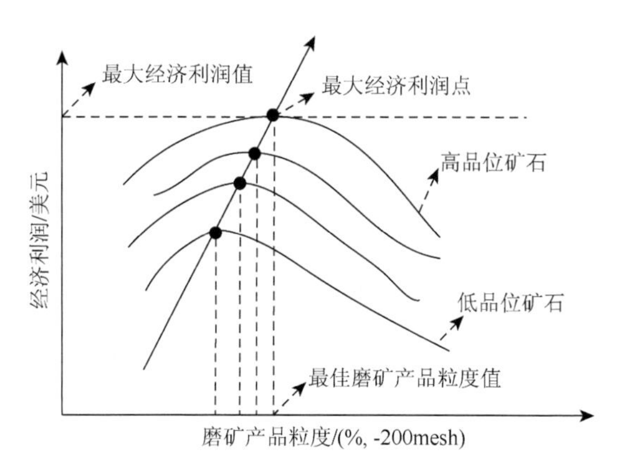

图 2.7 经济利润与磨矿产品粒度的关系图

2. 磨矿循环负荷（circulating load）

在闭路磨矿中，从分级机返回到磨矿机再磨的粗粒物料，称为返砂（regrinding return or recycle）。循环负荷可以用绝对值（t/h）表示，也可以用其与新给矿量的比值表示。设磨机新给矿量为 o_f(t/h)，用绝对值表示的循环负荷（或返砂量）为 o_r(t/h)，用相对值表示的磨机循环负荷（称为返砂比）为 r_r[191]，则

$$r_r = o_r / o_f \tag{2.1}$$

由磨矿动力学原理得到不同循环负荷 r_{r1} 和 r_{r2} 与分级效率 E_1 和 E_2 以及磨机相对生产率 λ 之间的关系为

$$\lambda = \frac{(1+r_{r1})\ln\dfrac{2+r_{r1}-1/E_1}{1+r_{r1}-1/E_1}}{(1+r_{r2})\ln\dfrac{2+r_{r2}-1/E_2}{1+r_{r2}-1/E_2}} \tag{2.2}$$

令 $E_1 = E_2 = 1$，并以 $r_{r1} = 1$ 时的磨机生产率为比较基础，得到

$$\lambda = \frac{2\ln 2}{(1+r_r)\ln\dfrac{1+r_r}{r_r}} \tag{2.3}$$

$$\lim_{r_r\to\infty}\lambda = \lim_{r_r\to\infty}\frac{2\ln 2}{(1+r_r)\ln\dfrac{1+r_r}{r_r}} = 1.386$$

根据式（2.3）绘出磨矿机相对生产率关于循环负荷的曲线，如图 2.8 所示。可以看出，磨机相对生产率随着磨矿循环负荷的增加而迅速增加。但是到了后来，尽

管循环负荷增加很多，磨机的相对生产率却提高有限，并趋向于一极限值。由磨矿动力学原理也可知，循环负荷的增加有利于提高磨机生产率，但是循环负荷过高却无多大作用，太大时会超过磨机的处理能力，使磨机堵塞。其原因是较粗的返砂量返回磨机后，加大了待磨物料的粗粒级含量，提高磨矿效率。但是当循环负荷继续增加，使得整个磨机的粗粒含量太高时，磨机就会因处理不了而发生堵塞[191]。

另外，由图 2.9 所示的循环负荷与磨矿产品粒度的近似关系曲线可知，磨矿粒度与循环负荷也具有类似的近似关系，即磨矿产品中合格粒度含量随着循环负荷的增加而增加，但是当循环负荷增加到一定程度后，产品中合格粒度含量就会增加缓慢[193]。

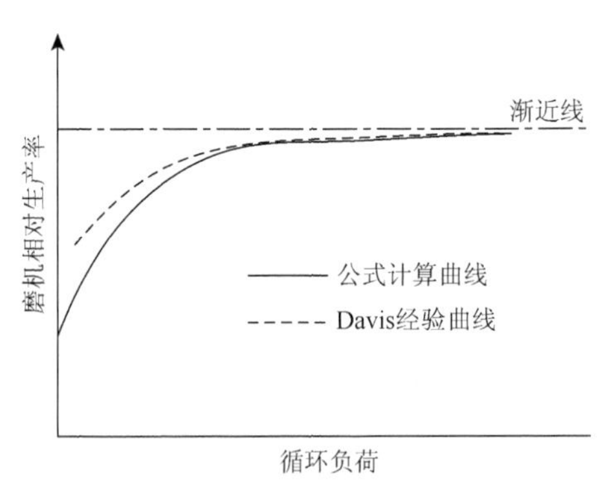

图 2.8　磨机相对生产率与循环负荷的近似关系[191, 194, 195]

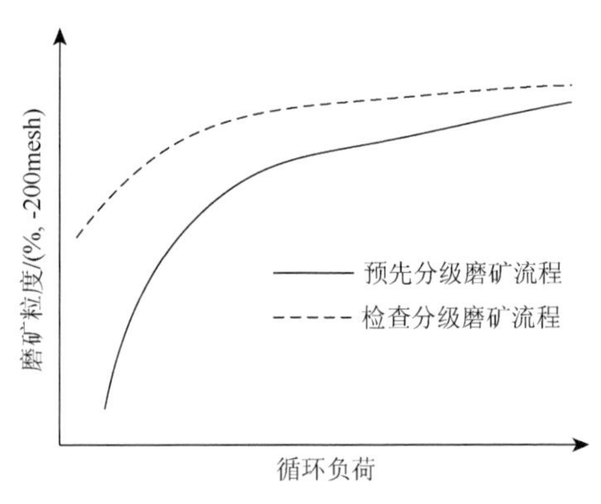

图 2.9　磨机产品粒度与循环负荷的近似关系[193]

3. 磨机台时处理量（mill throughput per unit）

即在一定给矿和产品粒度条件下，单位时间（h）内单台磨矿机能够处理的原矿量（t），以 t/h 表示。该指标可以快速直观地判断磨机工作的好坏和生产率的高低，但必须指明给矿粒度和产品粒度。对于同一选矿厂且规格相同的几台磨机，由于给矿粒度和产品粒度基本相同,因而能够由磨机台时处理量的大小直接判明各台磨机的工作好坏和生产率的高低。对于不同选矿产的不同磨机，只有当磨机的型号、规格、矿石性质、给矿粒度和产品粒度相同时，才可以比较简明地评述各台磨机的工作情况[191]。

4. 磨机作业率（operative ratio of mill）

磨机作业率简称作业率，又称运转率。它是指磨机-分级机组实际工作小时数占同期日历小时数的百分比[191]，具体如下：

$$\text{磨机作业率}\mu=\frac{\text{磨矿}-\text{分级机组实际工作小时数}}{\text{同期日历小时数}}\times 100\%$$

例如，某选矿某个系列磨矿过程 7 月份共运转 710h，则该系列磨机本月的作业率为

$$\mu=\frac{710}{31\times 24}\times 100\%=95.43\%$$

实际磨矿生产中，每台磨机每月计算一次，全年累计并按月平均。磨机作业率是反映磨矿机时间利用程度的指标，也是衡量矿山供矿量是否充足、选矿厂开车是否正常的一个综合性指标。磨机作业率越高，说明矿山供矿充足，选厂设备完好率高，生产管理水平高。另外，磨机作业率还可揭露和分析影响磨矿-分级机组不正常运转的原因，从而采取有效措施提高设备的作业率[191]。

5. 磨机生产率（grinding production rate）

磨机生产率是体现磨矿过程生产效率的另一重要生产指标，直接制约着整个选矿过程的生产效率水平。磨机生产率是指单位时间内每立方米新生矿物中某期望粒度矿物的含量，反映了磨矿生产中某一粒度矿石的产出率。磨机生产率越高，就代表满足特定粒度矿物所占比重较大，因而磨矿效率越高[191]。在磨矿粒度指标合格的前提条件下，磨矿生产率通常需要进行最大化操作。

实际工程湿式磨矿中，从矿物进入磨机进行研磨处理到分级机溢流磨矿产品，矿物都以矿浆的形式存在，具有各个级别粒度的矿石混杂在一起，因此很难准确检测出混合矿物中某一粒度产品的含量，也无法有效获取磨矿生产率的实时信息，难以对其进行直接衡量。实际工程中，通常通过循环负荷的状态对其磨矿生产率进行间接评定。

6. 磨机负荷（grinding mill load，GML）

磨机负荷是指磨机内的所有物体负荷总量，包括矿、水以及磨矿介质等。磨矿运行中，除了上述磨矿运行指标外，磨机负荷也需要进行严格监视和控制（对于多段闭路磨矿回路，一般只考虑一段磨矿回路磨机的负荷），原因如下。

（1）过程运行安全方面。磨矿运行过程中，如果磨机负荷过大，那么就会导致磨机过负荷故障工况。对于磨机过负荷，如果不对其采取有效措施进行及时抑制，那么就有可能导致磨机“胀肚”等重大安全事故的发生。

（2）过程运行性能方面。磨机负荷是影响运行控制指标磨矿粒度和磨矿生产率的非常重要的因素，如增加磨机负荷虽然可以一定程度增加磨矿生产率，但是太大的磨机负荷会使磨矿粒度变粗。

注 2.1 在实际磨矿操作中，通常认为合格的磨矿质量和较高的磨矿生产率意味着最有效的能耗利用，即磨矿产品粒度合格而相应的磨机生产率较高时，磨机的能源消耗是最有效的。

注 2.2 实际工程磨矿操作和控制中，同时考虑上述各个磨矿运行指标参数非常困难，并且也是不可取的。通常根据特定的磨矿回路流程以及特定工艺要求，选取其中最为关注的一到几个指标进行操作、控制和优化。如选取磨矿粒度和循环负荷以及选取磨矿粒度与磨机处理量等作为控制系统设计的控制目标或优化目标。另外，在具体操作时，根据需要可以对这些多指标进行统一对等处理，或者按照工艺需求的优先级别，分别对其进行先后考虑。如优先考虑磨矿粒度指标，在粒度指标合格的前提下，再进行最大化磨机处理量等操作。

2.3.2 影响磨矿过程运行性能的因素分析

磨矿过程流程长、影响因素多，其中许多因素又彼此相互作用、互相制约。因此，到目前为止，对磨矿过程的运行机理、最优运行操作条件等方面的研究还远远不够，满足不了现代磨矿生产对产品质量与生产效率的需求[196]。具体来说，影响磨矿运行性能的主要因素主要有原矿性质、磨机结构参数与磨矿介质添加制度以及操作参数等几类，具体如下。

1. 原矿成分与性质

影响磨矿运行性能的给矿性质主要包括矿石力学性质和矿粒大小，其中矿石力学性质主要指矿石硬度、韧性等。矿石硬度大则难磨，反之则易磨。矿石韧性大也难以磨碎，因为矿石在磨机内冲击破碎的效果不好。在实际工程中，通常用矿石的可磨性参数来表示矿石力学性质对磨矿过程的影响，可磨性参数越大就表明矿石越容易磨细[191]。

原矿石颗粒越大，将它磨到规定细度需要的磨矿时间就越长，功耗也越大从而在规定时间内难以对其进行破碎。研究表明，磨机生产率随给矿粒度的降低而增加，但增加幅度随给矿粒度进一步减小而缩减。当提高磨矿机生产能力时，降低给矿粒度对磨矿运行性能的提高有重要意义[191]。

2. 磨机结构参数

影响磨矿运行性能的磨机结构参数包括磨机的类型、磨机的直径和长度以及磨机的衬板类型等。磨机类型不同，磨机生产效率不同；同一类型的磨机，其功耗、生产率以及磨矿效率均与磨机的长度和直径密切相关。平滑衬板磨机的生产率要小于不平滑衬板的磨机。因此，衬板使用一段时间后由于磨损而造成磨机直径加大，这时钢球的装球率会显得偏低，造成磨机生产率减小。对于特定的磨矿过程，磨机结构参数均相对固定，因此在实际操作中均可忽略其对磨矿运行性能的影响[191]。

3. 研磨介质添加与填充率

研究表明，不同的磨机转速有不同的磨矿介质填充率。在临界转速以内操作，介质填充率通常为 30%～50%。磨机生产率（P_R）、磨机消耗功率（P_A）和介质填充质量（Q_M）的关系，通常可分别用下面的经验公式进行表示[191]：

$$P_R = (1.45 \sim 1.48) Q_M^{0.6} (\text{t/h})$$

$$P_A = 0.735 \zeta Q_M \sqrt{D_{\text{Mill}}} (\text{kW})$$

式中，ζ 为与介质填充率和磨矿介质类别有关的系数；D_{Mill} 为磨机内直径。

注 2.3 介质充填率指的是球磨机静止时，球磨机内钢球体积与钢球之间的孔隙体积之和占整个磨机内腔体积的百分率。实际工业生产中，介质充填率在磨机运转的短时间内变化不大，磨矿过程的建模和磨机负荷的控制等研究中常把 24h 或 48h 内的介质充填率当做常量处理[197]。

文献[198]通过神经网络建模得到了研磨介质填充率和料球比①与球磨机输入功率的近似关系，如图 2.10 所示。该图显示了磨机输入功率跟随介质填充率和料球比变化规律的三维关系图和二维等高线曲线。

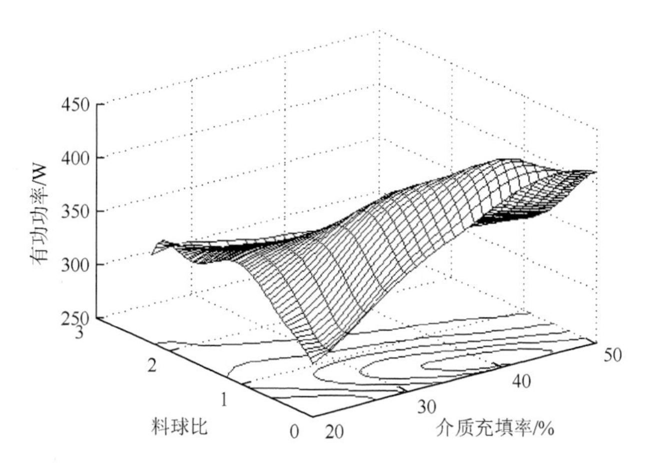

图 2.10 文献[198]得到的介质填充率、料球比与磨机输入功率的近似关系

① 料球比指的是物料体积与钢球空隙体积之间的比值。

图 2.11 和图 2.12 为文献[198]通过工业试验得到的不同介质填充率与料球比在不同磨矿浓度下与磨机生产率的近似关系。结合理论分析可以得到，当装入的研磨介质为有效工作时，介质装入越多，则生产率越高。但是，介质装入过多，由于磨机转速的限制，位于旋转磨机中心的研磨介质就只是缓慢蠕动，不能有效正常地工作。因此，绝大多数情况下，研磨介质添加率不能超过 50%。另外，超临界转速工作时，介质添加率要减少到能保证不发生离心运动，同时又不能减少正常的生产能力。另外，也可看出介质填充率与料球比和磨机生产率关联密切，但是其影响又相互耦合，且趋势不同，这给定量分析它们与生产率之间的关系带来麻烦，使得不能轻易通过这些关联耦合性来明确生产率信息及其变化趋势。

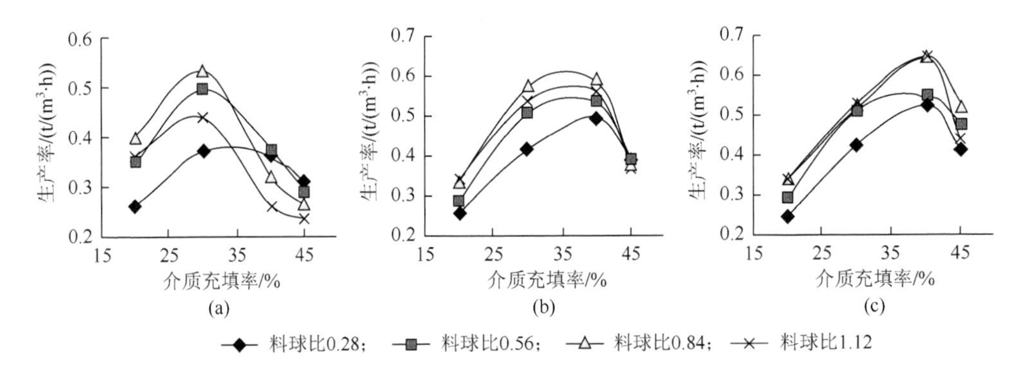

图 2.11 磨矿浓度分别为 90%（a）、80%（b）、70%（c）时，研磨介质填充率与磨机生产率的近似关系[198]

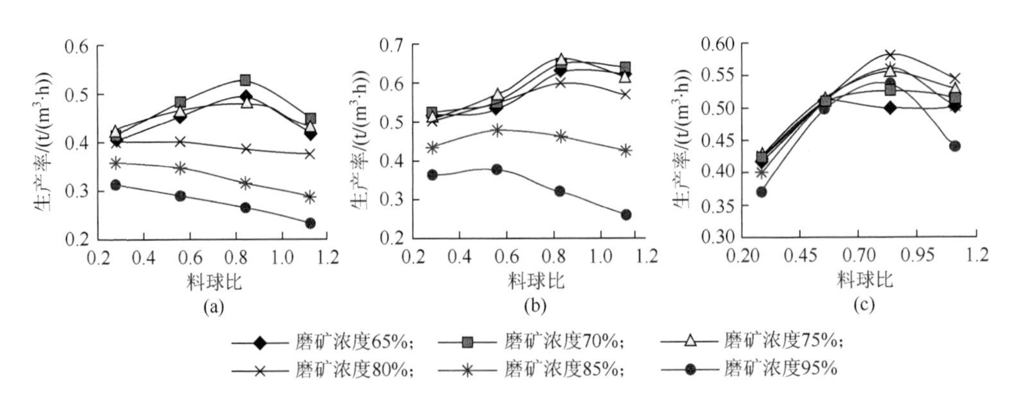

图 2.12 研磨介质填充率分别为 45%（a）、40%（b）、30%（c）时，料球比与磨机生产率的近似关系[198]

4. 磨机新给矿量（fresh ore feed rate）

磨机给矿量一般通过单位时间进入磨机的矿石量进行计算。磨机给矿量过小，不但会降低磨机生产率，而且还会造成磨机空砸的现象，使磨损和过粉碎严重，造成能源浪费。因此，为了使磨机高效运转和工作，应当保持充分大的给矿量。由磨矿动力学原理可知，随着给矿量的增加，排矿产物中合格粒级的含量就减小，而产出的合格粒级数量却增加，因而磨矿效率增加。但是，给矿量过大，超过磨机特定操作条件下的额定值时，将造成磨机过负荷，出现磨机排出研磨介质，吐出大块矿石和涌出矿浆的非正常工况，甚至造成磨机堵塞和“胀肚”。另外，磨矿运行中，应当保持磨机给矿量的连续和均匀，不要过分对其进行调节，以影响磨矿生产的稳定性。

5. 磨矿浓度（pulp density in the mill）以及磨机给矿水（mill water）[191, 199]

磨矿浓度指的是磨机内矿浆浓度，以磨机内矿石重量占整个矿浆重量的百分比表示。磨矿动力学指出：磨机内处于研磨介质之间的矿石，是受研磨介质的冲击和研磨共同作用而被磨碎的。在原矿性质和磨机新给矿量一定的前提下，磨矿浓度主要通过磨机前端的磨机给矿水量来调节，其与磨机给矿水具有如下近似关系：

$$q_{\mathrm{m}}=\left(\frac{100+r_{\mathrm{r}}}{d_{\mathrm{m}}}-\frac{r_{\mathrm{r}}}{d_{\mathrm{r}}}-1\right)o_{\mathrm{f}}$$

式中，d_{m}表示磨矿浓度；q_{m}表示磨机给矿水；o_{f}表示磨机新给矿量；d_{r}表示返砂浓度。

研究表明：磨矿浓度过大和过小都会对磨机的运行性能产生不利影响。磨矿浓度过大，矿浆的黏性越大，流动性就越小，通过矿浆的速度就较慢。另外，矿浆太浓，研磨介质受到的浮力就越大，有效比重就减小，对矿石的打击效果就越差。但是，浓矿浆中含有的固体颗粒相对较多，从而被研磨介质击打的概率也就越大，所以磨矿生产率可能会相对提高。磨矿浓度太低时，各种现象与上述情况相反。

另外，磨矿浓度太高时，矿浆中的粗矿粒沉降速度减慢。此时，对于溢流型球磨机，容易跑出粗矿；对于格子型球磨机，因为有格子挡板使得粗矿跑不出，堆积在磨机内，容易造成磨机“胀肚”的故障工况。也正因如此，在实际操作中，格子型球磨机的磨矿浓度一般比溢流型磨机要高些。磨矿浓度太稀，矿浆流速加大，矿石与研磨介质的碰撞和击打概率就减小，从而会降低磨矿效率并增加衬板和研磨介质的磨损。另外，对于溢流型球磨机，磨矿产物较细，且矿石易过粉碎；如果是格子型球磨机，稀矿浆容易把矿浆冲去格子挡板，出现跑粗。

图 2.13 为文献[198]通过工业试验得到的磨矿浓度与生产率的近似关系。可以看出，磨矿浓度不能太高也不能太低。只有适当的磨矿浓度，磨机运行效果以及

生产率才会最好。研究表明，磨矿浓度随被磨矿物料性质以及具体的磨矿工艺而定：硬度大或者密度大的矿石磨矿浓度可以相对给大；反之，磨矿浓度宜给小。苏联学者 Cepro 等经过长期的研究给出了一个根据物料性质和磨矿工艺计算最佳磨矿浓度的经验公式[200, 201]：

$$d_{\mathrm{m}}^{\mathrm{Opt}}=\frac{100(P_{\mathrm{m,max}}+S_{\max})}{\left(36\dfrac{L_{\mathrm{Mill}}D_{\mathrm{Mill}}}{n_{\mathrm{Mill}}}(\sigma-\varDelta)^{0.5}+\dfrac{(100-S_{\mathrm{Ore}})S_{\max}}{S_{\mathrm{Ore}}}\right)+\left(P_{\mathrm{m,max}}+S_{\max}\right)\left(1+\dfrac{W_{\mathrm{Wat}}}{100-W_{\mathrm{Wat}}}\right)} \tag{2.4}$$

式中，$d_{\mathrm{m}}^{\mathrm{Opt}}$ 为计算的最佳磨矿浓度（%）；L_{Mill}、D_{Mill}、n_{Mill} 分别表示磨机筒体长度（m）、直径（m）和转速（rad/min）；$P_{\mathrm{m,max}}$ 为按原矿计算的磨机最大生产能力（t/h）；$S_{\max}$ 为与最大生产能力相对应的磨机返砂量（t/h）；S_{Ore} 表示返砂中的固体含量（%）；W_{Wat} 表示原矿中的含水量（%）；σ、$\varDelta$ 为相关待定系数。

6. 分级机操作参数

从某种角度来说，磨机操作主要影响磨机产能和磨矿效率，而分级机的操作主要影响磨矿产品质量即磨矿粒度。相对于磨机的慢动态特性，分级机的操作响应速度较快，因而其对磨矿粒度的影响也最为重要。

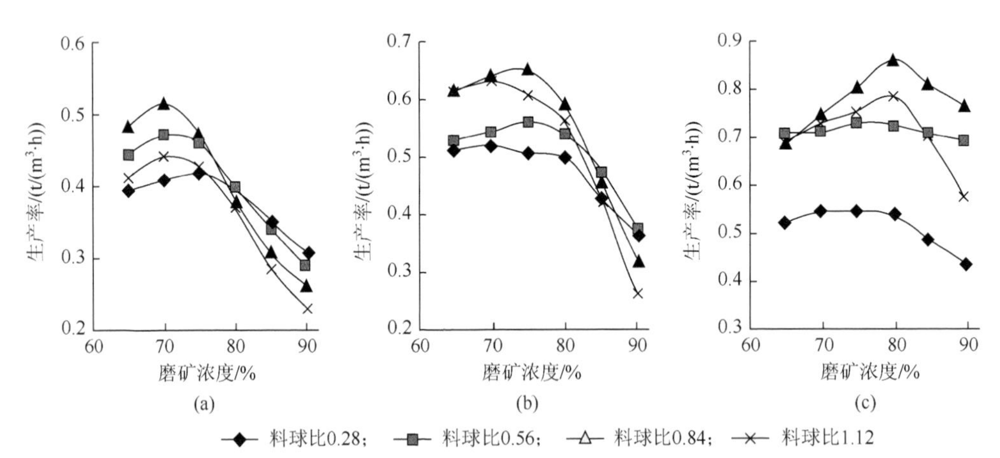

图 2.13 研磨介质填充率分别为 45%（a）、40%（b）、30%（c）时磨矿浓度与磨矿生产率的近似关系[198]

对于螺旋分级机来说，其主要操作因素是调节分级机溢流矿浆浓度，这靠增减稀释（或分级机补加）水量来完成。调节分级机补加水量可以控制分离粒度，进行调节分级机溢流矿浆粒度。另外，分级机溢流矿浆浓度还影响分级机的生产率。根据矿粒干涉沉降的规律，分级机溢流矿浆处于临界容积浓度时，沉下的矿粒最多，分离粒度最细，其关系如图 2.14 所示[190, 202]。曲线最低处对应的矿浆浓度通常在 10%左右，通常称为临界浓度。但实际磨矿操作中，为了顾及磨矿生产率，并使溢流浓度适于下一工序的要求，分级机溢流矿浆浓度要比 10%高很多，通常在 40%～60%的范围内变化。

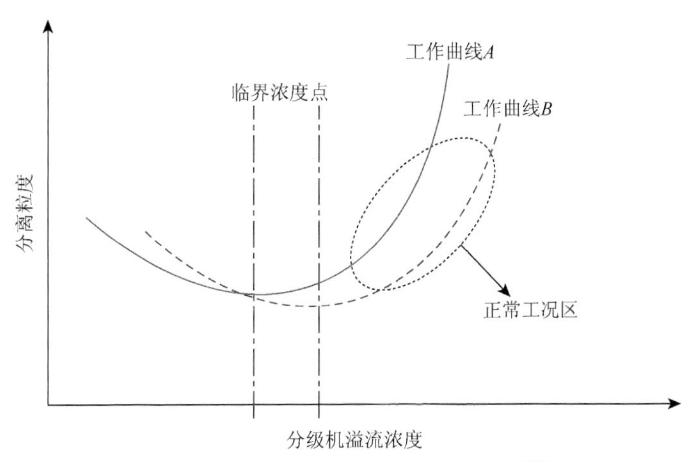

图 2.14 分溢浓度与分离粒度的关系[202]

对于水力旋流器，虽然其本身结构较为简单，但是由于水力旋流器中矿浆的运动规律复杂且影响因素众多，使得其工作机理以及最优操作条件难以把握。研究者经过一系列复杂的假设和简化，得到了以-200 目（75μm）百分含量表示的旋流器溢流矿浆粒度的近似机理模型，具体如下[196, 203, 204]：

$$\begin{cases} F_{\mathrm{c}}(d_{\mathrm{s},75}) = \dfrac{\sum\limits_{d_{\mathrm{s}}=0}^{d_{\mathrm{s},75}} F_{\mathrm{f}}'\,(d_{\mathrm{s}})\left[1 - E_{\mathrm{\varepsilon r}}(d_{\mathrm{s}})\right]}{\sum\limits_{d_{\mathrm{s}}=0}^{d_{\mathrm{s,max}}} F_{\mathrm{f}}'\,(d_{\mathrm{s}})\left[1 - E_{\mathrm{\varepsilon r}}(d_{\mathrm{s}})\right]} \\ E_{\mathrm{\varepsilon r}}(d_{\mathrm{s}}) = 1 - \exp\left(-0.6931\left(\dfrac{d_{\mathrm{s}}}{d_{\mathrm{s},50(c)}}\right)^{m}\right) \\ d_{\mathrm{s},50(c)} = \dfrac{50.5 d_{\mathrm{cy}}^{0.46} d_{\mathrm{inlet}}^{0.6} d_{\mathrm{vf}}^{1.21} \exp\left(0.063 C_{\mathrm{V}}^{\mathrm{P}}\right)}{d_{\mathrm{spig}}^{0.71} h_{\mathrm{vf\text{-}spig}}{}^{0.38} q_{\mathrm{h}}{}^{0.45} (\rho_{\mathrm{S}} - \rho_{\mathrm{L}})^{0.5}} \\ q_{\mathrm{h}} = 9.4 \times 10^{-3} \sqrt{p_{\mathrm{h}}}\, d_{\mathrm{cy}}^{2} \end{cases} \qquad (2.5)$$

式中，$F_{\mathrm{c}}(d_{\mathrm{s},75})$ 为旋流器溢流矿浆中-200 目（75μm）的百分含量；$d_{\mathrm{s},75}$ 为 75μm 粒

径；$d_{s,max}$ 为矿浆的最大粒径；$F'_f(d_s)$ 为旋流器给料粒度分布 $F_f(d_s)$ 的密度函数；$E_{cr}(d_s)$ 为 d_s 粒级的修正效率（折算效率）；$d_{s,50(c)}$ 为分离粒度（μm）；d_{cy}、d_{inlet}、d_{vf}、d_{spig} 为水力旋流器的结构参数，分别表示旋流器的内径（cm）、给矿口内径（cm）、溢流口内径（cm）以及沉砂口内径（cm）；$h_{vf\text{-}spig}$ 为溢流管底至沉砂孔顶的距离（cm）；C_V^P 为给矿中固体的百分数；q_h 为给矿矿浆流量（m^3/h）；ρ_S、ρ_L 分别为固体密度以及矿浆密度（g/m^3）；p_h 表示通过旋流器的压降（kPa），与旋流器给矿压力直接相关。另外，由式（2.5）可以得到

$$
\begin{aligned}
d_{s,50(c)} &= \frac{50.5 d_{cy}^{0.46} d_{inlet}^{0.6} d_{vf}^{1.21} \exp\left(0.063 C_V^P\right)}{d_{spig}^{0.71} h_{vf\text{-}spig}{}^{0.38} q_h{}^{0.45} (\rho_S - \rho_L)^{0.5}} \\
&= \frac{50.5 d_{cy}^{0.46} d_{inlet}^{0.6} d_{vf}^{1.21}}{d_{spig}^{0.71} h_{vf\text{-}spig}{}^{0.380.5}} \frac{\exp\left(0.063 C_V^P\right)}{q_h{}^{0.45} (\rho_S - \rho_L)^{0.5}} \\
&= \mathcal{R}_1(d_{cy}, d_{inlet}, d_{spig}, d_{vf}, h_{vf\text{-}spig}) \mathcal{R}_2(C_V^P, q_h, \rho_S, \rho_L)
\end{aligned}
$$

即影响水力旋流器的主要因素可分为操作参数部分 $\mathcal{R}_2(C_V^P, q_h, \rho_S, \rho_L)$ 和旋流器结构参数部分 $\mathcal{R}_1(d_{cy}, d_{inlet}, d_{spig}, d_{vf}, h_{vf\text{-}spig})$。旋流器的结构参数主要包括旋流器内径 d_{cy}、给矿口内径 d_{inlet}、溢流口内径 d_{vf} 以及沉砂口内径 d_{spig} 等。旋流器溢流粒度随旋流器内径的增大而增大，通常大直径旋流器效率较差，溢流中粗粒含量多；增大旋流器给矿口尺寸和溢流管尺寸，处理量增大，磨矿粒度变粗，分级效率下降；增大沉砂口内径，沉砂浓度减小，旋流器溢流量减小，而溢流粒度变细。

影响旋流器的操作参数主要为旋流器给矿压力（简称旋给压力）、旋流器给矿浓度（简称旋给浓度）以及给矿性质等。旋给压力主要影响旋流器的处理量及分级粒度。提高旋给压力，分级效果可以改善，沉砂浓度提高。旋流器给料性质以及旋给浓度及其粒度组成直接影响产品的浓度与粒度。当旋流器尺寸及旋给压力一定时，给矿浓度对溢流粒度及分级效率有重要影响。增大旋给浓度，溢流粒度变粗，同时分级效率也随着降低。

2.4 磨矿过程运行反馈控制的问题描述及其复杂性分析

2.4.1 磨矿过程运行反馈控制的问题描述

传统的过程控制假定获得控制器设定值的条件下，研究在保证闭环系统稳定

的条件下，如何使被控对象的输出尽可能好地跟踪设定值，从而完成特定的控制指标。传统过程反馈控制通常忽略偏离理想设定点的反馈控制不能实现系统的整体优化运行[9-11]。

工业过程运行反馈控制就是在保证过程安全运行的条件下，不仅使过程的基础反馈控制系统输出很好地跟踪设定值，而且要控制整个运行过程，通过调整底层基础反馈控制系统的设定值使反映产品在整个加工过程中的产品质量、生产效率与消耗的运行指标在目标值范围内，尽可能提高过程运行的产品质量与生产效率的指标，尽可能降低反映产品在加工过程中消耗的指标，实现工业过程的优化运行[9-11]。

磨矿过程流程长、影响因素众多、运行机理及其动态特性复杂，其运行过程及其回路控制的磨矿装置系统的输入输出动态关系可以描述如下：

$$\begin{cases}\dot{R}=f_{\mathrm{R}}\left(R,Y,D_{\mathrm{O}}\right)\\ \dot{Y}=f_{\mathrm{Y}}\left(Y,U,D_{\mathrm{I}}\right)\end{cases}\tag{2.6}$$

式（2.6）中相关变量或符号定义如表 2.1 所示。

表 2.1　式（2.6）中变量定义

变量	物理含义
$\dot{R}=f_{\mathrm{R}}\left(R,Y,D_{\mathrm{R}}\right)$	磨矿过程运行的未知非线性（或线性）动态关系
$\dot{Y}=f_{\mathrm{Y}}\left(Y,U,D_{\mathrm{Y}}\right)$	磨矿基础反馈控制的被控设备或过程（即给矿设备、给水设备等）的未知动态关系
$R=\{r_i\},i=1,2,\cdots,m$	磨矿粒度、生产效率以及能源消耗等运行指标
$Y=\{y_j\},j=1,2,\cdots,n$	回路控制的磨矿关键过程变量，如磨机新给矿量、磨机给水、分级机补加水、分级机溢流浓度等
$U=\{u_j\}$	基础反馈控制的操作变量，如磨机给矿变频器频率、磨机给水阀门开度、分级机补加水阀门开度
$D_{\mathrm{O}}=\{d_{\mathrm{O},i}\},D_{\mathrm{I}}=\{d_{\mathrm{I},j}\}$	外部干扰，包括原矿石成分、性质和矿粒大小波动、运行环境变化、测量噪声及执行机构异常等
$f_{\mathrm{R}}(\cdot),f_{\mathrm{Y}}(\cdot)$	运行磨矿过程和被控过程未知动态函数

1. 过程控制角度描述的磨矿过程运行反馈控制问题

基础反馈控制的任务就是基于动态模型 $\dot{Y}=f_{\mathrm{Y}}\left(Y,U,D_{\mathrm{I}}\right)$，设计具有控制律

$$U=f_{\mathrm{U}}((Y^{*}-Y),D_{\mathrm{I}},\alpha_{\mathrm{Y}})\tag{2.7}$$

的基础反馈控制器 $C=\{c_1,c_2,\cdots,c_n\}$，使得闭环基础反馈控制系统稳定，并实现期望的控制指标。式（2.7）中 $f_{\mathrm{U}}(\bullet)$ 表示控制律函数，α_{Y} 为控制器调节参数。

运行反馈控制的任务就是以被控运行过程

$$\dot{R}=f_{\mathrm{R}}(R,Y,D_{\mathrm{O}}) \tag{2.8}$$

与闭环基础反馈控制系统

$$\dot{Y}=f_{\mathrm{Y}}(Y,f_{\mathrm{U}}((Y^*-Y),D_{\mathrm{I}},\alpha_{\mathrm{Y}}),D_{\mathrm{I}}) \tag{2.9}$$

作为广义被控运行对象，以此设计具有运行控制调节律

$$Y^*=f_{\mathrm{Y}^*}((R^*-R),D_{\mathrm{O}},\alpha_{\mathrm{R}}) \tag{2.10}$$

的运行反馈控制系统，通过调整基础控制系统的设定值 Y^*，使得磨矿过程运行控制系统在保证过程安全运行的条件下，将磨矿运行指标的实际值控制在磨矿工艺要求的目标范围内，即

$$R_{\min}\leqslant R\leqslant R_{\max} \tag{2.11}$$

并使得实际磨矿运行控制指标与期望的运行控制指标的控制误差尽可能小，即

$$\min\left\{\left\|R-R^*\right\|\right\} \tag{2.12}$$

式（2.10）中，α_{Y} 为运行控制系统的相关调节参数；式（2.11）和式（2.12）中，$R_{\min}=\{r_{i,\min}\}$，$R_{\max}=\{r_{i,\max}\}(i=1,2,\cdots,m)$ 分别表示运行指标的下限值和上限值；$R^*=\{r_i^*\}$ 表示上层优化或工艺需求确定的磨矿运行指标的期望值或者最优理想值。

2. 过程优化角度描述的磨矿过程运行反馈控制问题

从过程优化的角度看，磨矿过程运行反馈控制可描述为如下最优化问题：

$$Y^*=\arg\left(\min_{Y=\{y_j\}}\left\{\left\|R-R^*\right\|\right\}\right)$$

$$\text{s.t.}\begin{cases}\text{等式约束:}\begin{cases}\dot{R}=f_{\mathrm{R}}(R,Y,D_{\mathrm{O}})\\ \dot{Y}=f_{\mathrm{Y}}(Y,U,D_{\mathrm{I}})\\ U=f_{\mathrm{U}}((Y^*-Y),D_{\mathrm{I}},\alpha_{\mathrm{Y}})\end{cases}\\ \text{不等式约束:}\begin{cases}R_{\min}\leqslant R\leqslant R_{\max}\\ Y_{\min}\leqslant Y\leqslant Y_{\max}\\ U_{\min}\leqslant U\leqslant U_{\max}\\ \qquad\vdots\\ \Delta Y_{\min}\leqslant \Delta Y\leqslant \Delta Y_{\max}\\ \Delta U_{\min}\leqslant \Delta U\leqslant \Delta U_{\max}\end{cases}\end{cases} \tag{2.13}$$

式（2.13）中相关变量定义如表 2.2 所示。

表 2.2 式（2.13）中变量定义

变量	物理含义
$Y_{\max}=\{y_{j,\max}\},Y_{\min}=\{y_{j,\min}\}$	为了生产安全起见，工艺规定的基础反馈控制的关键过程变量的上下限值
$\Delta Y_{\max}=\{\Delta y_{j,\max}\},\Delta Y_{\min}=\{\Delta y_{j,\min}\}$	基础控制的关键过程变量变化率的上下限值
$U_{\max}=\{u_{j,\max}\},U_{\min}=\{u_{j,\min}\}$	基础反馈控制系统控制变量的上下限值
$\Delta U_{\max}=\{\Delta u_{j,\max}\},\Delta U_{\min}=\{\Delta u_{j,\min}\}$	基础控制系统控制变量变化率的上下限值

式（2.13）中，$j=1,\cdots,n$，约束包括等式约束和不等式约束两类，不等式约束表示特定工艺要求或者安全因素制约下的 R、Y、U、ΔY、ΔU 等变量及其变化率不能超过的上下限值。

注 2.4 由于底层被控系统的模型通常比较容易得到，因此可以根据建立的过程动态模型 $\dot{Y}=f_{\mathrm{Y}}(Y,U,D_{\mathrm{I}})$ 事先设计相应的基础控制器 $U=f_{\mathrm{U}}((Y^{*}-Y),D_{\mathrm{I}},\alpha_{\mathrm{Y}})$，并将其作为运行反馈控制问题优化的约束条件。

注 2.5 国外大部分选矿厂以及我国少数选矿企业，基本采用图 2.4 所示的一段棒磨开路、二段球磨水力旋流器闭路磨矿。其处理的矿石成分和性质稳定，有用矿物嵌布粒度均匀且粒级较窄，因而生产比较平稳且具有明显运行工作点，可以建立过程的近似动态数学模型。假设在稳定运行的平衡点，建立如下磨矿过程运行的 MIMO 动态模型：

$$\begin{cases}\overbrace{\left[r_i(s)\right]_{m\times 1}}^{R(s)}=\overbrace{\left[g_{ij}(s)\right]_{m\times m}}^{G(s)}\times\overbrace{\left[y_i(s)\right]_{m\times 1}}^{Y(s)}+\overbrace{\left[g_{ij}(s)\right]_{m\times m}}^{G(s)}\times\overbrace{\left[d_{\mathrm{r},i}(s)\right]_{m\times 1}}^{D_{\mathrm{R}}(s)}\\ \overbrace{\left[y_i(s)\right]_{m\times 1}}^{Y(s)}=\overbrace{\mathrm{diag}\left(\frac{g_{\mathrm{ny},ii}(s)}{g_{\mathrm{dy},ii}(s)}\mathrm{e}^{-\tau_{\mathrm{c},ii}s}\right)_{m\times m}}^{G_{\mathrm{Y}}(s)}\times\overbrace{\left[u_i(s)\right]_{m\times 1}}^{U(s)}+\overbrace{\mathrm{diag}\left(\frac{g_{\mathrm{ny},ii}(s)}{g_{\mathrm{dy},ii}(s)}\mathrm{e}^{-\tau_{\mathrm{c},ii}s}\right)_{m\times m}}^{G_{\mathrm{Y}}(s)}\times\overbrace{\left[d_{\mathrm{y},i}(s)\right]_{m\times 1}}^{D_{\mathrm{Y}}(s)}\end{cases}$$

式中，相关符号定义请参见 3.2.2 节。对于第 3 章和第 4 章研究的基于模型的运行反馈控制方法，其运行控制问题可以基于上述模型描述如下。

首先通过设计基础反馈控制的多回路 PI/PID 控制器 $K_{\mathrm{Y}}(s)=\mathrm{diag}(k_{\mathrm{y},ii}(s))_{m\times m}$，获得闭环基础反馈控制系统模型 $K_{\mathrm{C}}(s)=G_{\mathrm{Y}}K_{\mathrm{Y}}(I+G_{\mathrm{Y}}K_{\mathrm{Y}})^{-1}$。然后，以多输入多输出以及多时滞被控运行过程 $R(s)$ 与闭环基础控制系统作为广义被控运行对象，以此设计运行反馈控制系统，根据上层优化或者领域专家给出的运行指标期望设定值 $R^*=\{r_i^*\}(i=1,2,\cdots,m)$，调整基础控制系统的设定值 Y^*，使得磨矿运行指标实际值在满足生产约束 $R_{\min}\leqslant R\leqslant R_{\max}$ 的前提下，使得 $\min\{\|R-R^*\|\}$。

注 2.6 对于图 2.5 所示典型中国式赤铁矿磨矿过程，由于其所处理的矿石成分与性质十分复杂、给矿粒级波动大，生产和运行工况不稳定且多变，难以建立式（2.9）所示的过程动态数学模型。只能利用过程运行的输入输出数据，并结合运行知识、智能建模与控制方法，进行上层运行控制系统的设计。

2.4.2 磨矿过程运行反馈控制难点及其复杂性分析

实际选矿生产作业的工业磨矿过程，图 2.5 所示的典型赤铁矿磨矿是一个复杂多循环闭路系统，各种外部干扰因素众多，并且过程流程长、惯性大，具有典型的多变量耦合、非线性、时变以及时滞等综合复杂特性，具体表现如下。

1. 关键参量难以直接在线检测

实际磨矿过程中，由于检测技术以及过程自身特性等原因，运行控制指标和一些关键工艺参数难以用常规检测仪表进行直接在线检测。例如，工作中的磨机是一个封闭且高速运转的大容积物体，因而采用目前的检测技术仍难以对磨机内矿浆浓度和磨机负荷进行实时在线检测。又如，表征磨矿产品质量的分级机溢流矿浆粒度或旋流器溢流矿浆粒度，虽然现在国外研制有专门的粒度仪（如 BT-9300S 激光粒度分析仪）可对其进行在线检测，但是这种昂贵的粒度仪一般只适用国外矿石成分与物性比较单一且稳定的情况。而我国选厂广泛处理的是成分和物性复杂且不稳定的赤铁矿、菱铁矿，并且有时是好几种矿石的混合物。此种情况，粒度计就难以准确进行粒度检测，并且极容易堵塞和结疤，需要频繁维护，且维护困难、费用较大。

2. 多变量特性

闭路磨矿过程尤其是两段全闭路磨矿回路是一个复杂多变量动态系统，具有多运行控制指标、多过程控制变量以及多干扰因素等，即明显的多变量特性。由前面分析可知，多运行指标包括磨矿产品粒度、循环负荷等；多过程控制变量包括磨机新给矿量、磨机给水、分级机溢流浓度、旋流器给矿浓度以及给矿压力等；多干扰因素包括原矿石可磨性的变化和矿粒大小波动，以及研磨介质的变化等。

3. 耦合交互特性

磨矿过程的多变量特性使得其各个运行控制指标与操作变量各个参数之间以及前段磨矿回路和后段磨矿回路之间（对于两段磨矿回路过程）均存在强烈的耦合和交互作用。图 2.5 所示的一段磨矿回路的新给矿量、磨机给矿水、分级机补加水等过程输入与一段磨矿磨矿回路的系统输出即分级机溢流矿浆粒度、磨矿产量之间存在较强的耦合；二段磨矿回路的旋流器给矿浓度、给矿压力以及给矿流量等与旋流器溢流矿浆粒度和处理量之间也存在较强的交互作用；另外，一段磨矿回路的磨矿粒度、磨机产量等运行指标与二段磨矿回路的磨矿产品粒度和磨矿产率等变量之间也存在严重耦合。

4. 非线性特性

磨矿过程运行的影响因素众多，虽然在作了一些假设和限定条件后，部分因素之间可能具有明显的线性关系，但是实际工程的磨矿系统（如图 2.5 所示的典型赤铁矿磨矿过程）各个参量之间基本都是未知的非线性动态关系，难以用数学模型尤其是线性模型对其进行定性和定量描述和刻画。例如，磨矿浓度与循环负荷、磨矿生产率与磨机填充率、分级机溢流矿浆粒度与分级机溢流矿浆浓度、分级机溢流矿浆粒度与磨机新给矿量和给矿水量、旋流器的动态特性与旋流器给矿矿浆浓度、旋流器给矿压力之间均表现出明显的非线性动态关系。

5. 时变特性

磨机内研磨介质即钢球和磨机衬板的磨损、螺旋分级机螺旋片的磨损以及旋流器给料口、溢流口、沉砂口的磨损，都会改变磨矿过程的动态特性。另外，表征给矿矿石硬度的矿石可磨性和表征给矿矿石粒度特性的块粉比参数随原矿石种类和性质的变化而变化，并且同一类型的矿石这些参数也往往不完全相同。显然干扰因素的未知时变特性会给磨矿生产的运行带来严重影响和破坏。其他影响因素，如磨机给矿水、分级机补加水、泵池补加水等实际水压不稳定，随着时间变化而变化，也会影响磨矿过程运行的稳定性。

6. 时滞特性

无论实验用磨矿试验装置还是实际工程磨矿回路系统均是一个典型的大滞后系统。实际上，工业磨矿系统是典型的长流程、大时滞系统。磨矿过程中的各个工艺设备和过程，如球磨机、棒磨机、螺旋分级机、水力旋流器、泵池以及矿石给矿皮带对原矿石的输送过程、各个管道对矿浆的运送过程等都是典型的时滞特性对象。再加上闭路磨矿回路的自循环、重复再磨的影响，使得从磨机给矿到最终磨矿产品从分级机或旋流器溢流口被检测的过程具有很大的滞后时间。

7. 多源干扰以及不确定动态因素

实际磨矿生产中，生产不确定动态和干扰因素众多。前面已指出影响磨矿过程运行性能的主要干扰因素为原矿石硬度、矿粒大小以及成分的波动，如增加原矿石硬度或增大原矿石粒度，在不减少新给矿量的前提下，就会导致磨矿粒度变粗，反之矿石硬度变软或者矿石颗粒减小。那么就可以使磨矿粒度在满足工艺要求的同时增加磨机处理量，从而提高磨矿生产效率。另外，两段以及多段磨矿回路之间的关联交互、各个过程参数与运行指标的耦合以及磨机衬板、螺旋分级机螺旋片尺寸的磨损、水力旋流器给矿直径、溢流口直径、沉沙口直径等结构参数的不确定动态变化均会对磨矿过程运行造成不利影响，甚至造成磨矿生产以及控制的不稳定。

注 2.7 对于图 2.4 所示国际通用的一段棒磨开路、二段球磨-旋流器闭路磨矿过程，由于其处理矿石比较单一、且矿石成分与性质相对稳定，因而可以采用粒度计等获得粒度的在线检测值，并且由于工况相对平稳而可以建立过程近似动态模型。所以这类过程的复杂性相对于图 2.5 所示的赤铁矿磨矿要简单，并且在国外也广泛使用了 MPC 等基于模型的方法对其进行运行控制。但是，图 2.4 所示的磨矿仍然具有典型的多变量耦合、大时滞、工况时变等典型综合动态特性，并且其运行性能受原矿石成分、颗粒大小的波动以及各种不确定因素的影响。这使得已有针对图 2.4 所示磨矿的运行控制方法具有解耦和干扰抑制性能差以及整体运行性能不足的问题。

注 2.8 工业磨矿过程很多关键参量不能在线检测，在实际工程中要么对这些参量采用人工肉眼观测、耳听、手摸等方式对其进行大致估算和判断（如磨机负荷），要么就只能通过离线采样以及之后的实验室化验分析。而从现场离线采样到实验室进行筛分和化验，需要经历较长的时间，如粒度的筛分实验可能长达 1h 左右，才能得到比较粗略的结果。因此，这对磨矿过程运行的实时控制与优化是很不利的，也是需要克服的一个重要的难题。

注 2.9 对于图 2.5 所示的典型赤铁矿两段全闭路磨矿回路，其一段磨矿回路和二段磨矿回路均是两个物理闭环的自循环动态系统，这使得磨矿系统运行时不容易保持稳定，并且对各个测量的估计参数不敏感。

2.5 人工监督的复杂赤铁矿磨矿运行控制过程描述

由上述磨矿过程及其运行控制问题的描述可知，图 2.5 所示的典型赤铁矿磨矿过程是一个流程长、机理复杂、运行环境恶劣、具有多运行指标并且影响和干扰因素众多且不明确的难建模复杂工业对象。其自动控制以及优化操作历来是我国选矿工业备受关注而又亟待解决的难题。实际生产中，磨矿过程控制绝大多数均采用基于多回路 PI/PID 的分布式基础反馈控制系统进行控制。这种位于底层的 DCS 采用单控制回路、前馈控制回路、串级控制回路、比值控制回路等实现影响磨矿粒度、磨矿产量以及生产效率等的运行指标的磨机新给矿量、给矿水量、分级机补加水量、旋流器给矿浓度、旋流器给矿压力等关键过程参数定值跟踪及其他控制功能，从而实现相应的控制指标，并力图确保磨矿过程的稳定以及安全生产和运行。

注 2.10 从可控、可测以及可操作的角度来看，通常将 2.3 节的磨矿运行影响因素分为两类：过程控制变量和过程干扰变量（因素）。过程控制变量包括磨机新给矿量、磨矿浓度或给矿水量、分级机溢流浓度或分级机补加水量、旋流器给矿浓度、旋流器给矿压力等；而过程干扰因素包括原矿石成分与性质的变化、研磨介质的变化等。其中，原矿性质变化主要指矿石可磨性和颗粒大小的变化，而研磨介质的变化主要指介质填充率、料球比等的变化。前述影响因素中，由于球磨机结构参数以及分级机和旋流器结构参数在磨矿运行过程中相对固定，因而一般将其作为常量而不对其进行考虑。

注 2.11 对于过程控制变量，根据其动态特性，将设置相应的基础控制策略对其进行回路控制；而对于运行干扰变量和不确定因素，基础控制系统难以对其进行有效处理，我们将在之后的运行反馈控制中，研究相应的方法对其影响进行消除和抑制。

图 2.15 所示为磨矿基础反馈控制系统示意图。每一个控制回路均包含根据需

求事先配置好的测量传感器（仪表）、执行器以及控制器等一系列的控制元素。例如，对于磨机新给矿控制回路，其控制回路有皮带秤或者核子秤等称重仪，有电振给矿机和变频器等矿量调节执行元件以及基于 PLC 或者 DCS 相应控制模块的 PI/PID 控制器等；而对于分级机溢流矿浆浓度串级控制回路，有电磁流量计、核子密度计等传感器，有电动调节阀等水量调节执行器以及相应的 PI/PID 控制器等。对于这些基于分散控制回路的基础反馈控制系统，如果检测仪表和执行元件工作正常且 PI/PID 控制律设计完好，那么基础控制系统就能够实现目标需求的特定控制指标[205-215]。

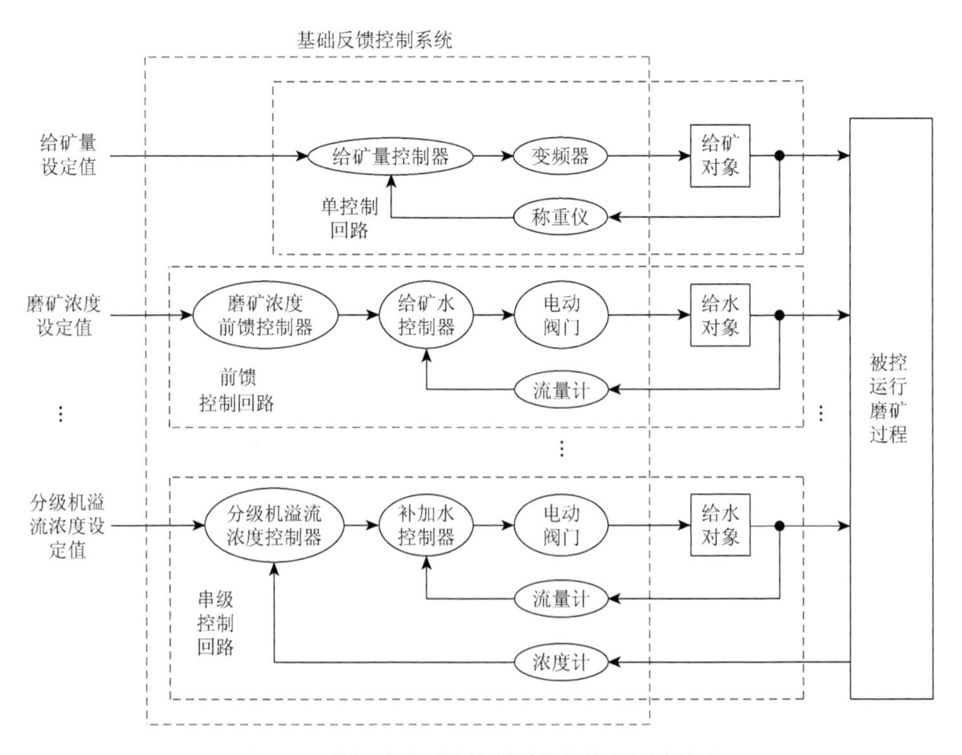

图 2.15　常规基础反馈控制系统的控制回路构成

但是，从过程整体运行的性能来看，尽管基础控制系统设计完好，并且其控制指标也是最优的，但是表征磨矿过程的整体运行性能的磨矿粒度、磨矿生产率等运行指标却不能满足选矿生产对产品性能和生产效率的要求，如磨矿产品的粒度过粗、磨机处理量不高、生产效率不高等。这主要是因为这些基础控制回路的设定值不合理，没有跟随磨矿运行工况和边界条件的变化而作相应变化，即基础反馈控制系统多数情况下不能运行在与最优运行性能相对应的工作点。实际选矿操作中，为了获得工艺期望所需的磨矿粒度、生产效率等运行指标，通常在基础反馈控制系统之上采用图 2.16 所示的磨矿过程人工监督运行操作模式[9-11]。

（1）企业经营决策部门根据企业利润目标和各种环境、市场约束确定选矿厂生产的综合生产指标，包括反映选矿厂最终产品的金属回收率、精矿品位、精矿产量、成本、消耗等相关的生产指标。

（2）生产计划和调度部门采用人工方式将企业的综合生产指标从空间和时间两个尺度上转化为选矿生产制造全流程的运行指标（反映整条选矿生产线（包括破碎、竖炉、磨矿、磁选、浮选等过程）的中间产品在运行周期内的质量、效率、能耗等相关的运行指标）。

（3）磨矿作业车间的工艺技术人员将选矿生产制造全流程的运行指标转化为磨矿运行指标 $R^*=\{r_i^*\}(i=1,2,\cdots,m)$（即反映磨矿过程运行过程中的磨矿粒度（质量）、磨矿生产率（效率）以及消耗等相关指标）。

（4）磨矿工艺工程师根据人工操作经验，综合磨矿过程的运行工况信息，将运行指标期望设定值 $R^*=\{r_i^*\}$ 转化为基础控制系统的设定值 $Y^*=\{y_j^*\}(j=1,\cdots,n)$。

（5）磨矿各个底层基础控制回路通过设置的相应控制律（一般为 PI/PID），根据上层制定的控制器设定值 $Y^*=\{y_j^*\}$ 调整各个基础控制回路的控制量 $U^*=\{u_j^*\}$，从而使得控制系统的实际输出 $Y=\{y_j\}$ 跟踪给定的设定值 $Y^*=\{y_j^*\}$，以期望将运行过程控制在指定工作点，并使过程运行性能尽可能最优。

当市场需求和生产工况发生变化时，上述部门根据生产实际数据，自动调整相应磨矿运行指标，工艺工程师根据调节后的运行控制指标对底层基础反馈控制系统的设定值进行相应调节，通过控制系统跟踪调整后的设定值，达到对磨矿生产全过程调控的目的，以期望实现最终给定的磨矿运行指标。但是，磨矿过程的动态特性十分复杂，并且其动态行为还受原矿性质、成分、磨矿生产技术规范与操作规范、磨矿设备能力、磨矿作业条件以及各种未知动态干扰的影响，具有较强的时变特性，难以进行定性和定量描述或评估。当市场需求和生产工况发生频繁变化时，以人工操作为主体的上述部门不能及时准确地调整相应的指标，导致磨矿产品质量下降、磨矿生产效率降低和能耗增加，甚至出现磨机过负荷故障工况，从而无法实现磨矿过程的优化运行。

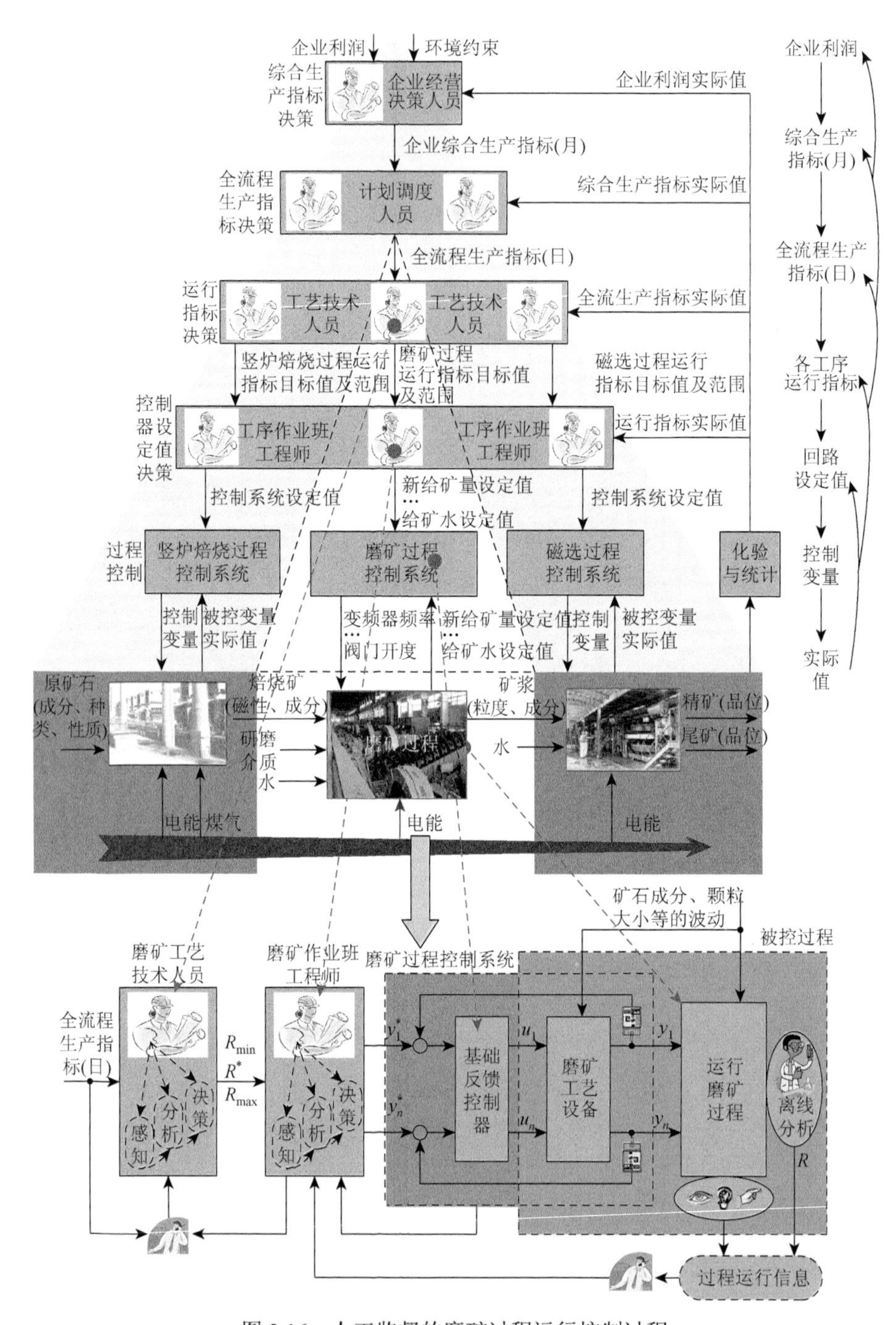

图 2.16　人工监督的磨矿过程运行控制过程

2.6 本章小结

本章介绍了冶金磨矿过程的具体工艺过程、关键工艺设备、动态特性以及典型闭路磨矿回路流程和两类磨矿过程的特点。然后，在此基础上了分析了能够反映磨矿过程运行性能的工艺指标及其众多影响因素，包括矿石性质、磨机以及分级机的结构参数、磨矿分级过程操作参数等几大类。另外，为了便于后续章节运行反馈方法的研究，本章还对人工监督的磨矿过程运行控制过程以及运行反馈控制的必要性和问题描述进行了重点介绍。最后，分析了磨矿过程运行反馈控制的难点。

第 3 章　基于改进 2-DOF 解析解耦与模型近似的磨矿过程运行反馈控制方法

澳大利亚、巴西以及南非的很多选矿厂以及我国少数选矿企业，其处理的矿石是高品位的富集矿。这些矿石成分稳定、品位高、杂质小、有用矿物嵌布粒度均匀且给矿粒级较窄，容易进行破碎和单体解离，因此通常采用图 2.4 所示的国际通用的一段棒磨开路、二段球磨机和水力旋流器闭路的磨矿回路流程。这类磨矿过程生产一般比较平稳，具有明显运行工作点，并且配备有各种先进的测量仪表和执行元件，如磨矿粒度采用激光粒度计等昂贵仪器实现在线检测，因而能够建立过程的近似动态数学模型。这为研究采用基于模型的运行反馈控制方法用于这类可建模磨矿过程运行控制提供了条件。为此，本章及第 4 章将研究基于模型的工业过程运行反馈控制方法以及与已有运行反馈控制方法（如 MPC 方法）的仿真比较研究。

对于基于模型的运行反馈控制方法，目前在石化行业，广泛采用了调节优化控制和 RTO 来实现过程的优化运行[211]。调节优化通过使被控变量跟踪定常的设定值而使过程运行接近稳态优化；RTO 通过优化稳态经济目标函数，采取开环设定的方式为下层控制系统提供设定值，以驱使过程运行接近最优。针对运行指标期望值通过上层（全局）优化或领域专家给定的冶金行业的竖炉焙烧、层流水冷却、步进式加热炉等工业过程，过程运行反馈控制也采用上层控制回路开环优化设定、底层基础反馈控制的层次运行控制策略[9-11, 19, 205-209, 212, 216]，如图 3.1 所示。基础反馈控制系统用于影响运行指标的关键过程变量的连续稳定控制，其操作变量为阀门开度、变频器频率等可调物理量。控制回路优化设定模型根据领域专家或者优化与决策给出的运行指标期望值，综合考虑运行工况中的各种系统干扰和生产过程约束，采用开环设定的模式给出基础反馈控制系统的适宜设定值。

上述方法由于没有考虑实际运行指标的实时或者间歇反馈信息，因而没有真正意义实现运行指标的上层闭环控制。由于其难以适应复杂磨矿工况和运行环境的动态变化而不能对运行过程作出及时调控，因此必须研究实现运行指标闭环控制的运行反馈控制方法。另外，随着过程工业的复杂化和大型化，工业用户所要求的过程控制性能不再局限于单个运行指标，而是涉及产品质量、生产效率以及能耗等多运行控制指标。

这些运行控制指标和基础反馈控制的被控变量间表现为多变量耦合、多时滞特性，因此所研究的运行反馈控制方法必须具有良好解耦和多时滞补偿的能力。现有的针对运行控制指标多变量解耦的运行反馈控制方法有限，主要为基于 MPC 的方法。

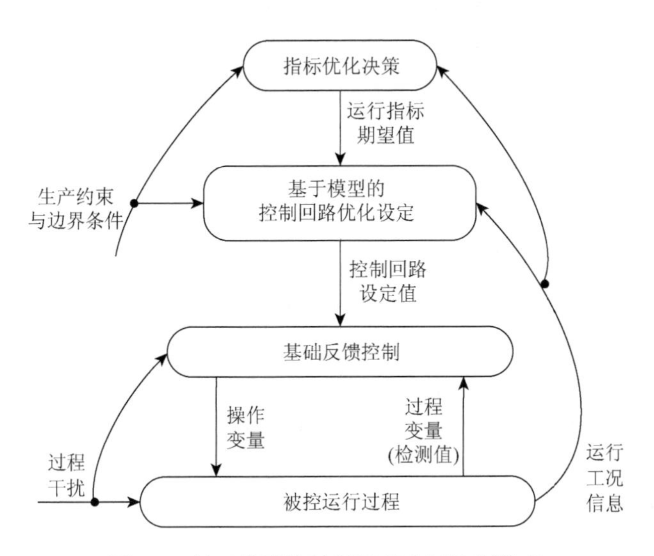

图 3.1 基于模型的过程运行分层控制策略

本章将具有设定值跟踪和干扰抑制分别优化设计的双自由度（two degree of freedom，2-DOF）解析解耦控制技术在具有基础反馈控制和上层运行反馈控制的运行控制过程进行扩展和推广，提出基于改进 2-DOF 解耦的运行指标测量大时滞过程运行反馈控制方法。由于实际工业过程的多变量耦合以及多时滞特性，运行控制的对象模型往往十分复杂。为了设计能够物理实现的运行反馈控制系统，也为了对运行控制的设计过程进行简化，本章首先给出了一种基于多点阶跃响应匹配的复杂高阶多输入输出时滞系统的模型近似方法。

3.1 基于多点阶跃响应匹配的复杂高阶多时滞系统的低阶单时滞模型近似

3.1.1 模型近似在基于模型的运行反馈控制设计中的重要性

本章及第 4 章基于模型的运行反馈控制系统设计中，由于实际运行过程具有多变量耦合及多输入输出时滞特性，这使得在设计基于模型的运行反馈控制系统时会碰到具有高阶多输入输出时滞的复杂模型（multiple delay transfer function models，MDTFM），在对运行过程模型进行求逆运算时，不便于对 MDTFM 提取时滞和非最小相位零点，这对运行指标的解析解耦以及运行反馈控制系统的解析设计带来困难，并且可能使设计的运行反馈控制系统难以物理实现。因此，为了设计易于实现的运行反馈控制系统，也为了对设计过程进行简化，就必须对运行控制设计过程涉及的复杂高阶多时滞模型进行低阶单时滞模型近似。

模型近似问题可以简单描述为：给定一个复杂高阶系统，找到一个低阶近似，使其能够对原高阶模型进行较好近似而无显著误差，并且易于实现[20, 217, 218]。过去几十年，模型近似问题得到了国内外学者的广泛关注，产生了很多重要而有影响力的模型近似方法，如经典的 Pade 近似、Routh 近似、平衡降阶、新型的 Krylov 子空间方法、基于进化计算的方法以及这些方法的衍生和改进等[219-233]。

在分析和设计一个实际应用系统时，经常会碰到由多个单传递函数模型并行组合构成的复杂单输入单输出（single input single output，SISO）时滞系统。这样一个典型系统如图 3.2 所示，原实际系统由多个具有相同输入的子系统并行连接构成。每一个这样的子系统可能是非线性的，但是通过采用系统辨识和模型近似技术可以得到各个实际系统在平衡点的稳定传递函数模型。由于最终得到的复杂系统的模型由多个单传递函数模型并联构成，并且每一个单传递函数模型可能具有不同的时滞，因此将这类复杂模型称为高阶多输入输出时滞特性的复杂模型（MDTFM）。例如，具有多输入/输出（I/O）时滞的多变量传递函数矩阵的行列式属于 MDTFM。在本章以及第 4 章设计基于多变量时滞模型的应用系统时，由于难以对这类复杂 MDTFM 模型提取时滞和非最小相位（right half-plane，RHP）零点[234-236]，因此必须将其简化为具有单时滞特性的传递函数模型。目前对类复杂模型的近似问题研究甚少，几乎所有前述提到的模型近似方法都是针对单时滞传递函数模型的。显然，单时滞传递函数模型只能近似看做 MDTFM 模型近似问题的一个简单特例。目前，仅有的几个关于 MDTFM 模型近似出自于最近几篇关于多变量解耦控制的文献，如文献[234]～[237]。在文献[234]和[235]中，为了得到可物理实现和稳定的内模控制器，Wang 等采用文献[238]讨论的频率响应适配技术以及标准的递推最小二乘（recursive least-square，RLS）算法，用一个简单二阶模型去近似多输入输出时滞的多变量传递函数矩阵的行列式。在文献[236]和[237]中，Liu 等采用线性分数 Pade 近似技术，以二阶有理传递函数模型来近似具有 MDTFM 特性的多变量矩阵的行列式函数。

基于上述问题，并且为了本章及第 4 章设计运行反馈控制系统的需要，提出了一种易于实现的基于多点阶跃响应匹配技术的 MDTFM 模型近似方法。性能指标为原模型与近似模型的频域多点阶跃响应匹配误差的方差。针对所使用的近似误差性能指标，推导了一种频域加权递推最小二乘算法用于辨识降阶模型的参数。最后，给出了几个数字仿真实例以验证所提模型近似方法的有效性。

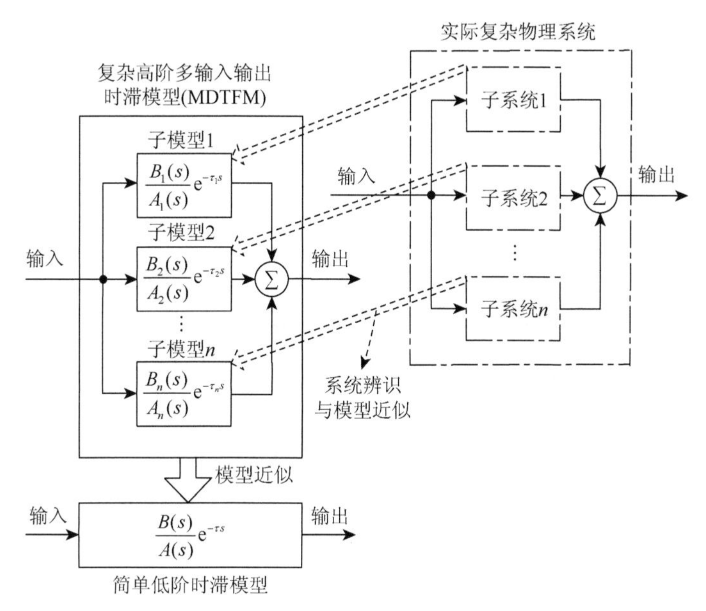

图 3.2 具有多输入输出时滞的典型系统示意图

3.1.2 多点阶跃响应匹配模型近似问题描述

通常情况下，大部分 SISO 稳定系统可以用如下多时滞传递函数模型 $\tilde{G}(s)$ 表示：

$$\tilde{G}(s)=\frac{\sum_{i=0}^{m_1}\tilde{b}_{1,i}s^i}{\sum_{i=0}^{n_1}\tilde{a}_{1,i}s^i}\mathrm{e}^{-\tau_1 s}+\frac{\sum_{i=0}^{m_2}\tilde{b}_{2,i}s^i}{\sum_{i=0}^{n_2}\tilde{a}_{2,i}s^i}\mathrm{e}^{-\tau_2 s}+\cdots+\frac{\sum_{i=0}^{m_\xi}\tilde{b}_{\xi,i}s^i}{\sum_{i=0}^{n_\xi}\tilde{a}_{\xi,i}s^i}\mathrm{e}^{-\tau_\xi s} \tag{3.1}$$

式中，$\tilde{a}_{j,i}$、$\tilde{b}_{j,i}$ 为每个单时滞传递函数模型的分子分母系数；$\tau_j \geqslant 0$ 为各单时滞传递函数模型的时滞。这里假定 $\tilde{G}(s)$ 是严格正实且渐进稳定的。注意到当 $\xi=1$ 时，$\tilde{G}(s)$ 简化为单时滞系统，其模型近似问题在前面所提大部分文献已有研究。

假设期望得到的稳定低阶模型为如下单时滞形式：

$$G(s)=\frac{b_m s^m+b_{m-1}s^{m-1}+\cdots+b_1 s+b_0}{a_n s^n+a_{n-1}s^{n-1}+\cdots+a_1 s+1}\mathrm{e}^{-\tau s}\triangleq\frac{B(s)}{A(s)}\mathrm{e}^{-\tau s} \tag{3.2}$$

式中，τ 和 $\theta=\left[a_1\ \cdots\ a_n\ b_0\ \cdots\ b_m\right]^{\mathrm{T}}$ 分别为需要确定的降阶模型的时滞和模型系数矩阵。

在已有众多模型近似算法中，最小化性能函数（如近似误差函数）的方法具有直观的物理意义且易于数学处理而最常见[225]。本质上，面向性能的模型近似就是通过最小化特定的某种性能指标以求取高阶模型 $\tilde{G}(s)$ 的近似模型 $G(s)$ 的参数集。这里采用下面原始模型和降阶模型阶跃响应方差的积分为模型近似问题的性能指标函数：

$$\begin{aligned} J &= \int_{\omega_{\min}}^{\omega_{\max}} \left\|\tilde{Y}(\mathrm{j}\omega)-Y(\mathrm{j}\omega)\right\|^2 \mathrm{d}\omega \\ &= \int_{\omega_{\min}}^{\omega_{\max}} \left\|\tilde{G}(\mathrm{j}\omega)U(\mathrm{j}\omega)-G(\mathrm{j}\omega)U(\mathrm{j}\omega)\right\|^2 \mathrm{d}\omega \end{aligned} \tag{3.3}$$

式中，$U(s)$ 为阶跃输入激励信号；$\tilde{Y}(s)$、$Y(s)$ 分别为原模型和近似模型的阶跃响应输出；$[\omega_{\min}, \omega_{\max}]$ 为选取的频率区间，$\omega_{\min}$、$\omega_{\max}$ 分别为该频率区间的最小、最大频率。注意到，这里只选择感兴趣的有限频率 $[\omega_{\min}, \omega_{\max}]$，而没有在整个频率范围内考虑问题，这也是因为任何一个实际系统都只在一个有限的频率区间内工作。

为了计算方便，参照众多文献的方法将式（3.3）转化成如下离散形式：

$$\begin{aligned} J &= \sum_{\varpi=1}^{M} (\omega_{\varpi+1}-\omega_{\varpi}) \left\|\tilde{Y}(\mathrm{j}\omega_{\varpi})-Y(\mathrm{j}\omega_{\varpi})\right\|^2 \\ &= \sum_{\varpi=1}^{M} v_{\varpi} \left\|\tilde{G}(\mathrm{j}\omega_{\varpi})U(\mathrm{j}\omega_{\varpi})-G(\mathrm{j}\omega_{\varpi})U(\mathrm{j}\omega_{\varpi})\right\|^2 \end{aligned} \tag{3.4}$$

式中，$\omega_{\varpi}=10^{\left[-\omega_{\min}+\frac{\varpi(\omega_{\max}-\omega_{\min})}{M}\right]}$ 为选取的离散频率点；$v_{\varpi}=\omega_{\varpi+1}-\omega_{\varpi}$（不失一般性，这里假设 $\omega_1<\cdots<\omega_{M+1}$）为权值。

注 3.1 式（3.4）表明降阶模型的系数集 θ 和时滞 τ 通过 $Y(s)$ 和 $\tilde{Y}(s)$ 的多频域点匹配获得。这种基于多点阶跃响应匹配的模型近似策略可转化为图 3.3 所示的频域传递函数辨识框架。原始模型 $\tilde{G}(s)$、期望降阶模型 $G(s)$ 以及使用的模型参数搜索算法可一一对应为图 3.3 所示系统辨识框架中的辨识对象、结构确定的待辨识模型以及辨识算法。另外，与数据驱动系统辨识类似，提出的多点阶跃响应匹配模型可近似看做一种数据驱动的“Black-Box”方法，这是因为所提方法不需要原始模型的先验知识，如系统阶次、结构以及零极点分布等。正因为如此，该方法能够较好地解决复杂 MDTFM 的模型近似问题，并且具有较好的鲁棒性能。

注 3.2 式（3.4）的加权因子 v_{ϖ} 具有明确的意义：选择离散频率区间相邻的两个频率相差越大，则相应的权值 v_{ϖ} 越大，即越强调对有限信息的利用。相反，如果在相近的频率范围内测试点比较多，则相应的权值 v_ϖ 较小，从而强调对多个数据点的利用。

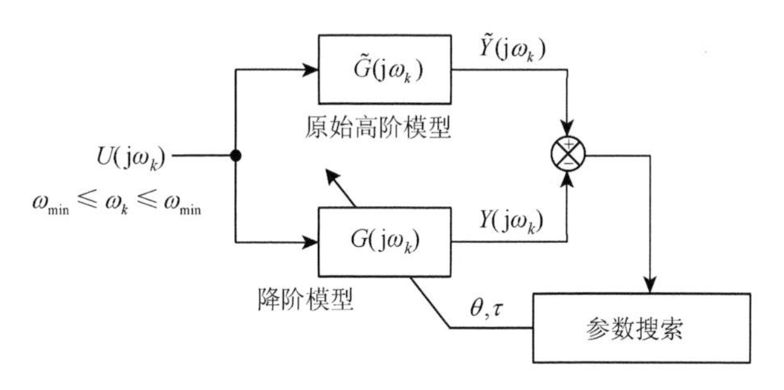

图 3.3 频域传递函数辨识框架

3.1.3 模型近似参数搜索算法

递推最小二乘（recursive least-square，RLS）算法[239, 240]由于结构简单、收敛快、鲁棒性好以及具有较高的跟踪精度，被广泛用于系统辨识、模型近似等科学和工程问题。这里将通过最小化式（3.4）的性能指标，推导出频域加权递推 RLS 算法，并用于近似模型各个参数的搜索。

结合式（3.2）和式（3.4），可以将性能指标重新写成如下形式：

$$J=\sum_{\varpi=1}^{M}v_\varpi\left\|\tilde{G}(j\omega_\varpi)U(j\omega_\varpi)-\frac{B(j\omega_\varpi)U(j\omega_\varpi)}{A(j\omega_\varpi)}e^{-\tau j\omega_\varpi}\right\|^2 \tag{3.5}$$

注意到式（3.5）中，a_i 出现在性能函数的分母，再加上时滞 τ 的存在，使得所要解决的问题具有非线性。为了克服非线性问题，可以采用文献[239]的方法，将表达式

$$\tilde{G}(j\omega_\varpi)U(j\omega_\varpi)-\frac{B(j\omega_\varpi)U(j\omega_\varpi)}{A(j\omega_\varpi)}e^{-\tau j\omega_\varpi}$$

乘以 $A(j\omega_\varpi)$ 以消除 a_i 的影响。但是这样得到的性能指标 J 与式（3.5）的性能指标不完全相同，并且在近似问题求解时会造成一些病态条件。为此，首先将加权系数 v_ϖ 重新定义为

$$v_\varpi \triangleq \left\|\frac{\sqrt{\omega_{\varpi+1}-\omega_\varpi}}{A(j\omega_\varpi)}\right\|^2$$

这样式（3.5）可重新写为

$$J = \sum_{\varpi=1}^{M} v_{\varpi} \left\| \tilde{G}(\mathrm{j}\omega_{\varpi}) U(\mathrm{j}\omega_{\varpi}) A(\mathrm{j}\omega_{\varpi}) - B(\mathrm{j}\omega_{\varpi}) U(\mathrm{j}\omega_{\varpi}) \mathrm{e}^{-\tau \mathrm{j}\omega_{\varpi}} \right\|^2 \tag{3.6}$$

注 3.3 式（3.6）中，v_{ϖ} 仍然包含 $A(\mathrm{j}\omega_{\varpi})$ 中的未知参数 a_i。由于所采用的近似策略是递归的，所以可以在 k 时刻用 $k-1$ 时刻得到的参数$[a_{1,k-1},\cdots,a_{n,k-1}]$去估计 $A(\mathrm{j}\omega_{\varpi})$ 中的 a_i，这样加权因子项 v_{ϖ} 即可被估计得到。

注意到式（3.6）包含未知的时滞 τ 需要估计，这使得待求解的问题仍然具有非线性。但是，如果假定 τ 预先指定，这样模型近似问题就转化为用一个有理传递函数模型 $G_{Mo}(s)=B(s)/A(s)$ 去近似修改的模型 $\tilde{G}_{Mo}(s)=\tilde{G}(s)\mathrm{e}^{\tau s}$。因此，为了计算方便，将式（3.6）写成如下典型最小二乘误差形式：

$$\begin{aligned} J &= \sum_{\varpi=1}^{M} \left\| \frac{\sqrt{\omega_{\varpi+1}-\omega_{\varpi}}}{A(\mathrm{j}\omega_{\varpi})} \right\|^2 \left\| \mathrm{e}^{-\tau \mathrm{j}\omega_{\varpi}} \right\|^2 \left\| A(\mathrm{j}\omega_{\varpi}) \tilde{G}(s) \mathrm{e}^{\tau \mathrm{j}\omega_{\varpi}} U(\mathrm{j}\omega_{\varpi}) - B(\mathrm{j}\omega_{\varpi}) U(\mathrm{j}\omega_{\varpi}) \right\|^2 \\ &= \sum_{\varpi=1}^{M} v_{\varpi} \left\| A(\mathrm{j}\omega_{\varpi}) \tilde{G}_{Mo}(\mathrm{j}\omega_{\varpi}) U(\mathrm{j}\omega_{\varpi}) - B(\mathrm{j}\omega_{\varpi}) U(\mathrm{j}\omega_{\varpi}) \right\|^2 \end{aligned} \tag{3.7}$$

注意到式（3.7）中的 v_{ϖ} 被重新定义为

$$v_{\varpi} \triangleq \left\| \frac{\sqrt{\omega_{\varpi+1}-\omega_{\varpi}}}{A(\mathrm{j}\omega_{\varpi})} \mathrm{e}^{-\tau \mathrm{j}\omega_{\varpi}} \right\|^2 \tag{3.8}$$

显然 $\tilde{G}(s)$ 的近似过程会产生一个与 τ 相关的近似误差，这样模型近似问题的解就可以在 τ 的可能范围之内通过最小化式（3.7）的最小二乘误差得到。这是一维线性搜索问题，如果 τ 的估计范围能够事先给出，那么问题就容易得到解决。

将 $A(s)$、$B(s)$ 代入式（3.7），可以得到

$$\begin{aligned} J &= \sum_{\varpi=1}^{M} v_{\varpi} \Big\| \left[a_n(\mathrm{j}\omega_{\varpi})^n + \cdots + a_1(\mathrm{j}\omega_{\varpi})^1 + 1 \right] \tilde{G}_{Mo}(\mathrm{j}\omega_{\varpi}) U(\mathrm{j}\omega_{\varpi}) \\ &\quad - \left[b_m(j\omega_{\varpi})^m + \cdots + b_1(j\omega_{\varpi})^1 + b_0 \right] U(\mathrm{j}\omega_{\varpi}) \Big\|^2 \\ &= \sum_{\varpi=1}^{M} v_{\varpi} \Big\| \tilde{G}_{Mo}(\mathrm{j}\omega_{\varpi}) U(\mathrm{j}\omega_{\varpi}) + \left[a_n(\mathrm{j}\omega_{\varpi})^n \tilde{G}_{Mo}(\mathrm{j}\omega_{\varpi}) + \cdots + a_1(\mathrm{j}\omega_{\varpi}) \tilde{G}_{Mo}(\mathrm{j}\omega_{\varpi}) \right] U(\mathrm{j}\omega_{\varpi}) \\ &\quad - \left[b_m(\mathrm{j}\omega_{\varpi})^m + \cdots + b_1(\mathrm{j}\omega_{\varpi})^1 + b_0 \right] U(\mathrm{j}\omega_{\varpi}) \Big\|^2 \\ &= \sum_{\varpi=1}^{M} v_{\varpi} \left\| \tilde{G}_{Mo}(\mathrm{j}\omega_{\varpi}) U(\mathrm{j}\omega_{\varpi}) - \left[a_1 \ \cdots \ a_n \ b_0 \ \cdots \ b_m \right] \mho(\mathrm{j}\omega_{\varpi}) \right\|^2 \\ &= \sum_{\varpi=1}^{M} v_{\varpi} \left\| \tilde{Y}_{Mo}(\mathrm{j}\omega_{\varpi}) - \theta^{\mathrm{T}} \mho(\mathrm{j}\omega_{\varpi}) \right\|^2 \end{aligned}$$

式中

$$\mho(\mathrm{j}\omega_{\varpi})=\begin{bmatrix}-\tilde{G}_{Mo}(\mathrm{j}\omega_{\varpi})U(\mathrm{j}\omega_{\varpi})(\mathrm{j}\omega_{\varpi})^{1}\\ \vdots \\ -\tilde{G}_{Mo}(\mathrm{j}\omega_{\varpi})U(\mathrm{j}\omega_{\varpi})(\mathrm{j}\omega_{\varpi})^{n}\\ U(\mathrm{j}\omega_{\varpi})(\mathrm{j}\omega_{\varpi})^{0}\\ U(\mathrm{j}\omega_{\varpi})(\mathrm{j}\omega_{\varpi})^{1}\\ \vdots \\ U(\mathrm{j}\omega_{\varpi})(\mathrm{j}\omega_{\varpi})^{m}\end{bmatrix}^{\mathrm{T}}$$

另外，上述性能指标可以进一步推导为

$$\begin{aligned}J&=\sum_{\varpi=1}^{M}v_{\varpi}\left\|\tilde{Y}_{Mo}(\mathrm{j}\omega_{\varpi})-\theta^{\mathrm{T}}\mho(\mathrm{j}\omega_{\varpi})\right\|^{2}\\&=\sum_{\varpi=1}^{M}v_{\varpi}\Big[\tilde{Y}_{Mo}(\mathrm{j}\omega_{\varpi})\overline{\tilde{Y}_{Mo}(\mathrm{j}\omega_{\varpi})}-\tilde{Y}_{Mo}(\mathrm{j}\omega_{\varpi})\overline{\theta^{\mathrm{T}}\mho(\mathrm{j}\omega_{\varpi})}\\&\quad-\theta^{\mathrm{T}}\mho(\mathrm{j}\omega_{\varpi})\overline{\tilde{Y}_{Mo}(\mathrm{j}\omega_{\varpi})}+\theta^{\mathrm{T}}\mho(\mathrm{j}\omega_{\varpi})\overline{\theta^{\mathrm{T}}\mho(\mathrm{j}\omega_{\varpi})}\Big]\end{aligned}\tag{3.9}$$

对 J 求关于模型参数集 θ 的偏导：

$$\begin{aligned}\frac{\partial J}{\partial\theta}=\sum_{\varpi=1}^{M}v_{\varpi}\Big[&-\tilde{Y}_{Mo}(\mathrm{j}\omega_{\varpi})\overline{\mho(\mathrm{j}\omega_{\varpi})}-\mho(\mathrm{j}\omega_{\varpi})\overline{\tilde{Y}_{Mo}(\mathrm{j}\omega_{\varpi})}\\&+\mho(\mathrm{j}\omega_{\varpi})\overline{\mho^{\mathrm{T}}(\mathrm{j}\omega_{\varpi})}\theta+\overline{\mho(\mathrm{j}\omega_{\varpi})}\mho^{\mathrm{T}}(\mathrm{j}\omega_{\varpi})\theta\Big]\end{aligned}$$

令 $\partial J/\partial\theta=0$，可得

$$\begin{aligned}&\sum_{\varpi=1}^{k}v_{\varpi}\Big[\mho(\mathrm{j}\omega_{\varpi})\overline{\mho^{\mathrm{T}}(\mathrm{j}\omega_{\varpi})}+\overline{\mho(\mathrm{j}\omega_{\varpi})}\mho^{\mathrm{T}}(\mathrm{j}\omega_{\varpi})\Big]\\&=\sum_{\varpi=1}^{M}v_{\varpi}\Big[\tilde{Y}_{Mo}(\mathrm{j}\omega_{\varpi})\overline{\mho(\mathrm{j}\omega_{\varpi})}+\mho(\mathrm{j}\omega_{\varpi})\overline{\tilde{Y}_{Mo}(\mathrm{j}\omega_{\varpi})}\Big]\end{aligned}\tag{3.10}$$

定义

$$P_{k}^{-1}=\sum_{\varpi=1}^{k}v_{\varpi}\Big[\mho(\mathrm{j}\omega_{\varpi})\overline{\mho^{\mathrm{T}}(\mathrm{j}\omega_{\varpi})}+\overline{\mho(\mathrm{j}\omega_{\varpi})}\mho^{\mathrm{T}}(\mathrm{j}\omega_{\varpi})\Big]\tag{3.11}$$

进一步得到

$$\begin{aligned}P_{k}^{-1}&=P_{k-1}^{-1}+v_{k}\Big[\mho(\mathrm{j}\omega_{k})\overline{\mho^{\mathrm{T}}(\mathrm{j}\omega_{k})}+\overline{\mho(\mathrm{j}\omega_{k})}\mho^{\mathrm{T}}(\mathrm{j}\omega_{k})\Big]\\&=P_{k-1}^{-1}+2v_{k}\,\mathrm{Re}\big(\mho(\mathrm{j}\omega_{k})\big)\mathrm{Re}\big(\mho^{\mathrm{T}}(\mathrm{j}\omega_{k})\big)+2v_{k}\,\mathrm{Im}\big(\mho(\mathrm{j}\omega_{k})\big)\mathrm{Im}\big(\mho^{\mathrm{T}}(\mathrm{j}\omega_{k})\big)\end{aligned}\tag{3.12}$$

式中，$\mathrm{Re}(\mho(\mathrm{j}\omega_{k}))$ 和 $\mathrm{Im}(\mho(\mathrm{j}\omega_{k}))$ 分别表示 $\mho(\mathrm{j}\omega_{k})$ 的实数部分和虚数部分。定义 θ_{k}

为θ的第k次估计，联合式（3.10）～式（3.12），得到

$$\begin{aligned}P_k^{-1}\theta_k &= \sum_{\varpi=1}^{k} v_{\varpi}\left[\mho(\mathrm{j}\omega_{\varpi})\overline{\mho^{\mathrm{T}}(\mathrm{j}\omega_{\varpi})}+\overline{\mho(\mathrm{j}\omega_{\varpi})}\mho^{\mathrm{T}}(\mathrm{j}\omega_{\varpi})\right]\theta_k \\ &= \sum_{\varpi=1}^{k} v_{\varpi}\left[\tilde{Y}_{Mo}(\mathrm{j}\omega_{\varpi})\overline{\mho(\mathrm{j}\omega_{\varpi})}+\mho(\mathrm{j}\omega_{\varpi})\overline{\tilde{Y}_{Mo}(\mathrm{j}\omega_{\varpi})}\right] \\ &= P_{k-1}^{-1}\theta_{k-1}+v_k\left[\tilde{Y}_{Mo}(\mathrm{j}\omega_k)\overline{\mho(\mathrm{j}\omega_k)}+\mho(\mathrm{j}\omega_k)\overline{\tilde{Y}_{Mo}(\mathrm{j}\omega_k)}\right]\end{aligned} \tag{3.13}$$

联立式（3.12）和式（3.13），进一步得到

$$\begin{aligned}P_k^{-1}\theta_k &= P_{k-1}^{-1}\theta_{k-1}+v_k\left[\tilde{Y}_{Mo}(\mathrm{j}\omega_k)\overline{\mho(\mathrm{j}\omega_k)}+\mho(\mathrm{j}\omega_k)\overline{\tilde{Y}_{Mo}(\mathrm{j}\omega_k)}\right] \\ &= P_k^{-1}\theta_{k-1}-v_k\left[\mho(\mathrm{j}\omega_k)\overline{\mho^{\mathrm{T}}(\mathrm{j}\omega_k)}+\overline{\mho(\mathrm{j}\omega_k)}\mho^{\mathrm{T}}(\mathrm{j}\omega_k)\right]\theta_{k-1} \\ &\quad +v_k\left[\tilde{Y}_{Mo}(\mathrm{j}\omega_k)\overline{\mho(\mathrm{j}\omega_k)}+\mho(\mathrm{j}\omega_k)\overline{\tilde{Y}_{Mo}(\mathrm{j}\omega_k)}\right]\end{aligned} \tag{3.14}$$

再定义

$$Q_{k-1}^{-1}=P_{k-1}^{-1}+2v_k\,\mathrm{Re}(\mho(\mathrm{j}\omega_k))\mathrm{Re}(\mho^{\mathrm{T}}(\mathrm{j}\omega_k)) \tag{3.15}$$

为了计算Q_{k-1}，调用著名的矩阵求逆引理（matrix inverse lemma）[241, 242]，具体如下。

矩阵求逆引理[241] 假设M为如下$q\times q$矩阵：

$$M=H+gh^{\mathrm{T}} \tag{3.16}$$

式中，H为$q\times q$维；g、h均为$q\times 1$维。那么矩阵M的逆可由式（3.17）给出：

$$M^{-1}=H^{-1}-\frac{H^{-1}gh^{\mathrm{T}}H^{-1}}{1+h^{\mathrm{T}}H^{-1}g} \tag{3.17}$$

将式（3.15）与式（3.16）进行比较，可以将式（3.15）的右半部分用式（3.18）替代：

$$\begin{cases}H=P_{k-1}^{-1}\\ g=2v_k\,\mathrm{Re}(\mho(\mathrm{j}\omega_k))\\ h=\mathrm{Re}(\mho(\mathrm{j}\omega_k)\end{cases} \tag{3.18}$$

因此，将式（3.17）和式（3.18）应用于式（3.15），就可以求得Q_{k-1}如下：

$$Q_{k-1}=\left[I-\frac{2v_kP_{k-1}\mathrm{Re}(\mho(\mathrm{j}\omega_k))\mathrm{Re}(\mho^{\mathrm{T}}(\mathrm{j}\omega_k))}{1+2v_k\,\mathrm{Re}(\mho^{\mathrm{T}}(\mathrm{j}\omega_k))P_{k-1}\mathrm{Re}(\mho(\mathrm{j}\omega_k))}\right]P_{k-1} \tag{3.19}$$

由式（3.12）和式（3.15），可以得到

$$\begin{aligned} P_k^{-1} &= P_{k-1}^{-1} + 2v_k \operatorname{Re}(\mho(\mathrm{j}\omega_k))\operatorname{Re}(\mho^{\mathrm{T}}(\mathrm{j}\omega_k)) + 2v_k \operatorname{Im}(\mho(\mathrm{j}\omega_k))\operatorname{Im}(\mho^{\mathrm{T}}(\mathrm{j}\omega_k)) \\ &= Q_{k-1}^{-1} + 2v_k \operatorname{Im}(\mho(\mathrm{j}\omega_k))\operatorname{Im}(\mho^{\mathrm{T}}(\mathrm{j}\omega_k)) \end{aligned} \tag{3.20}$$

采用同样的方法，P_k 也可以求得如下：

$$P_k = \left[I - \frac{2v_k Q_{k-1} \operatorname{Im}(\mho(\mathrm{j}\omega_k))\operatorname{Im}(\mho^{\mathrm{T}}(\mathrm{j}\omega_k))}{1 + 2v_k \operatorname{Im}(\mho^{\mathrm{T}}(\mathrm{j}\omega_r))Q_{k-1}\operatorname{Im}(\mho(\mathrm{j}\omega_k))} \right] Q_{k-1} \tag{3.21}$$

最后，得到降阶模型参数搜索的频域加权 RLS 算法，具体如下：

$$\begin{cases} \theta_k = \theta_{k-1} + P_k v_k \Big\{ \Big[\tilde{Y}_{\mathrm{Mo}}(\mathrm{j}\omega_\varpi)\overline{\mho(\mathrm{j}\omega_k)} + \overline{\tilde{Y}_{\mathrm{Mo}}(\mathrm{j}\omega_\varpi)}\mho(\mathrm{j}\omega_k) \Big] \\ \qquad - \Big[\mho(\mathrm{j}\omega_k)\overline{\mho^{\mathrm{T}}(\mathrm{j}\omega_k)} + \overline{\mho(\mathrm{j}\omega_k)}\mho^{\mathrm{T}}(\mathrm{j}\omega_k) \Big]\theta_{k-1} \Big\} \\ P_k = \left[I - \dfrac{2v_k Q_{k-1} \operatorname{Im}(\mho(\mathrm{j}\omega_k))\operatorname{Im}(\mho^{\mathrm{T}}(\mathrm{j}\omega_k))}{1 + 2v_k \operatorname{Im}(\mho^{\mathrm{T}}(\mathrm{j}\omega_r))Q_{k-1}\operatorname{Im}(\mho(\mathrm{j}\omega_k))} \right] Q_{k-1} \\ Q_{k-1} = \left[I - \dfrac{2v_k P_{k-1} \operatorname{Re}(\mho(\mathrm{j}\omega_k))\operatorname{Re}(\mho^{\mathrm{T}}(\mathrm{j}\omega_k))}{1 + 2v_k \operatorname{Re}(\mho^{\mathrm{T}}(\mathrm{j}\omega_k))P_{k-1}\operatorname{Re}(\mho(\mathrm{j}\omega_k))} \right] P_{k-1} \\ v_\varpi = \left\| \dfrac{\sqrt{\omega_{\varpi+1} - \omega_\varpi}\,\mathrm{e}^{-\tau\mathrm{j}\omega_\varpi}}{A(\mathrm{j}\omega_\varpi)} \right\|^2 \\ \tilde{Y}_{\mathrm{Mo}}(\mathrm{j}\omega_\varpi) = \tilde{G}_{\mathrm{Mo}}(\mathrm{j}\omega_\varpi)U(\mathrm{j}\omega_\varpi) \\ \mho(\mathrm{j}\omega_\varpi) = \Big[-\tilde{Y}_{\mathrm{Mo}}(\mathrm{j}\omega_\varpi)(\mathrm{j}\omega_\varpi) \cdots - \tilde{Y}_{\mathrm{Mo}}(\mathrm{j}\omega_\varpi)(\mathrm{j}\omega_\varpi)^n \;\; U(\mathrm{j}\omega_\varpi)(\mathrm{j}\omega_\varpi)^0 \cdots U(\mathrm{j}\omega_\varpi)(\mathrm{j}\omega_\varpi)^m \Big]^{\mathrm{T}} \end{cases} \tag{3.22}$$

注 3.4（关于算法收敛性）　由式（3.14），可以进一步得到

$$\begin{aligned} \theta_k = \theta_{k-1} + P_k \Big\{ & v_k \Big[\tilde{Y}_{\mathrm{Mo}}(\mathrm{j}\omega_\varpi)\overline{\mho(\mathrm{j}\omega_k)} + \overline{\tilde{Y}_{\mathrm{Mo}}(\mathrm{j}\omega_\varpi)}\mho(\mathrm{j}\omega_k) \Big] \\ & - v_k \Big[\mho(\mathrm{j}\omega_k)\overline{\mho^{\mathrm{T}}(\mathrm{j}\omega_k)} + \overline{\mho(\mathrm{j}\omega_k)}\mho^{\mathrm{T}}(\mathrm{j}\omega_k) \Big]\theta_{k-1} \Big\} \end{aligned}$$

定义

$$\begin{cases} \varphi_k = v_k \Big[\mho(\mathrm{j}\omega_k)\overline{\mho^{\mathrm{T}}(\mathrm{j}\omega_k)} + \overline{\mho(\mathrm{j}\omega_k)}\mho^{\mathrm{T}}(\mathrm{j}\omega_k) \Big] \\ y_k = v_k \Big[\tilde{Y}_{\mathrm{Mo}}(\mathrm{j}\omega_k)\overline{\mho(\mathrm{j}\omega_k)} + \overline{\tilde{Y}_{\mathrm{Mo}}(\mathrm{j}\omega_k)}\mho(\mathrm{j}\omega_k) \Big] \end{cases}$$

注意到$\varphi_k \in \mathbf{R}^+, y_k \in \mathbf{R}^+$，因此$\theta_k$可进一步转化为

$$\theta_k = \theta_{k-1} + P_k \sqrt{v_k \left[\mho(\mathrm{j}\omega_k)\overline{\mho^{\mathrm{T}}(\mathrm{j}\omega_k)} + \overline{\mho(\mathrm{j}\omega_k)}\mho^{\mathrm{T}}(\mathrm{j}\omega_k) \right]}^{\mathrm{T}}$$
$$\times \left\{ \frac{v_k \left[\tilde{Y}_{\mathrm{Mo}}(\mathrm{j}\omega_k)\overline{\mho(\mathrm{j}\omega_k)} + \overline{\tilde{Y}_{\mathrm{Mo}}(\mathrm{j}\omega_k)}\mho(\mathrm{j}\omega_k) \right]}{\sqrt{v_k \left[\mho(\mathrm{j}\omega_k)\overline{\mho^{\mathrm{T}}(\mathrm{j}\omega_k)} + \overline{\mho(\mathrm{j}\omega_k)}\mho^{\mathrm{T}}(\mathrm{j}\omega_k) \right]}^{\mathrm{T}}} \right.$$
$$\left. - \sqrt{v_k \left[\mho(\mathrm{j}\omega_k)\overline{\mho^{\mathrm{T}}(\mathrm{j}\omega_k)} + \overline{\mho(\mathrm{j}\omega_k)}\mho^{\mathrm{T}}(\mathrm{j}\omega_k) \right]}\theta_{k-1} \right\}$$

即

$$\theta_k = \theta_{k-1} + P_k \sqrt{\varphi_k}^{\mathrm{T}} \left(\frac{y_k}{\sqrt{\varphi_k}^{\mathrm{T}}} - \sqrt{\varphi_k}\theta_{k-1} \right) \tag{3.23}$$

由式（3.14）和式（3.15），收敛矩阵P_k也可进一步推导为

$$P_k^{-1} = P_{k-1}^{-1} + v_k \left[\mho(\mathrm{j}\omega_k)\overline{\mho^{\mathrm{T}}(\mathrm{j}\omega_k)} + \overline{\mho(\mathrm{j}\omega_k)}\mho^{\mathrm{T}}(\mathrm{j}\omega_k) \right]$$

即

$$P_k^{-1} = P_{k-1}^{-1} + \sqrt{\varphi_k}^{\mathrm{T}} \sqrt{\varphi_k} \tag{3.24}$$

式（3.23）和式（3.24）表明频域加权 RLS 算法与文献[243]～[245]研究的算法具有类似结构。因此，其收敛性可以采用文献[243]～[245]的方法进行类似分析。

3.1.4 模型近似求解步骤

采用所提算法对 MDTFM 进行模型降阶的具体求解步骤如下。

（1）确定$G(s)$时滞的初步估计τ_0，以及测试点数N和每次时滞搜索的步长$\Delta\tau$，可以得到$\tau_i = \tau_0 + (i-1)\Delta\tau (i = 1, \cdots, N)$。

（2）确定P_0、θ_0和η（η为选择的阈值，具体意义参见式（3.25））。确定感兴趣的辨识频率区间$[\omega_{\min}, \omega_{\max}]$，并将其对数坐标下$M$等分，从而$[\omega_{\min}, \omega_{\max}]$间的

第 k 个测试频率点可以表示为 $\omega_k = 10^{\left[-\omega_{\min}+\frac{k(\omega_{\max}-\omega_{\min})}{M}\right]}$。

（3）对于每一个 τ_i，采用下述的递归搜索计算找到修正模型 $\tilde{G}_{Mo}(s)=\tilde{G}(s)\mathrm{e}^{\tau_i s}$ 的有理近似解 $G_{Mo}(s)$。①使 P、θ、η 分别等于其初始值。②对于每一个 $k=1,\cdots,M$，计算 $U(\mathrm{j}\omega_k)$，并根据式（3.22）相继计算 v_k、Q_k、P_k、θ_k。③测试递归终止条件：如果 $k=M$ 或者最大相对参数估计误差 E_θ 满足如下条件：

$$E_\theta \triangleq \max_{\forall i}\left|(\theta_k(i)-\theta_{k-1}(i))/\theta_{k-1}(i)\right| < \eta \tag{3.25}$$

则终止递归计算，否则转①。式（3.25）中，$\theta_k(i)$ 表示 θ_k 的第 i 个元素。

（4）对于步骤（3）得到的与给定 τ_i 对应的模型近似解 $G_{Mo}(s)$，计算 $G(s)=G_{Mo}(s)\mathrm{e}^{-\tau_i s}$。然后在选取的频率区间范围内评估式（2.26）定义的近似误差：

$$E_2 = \frac{1}{M}\sum_{k=1}^{M}\left|\tilde{G}(\mathrm{j}\omega_k)-G(\mathrm{j}\omega_k)\right|^2 \tag{3.26}$$

（5）对所有可能的 $\tau_i=\tau_0+(i-1)\Delta\tau$，将产生最小 E_2 的 $G(s)$ 作为模型近似的解。

注 3.5 相关性矩阵等初始参数 P_0、θ_0 一定程度决定着模型近似的精度。通常取 $P_0=\sigma I_{(n+m+1)\times(n+m+1)}, \theta_0=\varepsilon I_{(n+m+1)\times 1}$，式中，$\sigma$ 是一个充分大的正整数，ε 是一个适当小的实数。多数情况下，σ、ε 的值采用试凑的方法进行确定。根据经验，σ 的值通常在 10^6～10^{12} 范围内进行选取，ε 设置成小于 10^{-3} 的正数。另外，误差阈值 η 根据期望辨识精度确定，其值通常在 $10^{-10}\sim10^{-5}$ 范围内进行取值。

注 3.6 模型近似频率范围也一定程度决定了模型的近似精度。对于单时滞传递函数模型，从零到相位穿越频率 ω_c 之间的过程动态对于系统的实际工程应用非常重要。因此，单时滞模型的近似频率区间可选择为 $10^{-3}\omega_c$～$10\omega_c$、辨识步长选择为 $0.002\omega_c$～$0.02\omega_c$。但是，对于复杂的 MDTFM，一般难以得到其 ω_c。因此，其模型近似的辨识频率区间建议选择一个更为宽松的范围，如 10^{-3}～10^3rad/s 以及相对小的辨识步长，如 0.01rad/s。另外，辨识频率区间也可以根据期望近似精度和特殊应用要求进行相应调整。

注 3.7 根据研究，时滞因子 τ 的合理搜索范围建议选择为 $0.5\tau_{\min}$～$2.0\tau_{\min}$（如果 $\tau_{\min}>0$），或者 0～$2\tau_{\sec}$（如果 $\tau_{\min}=0$ 且 $\xi>1$），其中 $\tau_{\min}$ 和 $\tau_{\sec}$ 分别表示原始模型各子模型的最小时滞和次最小时滞。

注 3.8 由于单时滞模型可认为是 MDTFM 中所有 τ_j 相等时的特殊简单情况。因此，上述模型近似的计算步骤完全可以用于解决单时滞模型的近似问题。

注 3.9 如果原始模型 $\tilde{G}(s)$ 中没有时滞，或者期望的降阶模型 $G(s)$ 不要求有时滞，那么 $G(s)$ 可以通过相继执行步骤（2）和（3）进行模型近似。

3.1.5 仿真实验与结果

例 3.1 为了与其他针对单时滞系统的模型近似方法进行比较，首先考虑文献[228]、[242]研究的一个五阶非最小相位单时滞系统：

$$\tilde{G}(s) = -\frac{(s+1)(s-1)(s+10)}{(s+2)^3(s+3)(s+4)}\mathrm{e}^{-0.5s}$$

不难得到模型 $\tilde{G}(s)$ 具有一个右半平面（RHP）零点“1”，且其稳态值为 $\tilde{G}(0) = -0.1042$。采用所提方法对 $\tilde{G}(s)$ 分别用二阶时滞模型（second-order reduced model，SORM）、三阶时滞模型（third-order reduced model，TORM）以及四阶时滞模型（forth-order reduced model，FoORM）进行近似，模型近似过程所涉及相关关键参数确定如表 3.1 所示，得到的 SORM、TORM 以及 FoORM 如表 3.2 所示。同时，表 3.2 中列出了各个近似模型的稳态误差 $\Delta G(0) = |G(0) - \tilde{G}(0)| / |\tilde{G}(0)|$、RHP 零点以及式（3.26）定义的近似误差。为了进行比较，采用文献[228]、[242]的方法得到的降阶模型也一同在表 3.2 中列出。文献[228]所述方法，降阶模型的分母参数和时滞参数采用遗传（genetic algorithm，GA）算法进行求解，而分子参数采用最小二乘算法根据每一组候选的分母和时滞参数进行计算。而在文献[242]的方法中，降阶模型分母参数通过 Routh 近似方法进行确定，分子参数和时滞因子采用 GA 算法进行辨识。

图 3.4 为各降阶模型在频率区间 0～$2\omega_c$ 的 Nyquist 曲线。图 3.5 为降阶模型与原始模型的阶跃响应曲线。由图 3.4 可以看出，采用所提方法得到 SORM、TORM 以及 FoORM 与原始模型在频率范围 0～$2\omega_c$ 内非常吻合，这说明所获得的降阶模型能够满足大多数的实际应用。但是，文献[228]、[242]所得到降阶模型在频率范围 0～$2\omega_c$ 内具有相对大的近似误差，尤其是 SORM 和 TORM 在频率范围 0～$2\omega_c$ 的近似误差较大。由表 3.2 和图 3.5 可以看出，所提方法得到的降阶模型的阶跃响应与原模型具有较好的动态和稳态近似性能，尤其是稳态误差均为零，并且 RHP 零点与原模型基本相同。但是，文献[228]、[242]所得降阶模型没有这些好的特性，产生了较大的稳态误差。这个仿真算例也表明，所提模型近似方法能够获得具有零稳态误差的降阶模型。

表 3.1 例 3.1 模型近似的关键参数确定

	ε	σ	η	τ_0	N	$\Delta\tau$	$\omega_{\min}$	$\omega_{\max}$	M
SORM	$1\times10^{-8}I_{4\times1}$	1×10^{10}	1×10^{-9}	0	1×10^{3}	1×10^{-3}	1×10^{-3}	1×10^{3}	6×10^{2}
TORM	$1\times10^{-8}I_{6\times1}$	1×10^{10}	1×10^{-9}	0	1×10^{3}	1×10^{-3}	1×10^{-3}	1×10^{3}	6×10^{2}
FoORM	$1\times10^{-8}I_{8\times1}$	1×10^{12}	1×10^{-9}	0	1×10^{3}	1×10^{-3}	1×10^{-3}	1×10^{3}	6×10^{2}

表 3.2 例 3.1 降阶模型比较

		降阶模型	$\Delta G(0)$	RHP 零点	E_2
所提方法	SORM	$\dfrac{0.1031s-0.1042}{0.3723s^2+0.8072s+1}e^{-0.653s}$	0	1.011	4.2274×10^{-5}
	TORM	$\dfrac{-0.0019s^2+0.1058s-0.1042}{0.0562s^3+0.4497s^2+0.9634s+1}e^{-0.518s}$	0	1.003	1.7583×10^{-6}
	FoORM	$\dfrac{0.0002s^3+0.069s^2+0.035s-0.1042}{0.0546s^4+0.363s^3+1.1563s^2+1.639s+1}e^{-0.514s}$	0	1.001	1.4077×10^{-7}
文献[228]	SORM	$\dfrac{0.21748s-0.24012}{s^2+1.7419s+2.4976}e^{-0.63582s}$	7.77%	1.104	9.6297×10^{-5}
	TORM	$\dfrac{-0.0015589s^2+1.358s-1.3646}{(s^2+3.4992s+5.731)(s+2.2066)}e^{-0.51539s}$	3.55%	1.006	7.3906×10^{-6}
	FoORM	$\dfrac{0.0102s^3+1.226s^2+2.293s-3.547}{(s^2+4.878s+11.452)(s^2+2.74s+2.924)}e^{-0.517s}$	1.63%	1.004	1.4756×10^{-6}
文献[242]	SORM	$\dfrac{0.16134s-0.07526}{s^2+1.51149s+0.72552}e^{-0.54823s}$	0.48%	0.4665	2.1×10^{-3}
	TORM	$\dfrac{0.25733s^2+0.02615\,s-0.21123}{s^3+3.29076s^2+4.24844\,s+2.03926}e^{-0.53105s}$	0.58%	0.8566	2.2093×10^{-4}
	FoORM	$\dfrac{0.001s^3+1.171s^2-0.104s-1.022}{s^4+6.36s^3+16.681s^2+20.46s+9.89}e^{-0.491s}$	0.86%	0.9381	4.0678×10^{-5}

例 3.2 考虑如下复杂多时滞传递函数模型：

$$\tilde{G}(s)=-\frac{0.3543}{(13.5s+1)(2.61s+1)}e^{-3.14s}-\frac{0.5519}{(16.55s+1)(2.55s+1)}e^{-2.345s}-\frac{0.3853\times(51.6s+1)}{(15.5s+1)(6.6s+1)}$$

采用所提方法将 $\tilde{G}(s)$ 近似为两个典型的一阶模型（即 $FORM_{1\text{-}0}$、$FORM_{1\text{-}1}$），三个典型的二阶模型（即 $SORM_{2\text{-}0}$、$SORM_{2\text{-}1}$、$SORM_{2\text{-}2}$）、三个典型的三阶模型（即 $TORM_{3\text{-}1}$、$TORM_{3\text{-}2}$、$TORM_{3\text{-}3}$），如表 3.3 所示。图 3.6 为降阶模型的阶跃响应曲线。可以看出，所提算法具有较好的收敛性能，得到的降阶模型均具有较好

的近似性能。通过比较各个降阶模型的近似性能，得到二阶模型和三阶模型相对于一阶模型具有较好的近似性能。这是因为二阶模型和三阶模型具有较为完整的模型结构，相对于一阶系统，它们能够包含原系统更为宽广的动态特性。另外，从这些图表中可以看出，得到的降阶模型均具有 $G(0)=\tilde{G}(0)=-1.2916$，这意味着采用所提方法得到的降阶模型具有零稳态误差特性。因此，所提方法得到的降阶模型相对于原系统不但具有较好的动态近似误差，并且能够保持原系统的稳态特性。

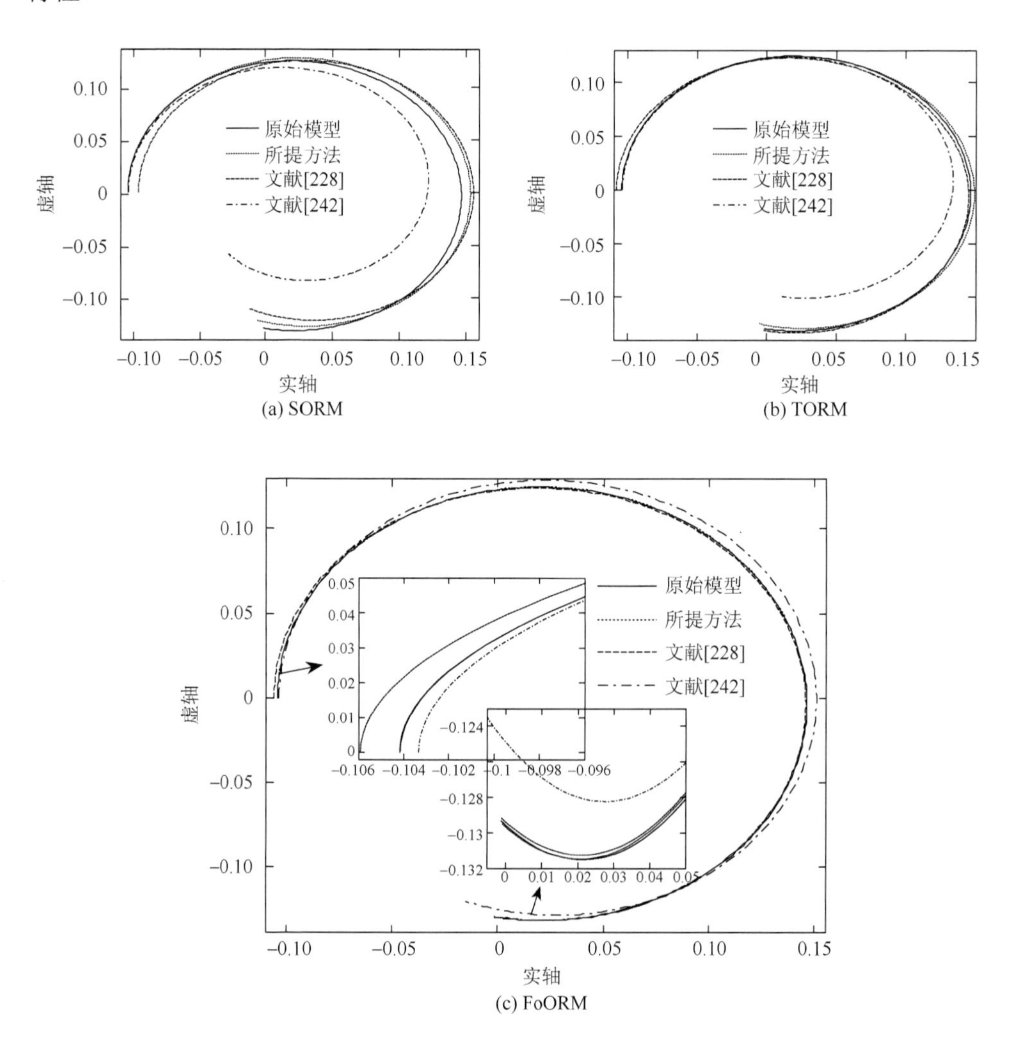

图 3.4　例 3.1 中降阶模型与原始模型的 Nyquist 曲线

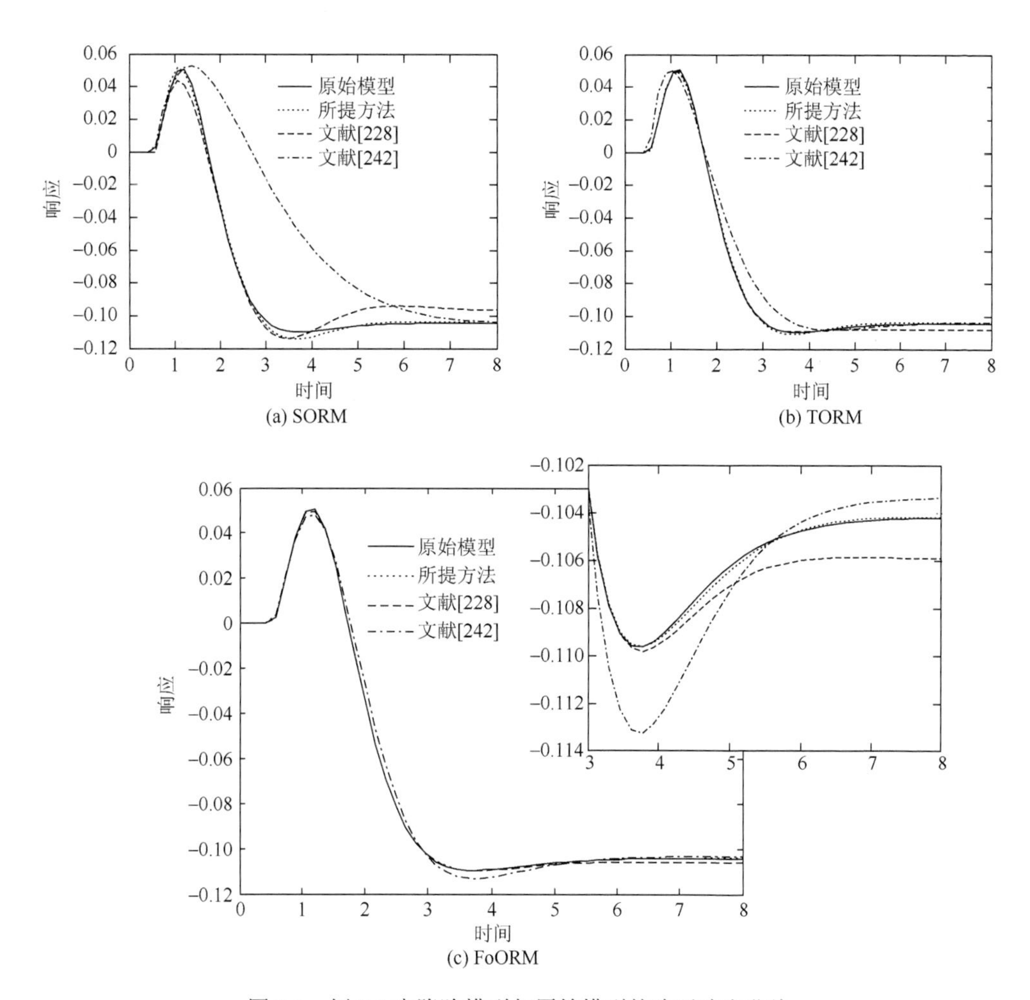

图 3.5 例 3.1 中降阶模型与原始模型的阶跃响应曲线

表 3.3 例 3.2 所提方法得到的降阶模型

	降阶模型	$\Delta G(0)$	E_2
$FORM_{1\text{-}0}$	$\dfrac{-1.2916}{6.7092s+1}e^{-0.02s}$	0	8.2163×10^{-4}
$FORM_{1\text{-}1}$	$\dfrac{-0.0643s-1.2916}{6.2758s+1}e^{-0.32s}$	0	9.0103×10^{-4}
$SORM_{2\text{-}0}$	$\dfrac{-1.2916}{0.5983s^2+6.4439s+1}e^{-0.14s}$	0	7.4086×10^{-4}

续表

	降阶模型	$\Delta G(0)$	E_2
SORM2-1	$\dfrac{-13.8037s-1.2916}{79.096s^2+16.3922s+1}\mathrm{e}^{-0s}$	0	8.7692×10^{-5}
SORM2-2	$\dfrac{-0.5430s^2-16.4453s-1.2916}{92.7504s^2+18.3274s+1}\mathrm{e}^{-0.03s}$	0	1.1218×10^{-4}
TORM3-1	$\dfrac{-15.3176s-1.2916}{2.6388s^3+87.0046s^2+17.5475s+1}\mathrm{e}^{-0s}$	0	1.1808×10^{-4}
TORM3-2	$\dfrac{-9.4039s^2-16.9814s-1.2916}{40.9719s^3+102.9047s^2+18.7005s+1}\mathrm{e}^{-0.01s}$	0	1.0634×10^{-4}
TORM3-3	$\dfrac{-0.1225s^3-6.2975s^2-12.9649s-1.2916}{25.0323s^3+77.9147s^2+15.6888s+1}\mathrm{e}^{-0.05s}$	0	7.7516×10^{-5}

为了进一步验证所提近似方法的有效性，考察所提方法得到的降阶模型在其他典型输入（如脉冲输入、方波输入以及正弦输入等）下的响应性能。为了简单起见，我们仅选择两个降阶模型进行考虑：一个是 $\mathrm{FORM}_{1\text{-}1}$，它相对于其他近似模型具有较大的近似误差 E_2；另一个是 $\mathrm{SORM}_{2\text{-}1}$，它具有较好的近似精度和较为简单的模型结构。图 3.7～图 3.9 为选取的两个典型降阶模型分别在脉冲输入、单

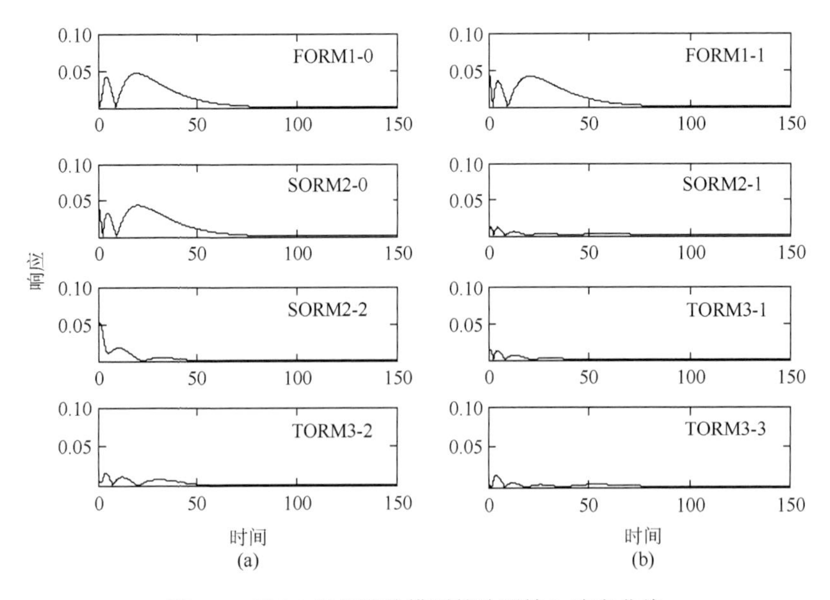

图 3.6　例 3.2 所得降阶模型的阶跃输入响应曲线

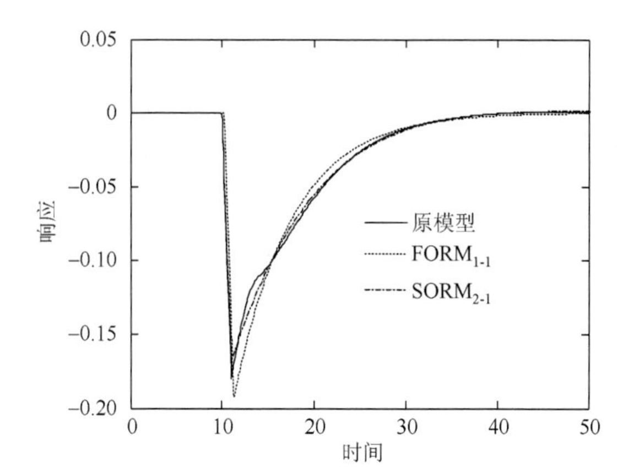

图 3.7 例 3.2 降阶模型的脉冲输入响应曲线

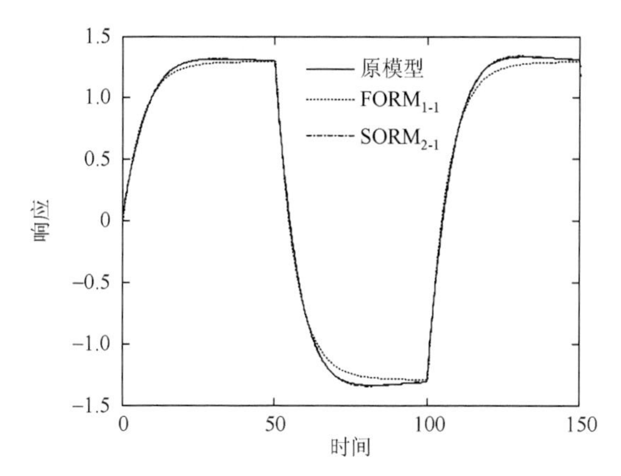

图 3.8 例 3.2 降阶模型的单位方波输入响应曲线

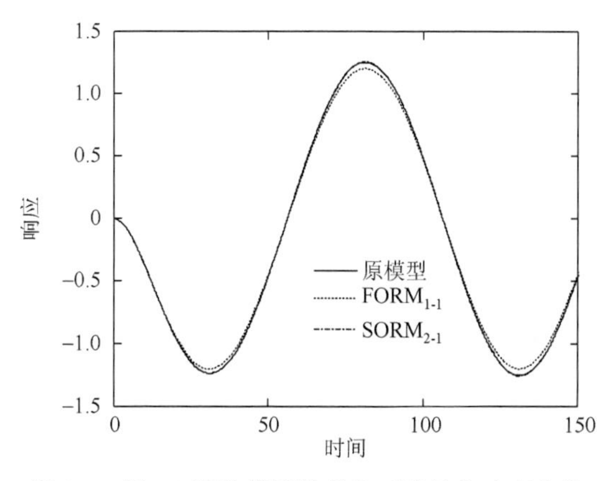

图 3.9 例 3.2 降阶模型的单位正弦输入响应曲线

位方波输入以及单位正弦输入下的响应曲线。可以看出，无论哪一种输入，选取的两个典型模型的响应曲线与原始模型的响应非常吻合。同时，通过比较也可以看出，相对于 $FORM_{1\text{-}1}$，$SORM_{2\text{-}1}$ 具有更好的响应精度，其在各种输入下的响应曲线与原系统的响应曲线基本一致。

例 3.3 控制领域的零跟踪误差具有重要意义，这常常是评估一个控制系统好坏的重要指标。对于基于模型的控制方法（如本章以及第 4 章研究的方法），在进行控制器设计时，通常需要将一个复杂高阶模型简化为一个简单的低阶模型，并且降阶模型的近似性能直接决定整个控制系统性能的好坏，如稳态跟踪性能、动态响应性能等。这里举一个实例来说明这种观点。

文献[235]中，为了为广泛研究的 Wood/Berry 双蒸馏塔对象（式（3.27））设计一个解耦内模控制器：

$$\varXi=\begin{bmatrix}\dfrac{12.8\mathrm{e}^{-s}}{16.7s+1} & \dfrac{-18.9\mathrm{e}^{-3s}}{21s+1}\\[2mm] \dfrac{6.6\mathrm{e}^{-7s}}{10.9s+1} & \dfrac{-19.4\mathrm{e}^{-3s}}{14.4s+1}\end{bmatrix} \tag{3.27}$$

必须求取式（3.27）所示矩阵模型的行列式：

$$\det(\varXi)=\frac{12.8\mathrm{e}^{-s}}{16.7s+1}\times\frac{-19.4\mathrm{e}^{-3s}}{14.4s+1}-\frac{-18.9\mathrm{e}^{-3s}}{21s+1}\frac{6.6\mathrm{e}^{-7s}}{10.9s+1}$$

显然，$\det(\varXi)$ 是一个复杂的多时滞传递函数模型，因此在控制器设计时难以对其提取非最小相位零点和时滞。Wang 采用文献[238]讨论的频率响应技术和标准 RLS 算法，将 $\tilde{G}=\det(\varXi)$ 近似成如下二阶模型：

$$G_1=\frac{-0.1077s^2-4.239s-0.3881}{s^2+0.1031s+0.0031}\mathrm{e}^{-6.3s}=\varTheta_1\mathrm{e}^{-6.3s},\quad E_2=1.4718$$

采用所提模型近似方法，得到行列式 $\tilde{G}=\det(\varXi)$ 的二阶近似模型如下：

$$G_2=\frac{-11.1323s^2-755.1475s-123.58}{224.6304s^2+28.5678\,s+1}\mathrm{e}^{-5.84s}=\varTheta_2\mathrm{e}^{-5.84s},\quad E_2=0.7044$$

式中，$\varTheta_1$ 和 $\varTheta_2$ 分别为降阶模型 G_1 和 G_2 的有理部分。

图 3.10 为降阶模型 G_1 和 G_2 阶跃响应误差曲线。可以看出所提方法得到的降阶模型 G_2 的阶跃响应曲线与原模型非常吻合，不但具有较好的动态响应近似精度，而且具有近似零稳态误差。但是，文献[235]得到降阶模型没有这些好的特性，尤

其是 G_1 在阶跃响应下产生了 1.3%的稳态误差。

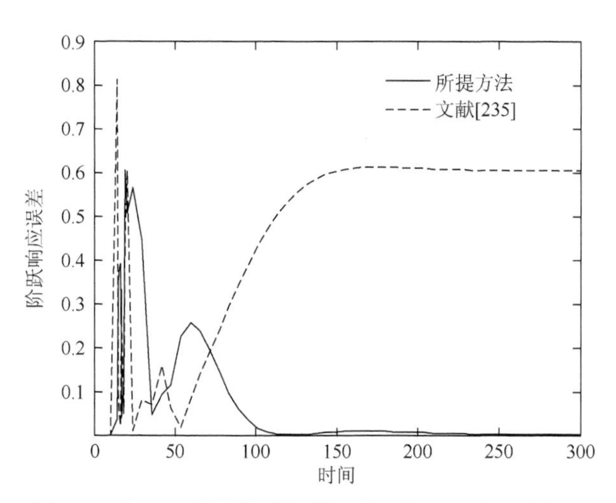

图 3.10 例 3.3 降阶模型的单位阶跃输入响应误差曲线

然后，针对降阶模型 G_1 和 G_2，采用文献[235]的方法进行控制器设计。分别得到 Wood/Berry 双蒸馏过程的两个解耦 IMC 控制器，如式（3.28）和式（3.29）所示：

$$K_1 = \frac{1}{\Theta_1}\begin{bmatrix} \dfrac{-19.4}{(14.4s+1)(5s+1)} & \dfrac{18.9\mathrm{e}^{-2s}}{(21s+1)(5s+1)} \\ \dfrac{-6.6\mathrm{e}^{-4s}}{(10.9s+1)(5s+1)} & \dfrac{12.8}{(16.7s+1)(5s+1)} \end{bmatrix} \tag{3.28}$$

$$K_2 = \frac{1}{\Theta_2}\begin{bmatrix} \dfrac{-19.4}{(14.4s+1)(5s+1)} & \dfrac{18.9\mathrm{e}^{-2s}}{(21s+1)(5s+1)} \\ \dfrac{-6.6\mathrm{e}^{-4s}}{(10.9s+1)(5s+1)} & \dfrac{12.8}{(16.7s+1)(5s+1)} \end{bmatrix} \tag{3.29}$$

图 3.11 为采用上述解耦控制器的控制系统输出变量 y_1、y_2 的设定值跟踪响应曲线。可以看出解耦控制器 K_2 的控制系统输出具有极小的跟踪误差 E_{Step}。而基于文献[235]的 K_1 控制系统输出产生约 1.3%的稳态跟踪误差，这是由近似模型 G_1 产生了 1.3%的稳态近似误差造成的。

注 3.10 这个实例表明，为了简化和实现基于模型的控制系统设计，通常需要对相关复杂模型进行近似简化。如果降阶模型具有较好的近似性能，如零稳态近似误差，那么得到控制系统相对于基于具有较差近似性能的降阶模型设计的控制系统，要具有明显好的控制性能。

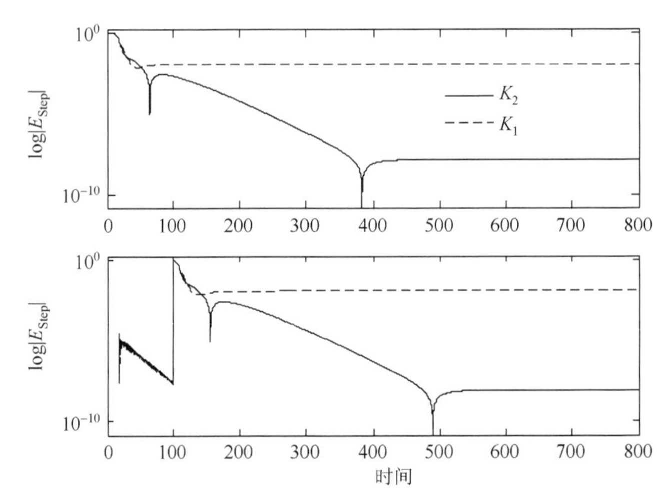

图 3.11　例 3.3 不同控制器作用下的 Wood/Berry 双蒸馏过程控制性能

3.2　基于改进 2-DOF 解析解耦与模型近似的工业过程运行反馈控制方法

3.2.1　基于改进 2-DOF 解析解耦的工业过程运行反馈控制策略

随着工业生产的复杂化和大型化，工业生产过程优化运行的要求以及所要考虑的因素越来越多。从控制的角度来看，工业过程运行控制不仅要实现产品质量、生产效率等多运行指标期望设定值的跟踪控制和解耦控制，而且要求设计的运行反馈系统具有较好的鲁棒稳定性和抗干扰能力，在运行指标因为过程干扰而发生动态偏移时能对基础反馈控制系统的设定值进行较快的调整和修正，从而消除过程干扰对运行指标的影响。因此，从控制结构自由度来看，必须考虑工业过程的多自由度运行反馈控制问题，至少可以研究具有独立设定值跟踪调节和干扰抑制调节的两自由度（2-DOF）运行反馈控制方法。

真正意义的两自由度控制结构由 Youla 和 Vidyasagar 在 1985 年提出[215, 246-251]。最近文献[237]结合现代MPC方式，提出了一种新的适用于多变量时滞过程的2-DOF解耦控制方法。根据工程 ISE 性能指标分析外部负载干扰抑制闭环传递函数矩阵的实际最优期望形式，由此反向推导 2-DOF 的最优控制器矩阵形式，并确定解耦控制器矩阵的整定约束及其调节参数的在线整定规则。文献[237]提出的 2-DOF 解耦控制结构从形式上确定了能够实现系统给定值响应与干扰响应的独立调节和优化。由于系统给定值响应采用开环控制方式，并且类似于标准 IMC 结构，所以可视为频域的 MPC 控制方式，这样就与时域的现代 MPC 方式紧密联系起来，因而具有系统输入限幅调节和便于适应控制输出饱和非线性等优点[237]。另外，由于系统给定值响应采用开环控制方式，因而易于保证标称控制系统的稳定性。同时，只要设置用于被控过程干扰抑制的控制结构保持鲁棒稳定性，就能够确保整个控制系统的鲁棒稳定性。

这里借助于多变量解耦理论与技术以及 3.1 节提出的基于多点阶跃响应匹配的模型近似方法，将文献[200]、[237]提出的 2-DOF 解耦控制技术在具有多运行指标、多输入输出时滞以及运行指标测量大时滞的工业过程运行控制进行扩展和改进，提出了一种基于改进 2-DOF 解析解耦与模型近似的运行指标大测量时滞过程运行反馈控制设计方法，如图 3.12 所示。图 3.12 中上层运行反馈控制结构中的对象可看做由底层基础反馈控制系统和被控工业过程构成的广义被控对象，而其控制器即为过程运行控制结构中的运行反馈控制系统即回路设定系统，这里主要由设置的回路预设定控制器（loop presetting controller）和反馈补偿器（feedback compensator）以及参考系统（reference system）构成，分别用于实现如下的功能。

（1）回路预设定控制器。采用开环控制方式，根据上层稳态优化或者工业特定的运行指标的期望设定值 R^* 给出底层基础反馈控制系统的预设定值 Y_0^*。

（2）反馈补偿器。用于加强控制系统的运行性能，根据运行指标实际值 R 与其期望设定值 R^* 之间的偏差 ΔR，给出当前基础反馈控制设定值的补偿增量 Y_Δ^*，以补偿系统干扰和测量噪声对运行过程的不利影响。

（3）参考系统。用于产生与预设定值 Y_0^* 相对应的标称系统的运行指标输出 $\tilde{R}$。

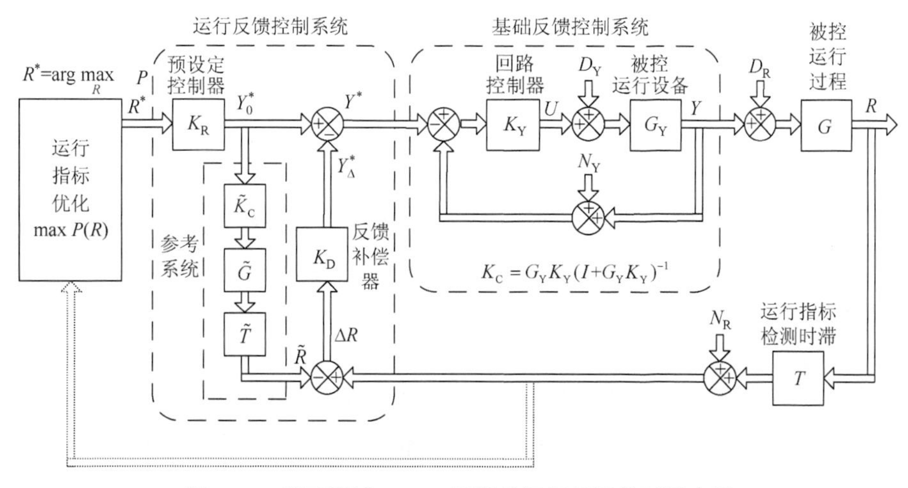

图 3.12 基于扩展 2-DOF 解耦的运行反馈控制策略图

图 3.12 中相关变量或符号解释如表 3.4 所示。

表 3.4　图 3.12 中变量定义

变量	含义
G,G_{Y}	被控运行过程与回路控制的被控运行设备
$K_{\mathrm{R}},K_{\mathrm{D}}$	控制回路前馈预设定控制器与反馈补偿器
$K_{\mathrm{C}},K_{\mathrm{Y}}$	底层基础反馈控制系统与基础反馈控制器
R,Y	被控运行指标与底层基础反馈控制系统控制的关键过程变量
R^*,Y^*	R 和 Y 的设定值
Y_0^*,Y_Δ^*	K_{R} 给出的控制回路预设定值及 K_{D} 产生的控制回路设定值补偿增量
U,T	底层基础反馈控制系统的操作变量以及运行指标 R 的大测量时滞
$\tilde{R},\Delta R$	参考系统输出以及 R 的实际控制误差
$D_{\mathrm{R}},D_{\mathrm{Y}}$	加入到 G 和 G_{Y} 的干扰
$N_{\mathrm{R}},N_{\mathrm{Y}}$	R 和 Y 的测量噪声
$\tilde{G},\tilde{K}_{\mathrm{C}},\tilde{T}$	G,K_{C} 和 T 的标称模型

系统运行之初，通常由领域专家人工给定最优运行指标，或者由上层运行指标稳态优化通过最优化特定的性能函数计算出稳态最优运行点 R^* 。稳态优化可以是最小化生产成本，也可以是最大化如下经济利润函数：

$$\max P(R)=f_{\mathrm{yd}}(f_{\mathrm{up}}-f_{\mathrm{uc}})-f_{\mathrm{ce}}$$
$$\text{s.t.}\begin{cases}\left[f_{\mathrm{yd}}\quad f_{\mathrm{up}}\quad f_{\mathrm{uc}}\quad f_{\mathrm{ce}}\right]^{\mathrm{T}}=\left[f_{\mathrm{yd}}(R)\quad f_{\mathrm{up}}(R)\quad f_{\mathrm{uc}}(R)\quad f_{\mathrm{ce}}(R)\right]^{\mathrm{T}}\\ R_{\min}\leqslant R\leqslant R_{\max}\\ \quad\vdots\\ Y_{\min}\leqslant Y\leqslant Y_{\max}\end{cases}\tag{3.30}$$

式中，P 表示单位时间利润；f_{yd} 表示单位时间产量；f_{up} 为工业产品单位价格；f_{uc} 为原料单位价格；f_{ce} 为单位时间能耗成本。注意到 $f_{\mathrm{yd}}(R)$、$f_{\mathrm{up}}(R)$、$f_{\mathrm{uc}}(R)$、$f_{\mathrm{ce}}(R)$ 是运行指标 R 的函数。在实际优化中，f_{uc}、f_{ce} 通常可被认为是常数。

运行指标稳态优化计算出具有最佳经济性能的过程运行指标 R^* ，将其传递给运行反馈控制系统。其中的回路预设定控制器根据运行指标的期望值 R^* 计算出底层基础反馈控制的预设定值（或者标称设定值）Y_0^* 。预设定值确定后，预设定控制器将暂时关闭，通过使底层基础反馈控制回路跟踪 Y_0^* 使得系统运行在该初始工作点。如果运行指标实际输出能够满足生产需求，那么基础反馈控制系统将一直保持之前的设定值不变。否则，反馈补偿器将根据测量滞后 T 得到的工业过程运行指标控制误差 ΔR，通过反馈补偿算法计算出基础反馈控制系统相应的补偿增量 Y_{Δ}^{*}。随着基础反馈控制系统跟踪修改后的设定值，快速消除或者减小过程运行指标控制误差 ΔR，从而获得期望的工业运行指标。

注 3.11 从控制功能的角度看，图 3.12 所示的工业过程运行反馈控制系统中回路预设定控制器和回路设定值反馈补偿控制器设计的目的，就是能够分别根据运行指标设定值和实际运行指标控制偏差在线独立地对基础反馈控制系统设定值进行调节和优化。回路预设定控制器可看做文献[200]、[237]常规两自由度控制结构中的设定值跟踪前馈控制器，而反馈补偿控制器可看做常规两自由度控制结构中的反馈控制器，而控制对象为基础反馈控制系统和被控工业过程构成的广义被控对象。

3.2.2 基于改进 2-DOF 解耦与模型近似的运行反馈控制

定义 3.1 定义 $g(s)$ 为如下单输入单输出（SISO）传递函数模型：

$$g(s)=\frac{g_{\rm N}(s)}{g_{\rm D1}(s)+g_{\rm D2}(s){\rm e}^{-\tau_{\rm D}s}}{\rm e}^{-\tau_{\rm N}s}$$

式中，$g_{\rm N}(s)$、$g_{\rm D1}(s)$、$g_{\rm D2}(s)$ 均为关于频域算子 s 的标量多项式，时滞 $\tau_{\rm D}\geqslant 0$，以及 $g_{\rm D1}(s)\neq 0$。

令 $\mathbf{Z}_g^+$ 为 $g(s)$ 的不稳定零点集合，即 $\mathbf{Z}_g^+=\{z\in\mathbf{C}^+\mid g(s)=0\}$，其中 $\mathbf{C}^+$ 表示复平面的闭右半平面。令 $\eta_z(g)$ 为使得 $\lim\limits_{s\to z}g(s)/(s-z)^v$ 存在且非零的整数 v。如果 $\eta_z(g)>0$，那么 $g(s)$ 具有 $\eta_z(g)$ 个 $s=z$ 的零点；如果 $\eta_z(g)<0$，那么 $g(s)$ 具有 $-\eta_z(g)$ 个 $s=z$ 的零点，即 $\eta_z(g)$ 个极点；如果 $\eta_z(g)=0$，那么 $g(s)$ 没有零点。对于任意非零 $g_1(s)$ 和 $g_2(s)$，容易验证 $\eta_z(g_1g_2)=\eta_z(g_1)\eta_z(g_2)$ 以及 $\eta_z(g_1^{-1})=-\eta_z(g_1)$。显然，一个非零传递函数稳定当且仅当 $\eta_z(g)\geqslant 0,\forall z\in\mathbf{C}^+$。

定义 $g(s)$ 的时滞为 $\tau(g)=\tau_{\rm N}$。对于任意非零传递函数 $g_1(s)$ 和 $g_2(s)$，容易得到 $\tau(g_1g_2)=\tau(g_1)+\tau(g_2)$ 及 $\tau(g_1^{-1})=-\tau(g_1)$。对于任意可实现非零 $g(s)$，$\tau(g)$ 不能为负，即 $\tau(g)\geqslant 0$；否则，系统的输出就会依赖将来的输入值，而这在现实中是不可实现的。

考虑如下具有一般意义的多变量、多输入输出时滞运行系统，其被控运行过程以及运行设备系统采用如下输入输出传递函数联立方程表示：

$$
\begin{cases}
\overbrace{\left[r_i(s)\right]_{m\times 1}}^{R(s)}=\overbrace{\left[g_{ij}(s)\right]_{m\times m}}^{G(s)}\overbrace{\left[y_i(s)\right]_{m\times 1}}^{Y(s)}+\overbrace{\left[g_{ij}(s)\right]_{m\times m}}^{G(s)}\overbrace{\left[d_{\mathrm{r},i}(s)\right]_{m\times 1}}^{D_{\mathrm{R}}(s)} \\
\overbrace{\left[y_i(s)\right]_{m\times 1}}^{Y(s)}=\overbrace{\mathrm{diag}\left(\frac{g_{\mathrm{ny},ii}(s)}{g_{\mathrm{dy},ii}(s)}\mathrm{e}^{-\tau_{\mathrm{c},ii}s}\right)_{m\times m}}^{G_{\mathrm{Y}}(s)}\overbrace{\left[u_i(s)\right]_{m\times 1}}^{U(s)}+\overbrace{\mathrm{diag}\left(\frac{g_{\mathrm{ny},ii}(s)}{g_{\mathrm{dy},ii}(s)}\mathrm{e}^{-\tau_{\mathrm{c},ii}s}\right)_{m\times m}}^{G_{\mathrm{Y}}(s)}\overbrace{\left[d_{\mathrm{y},i}(s)\right]_{m\times 1}}^{D_{\mathrm{Y}}(s)}
\end{cases}
\tag{3.31}
$$

式中，$D_{\mathrm{R0}}(s)=G(s)D_{\mathrm{R}}(s)$，$D_{\mathrm{Y0}}(s)=G_{\mathrm{Y}}(s)D_{\mathrm{Y}}(s)$；$g_{ij}(s)=g_{ij0}(s)\mathrm{e}^{-\tau_{ij}s}$，$g_{ij0}(s)$为严格正则的稳定传递函数；$g_{\mathrm{ny},ii}(s)$和$g_{\mathrm{dy},ii}(s)$为关于频域算子$s$的标量多项式且均不含时滞；$\tau_{ij}\geqslant 0$为时滞因子。注意这里假设$R$和$Y$的维数均为相同的$m$。

假设基础反馈控制的被控对象为$G_Y=\mathrm{diag}\left(g_{\mathrm{ny},ii}(s)\mathrm{e}^{-\tau_{\mathrm{c},ii}s}/g_{\mathrm{dy},ii}(s)\right)_{m\times m}$，设计的单输入 SISO 基础控制回路的 PI/PID 控制器为$K_{\mathrm{Y}}=\mathrm{diag}(k_{\mathrm{y},ii}(s))_{m\times m}$=$\mathrm{diag}(k_{\mathrm{y},11}(s),\cdots,k_{\mathrm{y},mm}(s))$，从而闭环基础反馈控制系统$K_{\mathrm{C}}$即可求得为

$$
K_{\mathrm{C}}(s)=G_{\mathrm{Y}}K_{\mathrm{Y}}(I+G_{\mathrm{Y}}K_{\mathrm{Y}})^{-1}=\mathrm{diag}\left(k_{\mathrm{c},ii}(s)\right)_{m\times m}\tag{3.32}
$$

显然，K_{C}中的每个元素$k_{\mathrm{c},ii}(s)$具有如下通式：

$$
k_{\mathrm{c},ii}=\frac{k_{\mathrm{y},ii}(s)g_{\mathrm{ny},ii}(s)\mathrm{e}^{-\tau_{\mathrm{c},ii}s}}{g_{\mathrm{dy},ii}(s)+k_{\mathrm{y},ii}(s)g_{\mathrm{ny},ii}(s)\mathrm{e}^{-\tau_{\mathrm{c},ii}s}}\tag{3.33}
$$

这里定义$k_{\mathrm{c},ii}(s)$的时滞为$\tau(k_{\mathrm{c},ii}(s))=\tau_{\mathrm{c},ii}$。

1. 控制回路前馈预设定控制器设计

当运行系统无过程干扰D_{R}、D_{Y}和测量噪声N_{R}、N_{Y}，并且被控过程无建模误差，即$\tilde{G}=G,\ \tilde{K}_{\mathrm{C}}=K_{\mathrm{C}},\tilde{T}=T$，那么过程运行指标的实际值与期望设定值的偏差$\Delta R$就为零，此时运行控制系统就由回路预设定控制器$K_{\mathrm{R}}$以简单的开环前馈方式执行，不难得到运行控制系统输入到系统输出的传递函数为$H_{\mathrm{R}}(s)=G(s)K_{\mathrm{C}}(s)K_{\mathrm{R}}(s)=\tilde{G}(s)K_S(s)$。理想情况下，解耦的$H_{\mathrm{R}}(s)$应该具有对角形式$H_{\mathrm{R}}(s)=\mathrm{diag}(h_{\mathrm{r},ii}(s))_{m\times m}$，其中$h_{\mathrm{r},ii}(s)$为正则且稳定的传递函数。注意到如果事先给定实际期望实现的系统传递函数矩阵$H_{\mathrm{R}}(s)$，那么K_{R}就可以反向推导获得，即

$$
K_{\mathrm{R}}=\tilde{G}^{-1}H_R\Rightarrow K_{\mathrm{R}}=K_{\mathrm{C}}{}^{-1}G^{-1}H_{\mathrm{R}}\tag{3.34}
$$

可求出K_{R}的每列控制器为

$$
K_{\mathrm{R}}(s)=\left[k_{\mathrm{r},ij}(s)\right]_{m\times m}=\left[\frac{1}{k_{\mathrm{c},ii}(s)}\frac{G^{ji}(s)}{\det(G(s))}h_{\mathrm{r},jj}(s)\right]_{m\times m},\quad i,j=1,2,\cdots,m\tag{3.35}
$$

式中，G^{ji} 是 $G(s)$ 中 $g_{ji}(s)$ 对应的代数余子式；$\det(G(s))$ 表示 $G(s)$ 的行列式。式（3.35）表明如果期望的闭环传递函数矩阵 H_{R} 给出，并且底层基础控制系统事先设计好，那么 K_{R} 可通过式（3.35）进行简单计算得到。但是，为了使 K_{R} 能够稳定实现，那么其时滞、零极点必须满足一定的要求，下面对其进行一一考虑。

首先考虑 K_{R} 的时滞要求。K_{R} 可稳定实现，必须满足 $\tau(k_{\mathrm{r},ij})\geqslant 0$，否则 $k_{\mathrm{r},ij}$ 将因含有超前环节而物理上不可实现，从而有

$$\tau\left(k_{\mathrm{r},ij}(s)\right)=\tau\left(\frac{1}{k_{\mathrm{c},ii}(s)}\frac{G^{ji}(s)}{\det(G(s))}h_{\mathrm{r},jj}(s)\right)\geqslant 0$$

由定义 3.1 有 $\tau\left(k_{\mathrm{r},ij}(s)\right)=\tau(h_{\mathrm{r},jj})+\tau(G^{ji})-\tau(\det(G))-\tau(k_{\mathrm{c},ii})\geqslant 0$，即

$$\tau(h_{\mathrm{r},jj})\geqslant \tau(\det(G))+\tau(k_{\mathrm{c},ii})-\tau(G^{ji}) \tag{3.36}$$

由于

$$\tau(\det(G))+\max_{j\in m}\tau(k_{\mathrm{c},ii})-\min_{j\in m}\tau(G^{ij})\geqslant \tau(\det(G))+\tau(k_{\mathrm{c},ii})-\tau(G^{ji})$$

可选取

$$\tau(h_{\mathrm{r},jj})\geqslant \tau(\det(G))+\max_{j\in m}\tau(k_{\mathrm{c},ii})-\min_{j\in m}\tau(G^{ij})$$

使得条件式（3.36）满足。通常情况，选取

$$\tau(h_{\mathrm{r},jj})=\tau(\det(G))+\max_{j\in m}\tau(k_{\mathrm{c},ii})-\min_{j\in m}\tau(G^{ij}) \tag{3.37}$$

式（3.36）或式（3.37）表示了 $H_{\mathrm{R}}(s)$ 的时滞要求。

下面考虑 K_{R} 的零极点要求。由式（3.35）可知，若 $k_{\mathrm{c},ii}(s)\det(G(s))$ 含有相异于 G^{ji} 的不稳定零点，那么 $h_{\mathrm{r},jj}$ 必须含有相应的零点抵消这些不稳定零点，否则设计的 $k_{\mathrm{r},ij}$ 将因含有不稳定极点而不稳定。由定义 3.1 可知，K_{R} 可稳定实现，必须满足 $\eta_z(k_{\mathrm{r},ij})\geqslant 0\,(z\in\mathbf{C}^+)$，从而由式（3.35）有

$$\eta_z(k_{\mathrm{r},ij})=\eta_z(h_{\mathrm{r},ii})+\eta_z(G^{ji})-\eta_z(\det(G))-\eta_z(k_{\mathrm{c},jj})\geqslant 0$$

即

$$\eta_z(h_{\mathrm{r},ii})\geqslant \eta_z(\det(G))+\eta_z(k_{\mathrm{c},jj})-\eta_z(G^{ji}),\quad z\in\mathbf{C}^+ \tag{3.38}$$

运行过程 G 稳定，则 G^{ji} 稳定，从而对于 $\forall z\in\mathbf{C}^+$，有 $\eta_z(G^{ji})\geqslant 0$，所以

$$\eta_z(\det(G))+\eta_z(k_{\mathrm{c},jj})-\eta_z(G^{ji})\leqslant \eta_z(\det(G))+\eta_z(k_{\mathrm{c},jj})\leqslant \eta_z\left(\det(G)k_{\mathrm{c},jj}\right) \tag{3.39}$$

由基础反馈控制系统 K_C 稳定，有 $\eta_z(k_{\mathrm{c},jj})\geqslant 0$，从而

$$\begin{aligned}\eta_z(\det(G))+\eta_z(k_{\mathrm{c},jj})-\eta_z(G^{ji})&\geqslant\eta_z(\det(G))-\eta_z(G^{ji})\\&=\eta_z\left(\frac{\det(G)}{(s-z)^{\eta_z(G^{ji})}}\right)\\&=\eta_z\left[\sum_{j=1}^{m}g_{ij}\left(\frac{G^{ij}}{(s-z)^{\eta_z(G^{ji})}}\right)\right]\geqslant 0\end{aligned}\tag{3.40}$$

结合式（3.39）和式（3.40），有 $0\leqslant\eta_z(\det(G))+\eta_z(k_{\mathrm{c},jj})-\eta_z(G^{ji})\leqslant\eta_z\left(\det(G)k_{\mathrm{c},jj}\right)$。这表明，$h_{\mathrm{r},ii}$ 不需要包含 $z\in\mathbf{Z}^{+}_{k_{\mathrm{c},ii}\det(G)}$ 以外的其他非最小相位零点，即

$$\eta_z(h_{\mathrm{r},ii})\geqslant\eta_z(\det(G))+\eta_z(k_{\mathrm{c},jj})-\eta_z(G^{ji}),\quad z\in\mathbf{Z}^{+}_{k_{\mathrm{c},ii}\det(G)}\tag{3.41}$$

注意到 $\eta_z(\det(G))+\max\limits_{j\in m}\eta_z(k_{\mathrm{c},jj})-\min\limits_{j\in m}\eta_z(G^{ij})\geqslant\eta_z(\det(G))+\eta_z(k_{\mathrm{c},jj})-\eta_z(G^{ji})$，若有

$$\eta_z(h_{\mathrm{r},ii})\geqslant\eta_z(\det(G))+\max_{j\in m}\eta_z(k_{\mathrm{c},jj})-\min_{j\in m}\eta_z(G^{ij}),\quad z\in\mathbf{Z}^{+}_{k_{\mathrm{c},ii}\det(G)}$$

那么条件式（3.41）即可成立，通常可取

$$\eta_z(h_{\mathrm{r},ii})=\eta_z(\det(G))+\max_{j\in m}\eta_z(k_{\mathrm{c},jj})-\min_{j\in m}\eta_z(G^{ij}),\quad z\in\mathbf{Z}^{+}_{k_{\mathrm{c},ii}\det(G)}\tag{3.42}$$

式（3.41）或式（3.42）体现了系统传递函数矩阵 $H_{\mathrm{R}}(s)$ 的不稳定零点要求。

综上所述，为了获得稳定可实现的 K_{R}，根据 IMC 理论中的最优 H_2 性能规范[44]，给出如下实际期望实现的解耦对角化闭环系统传递函数矩阵 $H_{\mathrm{R}}(s)$：

$$\begin{aligned}H_{\mathrm{R}}(s)&=\mathrm{diag}\left(h_{\mathrm{r},ii}(s)\right)_{m\times m}\\&=\mathrm{diag}\left(\frac{\mathrm{e}^{-\tau(h_{\mathrm{r},ii})s}}{(\alpha_{\mathrm{r},ii}s+1)^{N(h_{\mathrm{r},ii})}}\cdot\prod_{z\in\mathbf{Z}^{+}_{k_{\mathrm{c},ii}|G|}}\left(\frac{z-s}{\bar{z}+s}\right)^{\eta_z(h_{\mathrm{r},ii})}\right)_{m\times m}\end{aligned}$$

$H_{\mathrm{R}}(s)$ 中元素 $h_{\mathrm{r},ii}(s)$ 具有如下形式：

$$h_{\mathrm{r},ii}(s)=\frac{\mathrm{e}^{-\tau(h_{\mathrm{r},ii})s}}{(\alpha_{\mathrm{r},ii}s+1)^{N(h_{\mathrm{r},ii})}}\cdot\prod_{z\in\mathbf{Z}^{+}_{k_{\mathrm{c},ii}\det(G)}}\left(\frac{z-s}{\bar{z}+s}\right)^{\eta_z(h_{\mathrm{r},ii})}\tag{3.43}$$

式中，$\bar{z}$ 表示 z 的共轭；$1\big/(\alpha_{\mathrm{r},ii}s+1)^{N(h_{\mathrm{r},ii})}$ 为实际意义的低通滤波器，其作用有两个：首先是通过选取适当的正整数 $N(h_{\mathrm{r},ii})$ 使得设计的 K_{R} 的每一个元素正则；其次是通过调节可调参数 $\alpha_{\mathrm{r},ii}$ 使得运行系统的响应性能达到预期的要求，如系统响应的快速性、干扰抑制能力等，这将在后续仿真实验中进行阐述。

$H_{\mathrm{R}}(s)$ 给定后，一个稳定可实现的回路预设定控制器 K_{R} 可最终推导为

$$K_{\mathrm{R}}=\left[k_{\mathrm{r},ij}(s)\right]_{m\times m}$$
$$=\left[\left(\frac{1}{k_{\mathrm{c},ii}}\cdot\frac{G^{ji}}{\det(G)}\cdot\frac{\mathrm{e}^{-\tau(h_{\mathrm{r},jj})s}}{(\alpha_{\mathrm{r},jj}s+1)^{-N(h_{\mathrm{r},jj})}}\cdot\prod_{z\in\mathbf{Z}^{+}_{k_{\mathrm{c},ii}\det(G)}}\left(\frac{z-s}{\overline{z}+s}\right)^{\eta_z(h_{\mathrm{r},jj})}\right)\right]_{m\times m},\quad i,j=1,2,\cdots,m \tag{3.44}$$

式中，$\tau(h_{\mathrm{r},jj})$ 和 $\eta_z(h_{\mathrm{r},ii})$ 的值可按照式（3.41）和式（3.42）进行选取；$N(h_{\mathrm{r},ij})$ 可根据为保证 K_{R} 的正则性以及需要得到的预期性能指标进行选取。

2. 反馈补偿器设计

反馈补偿器 $K_{\mathrm{D}}(s)=[k_{\mathrm{d},ij}(s)]_{m\times m}$ 通过给出基础控制回路设定值的调节增量来补偿各种干扰和过程不确定动态的变化对运行指标的影响。因此，当干扰 D_{R} 进行被控运行过程造成运行指标的控制误差 ΔR 时，$K_{\mathrm{D}}(s)$ 应快速检测到控制误差 ΔR，并随即产生一个回路控制器设定值 Y^{*} 的调节增量 Y^{*}_{Δ}，以抵消干扰 D_{R} 对运行指标的影响。因此，考虑由 $K_{\mathrm{D}}(s)$ 以及广义被控对象 $\tilde{G}=GK_{C}$ 构成的闭环反馈控制结构，不难推导出从系统干扰 D_{R} 到反馈补偿器 K_{D} 输出 Y^{*}_{Δ} 的传递函数矩阵为 $H_{\mathrm{D}}=(I+K_{\mathrm{D}}TGK_{\mathrm{C}})^{-1}K_{\mathrm{D}}TG$。通过反向推导，可以得到 K_{D} 的表达式为

$$K_{\mathrm{D}}(s)=\left[k_{\mathrm{d},ij}(s)\right]_{m\times m}=\left[\frac{1}{1-k_{\mathrm{c},ii}h_{\mathrm{d},ii}}h_{\mathrm{d},ii}\frac{G^{ji}}{\det(G)\mathrm{e}^{-t_{jj}s}}\right]_{m\times m} \tag{3.45}$$

这里假设最终被控运行指标 R 的测量时滞为 $T=\mathrm{diag}(\mathrm{e}^{-t_{ii}s})_{m\times m}$

注 3.12 时滞 T 不同于被控过程各路输入输出的固有时滞 $\mathrm{e}^{-\tau_{ij}s}$ 以及底层基础反馈控制系统被控设备的固有时滞 $\mathrm{e}^{-\tau_{\mathrm{c},ii}s}$，它是由各个运行指标 R 测量大滞后造成的。相对 $\mathrm{e}^{-\tau_{ij}s}$ 和 $\mathrm{e}^{-\tau_{\mathrm{c},ii}s}$，$T$ 的数值较大。

定义 $\varXi_{1,ij}\triangleq\dfrac{1}{1-k_{\mathrm{c},ii}h_{\mathrm{d},ii}},\varXi_{2,ij}\triangleq\dfrac{h_{\mathrm{d},ii}G^{ji}}{\det(G)\mathrm{e}^{-t_{jj}s}}$，则 $k_{\mathrm{d},ij}(s)$ 可以表达为

$$k_{d,ij}=\varXi_{1,ij}\varXi_{2,ij}$$

对于 $\varXi_{1,ij}$，可采用将 $k_{\mathrm{c},ii}h_{\mathrm{d},ii}$ 作为反馈通道的简单正反馈环节实现，如图 3.13 所示；对于 $\varXi_{2,ij}$，为了使 K_{D} 可稳定实现，那么 H_{D} 的时滞、零极点同样必须满足一定的要求。通过采用与 K_{R} 类似的分析和推导，可以得到 H_{D} 的时滞和 RHP 零点必须分别满足如下要求：

$$\tau(h_{\mathrm{d},ii})\geqslant\tau(\det(G))+\max_{j\in m}t_{jj}-\min_{j\in m}\tau(G^{ji}) \tag{3.46}$$

$$\eta_z(h_{\mathrm{d},ii})\geqslant\eta_z(\det(G))-\min_{j\in m}\eta_z(G^{ji}),\quad z\in\mathbf{Z}^{+}_{\det(G)} \tag{3.47}$$

通常，$\tau(h_{\mathrm{d},ii})$ 和 $\eta_z(h_{\mathrm{d},ii})$ 可取它们满足上述要求的最小值。

同样，通过事先给出实际期望的系统闭环传递函数矩阵：

$$H_{\mathrm{D}}(s)=\mathrm{diag}\left(h_{\mathrm{d},ii}(s)\right)_{m\times m}=\mathrm{diag}\left(\frac{\mathrm{e}^{-\tau(h_{\mathrm{d},ii})s}}{(\alpha_{\mathrm{d},ii}s+1)^{-N(h_{\mathrm{d},ii})}}\cdot\prod_{z\in\mathbf{Z}^{+}_{k_{\mathrm{c},ii}\det(G)}}\left(\frac{z-s}{\overline{z}+s}\right)^{\eta_z(h_{\mathrm{d},ii})}\right)_{m\times m} \tag{3.48}$$

可以最终得到稳定且物理可实现的反馈补偿控制 K_{D} 为

$$\begin{aligned}K_{\mathrm{D}}&=\left[k_{\mathrm{d},ij}\right]_{m\times m}\\&=\left[\varXi_{1,ij}\cdot\frac{\mathrm{e}^{-(\tau(h_{\mathrm{d},ii})-t_{jj})s}}{(\alpha_{\mathrm{d},ii}s+1)^{-N(h_{\mathrm{d},ii})}}\cdot\prod_{z\in\mathbf{Z}^{+}_{k_{\mathrm{c},ii}\det(G)}}\left(\frac{z-s}{\overline{z}+s}\right)^{\eta_z(h_{\mathrm{d},ii})}\cdot\frac{G^{ji}}{\det(G)}\right]_{m\times m}\end{aligned} \tag{3.49}$$

式中，$i,j=1,2,\cdots,m$；$\tau(h_{\mathrm{d},ii})$、$\eta_z(h_{\mathrm{d},ii})$ 的值可分别按照式（3.46）与式（3.47）进行选取；$N(h_{\mathrm{d},ii})$ 可根据为保证 K_{D} 的正则性以及期望实现的控制系统性能指标进行合理选取。

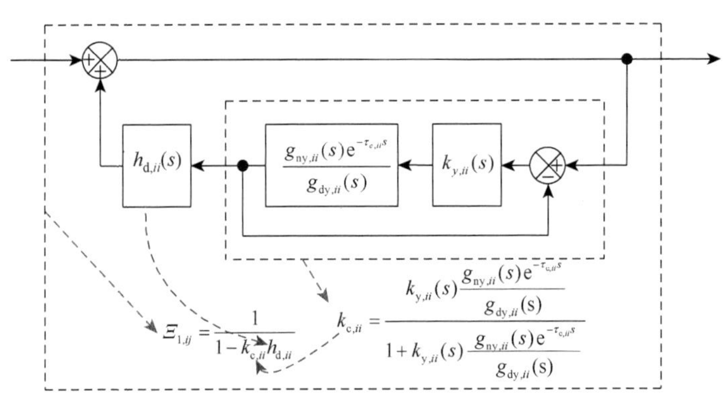

图 3.13　$\varXi_{1,ij}$ 的正反馈环节实现

注 3.13　对于具有多变量、多时滞特性的大多数工业过程来说，$\det(G)$ 和 G^{ji} 为如下复杂的高阶、多时滞形式：

$$\widehat{\phi}(s)=\frac{\sum_{i=0}^{m_1}\tilde{b}_{1,i}s^i}{\sum_{i=0}^{n_1}\tilde{a}_{1,i}s^i}\mathrm{e}^{-\tau_1 s}+\frac{\sum_{i=0}^{m_2}\tilde{b}_{2,i}s^i}{\sum_{i=0}^{n_2}\tilde{a}_{2,i}s^i}\mathrm{e}^{-\tau_2 s}+\cdots+\frac{\sum_{i=0}^{m_\xi}\tilde{b}_{\xi,i}s^i}{\sum_{i=0}^{n_\xi}\tilde{a}_{\xi,i}s^i}\mathrm{e}^{-\tau_\xi s} \tag{3.50}$$

式中，$\tilde{a}_{j,i}$、$\tilde{b}_{j,i}$ 为模型分母和分子系数；τ_j 为时滞因子。由于 $\det(G)$ 和 G^{ji} 各个组成部分含有不同的时滞，这在上述运行控制系统 K_S 的设计过程中不便于提取时滞和非最小相位零点。为此，采用 3.1 节模型近似方法将其降阶成简单的单时滞模型。由于二阶系统能够覆盖原系统的大部分动态特性，且易于提取时滞和非最小相位零点，因而采用 3.1 节模型近似方法将式（3.50）降阶成如下二阶加纯滞后形式：

$$\phi(s)=\frac{b_2s^2+b_1s^1+b_0}{a_2s^2+a_1s^1+1}\mathrm{e}^{-Ls} \tag{3.51}$$

式中，$\theta=\begin{bmatrix}a_1 & a_2 & b_0 & b_1 & b_2\end{bmatrix}^{\mathrm{T}}$ 为待估计的低阶模型参数；L 为待辨识时滞。

3.2.3 稳定性分析

实际运行过程通常存在未建模动态以及过程输入输出的不确定性，并且由于前面采用提出的模型近似算法实现式（3.44）和式（3.48）所示的运行控制器形式，所得到的运行控制系统性能必然有所损失，因而需要分析和判断由此构造的闭环控制系统的稳定性以及实际面临被控过程不确定性时的鲁棒稳定性。另外，以此也可以确定和整顿运行控制系统调节参数的相关约束和调节规则。

首先，对于底层基础反馈控制系统 K_{C}，G_{Y} 为稳定对角阵，因此不难采用常规 PID 技术设计稳定的控制器 K_Y，并使得 K_{C} 稳定可实现。由图 3.12 可见，由于系统预设定控制器 K_{R} 采用了开环控制方式，因此只要 K_{R} 设计为稳定可实现，控制系统的全局稳定性分析就可以只限于由反馈补偿控制器 K_{D} 和广义对象 $\tilde{G}$ 构成的闭环运行反馈控制结构上。根据内稳定性分析方法[44]，可以看出 $\hat{R}$、Y_0^*、D_{R}、D_{Y}、N_{R}、N_{Y} 为该闭环控制结构的输入，被控过程输出 R 和反馈补偿控制器输出 Y_Δ^* 为该闭环控制结构的输出。另外，由于 D_Y、N_{Y} 的影响可转化为 D_{R} 对系统的影响，以及 N_{R} 对 R、Y_Δ^* 的影响与 $\hat{R}$、R^* 类似，只是符号相反。因此，在标称情况下，该闭环控制结构的稳定性可以通过如下 $\hat{R}$、Y_0^*、D_{R} 到 R、Y_Δ^* 的传递函数矩阵进行分析：

$$\begin{bmatrix}R\\Y_\Delta^*\end{bmatrix}=\underbrace{\begin{bmatrix}(I+GK_{\mathrm{C}}K_{\mathrm{D}}T)^{-1}G & (I+GK_{\mathrm{C}}K_{\mathrm{D}}T)^{-1}GK_{\mathrm{C}} & (I+GK_{\mathrm{C}}K_{\mathrm{D}}T)^{-1}GK_{\mathrm{C}}K_{\mathrm{D}}\\(I+K_{\mathrm{D}}TGK_{\mathrm{C}})^{-1}K_{\mathrm{D}}TG & (I+K_{\mathrm{D}}TGK_{\mathrm{C}})^{-1}K_{\mathrm{D}}TGK_{\mathrm{C}} & -(I+K_{\mathrm{D}}TGK_{\mathrm{C}})^{-1}K_{\mathrm{D}}\end{bmatrix}}_{\Psi}\begin{bmatrix}D_R\\Y_0^*\\\hat{R}\end{bmatrix}$$

注 3.14 由于运行指标稳态优化的时间尺度相对于运行反馈控制以及基础反馈控制要大得多，并且由于通常运行指标的稳态优化采用开环的形式，因此，在分析图 3.12 所示的闭环系统稳定性时不考虑运行指标稳态优化的影响。

显然，如果传递函数矩阵 Ψ 中的各元素均保持稳定，那么该闭环控制结构的标称稳定性就可以得到保证。观察该传递函数矩阵的特征，不难得到如下用于判定图 3.12 闭环结构标称稳定性的结论。

结论 3.1 图 3.12 所示的闭环控制系统标称稳定，当且仅当 $(I+GK_{\mathrm{C}}K_{\mathrm{D}}T)^{-1}$ 稳定。

证明（充分性） 由于被控运行过程 G 以及底层基础反馈控制系统均稳定 K_{C}，又 $(I+GK_{\mathrm{C}}K_{\mathrm{D}}T)^{-1}$ 稳定，从而 $(I+GK_{\mathrm{C}}K_{\mathrm{D}}T)^{-1}G$ 以及 $(I+GK_{\mathrm{C}}K_{\mathrm{D}}T)^{-1}GK_{\mathrm{C}}$ 稳定，又

$$
\begin{aligned}
(I+GK_{\mathrm{C}}K_{\mathrm{D}}T)^{-1}GK_{\mathrm{C}}K_{\mathrm{D}} &= (I+GK_{\mathrm{C}}K_{\mathrm{D}}T)^{-1}GK_{\mathrm{C}}K_{\mathrm{D}}+I-(I+GK_{\mathrm{C}}K_{\mathrm{D}}T)^{-1}(I+GK_{\mathrm{C}}K_{\mathrm{D}}T) \\
&= I-(I+GK_{\mathrm{C}}K_{\mathrm{D}}T)^{-1}
\end{aligned}
$$

从而可知 $(I+GK_{\mathrm{C}}K_{\mathrm{D}}T)^{-1}GK_{\mathrm{C}}K_{\mathrm{D}}$ 稳定。另外，由线性矩阵等价变换：

$$
\begin{aligned}
& GK_{\mathrm{C}}(I+K_{\mathrm{D}}TGK_{\mathrm{C}}) = (I+GK_{\mathrm{C}}K_{\mathrm{D}}T)GK_{\mathrm{C}} \\
\Leftrightarrow\ & (I+GK_{\mathrm{C}}K_{\mathrm{D}}T)^{-1}GK_{\mathrm{C}} = GK_{\mathrm{C}}(I+K_{\mathrm{D}}TGK_{\mathrm{C}})^{-1} \\
\Leftrightarrow\ & (I+GK_{\mathrm{C}}K_{\mathrm{D}}T)^{-1}GK_{\mathrm{C}}K_{\mathrm{D}} = GK_{\mathrm{C}}(I+K_{\mathrm{D}}TGK_{\mathrm{C}})^{-1}K_{\mathrm{D}}
\end{aligned}
$$

可知 $(I+K_{\mathrm{D}}TGK_{\mathrm{C}})^{-1}K_{\mathrm{D}}$ 稳定，从而 $(I+K_{\mathrm{D}}TGK_{\mathrm{C}})^{-1}K_{\mathrm{D}}G$ 以及 $(I+K_{\mathrm{D}}TGK_{\mathrm{C}})^{-1}K_{\mathrm{D}}GK_{C}$ 均稳定，所以上述传递函数矩阵 $\varPsi$ 中的所有元素保持稳定。

证明（必要性） 图 3.12 所示的闭环控制系统是标称稳定，那么传函矩阵 $\varPsi$ 的各个元素均要保持稳定，这可直接得到 $(I+GK_{\mathrm{C}}K_{\mathrm{D}}T)^{-1}$ 稳定。

在过程控制中，由于实际对象的各种不确定性，并且不能精确建立过程模型，因而标称稳定还不能满足日趋严格的过程运行控制要求，还必须确保系统的鲁棒稳定性。当实际存在被控过程的不确定性时，最常见的是加性不确定性和乘性不确定性[44]。图 3.12 的被控过程加性不确定性，在实际中可以视为过程辨识参数的不确定性，用于描述不确定性集合 $\prod_{\mathrm{A}}=\{G_{\mathrm{A}}(s)\,|\,G_{\mathrm{A}}(s)=G(s)+\varDelta_{\mathrm{A}}\}$；乘性输入不确定性可以视为底层基础反馈控制系统的不确定性，用于描述不确定性集合 $\prod_{\mathrm{I}}=\{G_{\mathrm{I}}(s)\,|\,G_{\mathrm{I}}(s)=G(s)(I+\varDelta_{\mathrm{I}})\}$；乘性输出不确定性可视为运行指标测量传感器的不确定性，用于描述不确定性集合 $\prod_{\mathrm{O}}=\{G_{\mathrm{O}}(s)\,|\,G_{\mathrm{O}}(s)=(I+\varDelta_{\mathrm{O}})G(s)\}$。需要指出，这里 $\varDelta_{\mathrm{A}}$、$\varDelta_{\mathrm{I}}$、$\varDelta_{\mathrm{O}}$ 都是稳定正则的。

根据分析闭环控制系统的鲁棒稳定性通常采用的 M-$\varDelta$ 结构[44, 237]，可以推导出图 3.12 闭环控制结构被控过程不确定性 $\varDelta_{\mathrm{A}}$、$\varDelta_{\mathrm{I}}$、$\varDelta_{\mathrm{O}}$ 的输出端到其输入端的传递函数矩阵为

$$
\varPsi_{\mathrm{R}}=\begin{bmatrix}
-(I+K_{\mathrm{C}}K_{\mathrm{D}}TG)^{-1}K_{\mathrm{C}}K_{\mathrm{D}}TG & -(I+K_{\mathrm{C}}K_{\mathrm{D}}TG)^{-1}K_{\mathrm{C}}K_{\mathrm{D}}T & -(I+K_{\mathrm{C}}K_{\mathrm{D}}TG)^{-1}K_{\mathrm{C}}K_{\mathrm{D}}T \\
(I+K_{\mathrm{C}}K_{\mathrm{D}}TG)^{-1} & -(I+K_{\mathrm{C}}K_{\mathrm{D}}TG)^{-1}K_{\mathrm{C}}K_{\mathrm{D}}T & -(I+K_{\mathrm{C}}K_{\mathrm{D}}TG)^{-1}K_{\mathrm{C}}K_{\mathrm{D}}T \\
(I+GK_{\mathrm{C}}K_{\mathrm{D}}T)^{-1}G & (I+GK_{\mathrm{C}}K_{\mathrm{D}}T)^{-1} & -(I+GK_{\mathrm{C}}K_{\mathrm{D}}T)^{-1}GK_{\mathrm{C}}K_{\mathrm{D}}T
\end{bmatrix}
$$

由线性矩阵等价变换 $(I+GK_{\mathrm{C}}K_{\mathrm{D}}T)^{-1}GK_{\mathrm{C}}K_{\mathrm{D}}=I-(I+GK_{\mathrm{C}}K_{\mathrm{D}}T)^{-1}$ 以及

$$G(I+K_{C}K_{\mathrm{D}}TG)=(I+GK_{\mathrm{C}}K_{\mathrm{D}}T)G$$
$$\Leftrightarrow (I+GK_{\mathrm{C}}K_{\mathrm{D}}T)^{-1}G=G(I+K_{\mathrm{C}}K_{\mathrm{D}}TG)^{-1}$$
$$\Leftrightarrow (I+GK_{\mathrm{C}}K_{\mathrm{D}}T)^{-1}GK_{C}K_{D}=G(I+K_{C}K_{\mathrm{D}}TG)^{-1}K_{C}K_{D}$$

可知 $\varPsi_{\mathrm{R}}$ 稳定。从而根据鲁棒稳定性定理[44, 237]，可以得到判断图 3.12 闭环控制结构鲁棒稳定性的结论，具体如下。

结论 3.2 图 3.12 所示的闭环控制系统是鲁棒稳定的，当且仅当

$$\rho(\varPsi_{\mathrm{R}}\varDelta)<1,\quad \forall\omega\in[0,\infty) \tag{3.52}$$

式中，$\rho(\varphi)$ 表示函数 φ 的谱半径。对于实际中指定的某一类不确定性界 $\varDelta_{\mathrm{I}}$ 或 $\varDelta_{\mathrm{O}}$ 或 $\varDelta_{\mathrm{A}}$ 或它们的组合，可以选取 $\varPsi_{\mathrm{R}}$ 的相应元素右乘不确定性界来求谱半径以判定控制系统的鲁棒稳定性。

3.3 基于改进 2-DOF 解耦的磨矿过程运行反馈控制设计及仿真比较

3.3.1 棒磨开路、球磨–旋流器闭路磨矿及控制问题

国外的很多选厂，由于其处理矿石原料单一，且矿石成分和性质相对稳定、有用矿物嵌布粒度均匀且给矿粒级较窄，通常采用图 3.14 所示的一段棒磨开路、二段球磨机-水力旋流器闭路的两段湿式磨矿回路流程进行矿石研磨处理。原矿石从矿仓给入，和一定比例的水送入一段棒磨机进行一次研磨，研磨后的矿浆排入泵池，同时在泵池入口补加一定量的水。泵池内的矿浆由底流泵打入水力旋流器进行分级，细粒级矿浆从旋流器溢流口排出进入下段选别工序（如浮选工序、磁选工序等），粗粒级矿浆形成循环负荷返回二段球磨机再磨。图 3.14 所示的磨矿过程有两个重要的运行指标，即磨矿产品粒度（PPS）r_1 和循环负荷（CL）r_2：以-200 目百分含量表示的磨矿产品粒度（即%, -200mesh 或%＜200mesh）是磨矿过程最为重要的产品质量指标，磨矿产品粒度的好坏直接决定着整个选矿生产精矿品位和金属回收率的高低；循环负荷指的是从旋流器返回进入球磨机的小时矿浆量，它是表示整个磨矿生产效率高低的重要效率指标。

对于给定的选矿流程，原矿石应当研磨到一定粒度以使得有效矿石与脉石以及其他无用矿物进行充分解离。过磨和欠磨都不利于有用矿物的选别，并且还会造成选厂经济收入的损失。例如，磨矿粒度过细不仅会因有用矿物过细难以回收

而造成经济效益的损失，并且会造成高能源消耗。同时，在粒度指标合格的前提条件下，循环负荷通常需要维持在极限最大负荷之下的某个次最大值，以最大化磨矿运行效率。通常，磨矿产品粒度对应的循环负荷越高意味最有效的能源利用。但是，循环负荷又不能过大，否则就会造成磨机、分级机以及泵池等过负荷。因此，磨矿过程运行控制必须将磨矿粒度和循环负荷控制在满足工艺的特定要求。

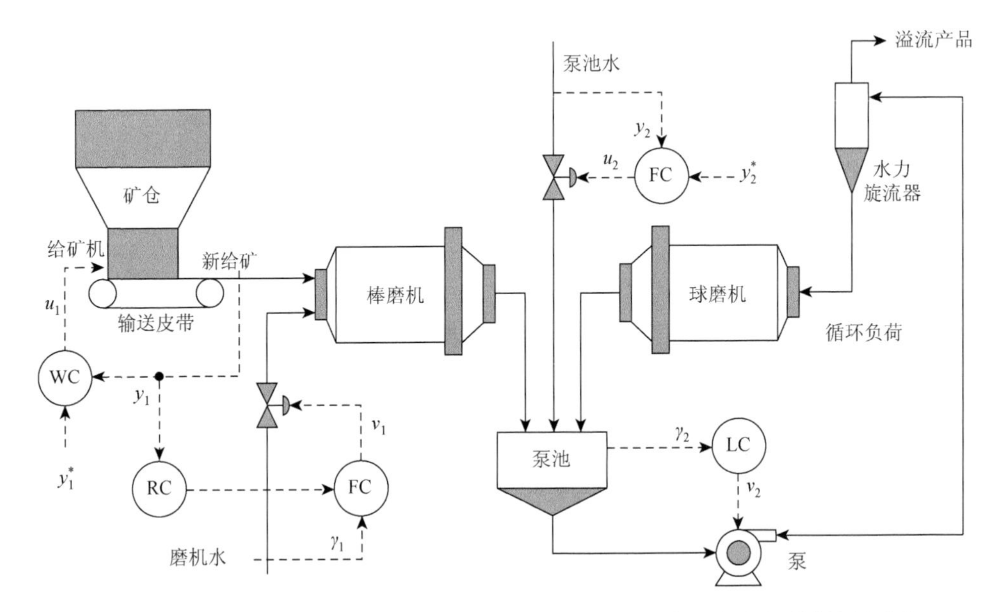

图 3.14　一段棒磨开路、二段球磨机-水力旋流器闭路磨矿及其基础反馈控制系统

WC 为称重控制器；FC 为流量控制器；LC 为液位控制器；RC 为比值控制器

根据对图 3.14 所示的磨矿过程进行机理分析以及可控、可测和关联性分析，确定影响运行磨矿产品粒度 r_1 和循环负荷 r_2 运行控制指标的可控制关键过程变量为棒磨机新给矿量 y_1 (t/h)、泵池加水量 y_2 (t/h)、棒磨机磨矿浓度 γ (%)以及泵池液位 γ_2 (m)。影响磨矿过程运行性能的最主要外部干扰是新给矿粒度大小的波动和矿石硬度的变化。例如，当原矿石硬度增加时，如果新给矿没有相应减小，将会使磨矿产品粒度变粗；相反，原矿石硬度减小将允许一个更大的磨机负荷，从而提高磨矿生产率。另外，一些内部干扰，如模型失配和过程耦合效应造成的干扰也影响磨矿的动态特征甚至造成磨矿过程控制的不稳定。最后，相对于磨矿过程固有时滞，磨矿运行指标即磨矿产品粒度 r_1 和循环负荷的检测存在较大的延时，这不仅将造成磨矿系统反应的迟钝，同时还是过程运行控制的一个重大障碍。

为了实现上述的运行控制目标，设置了基于多回路 PI/PID 控制的底层基础反馈控制系统用于实现上述影响磨矿运行指标的关键过程参数的稳定跟踪控制，同时保证闭环稳定性。如图 3.14 所示，基础反馈控制系统的两个主控制回路如下：一个是通过调节给矿机频率 u_1 (Hz)将磨机新给矿量 y_1 控制在其设定值 y_1^*；另一个是通过调节泵池给水阀门开度 u_1 (Hz)使得泵池加水量 y_2 跟踪其设定值 y_2^*。为了配合主控制回路的控制，另设置两个本地控制回路：一个是根据新给矿量 y_1 按比例调节磨机加水量 γ_1 (t/h)使得棒磨机磨矿浓度 γ 保持在其设定值附近 γ^*，其中磨机给水阀门开度 v_1 (%)用于调节磨机加水量 γ_1 的大小；另一个是通过调节底流泵转速 v_2 (Hz)将泵池液位 γ_2 (m)控制在允许范围之内。

为了获得满意的运行性能，通常需要操作者根据感知到的磨矿运行信息人工调整上述基础反馈控制系统各控制回路的设定值。如果过程干扰和耦合效应均很小，这种人工监督操作有时能够获得期望的磨矿运行性能。然而，磨矿过程干扰严重、变量之间相互耦合、并且存在较大的过程输入输出延迟以及严重的过程不确定动态，这使得上述人工设定值操作难以获得期望的磨矿运行指标。

3.3.2 基于改进 2-DOF 的闭路磨矿运行反馈控制系统设计

1. 控制策略与结构

针对图 3.14 所示的典型磨矿过程，采用 3.2 节的方法，提出图 3.15 所示的基于改进 2-DOF 解耦的磨矿过程运行反馈控制策略，由底层基础反馈控制和上层运行反馈控制构成，另外还有更上层的稳态优化。系统运行时，上层的运行指标稳态优化计算出具有最佳经济性能的磨矿运行指标 $R^*=\{r_1^*,r_2^*\}$。然后，回路预设定控制器根据运行指标的期望值 R^* 计算出底层基础控制系统的预设定值（或者标称设定值）$Y_0^*=\{y_{0,1}^*,y_{0,2}^*\}$。预设定值确定后，预设定控制器将暂时关闭，通过使底层基础控制回路跟踪 Y_0^* 使得磨矿系统运行在该初始工作点。如果磨矿过程的运行指标实际输出 $R=\{r_1,r_2\}$ 能够满足生产需求，那么基础反馈控制系统将一直保持之前的设定值不变。否则，反馈补偿控制器将根据测量得到的磨矿运行指标的控制误差 $\Delta R=\{\Delta r_1,\Delta r_2\}$，通过反馈补偿算法计算出基础反馈控制系统相应的补偿增量 $Y_\Delta^*=\{y_{\Delta,1}^*,y_{\Delta,2}^*\}$。随着基础反馈控制系统跟踪其设定值 $Y^*=\{y_1^*,y_2^*\}$，可快速消除或者减小磨矿运行指标控制误差 $\Delta R=\{\Delta r_1,\Delta r_2\}$，从而获得期望的磨矿运行指标。

注 3.15 根据控制回路的设置，图 3.15 所示的运行控制方法中的运行磨矿过程被近似描述为两个子过程：与主控制回路对应的主过程部分以及与本地控制回路对应的子过程部分。其中，γ 和 γ_2 将作为可测的输出干扰，通过子过程影响主过程并最终影响被控运行指标；而原矿石硬度和粒度分布的变化，即主要的不可测干扰将通过主过程来影响磨矿过程的运行性能。

2. 系统设计

磨矿过程类似于其他过程必须进行最大化经济利润操作，这里将磨矿过程的经济利润函数写成如下形式：

$$P = f_{\mathrm{yd}}(f_{\mathrm{up}} - f_{\mathrm{uc}}) - f_{\mathrm{ce}} \tag{3.53}$$

式中，P 表示单位时间利润；f_{yd} 表示单位时间磨矿生产的产品产量；f_{up} 为产品的单位价格；f_{uc} 为原矿石的单位价格；f_{ce} 为单位时间的能源消耗成本。

对于优化过程中较少改变的正常运行条件，原矿石的单位价格 f_{uc} 变化不大，因此在稳态优化中作为常数 λ_0 处理，因此经济利润函数 P 可以转化为如下形式：

$$P = f_{\mathrm{yd}}(f_{\mathrm{up}} - \lambda_0) - f_{\mathrm{ce}} \tag{3.54}$$

又产品单位价格 f_{up} 与磨矿粒度 r_1 之间具有如下近似函数关系：

$$f_{\mathrm{up}} = -\lambda_1(r_1 - \lambda_2)^2 + \lambda_3$$

且单位时间磨矿产量 f_{yd} 以及单位时间能耗成本 f_{ce} 与磨机循环负荷 r_2 以及磨矿产品质量 r_1 直接相关，为此式（3.54）所示的性能函数又可表示如下：

$$P(r_1,r_2) = f_{\mathrm{yd}}(r_1,r_2)\left[-\lambda_1(r_1-\lambda_2)^2 + \lambda_3 - \lambda_0\right] - f_{\mathrm{ce}}(r_1,r_2) \tag{3.55}$$

式中，$\lambda_i (i = 0,1,2,3)$ 均可认为是待定系数，其值根据具体优化条件进行确定。

图 3.16 绘制了参数确定的经济性能函数跟随运行指标变化的三维凸曲面和二维等高线。可以看出，当工况条件和相关约束条件确定后，就可以通过最大化经济性能函数 $P(r_1,r_2)$ 来获得运行指标的期望目标解。

之后，预设定控制器根据期望的磨矿运行指标 $\{r_1^*,r_2^*\}$ 在线给出底层基础反馈控制器的预设定值 $\{y_{0,1}^*,y_{0,2}^*\}$；反馈补偿器用于加强控制系统的运行性能，根据运行指标的控制偏差 $\{\Delta r_1,\Delta r_2\}$ 产生基础反馈控制器设定值 $\{y_1^*,y_2^*\}$ 的调节增量 $\{y_{\Delta,1}^*,y_{\Delta,2}^*\}$，从而消除由于各种过程干扰和不确定动态对运行指标产生的不利影响；参考系统用于产生标称运行系统下运行指标的参考输出 $\{\tilde{r}_1,\tilde{r}_2\}$。

针对图 3.14 所示的磨矿回路对象，根据磨机新给矿对象、泵池加水对象、棒磨机加水对象以及泵池液位对象的动态特性，建立了各个过程的输入输出传递函数模型及相应的各 PID 控制器参数，如表 3.5 所示。不难得到主控制回路的闭环传递函数矩阵为 $K_{\mathrm{C}} = \mathrm{diag}(k_{\mathrm{c},11},k_{\mathrm{c},22}) = \mathrm{diag}(2\mathrm{e}^{-0.5s}/(3s+2\mathrm{e}^{-0.5s}),2/(s+2))$。然后，采用响应测试法在表 3.6 所示的运行工作点建立了磨矿过程的输入输出传递函数模型，如表 3.7 所示（其中与工作点 1 对应的主模型作为磨矿系统的标称模型，而与工作点 2 对应的主模型作为磨矿过程的参数摄动模型）。注意到本节所有模型的时间常数均为分钟。另外，假设运行指标 r_1、r_2 的测量时滞为 5min，即 $T=\mathrm{diag}(\mathrm{e}^{-5s},\mathrm{e}^{-5s})$。

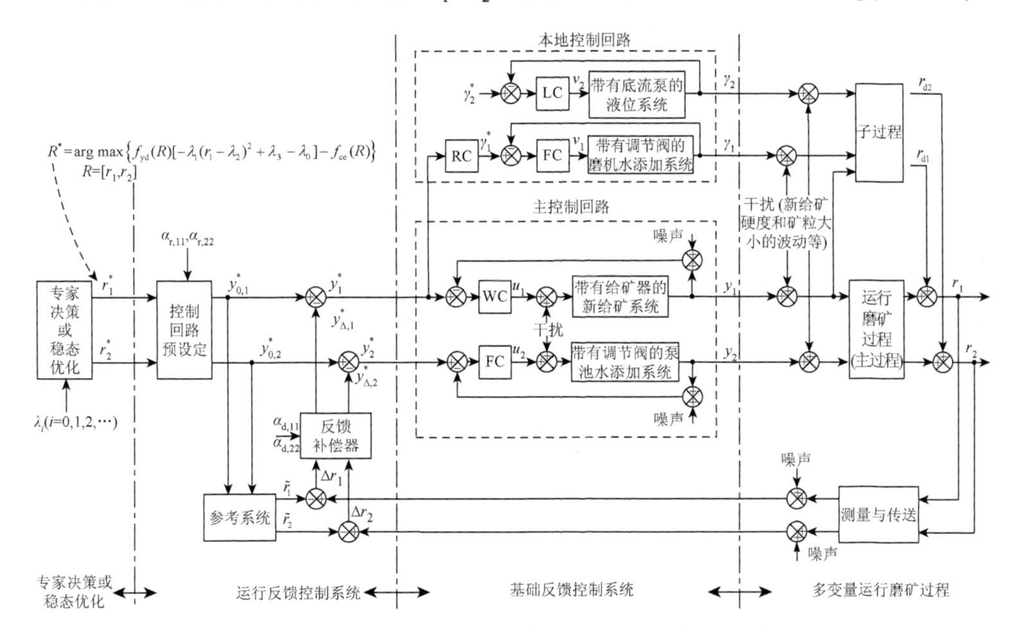

图 3.15 图 3.14 所示磨矿过程的运行反馈控制策略

WC 为称重控制器；FC 为流量控制器；LC 为液位控制器；RC 为比值控制器

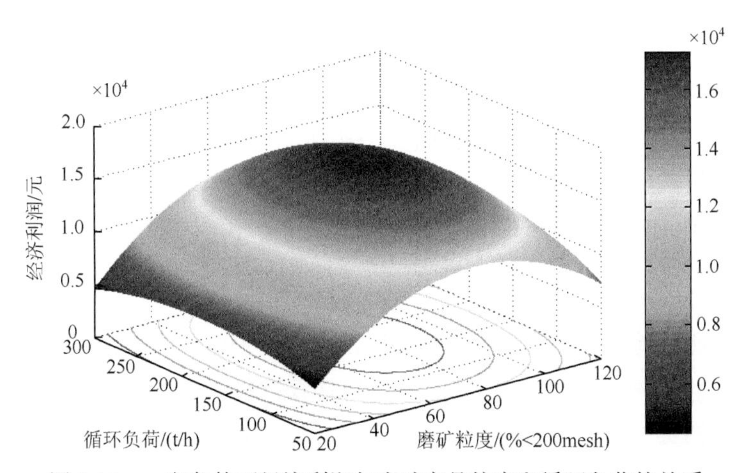

图 3.16 一定条件下经济利润与磨矿产品粒度和循环负荷的关系

表 3.5　基础反馈控制系统模型和控制器

控制回路		模型	PI 控制器
主控制回路	新给矿控制回路	$4e^{-0.5s}/(3s+1)$	$0.5/(1+s/3)$
	泵池水控制回路	$2/(1.5s+1)$	$1.5/(1+2s/3)$
本地控制回路	棒磨机水控制回路	$1.5/(1.6s+1)$	$(8/9)(1+1/1.6s)$
	泵池液位控制回路	$0.4/(2s+1)$	$3(1+1/2s)$

表 3.6　标称运行工作点

	PPS	CL	新给矿量	泵池水量	棒磨机水量	泵池液位	磨矿浓度
工作点 1	78	200	70	90	17.5	1.3	80
工作点 2	76	190	66	90	16.5	1.2	80

表 3.7　被控运行过程模型

		g_{11}	g_{11}	g_{11}	g_{11}
主过程	工作点 1	$\frac{(1.1s-0.5)e^{-8.5s}}{24s^2+21.2s+1}$	$\frac{(3.99s+0.057)e^{-1.5s}}{30.6s^2+18.8s+1}$	$\frac{2.67e^{-6s}}{28s^2+16s+1}$	$\frac{(-4.368s+0.91)e^{-0.8s}}{7.92s^2+5.8s+1}$
	工作点 2	$\frac{-0.45(-1.8s+1)e^{-9s}}{(0.9s+1)(17s+1)}$	$\frac{0.06(64s+1)e^{-1.8s}}{(2s+1)(20s+1)}$	$\frac{3.15e^{-6.4s}}{(16s+1)(2.5s+1)}$	$\frac{1.05(-5s+1)e^{-1.1s}}{(4s+1)(2.8s+1)}$
子过程		$\frac{0.5(3s-1)e^{-5s}}{12s+1}$	$\frac{0.015e^{-1s}}{2s+1}$	$\frac{-(3s-0.75)e^{-4.3s}}{14s+1}$	$\frac{0.003e^{-0.6s}}{1.6s+1}$

显然，相对于过程的固有时滞，r_1、r_2 的测量滞后时间较大。由表 3.7 所示的磨矿过程标称主模型可以得到

$$\det(G)=-\frac{0.5\times0.91\times(-2.2s+1)(-4.8s+1)e^{-9.3s}}{(1.2s+1)(20s+1)(3.6s+1)(2.2s+1)}-\frac{0.057\times2.67\times(70s+1)e^{-7.5s}}{(1.8s+1)(17s+1)(14s+1)(2s+1)}$$

这是一个高阶多时滞的 MDTFM 模型，采用提出的运行控制系统设计方法在设计 K_{R} 和 K_{D} 时难以对其提取时滞和 RHP 零点。为此，采用 3.1 节模型近似方法，将 $\det(G)$ 降阶为二阶单时滞模型 $\det(\widehat{G})=-e^{-7.68s}/\Omega$，其中

$$\Omega=\frac{106.4289s^2+18.2162s+1}{0.1557s^2+0.1632s+0.6072}$$

容易得到近似模型与原高阶模型近似误差 $E=1.205\times10^{-4}$，且 $\det(\widehat{G}(0))=\det(G(0))=-0.6072$，这意味着近似模型与原高阶模型具有零稳态误差。另外，由图 3.17 所示模型在不同激励输入下的响应曲线可知近似模型与原模型具有较高的近似精度。最后，采用提出的回路预设定控制器 K_{R} 和反馈补偿控制器 K_{D} 的设计方法，

得到 K_{R} 和 K_{D} 的表达式为

$$K_{\mathrm{R}}=\begin{bmatrix} k_{\mathrm{r},11} & k_{\mathrm{r},12} \\ k_{\mathrm{r},21} & k_{\mathrm{r},22} \end{bmatrix}=\begin{bmatrix} \dfrac{-0.91\Omega(-4.8s+1)(3s+2\mathrm{e}^{-0.5s})}{2(3.6s+1)(2.2s+1)(\alpha_{\mathrm{r},11}s+1)^2} & \dfrac{0.057\Omega(70s+1)(3s+2\mathrm{e}^{-0.5s})}{2(1.8s+1)(17s+1)(\alpha_{\mathrm{r},22}s+1)^2} \\ \dfrac{2.67\Omega(s+2)\mathrm{e}^{-5.7s}}{2(14s+1)(2s+1)(\alpha_{\mathrm{r},11}s+1)^2} & \dfrac{0.5\Omega(-2.2s+1)(s+2)\mathrm{e}^{-7.5s}}{2(1.2s+1)(20s+1)(\alpha_{\mathrm{r},22}s+1)^2} \end{bmatrix}$$

$$K_{\mathrm{D}}=\begin{bmatrix} k_{\mathrm{d},11} & k_{\mathrm{d},12} \\ k_{\mathrm{d},21} & k_{\mathrm{d},22} \end{bmatrix}=\begin{bmatrix} 1\big/(1-k_{\mathrm{c},11}\mathrm{e}^{-11.88s}\big/(\alpha_{\mathrm{d},11}s+1)) & 0 \\ 0 & 1\big/(1-k_{\mathrm{c},22}\mathrm{e}^{-6.68s}\big/(\alpha_{\mathrm{d},22}s+1)) \end{bmatrix}$$

$$\times\begin{bmatrix} \dfrac{-0.91\Omega(-4.8s+1)}{(3.6s+1)(2.2s+1)(\alpha_{\mathrm{d},11}s+1)} & \dfrac{0.057\Omega(70s+1)\mathrm{e}^{-0.7s}}{(1.8s+1)(17s+1)(\alpha_{\mathrm{d},11}s+1)} \\ \dfrac{2.67\Omega}{(14s+1)(2s+1)(\alpha_{\mathrm{d},22}s+1)} & \dfrac{0.5\Omega(-2.2s+1)\mathrm{e}^{-2.5s}}{(1.2s+1)(20s+1)(\alpha_{\mathrm{d},22}s+1)} \end{bmatrix}$$

3.3.3 仿真实验与结果

1. 仿真实验一

注意到 K_{R} 和 K_{D} 分别有两个可调参数 $\alpha_{\mathrm{r},11}$、$\alpha_{\mathrm{r},22}$ 和 $\alpha_{\mathrm{d},11}$、$\alpha_{\mathrm{d},22}$。因此，首先通过仿真实验来探讨这些可调参数如何影响运行控制系统的控制性能。假设标称磨矿系统同时具有乘性输入不确定性 $\varDelta_{\mathrm{I}}=\mathrm{diag}\big((s+0.3)/(s+1),(s+0.3)/(s+1)\big)$ 和乘性输出不确定性 $\varDelta_{\mathrm{O}}=-\mathrm{diag}\big((s+0.3)/(2s+1),(s+0.3)/(2s+1)\big)$。在实际中，这些不确定性可以看做混入底层基础反馈控制系统、子过程以及运行指标检测过程的不确定干扰。另外，假设实际的运行指标检测的时滞在原有基础上增加了 100%，即 $\mathrm{diag}(\mathrm{e}^{-10s},\mathrm{e}^{-10s})$。图 3.18 和图 3.19 分别表示不同可调参数 $\alpha_{\mathrm{r},11}$、$\alpha_{\mathrm{r},22}$ 取值下 K_{R} 的设定值跟踪性能以及不同可调参数 $\alpha_{\mathrm{d},11}$、$\alpha_{\mathrm{d},22}$ 取值下 K_{D} 的干扰抑制性能。可以看出，较小的可调参数取值可以加快系统的设定值跟踪和干扰抑制性能，但会造成基础反馈控制回路的设定值 y_1^*、y_2^* 能量加大，甚至抖动，同时也使得 r_1、r_2 和 y_1^*、y_2^* 对测量噪声比较敏感。相反，增加可调参数取值虽然减缓了系统设定值跟踪和干扰抑制速度，但是却获得了较小和相对缓和的控制回路设定值 y_1^*、y_2^* 调节幅度和更好的解耦性能。并且，r_1、r_2 和 y_1^*、y_2^* 对测量噪声也不敏感。显然，这在工程实际中是一个很好的特性，因为较小的调节幅度和对广泛存在的测量噪声的不敏感有利于维护过程运行时的稳定性。

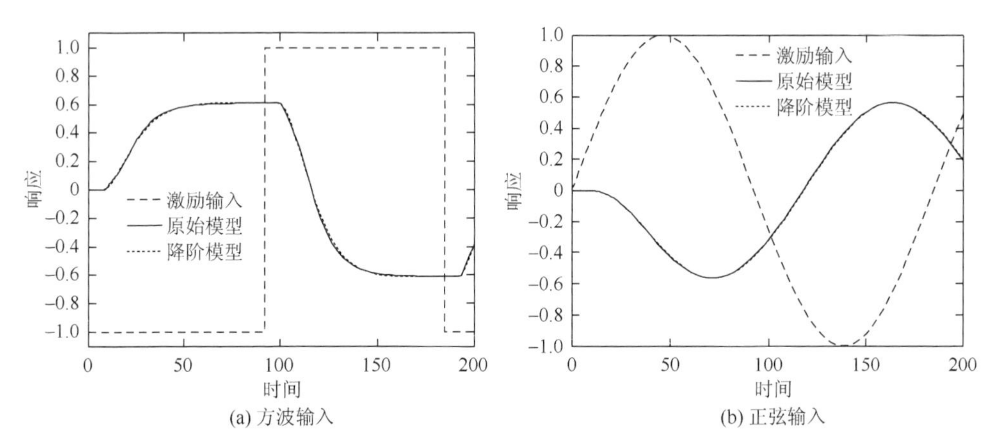

(a) 方波输入　　(b) 正弦输入

图 3.17　原模型与降阶模型不同激励输入下的响应效果

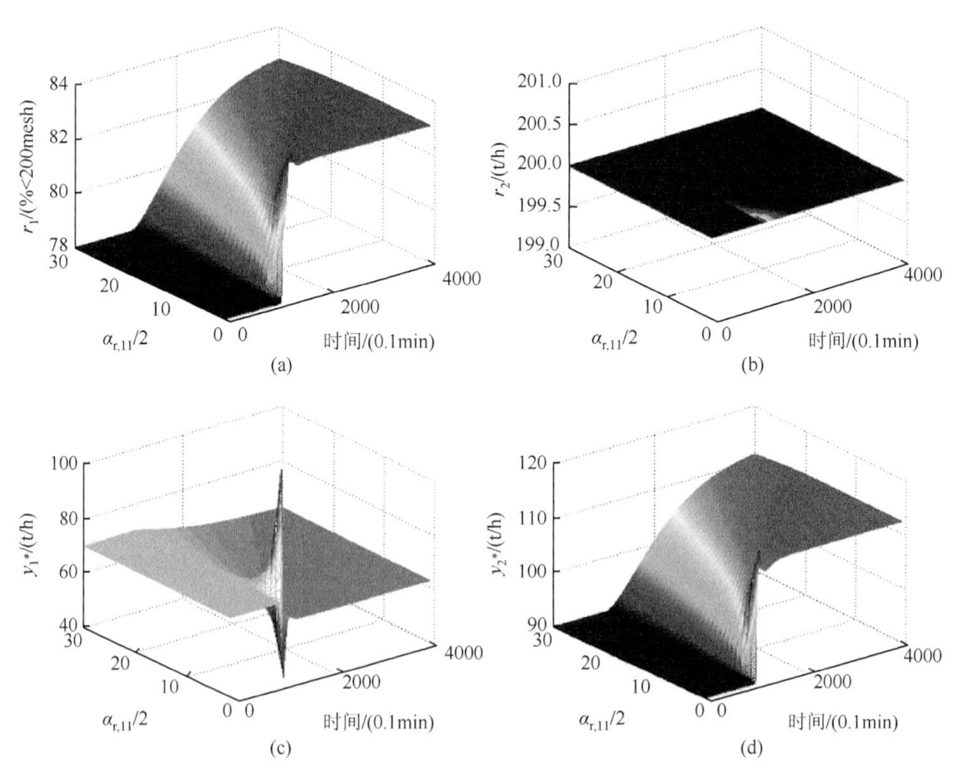

(a)　(b)　(c)　(d)

图 3.18　不同可调参数 $\alpha_{r,11}$、$\alpha_{r,22}$ 取值下的 K_R 的设定值跟踪性能

$\alpha_{r,22}=10$， $\alpha_{r,11}$ 的取值变化为 2～60；另外实验时 PPS 设定值由 78 变为 83

图 3.20(a)表示不同 $\alpha_{d,11}$、$\alpha_{d,22}$ 取值下的摄动磨矿系统谱半径（spectral radius）

幅频曲线。根据前面所述的系统鲁棒稳定性判定结论，由图 3.20(a) 可以看出当 K_D 取较大的 $\alpha_{d,11}$、$\alpha_{d,22}$ 时，能获得较好的系统鲁棒稳定性能。相反，选取较小的 $\alpha_{d,11}$、$\alpha_{d,22}$ 将使系统鲁棒性能将逐渐变差。同时由图 3.20(a) 可以看出，当选取较小的 $\alpha_{d,11}=\alpha_{d,22}<8.6$ 时，系统将不再鲁棒稳定，这是因为此时有

$$\rho\left\{\begin{bmatrix} -(I+K_CK_DTG)^{-1}K_CK_DTG & -(I+K_CK_DTG)^{-1}K_CK_DT \\ (I+GK_CK_DT)^{-1}G & -(I+GK_CK_DT)^{-1}GK_CK_DT \end{bmatrix}\mathrm{diag}(\varDelta_I,\varDelta_O)\right\}>1,\quad \forall\omega\in[0,\infty)$$

不符合鲁棒稳定性判定条件。所以 $\alpha_{d,11}=\alpha_{d,22}\geqslant 8.6$ 是摄动磨矿系统保持鲁棒稳定性的一个必要条件。图 3.20(b) 为 $\alpha_{d,11}=\alpha_{d,22}=8.6$ 时摄动磨矿系统谱半径幅频曲线，由于 $\max\limits_{\forall\omega\in[0,\infty)}\left\{\rho\left(\varPsi_R\mathrm{diag}(\varDelta_I,\varDelta_O)\right)\right\}=0.9857\doteq 1$，因此，此时系统是临界稳定。

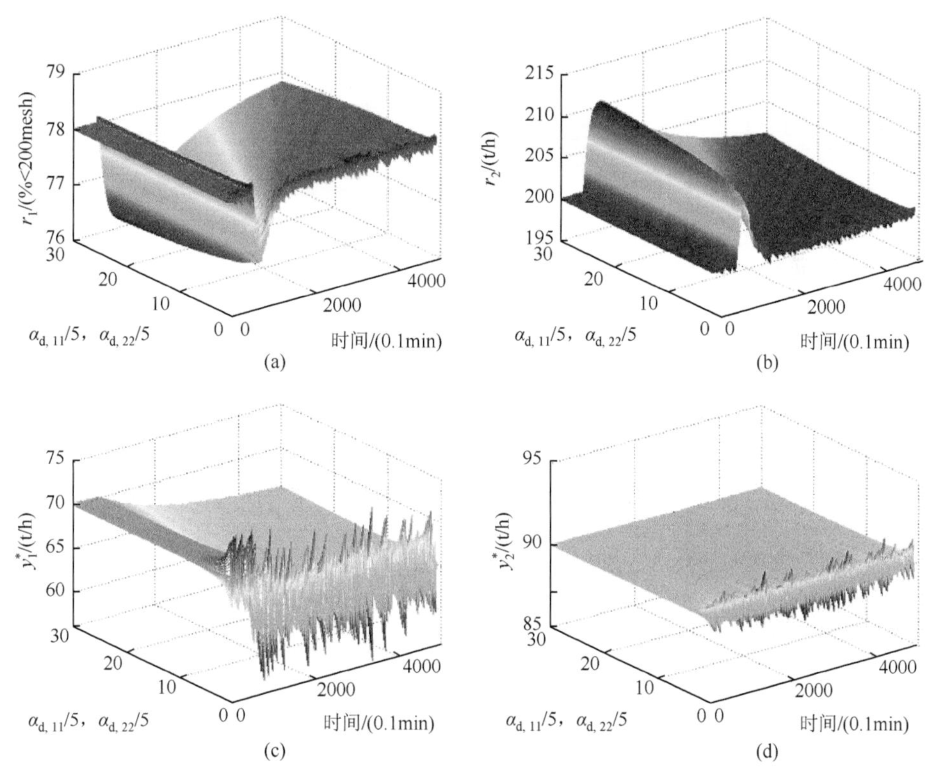

图 3.19 不同可调参数 $\alpha_{d,11}$、$\alpha_{d,22}$ 取值下的 K_D 的干扰抑制性能

$\alpha_{d,11}$、$\alpha_{d,22}$ 同时从 5 到 150 进行变化；另外在运行指标的输出混入两路具有白噪声特性的测量误差信号，并在 t=50 min 加入一路负载干扰

注 3.16 仿真表明可调参数的选取将综合考虑系统响应、基础反馈控制系统设定值 y_1^*、y_2^* 的调节幅度和频率以及系统鲁棒稳定性。在实际工程应用中，通常需要运行反馈控制系统具有较好的鲁棒稳定性来克服磨矿过程运行中的各种干扰和不确定动态。另外，为了保持过程运行的安全与稳定，回路设定值应尽可能地小幅度、低频率调整。因此建议在系统实际工程应用时，回路预设定前馈控制器 K_R 和反馈补偿器 K_D 均应选取一个相对保守即较大的可调参数值。

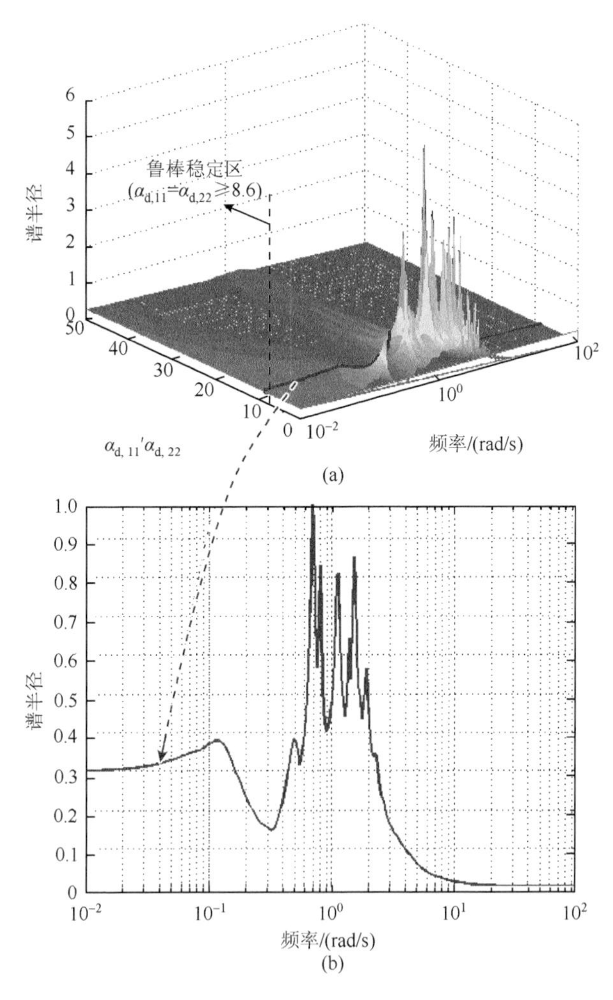

图 3.20 摄动磨矿系统谱半径曲线

(a) $\alpha_{d,11}$、$\alpha_{d,22}$ 同时从 5 到 150 进行变化；(b) $\alpha_{d,11}=\alpha_{d,22}=8.6$

2. 仿真实验二

本实验将所提方法与常规多回路串级 PID 控制方法进行比较。注意到多回路串级 PID 控制可近似看做前面提到的人工监督的底层 PID 控制策略。为了模拟矿石粒度分布与硬度的波动对过程运行的影响，将表 3.8 所示的负载干扰加入磨矿系统以及底层回路控制系统。

表 3.8 加入磨矿系统的负载干扰

	干扰属性	类型	幅值	添加时间
$d_{r,1}$	加入到新给矿量的负载干扰	阶跃型	5t/h	t=1100 min
$d_{r,2}$	加入到泵池水量的负载干扰	阶跃型	5t/h	t=1400 min
$d_{y,1}$	加入给矿器电振频率的负载干扰	阶跃型	5Hz	t=300 min
$d_{y,2}$	加入到泵池水添加阀门的负载干扰	阶跃型	5%	t=550 min

图 3.21 所示为不同控制方法下的摄动磨矿系统运行曲线。可以看出无论设定值 r_1^*、r_2^* 如何变化，r_1、r_2 都能够快速平滑地对其进行跟踪，并且超调很少，相互之间解耦良好。由于较强负载干扰的影响，r_1、r_2 暂时离开其设定值并产生尖峰跳跃。但是，当 K_D 对基础控制系统设定值 y_1^*、y_2^* 调节后，r_1、r_2 又能很快地跟踪其设定值。同时，观察到 $d_{y,1}$、$d_{y,2}$ 对过程运行性能的影响比 $d_{r,1}$、$d_{r,2}$ 小，这是因为 $d_{y,1}$、$d_{y,2}$ 能够快速被底层基础控制系统抑制，而 $d_{r,1}$、$d_{r,2}$ 被 K_D 的抑制必须经过一个较长的时滞时间。这是不可避免的，因为除了系统固有的时滞外，运行指标 r_1、r_2 的检测还有一个大的滞后。通过两种方法的比较可以看出，多回路串级 PID 控制下的系统响应出现了明显振荡，r_1、r_2 必须经历较长时间才能调整到其设定值附近，并且耦合严重。另外，当 r_1^*、r_2^* 变化时，多回路串级 PID 控制产生非常大能量的 y_1^*、y_2^*。出于安全考虑，大幅值变化的回路设定值在实际工程应用中是不允许的。因此，本实验说明所提方法具有较好的解耦、设定值跟踪、干扰抑制及鲁棒性能。

3. 仿真实验三

下面考虑表 3.7 中与工作点 2 对应的摄动磨矿系统，显然该模型参数与原标称模型（工作点 1 对应的主模型）具有较大的波动。考虑到底层基础控制回路设定值改变后达到一个新的稳态需要一定的时间，将其设定值更新频率设置为 10min 一次。显然相对于底层控制系统秒级别的采样频率，其设定值更新频率慢很多。为了模拟干扰对过程运行的影响，将图 3.22 所示的负载干扰加入磨矿系统和底层基础反馈控制系统中。注意到，加入到子过程的外部干扰 $D_\gamma=\{d_{\gamma,1},d_{\gamma,2}\}$ 将造成棒磨机磨矿浓度和泵池液位的波动，这种波动又会最终作为可测输出干扰影响到最终运行指标。图

3.23 所示为摄动磨矿系统在所提方法下的运行控制曲线。可以看出，虽然仿真考虑了实际工程中的各种影响因素（如过程参数摄动、过程干扰、测量噪声、运行指标测量大时滞、运行控制层与基础反馈控制层不同的调节时间尺度等），磨矿运行指标实际值 r_1、r_2 均能较好地跟踪其设定值 r_1^*、r_2^*，只有在设定值变化和干扰发生时作小幅波动，并且基础反馈控制器设定值 y_1^*、y_2^* 的调节幅度和频率均比较小，满足实际工程的需要。另外，通过与基于 MPC 的运行反馈控制下的磨矿运行性能进行比较，可以得到所提控制方法在期望设定值跟踪和干扰抑制方面均要好于 MPC 控制方法[①]，如具有较快的设定值跟踪响应速度和干扰抑制速度、较平稳的 r_1、r_2 响应等。这说明，在贴近工程实际的仿真验证中，所提方法仍然具有较好的解耦、设定值跟踪以及干扰抑制性能，并且优于常规的 MPC 控制方法，能够满足实际工程的需要。

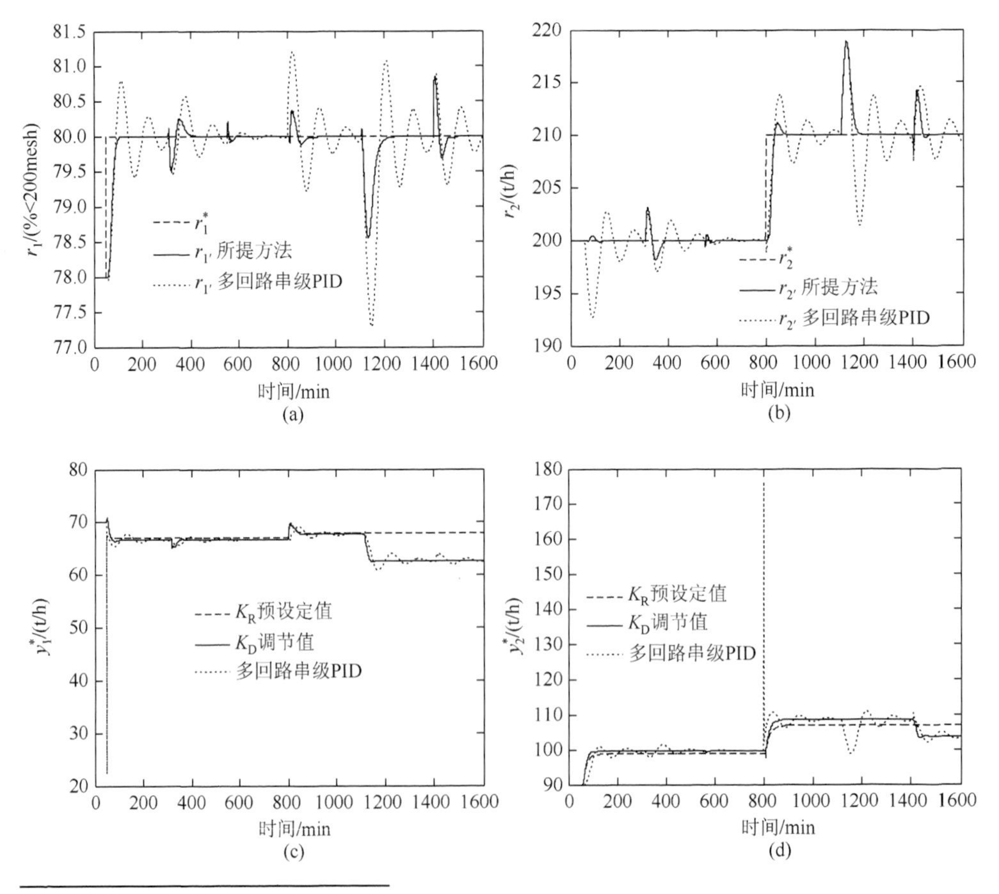

① 基于 MPC 的磨矿过程运行反馈控制方法在这里没有作特别阐述，具体可参见第 4 章。另外，仿真实验中 MPC 控制器的各个参数取值也与第 4 章仿真时给定的 MPC 控制器参数一致。

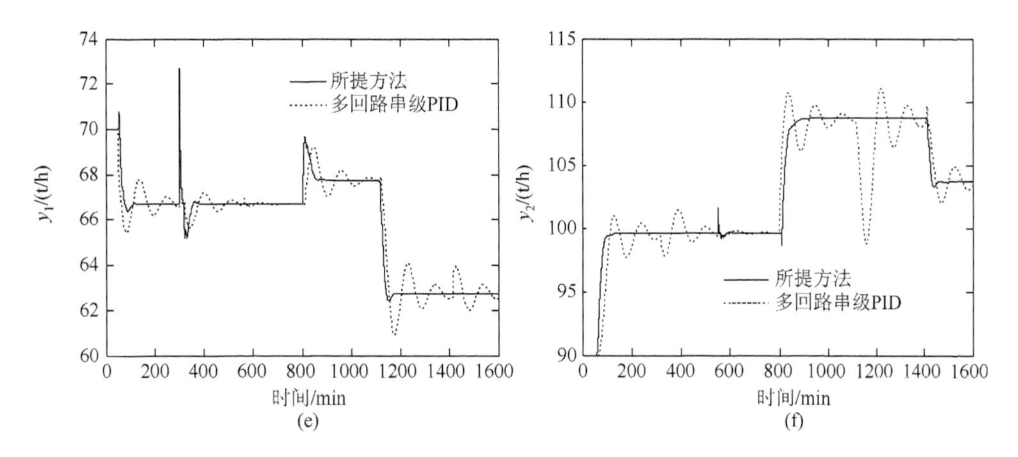

图 3.21 摄动磨矿系统不同控制方法下的控制性能

$\alpha_{r,11}=\alpha_{r,22}=10$； $\alpha_{d,11}=\alpha_{d,22}=10$

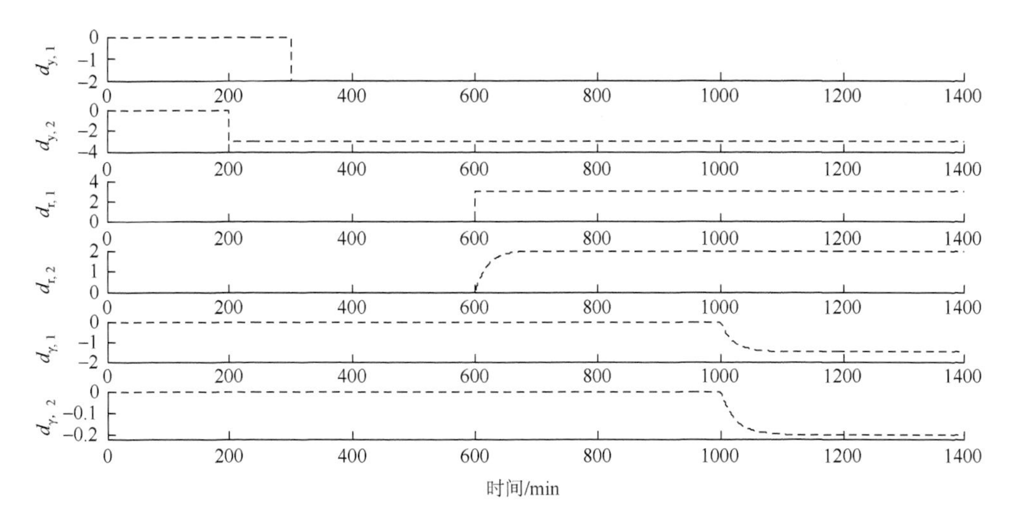

图 3.22 不同时刻加入的摄动磨矿系统负载干扰

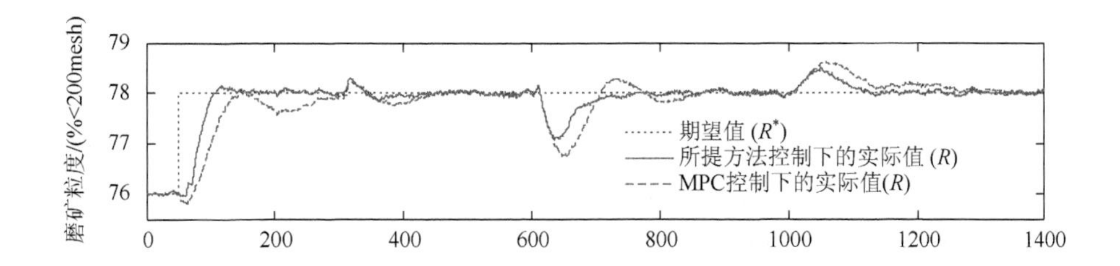

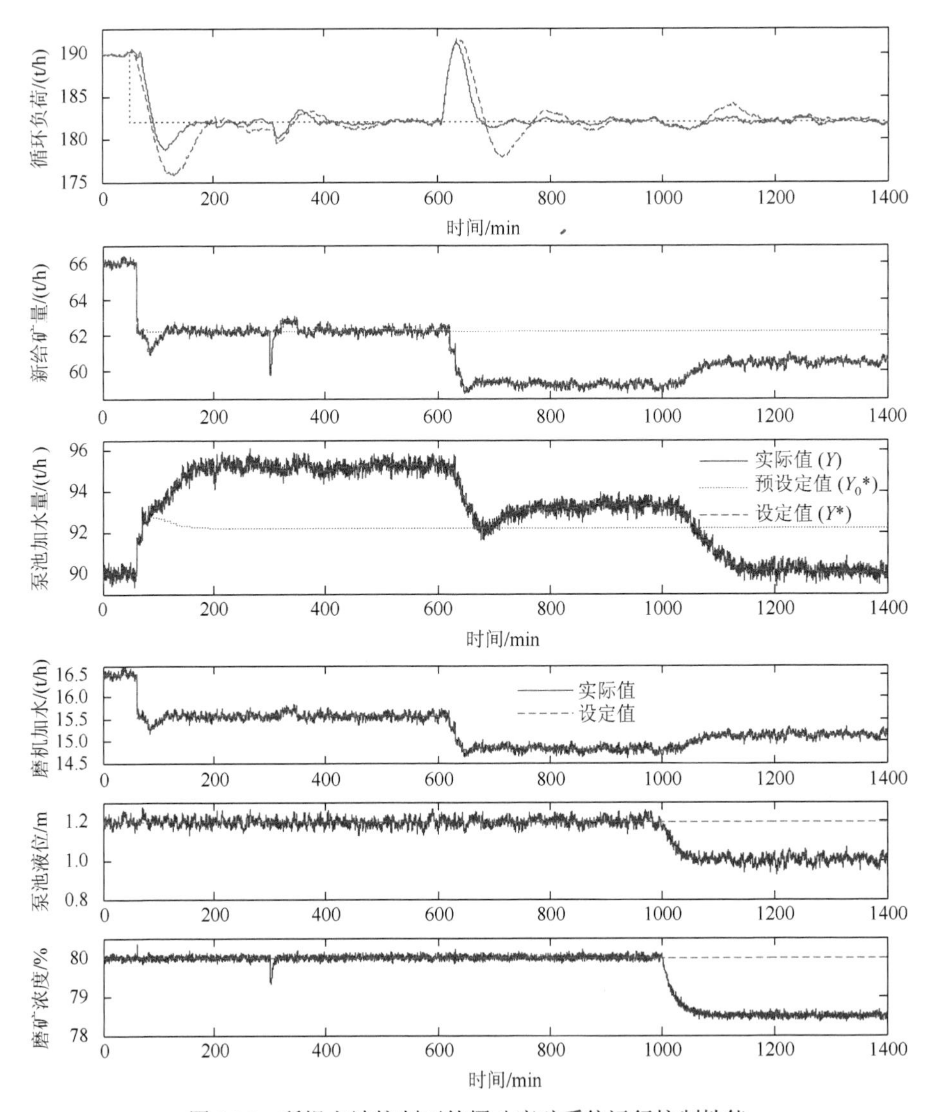

图 3.23　所提方法控制下的摄动磨矿系统运行控制性能

3.4　本章小结

随着过程工业的复杂化和大型化，工业用户所要求的过程控制性能不再局限于单个运行指标，而是涉及产品质量、生产效率以及能耗等多运行控制指标。由于这些运行指标与基础反馈控制的被控变量间表现为多变量耦合、多时滞特性，因此必须研究具有良好解耦和多时滞补偿能力的运行反馈控制方法。由于现有针对运行指标多变量解耦的运行反馈控制方法极其有限，为此，本章针对具有多运行指标的可建模磨矿过程，将新型的多变量 2-DOF 解析解耦的研究成果在运行控制进行扩展和改进，研究了基于改进 2-DOF 解耦的运行指标测量大时滞过程运行反馈控制方法及在一段棒磨开路、二段球磨-水力旋流器闭路的国际通用磨矿过程的仿真实验研究。由于过程的多变量耦合、多输入输出时滞等特性，运行控制的对象模型往往十分复杂，因此为了设计能够物理实现的运行控制系统，也为了对系统设计进行简化，提出了基于频域多点阶跃响应匹配的复杂高阶多输入输出时滞模型的低阶单时滞模型近似方法。

第 4 章　基于 DOB 与 MPC 的磨矿过程集成运行反馈控制方法

目前，在基于模型的控制方法与技术中，MPC 具有对模型精度依赖少、能够同时处理多变量和多时滞系统的控制与优化问题等诸多优良特性，已成为当今过程工业居于主导地位的控制技术，广泛应用于石油、化工、钢铁冶金、能源等众多工业领域[70, 81, 211, 252]。现代工程控制中，基于 MPC 的工业过程最优运行反馈控制通常采用图 4.1 所示的分层控制结构[70, 81, 254]：上层整厂优化（plant-wide optimization）计算出最优稳态工作点并下达给各个本地的实时稳态优化单元；作为分层控制结构的一部分，本地稳态优化计算出当前工况下的最优经济运行点并传递给 MPC 动态优化层；MPC 控制器通过求解特定的线性或者二次型优化问题对底层基础反馈控制系统的设定值进行求解和更新，从而迫使被控运行过程从一个稳态转移到另一个更具经济效益的工作区。另外，底层基础控制系统用于跟踪 MPC 动态优化层给出的设定值，同时负责动态过程的运行安全。

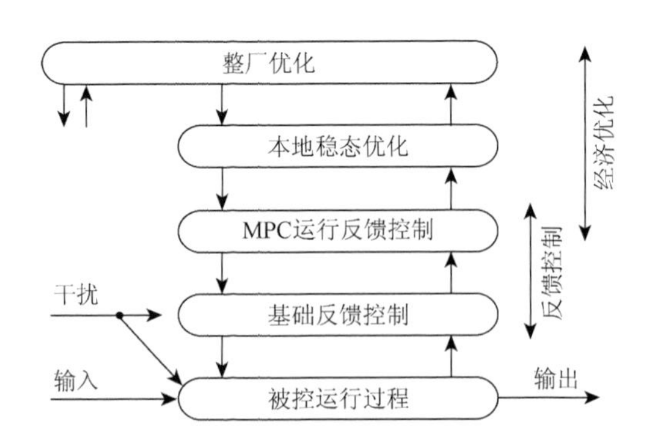

图 4.1　基于 MPC 的典型先进反馈控制系统层次结构

可以说几乎所有实际的工业过程或系统都运行在动态环境下，无论过程以何种方式运行，干扰以及不确定动态都无时无刻不在[21, 33, 215]。就磨矿过程来说，无论何种冶金研磨过程，其运行性能均会受到各种干扰作用的影响，这主要包括原矿石颗粒大小和矿石硬度的波动、各种不确定动态以及耦合效应等。举例来说，图 3.14 所示的一段棒磨开路、二段球磨机-水力旋流器闭路冶金磨矿过程，虽然其处理的矿石成分和性质较好而能够进行相对平稳生产和运行，再加上配备有各种先进测量仪表因而能够获得相关关键参量的实时检测值，为建立过程的近似数学模型提供了条件，但是这类磨矿过程的运行性能仍然会受到原矿石颗粒大小变化和矿石硬度波动等各种干扰的影响。这些干扰因素如果不及时加以监测和抑制，将对磨矿运行指标造成影响。

应当指出的是，MPC 以及其他许多先进控制技术在控制具有较强外部干扰和不确定动态的工业过程（如本书研究的磨矿过程）时均难以获得满意的控制性能。这是因为MPC等先进控制技术没有在控制器设计时对过程干扰进行直接考虑和处理，因而不能快速地抑制外部过程干扰和补偿不确定动态，只能以较慢的速度通过反馈装置对干扰进行抑制。显然，这将对运行控制系统的控制性能造成严重影响[31, 32]。这种情况下，为了加强 MPC 等先进控制系统的干扰抑制性能，可以利用一些硬件型的传感器对来获取这些干扰的实时测量信息[253]。但是，这将增加系统的制造成本以及系统的复杂性，另外，绝大部分干扰本来就是不可直接测量的。因此，一种更为恰当的考量就是在原有常规反馈控制的基础上引入一个针对系统干扰的前馈补偿部分。比较直接的方式就是通过机理分析来获得干扰通道的数学模型，从而在控制系统设计时对干扰进行消除，但是这在很多实际系统是难以实现的[27, 50, 31]。另一种更为有效的方式就是使用干扰观测（disturbance observer，DOB）技术，在不改变系统输入输出行为的情况下对干扰进行估计和抑制[21, 33, 215, 254-256]。DOB 由 Ohnishi 等提出用于解决位置伺服系统的干扰估计问题[31, 257]。由于 DOB 具有简单的结构以及很好的干扰抑制和不确定动态补偿能力，广泛应用于许多工业系统的自动控制中，如机械手操作杆、硬盘传动系统、矿物处理过程、磁浮系统等[27, 37, 207-209]。

本章针对冶金磨矿等复杂工业过程运行存在的各种动态干扰和不确定动态，以及常规基于MPC运行反馈控制方法在控制具有强外部干扰和不确定动态过程时控制性能的不足，引入 DOB 技术，研究基于 DOB 与 MPC 的集成运行反馈控制新方法及与已有 MPC 运行反馈控制方法的比较研究，具体包括如下。

（1）提出基于改进单变量 DOB 与 MPC 的集成运行反馈方法及在图 3.14 所示通用磨矿过程的仿真实验及比较研究。针对已有 DOB 设计仅适用于最小相位时滞或非时滞系统，提出了非最小相位时滞系统的改进 DOB（improved DOB，IDOB）设计方法。

（2）针对已有 DOB 技术的单变量本质，提出了基于 MIMO 系统近似逆的多变量干扰观测器（multivariable disturbance observer，MDOB）设计方法。在此基础上，提出基于 MDOB-MPC 的集成运行反馈控制方法及在图 3.14 通用磨矿过程的仿真和与已有方法的比较研究。

4.1 基于 DOB 与 MPC 的集成运行反馈控制策略

针对冶金磨矿等工业过程运行的干扰抑制问题，提出了基于干扰观测器（DOB）与 MPC 的工业过程运行反馈控制策略，如图 4.2 所示。上层运行反馈控制系统由两部分构成，即常规先进 MPC 控制器部分以及增加的 DOB 部分。

（1）上层稳态优化通过最大化经济利润函数计算出最优运行点 $R^*=[r_i^*]_{m\times1}$，并下达给 MPC 层控制系统。

（2）作为预设定控制器，基于优化的 MPC 控制器根据上层稳态优化给出的最优运行点 $R^*=[r_i^*]_{m\times1}$ 和相关边界约束条件，通过最优化特定的性能指标计算出底层基础反馈控制系统的回路预设定值 $Y_0^*=[y_{0,i}^*]_{m\times1}$，并下达给基础反馈控制层各个控制回路，以实现期望的设定值跟踪性能。

（3）DOB 作为运行控制系统的反馈补偿器根据各种动态干扰给出基础控制回路设定值 $Y^*=[y_i^*]_{m\times1}$ 的补偿增量 $Y_\Delta^*=[y_{\Delta,i}^*]_{m\times1}$，以增强系统的运行控制性能。

同样，上层稳态优化通过最大化如下经济利润函数：

$$P(R)=f_{\mathrm{yd}}(f_{\mathrm{up}}-f_{\mathrm{uc}})-f_{\mathrm{ce}} \tag{4.1}$$

和相关约束条件

$$\text{s.t.}\begin{cases}\begin{bmatrix}f_{\mathrm{yd}} & f_{\mathrm{up}} & f_{\mathrm{uc}} & f_{\mathrm{ce}}\end{bmatrix}^{\mathrm{T}}=\begin{bmatrix}f_{\mathrm{yd}}(R) & f_{\mathrm{up}}(R) & f_{\mathrm{uc}}(R) & f_{\mathrm{ce}}(R)\end{bmatrix}^{\mathrm{T}}\\ R_{\min}\leqslant R\leqslant R_{\max}\\ \qquad\vdots\\ Y_{\min}\leqslant Y\leqslant Y_{\max}\end{cases}$$

计算出最优运行点

$$R^*=\arg\max_{R=[r_1,\cdots,r_m]}P(R)$$

式中，$f_{\mathrm{yd}}(R)$、$f_{\mathrm{yd}}(R)$、$f_{\mathrm{uc}}(R)$、$f_{\mathrm{ce}}(R)$ 表示关于运行指标 R 的未知函数，其具体含义参见 3.2.1 节。

$R^*=[r_i^*]_{m\times1}$ 给定后，MPC 动态优化问题通过最小化如下性能函数：

$$\min_{\Delta Y_0^*(t)\cdots\Delta Y_0^*(t+N_C-1)} J=\sum_{j=0}^{N_P}\left(\Delta R(t+j)^{\mathrm{T}}W_R\Delta R(t+j)\right)+\sum_{j=0}^{N_C-1}\left(\Delta Y_0^*(t+j)^{\mathrm{T}}W_Y\Delta Y_0^*(t+j)\right) \quad (4.2)$$

计算出基础反馈控制回路的预设定值：

$$Y_0^*=\arg\min_{Y_0^*=[y_{0,i}^*]_{m\times 1}} J$$

式中，t 为时域的时间算子；N_P 为预测步长；N_C 为控制步长；$\Delta R(t+j)=\hat{R}(t+j)-R^*(t+j)$ 表示预测误差；$\Delta Y_0^*(t+j)=Y_0^*(t+j)-Y_0^*(t+j-1)$ 为控制误差；W_R、W_Y 分别表示相应的对角权矩阵。

回路控制器的预设定值 Y_0^* 求得后，基础反馈控制系统将通过 PI/PID 算法跟踪该设定值从而迫使被控过程运行在指定工作点。如果没有过程干扰和不确定动态，基础反馈控制系统将一直保持之前的设定值。否则，DOB 将会及时响应干扰和不确定动态对运行过程的影响，以此产生控制回路设定值 Y^* 的补偿增益 Y_Δ^*。随着控制系统跟踪回路设定值，过程干扰和不确定动态将会逐渐消除，从而获得期望的最优过程运行性能。

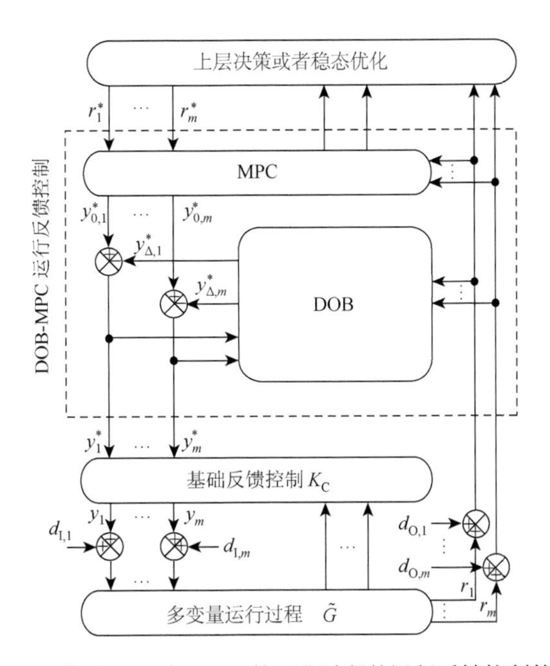

图 4.2　基于 DOB 与 MPC 的工业过程的运行反馈控制策略

图 4.2 中相关变量及符号解释如表 4.1 所示。

表 4.1　图 4.2 中变量定义

变量	含义
$R=[r_i]_{m\times 1}$	被控过程运行指标，如产品质量、生产效率等
$Y=[y_i]_{m\times 1}$	与 R 密切相关的关键过程变量，如流量、压力等，由基础反馈控制（BFC）系统进行回路控制
$\tilde{G}$	被控多变量运行过程
$G=[g_{ij}]_{m\times m}$	$\tilde{G}$ 的输入输出稳定模型，其中每一个元素 $g_{ij}(s)=g_{0,ij}\mathrm{e}^{-\tau_{ij}s}$ 都是稳定正则的，$g_{0,ij}$ 为关于频域算子 s 的标量多项式
$G_{\mathrm{Y}}=\mathrm{diag}(g_{\mathrm{Y},ii})_{m\times m}$	基础反馈控制对象的输入输出稳定模型，其中各元素 $g_{\mathrm{Y},ii}(s)=(g_{\mathrm{Yn},ii}/g_{\mathrm{Yd},ii})\mathrm{e}^{-\tau_{\mathrm{c},ii}s}$ 稳定正则，$g_{\mathrm{Yn},ii}$ 和 $g_{\mathrm{Yd},ii}$ 是关于频域算子 s 的标量多项式
$K_{\mathrm{C}}=\mathrm{diag}(k_{\mathrm{C},ii})_{m\times m}$	闭环基础反馈控制系统传递函数矩阵模型
$D_{\mathrm{I}}=[d_{\mathrm{I},i}]_{m\times 1},D_{\mathrm{O}}=[d_{\mathrm{O},i}]_{m\times 1}$	分别表示运行过程输入、输出干扰
$R^*=[r_i^*]_{m\times 1}$	运行指标期望目标值
$Y^*=[y_i^*]_{m\times 1},Y_0^*=[y_{0,i}^*]_{m\times 1}$	分别表示基础反馈控制的设定值和预设定值
$Y_\Delta^*=[y_{\Delta,i}^*]_{m\times 1}$	基础反馈控制系统设定值 $Y^*=[y_i^*]_{m\times 1}$ 补偿增量

注 4.1　简单起见，假定被控运行指标 $R=[r_i]_{m\times 1}$ 与回路控制的关键过程变量 $Y=[y_i]_{m\times 1}$ 的维数相同，即均为 m。虽然 Y 的维数一般要大于 R 的维数，但可通过将其中部分过程变量作为可测干扰变量，从而使得 Y 的维数与 R 的维数相同。

注 4.2　DOB-MPC 集成运行反馈控制策略的运行控制层系统具有双环路控制结构：外环的 MPC 控制器用于设定值跟踪；内环的基于 DOB 的补偿器用于实现干扰抑制和提高鲁棒性能。DOB 将产生设定值增量来抑制各种外部干扰和不确定动态对系统运行性能的影响，以保证 MPC 控制器确定的标称运行性能。因此，如果 DOB 设计合理并且运行良好，那么实际的具有内环 DOB 的被控对象可以认为是一个标称模型，而外环 MPC 就相当于控制这个等价的标称过程以实现特定的运行性能。

注 4.3　由于求解式 (4.2) 所示优化性能指标的 MPC 控制器的设计在很多文献中都能找到，因此 MPC 的设计在本书不作讨论，只研究 DOB 的设计问题。关于 DOB 的设计，本章将给出两种 DOB 设计方法，即针对非最小相位时滞系统提出的改进单变量 DOB 设计方法，以及针对 MIMO 系统提出的多变量干扰观测器设计方法。

4.2 基于 IDOB-MPC 的集成运行反馈控制方法及在磨矿过程的仿真实验

4.2.1 改进的单变量干扰观测器设计

定义 4.1[15-17] 定义 $g(s)=g_{\mathrm{N}}(s)\mathrm{e}^{-\tau_{\mathrm{N}}s}/(g_{\mathrm{D1}}(s)+g_{\mathrm{D2}}(s)\mathrm{e}^{-\tau_{\mathrm{D}}s})$ 为一个 SISO 传递函数模型，式中，$g_{\mathrm{N}}(s)$、$g_{\mathrm{D1}}(s)$、$g_{\mathrm{D2}}(s)$ 均为关于频域算子 s 的标量多项式，$\tau_{\mathrm{D}}\geqslant 0$，$g_{\mathrm{N}}(s)\neq 0$ 以及 $g_{\mathrm{D1}}(s)\neq 0$。定义 $g(s)$ 的时滞为 $\tau(g)=\tau_{\mathrm{N}}$；定义 $\mathbf{Z}_g^+$ 为 $g(s)$ 的不稳定零点集合，即 $\mathbf{Z}_g^+=\{z\in\mathbf{C}^+\mid g(s)=0\}$，其中 $\mathbf{C}^+$ 表示闭右半复平面。定义 $\eta_z(g)$ 为使得 $\lim\limits_{s\to z}g(s)/(s-z)^v$ 存在且非零的整数 v。显然，一个非零传递函数 $g(s)$ 稳定当且仅当 $\eta_z(g)\geqslant 0(\forall z\in\mathbf{C}^+)$。

定义 4.2 定义 $g_{\mathrm{N}}(s)$ 为如下具有实系数的关于频域算子 s 的标量多项式：

$$g_{\mathrm{N}}(s)=d_n s^n+d_{n-1}s^{n-1}+\cdots+d_1 s^1+d_0$$

如果 $d_n\neq 0$，那么 $g_{\mathrm{N}}(s)$ 就称为 n 阶的多项式，并标记为 $\deg(g_{\mathrm{N}})=n$。令 $G(s)$ 为有理传递函数 $G(s)=g_{\mathrm{N}}(s)/g_{\mathrm{D}}(s)$，$g_{\mathrm{N}}(s)$ 和 $g_{\mathrm{D}}(s)$ 为互质多项式，且 $\deg(g_{\mathrm{D}}(s))\geqslant\deg(g_{\mathrm{N}}(s))$，那么 $G(s)$ 的阶和相对阶分别定义为 $\deg(g_{\mathrm{D}}(s))$ 和 $\deg(G)=\deg(g_{\mathrm{D}}(s))-\deg(g_{\mathrm{N}}(s))$。

1. DOB 及其发展简介

图 4.3 为基于传递函数描述的标准 DOB 的结构框图。其中，$\tilde{g}(s)$ 为实际的被控对象，$g(s)$ 为 $\tilde{g}(s)$ 的标称模型；u、y 分别为 $\tilde{g}(s)$ 的输入输出变量；d_{I}、d_{O} 分别表示 $\tilde{g}(s)$ 的输入、输出干扰；$q(s)$ 为低通滤波器。由图 4.3 可知，DOB 的干扰观测过程就是构成一个围绕未知被控对象 $\tilde{g}(s)$ 的内环来抑制未知干扰，从而迫使这个内环的输入输出特性近似被控对象的标称模型 $g(s)$。这个内环的调节通过改变低通滤波器 $q(s)$ 的参数来实现。因此，DOB 的数学表示主要依赖于 $q(s)$ 的设计。在经典 DOB 设计中，$q(s)$ 通常采用如下稳态增益为 1 的低通滤波器形式：

$$q(s)=\frac{1}{\alpha s+1}$$

式中，α 为滤波器时间常数，决定着整个 DOB 的干扰抑制能力。

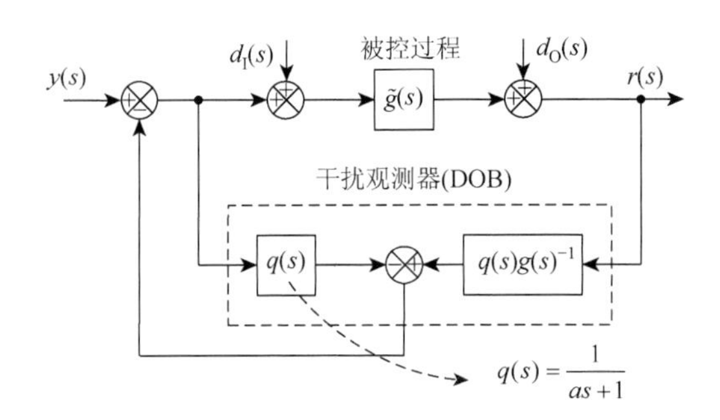

图 4.3 标准 DOB 结构框图

上述经典 DOB 结构设计，需要求解被控对象标称模型 $g(s)$ 的逆，而对于时滞系统 $\tilde{g}(s)=\tilde{g}_0(s)\mathrm{e}^{-\tilde{\tau}s}$，其模型 $g(s)=g_0(s)\mathrm{e}^{-\tau s}$ 的时滞部分 $\mathrm{e}^{-\tau s}$ 的逆是不可物理实现的。因此，标准 DOB 设计方法不适用于时滞系统。近年，文献[30]、[31]提出了一种考虑时滞的修改 DOB 设计结构，如图 4.4 所示。可以看出，模型 $g(s)=g_0(s)\mathrm{e}^{-\tau s}$ 被拆分成了两部分，即有理部分 $g_0(s)$ 和时滞部分 $\mathrm{e}^{-\tau s}$。并且，时滞部分 $\mathrm{e}^{-\tau s}$ 加入到了过程的输入端，而有理部分仍然在过程的反馈通道以替代 $g(s)$。实际上，通过将低通滤波器设置成了如下形式：

$$q(s)=\frac{1}{\alpha s+1}\mathrm{e}^{-\tau(g)s}$$

图 4.4 所示的 DOB 结构可以等价为图 4.5 所示的 DOB 结构，实际上其各部分结构构成与用于非时滞系统的经典 DOB 结构是类似的。

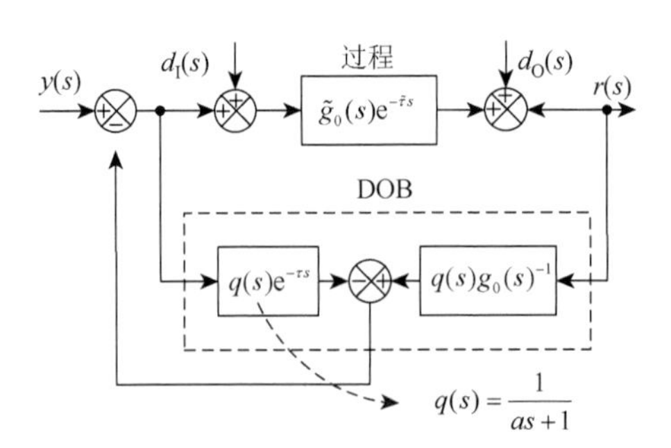

图 4.4 文献[30]、[31]针对时滞系统的修改 DOB 结构

2. 非最小相位时滞系统的改进 DOB 设计

很多实际工业系统均存在非最小相位特性（其最直观物理表现是系统在阶跃

信号激励下的逆响应特性），如锅炉液位系统、磨矿过程系统等。一直以来，非最小相位系统控制和观测一直是个棘手的问题，并且其控制存在本质的性能限制[21]。尽管文献[30]、[31]提出的修改 DOB 设计方法可用于非最小相位时滞系统，但是对于非最小相位系统却显得无能为力，这是因为在观测器设计时非最小相位部分的逆是不稳定的。

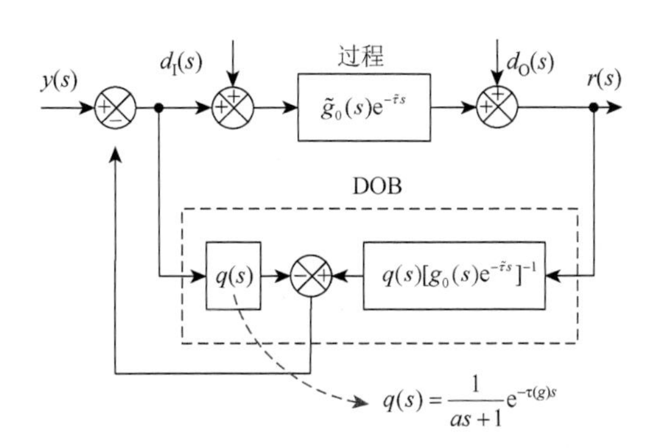

图 4.5　文献[30]、[31]DOB 结构的等价结构

本节将提出考虑过程非最小相位和时滞特性的改进 DOB 设计方法。与图 4.3 和图 4.4 所示的经典干扰观测器和修改的干扰观测器设计不同，所提改进 DOB 设计中，采用 IMC 理论中的 H_2 最优性能规范，设计如下稳态增益为 1 的广义低通滤波器形式：

$$q(s)=\underbrace{\mathrm{e}^{-\tau(g)s}}_{q_a(s)}\times\underbrace{\prod_{k=1}^{\eta_z(g)}\left(\frac{z_k-s}{\overline{z}_k+s}\right)}_{q_b(s)}\times\underbrace{\frac{1}{(\alpha s+1)^{\deg(g)+1}}}_{q_c(s)} \tag{4.3}$$

包括三部分，各部分功能如下。

（1）$q_a(s)=\mathrm{e}^{-\tau(g)s}$ 用于消除 $g(s)^{-1}$ 中的时滞项。

（2）$q_b(s)=\prod_{k=1}^{\eta_z(g)}\left(\frac{z_k-s}{\overline{z}_k+s}\right)$ 用于抵消 $g(s)$ 中的不稳定零点，其中 $z_k(k=1,\cdots,\eta_z(g))$ 为 $g(s)$ 的不稳定或者非最小相位（RHP）零点，$\overline{z}_k$ 为 z_k 的复共轭。

（3）$q_c(s)=\frac{1}{(\alpha s+1)^{\deg(g)+1}}$ 为稳态增益为 1 的低通滤波器，具有如下两个功能：①通过选择滤波器阶数，如 $\deg(g)+1$，以确保 $q(s)g(s)^{-1}$ 的正则性；②通过在线调节滤波器的可调参数 α 以获得期望的性能。

4.2.2 基于IDOB-MPC的集成反馈控制设计及性能分析

1. 实现结构

提出的基于 IDOB-MPC 的多变量时滞系统集成运行反馈控制结构如图 4.6 所示。上层运行反馈控制系统同样由两部分构成，即常规先进 MPC 控制器部分以及改进的干扰观测器部分。上层稳态优化通过最大化经济利润函数计算出最优运行点 $R^*=[r_1^*,\cdots,r_m^*]$，并下达给 MPC 层系统。MPC 控制器通过最优化性能指标计算出底层基础控制回路预设定值 $Y_0^*=[y_{0,1}^*,\cdots,y_{0,n}^*]$，以实现期望的设定值跟踪性能。IDOB 用于加强系统的运行控制性能，它作为反馈补偿器根据观测到的过程干扰和不确定动态给出基础反馈控制回路设定值 $Y^*=[y_1^*,\cdots,y_n^*]$ 的补偿增量 $Y_\Delta^*=[y_{\Delta,1}^*,\ \cdots,y_{\Delta,n}^*]$。

注 4.4 虽然提出的改进 DOB（IDOB）是针对单变量系统而提出的，即本质是单变量的。但是通过将 IDOB 与被控多变量过程的主对角元素构成多回路形式，提出的 IDOB 也能对多变量系统进行干扰观测。注意到，该多回路 IDOB 结构所考虑的系统干扰不仅包括外部干扰，还包括过程的各种不确定动态以及过程的耦合效应。

2. 性能分析

图4.7为图4.6所示IDOB-MPC集成运行反馈控制结构的一个等价结构框图。其中，输入干扰 $D_{\rm I}(s)$ 以及 DOB 的输出 $Y_\Delta^*(s)$ 均被转化为系统的输出干扰。另外，运行过程与基础反馈控制系统的不确定性也被等价转化为标称系统 $G(s)$ 的输出干扰 $D_\Delta(s)$。图 4.7 中，$D_\Sigma(s)=D_{\rm O}(s)+D_\Delta(s)+\hat{D}_{\rm I}(s)$ 表示所有加到运行过程输出干扰效应的综合；$\hat{D}_{\rm E}(s)$ 表示干扰 $D_\Sigma(s)$ 的估计；$\Delta D(s)=D_\Sigma(s)-\hat{D}_{\rm E}(s)$ 表示干扰估计误差。

假设 4.1 简单起见，运行控制系统设计过程均假设 R、Y 维数相同，并且假设底层基于多回路 PI/PID 的基础反馈控制系统能够对设定值进行很好的跟踪。

假设 4.2 假设基于 MPC 控制器的先进运行反馈控制系统闭环稳定，并且进入运行过程的所有干扰 $D_\Sigma(s)=D_{\rm O}(s)+D_\Delta(s)+\hat{D}_{\rm I}(s)$ 均是有界且极限存在。

注 4.5 由于绝大多数实际工业过程的干扰和不确定动态都是有限且有界的，因此如果闭环控制系统稳定，假设条件 4.2 中的干扰有界和极限存在假定可以一直满足。

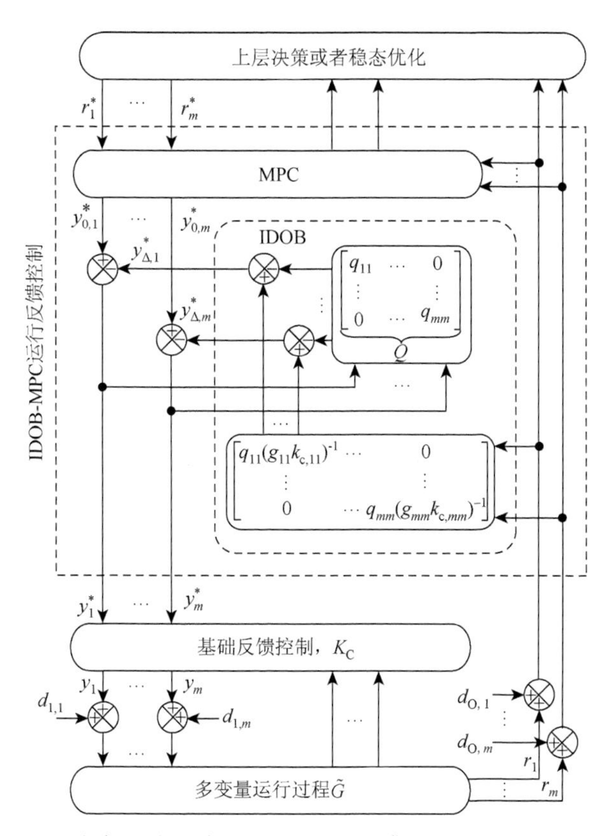

图 4.6 多变量时滞系统的 IDOB-MPC 集成运行反馈控制控制

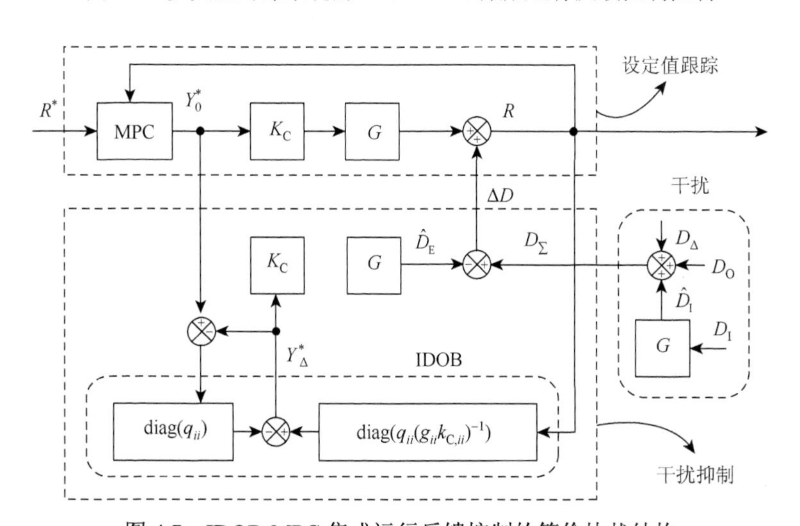

图 4.7 IDOB-MPC 集成运行反馈控制的等价块状结构

定理 4.1 如果假设 4.2 满足，那么所提 IDOB-MPC 集成运行反馈控制系统控制下的运行过程输出满足

$$\lim_{s\to 0} R(s) = \lim_{s\to 0}\left\{\operatorname{diag}\left(k_{\mathrm{c},ii}(s)g_{ii}(s)\right)Y_0^*(s)\right\} \tag{4.4}$$

$$\lim_{s\to\infty} R(s) = \lim_{s\to\infty}\left\{G(s)K_{\mathrm{C}}(s)Y_0^*(s)\right\} + \lim_{s\to\infty} D_{\Sigma}(s) \tag{4.5}$$

证明 （1）对于图 4.7 所示的 IDOB-MPC 集成运行反馈控制结构，可以得到

$$\begin{cases} Y_\Delta^*(s) = \operatorname{diag}\left(q_{ii}(s)k_{\mathrm{c},ii}^{-1}(s)g_{ii}^{-1}(s)\right)R(s) - \operatorname{diag}\left(q_{ii}(s)\right)\left(Y_0^*(s) - Y_\Delta^*(s)\right) \\ R(s) = D_\Sigma(s) + G(s)K_{\mathrm{C}}(s)\left(Y_0^*(s) - Y_\Delta^*(s)\right) \end{cases} \tag{4.6}$$

对式（4.6）进行推导可以得到

$$\begin{aligned} Y_\Delta^*(s) = {} & \Theta(s)^{-1}\operatorname{diag}\left(q_{ii}(s)k_{\mathrm{c},ii}^{-1}(s)g_{ii}^{-1}(s)\right)D_\Sigma(s) \\ & + \Theta(s)^{-1}\left(\Theta(s) - I\right)Y_0^*(s) \end{aligned} \tag{4.7}$$

$$\begin{aligned} R(s) = {} & G(s)K_{\mathrm{C}}(s)\Theta(s)^{-1}Y_0^*(s) + D_\Sigma(s) \\ & - G(s)K_{\mathrm{C}}(s)\Theta(s)^{-1}\operatorname{diag}\left(q_{ii}(s)k_{\mathrm{c},ii}^{-1}(s)g_{ii}^{-1}(s)\right)D_\Sigma(s) \end{aligned} \tag{4.8}$$

$$\begin{aligned} \Delta D(s) = {} & G(s)K_{\mathrm{C}}(s)\left(\Theta(s)^{-1} - I\right)Y_0^*(s) + D_\Sigma(s) \\ & - G(s)K_{\mathrm{C}}(s)\Theta(s)^{-1}\operatorname{diag}\left(q_{ii}(s)k_{\mathrm{c},ii}^{-1}(s)g_{ii}^{-1}(s)\right)D_\Sigma(s) \end{aligned} \tag{4.9}$$

式中

$$\Theta(s) = I + \operatorname{diag}\left(q_{ii}(s)k_{\mathrm{c},ii}^{-1}(s)g_{ii}^{-1}(s)\right)G(s)K_{\mathrm{C}}(s) - \operatorname{diag}(q_{ii}(s))$$

注意到

$$\Theta(s) = \begin{bmatrix} 1-q_{11} & \cdots & 0 \\ \vdots & & \vdots \\ 0 & \cdots & 1-q_{mm} \end{bmatrix} + \begin{bmatrix} \dfrac{q_{11}}{k_{\mathrm{c},11}g_{11}} & \cdots & 0 \\ \vdots & & \vdots \\ 0 & \cdots & \dfrac{q_{mm}}{k_{\mathrm{c},mm}g_{mm}} \end{bmatrix} \begin{bmatrix} g_{11} & \cdots & g_{1m} \\ \vdots & & \vdots \\ g_{m1} & \cdots & g_{mm} \end{bmatrix} \begin{bmatrix} k_{\mathrm{c},11} & \cdots & 0 \\ \vdots & & \vdots \\ 0 & \cdots & k_{\mathrm{c},mm} \end{bmatrix}$$

即

$$\Theta(s) = \begin{bmatrix} 1 & \cdots & \dfrac{k_{\mathrm{c},mm}(s)q_{11}(s)g_{1m}(s)}{k_{\mathrm{c},11}(s)g_{11}(s)} \\ \vdots & & \vdots \\ \dfrac{k_{\mathrm{c},11}(s)q_{mm}(s)g_{m1}(s)}{k_{\mathrm{c},mm}(s)g_{mm}(s)} & \cdots & 1 \end{bmatrix} \tag{4.10}$$

由式（4.3）可知 $q_{ii}(s)=\mathrm{e}^{-\tau(g_{ii})s}\times\prod_{k=1}^{\eta_z(g_{ii})}\left(\frac{z_k-s}{\overline{z}_k+s}\right)\times\frac{1}{(\alpha_{ii}s+1)^{\deg(g_{ii})+1}}(i=1,\cdots,m)$，容易验证

$$\lim_{s\to 0}q_{ii}(s)=1,\quad i=1,\cdots,m \tag{4.11}$$

从而由式（4.10）和式（4.11）可以得到

$$\lim_{s\to 0}\Theta(s)^{-1}=\lim_{s\to 0}\begin{bmatrix}1 & \cdots & \frac{k_{\mathrm{c},mm}q_{11}g_{1m}}{k_{\mathrm{c},11}g_{11}}\\ \vdots & & \vdots\\ \frac{k_{\mathrm{c},11}q_{mm}g_{m1}}{k_{\mathrm{c},mm}g_{mm}} & \cdots & 1\end{bmatrix}^{-1}=\lim_{s\to 0}\begin{bmatrix}\frac{k_{\mathrm{c},11}q_{11}g_{11}}{k_{\mathrm{c},11}g_{11}} & \cdots & \frac{k_{\mathrm{c},mm}q_{11}g_{1m}}{k_{\mathrm{c},11}g_{11}}\\ \vdots & & \vdots\\ \frac{k_{\mathrm{c},11}q_{mm}g_{m1}}{k_{\mathrm{c},mm}g_{mm}} & \cdots & \frac{k_{\mathrm{c},mm}q_{mm}g_{mm}}{k_{\mathrm{c},mm}g_{mm}}\end{bmatrix}^{-1}$$

$$=\lim_{s\to 0}\left\{K_{\mathrm{C}}(s)^{-1}G(s)^{-1}\mathrm{diag}\left(\frac{q_{ii}(s)}{k_{\mathrm{c},ii}(s)g_{ii}(s)}\right)_{m\times m}^{-1}\right\}$$

即

$$\lim_{s\to 0}\Theta(s)^{-1}=\lim_{s\to 0}\left\{K_{\mathrm{C}}(s)^{-1}G(s)^{-1}\mathrm{diag}\left(\frac{q_{ii}(s)}{k_{\mathrm{c},ii}(s)g_{ii}(s)}\right)_{m\times m}^{-1}\right\} \tag{4.12}$$

由式（4.8）有

$$\begin{aligned}\lim_{s\to 0}R(s)&=\lim_{s\to 0}\left\{G(s)K_{\mathrm{C}}(s)\Theta(s)^{-1}Y_0^*(s)\right\}+\lim_{s\to 0}D_{\Sigma}(s)\\&\quad-\lim_{s\to 0}\left\{G(s)K_{\mathrm{C}}(s)\Theta(s)^{-1}\mathrm{diag}\left(q_{ii}(s)k_{\mathrm{c},ii}^{-1}(s)g_{ii}^{-1}(s)\right)D_{\Sigma}(s)\right\}\end{aligned} \tag{4.13}$$

联立式（4.12）和式（4.13），可得

$$\begin{aligned}\lim_{s\to 0}R(s)&=\lim_{s\to 0}\left\{\mathrm{diag}\left(\frac{q_{ii}(s)}{k_{\mathrm{c},ii}(s)g_{ii}(s)}\right)_{m\times m}^{-1}Y_0^*(s)\right\}+\lim_{s\to 0}D_{\Sigma}(s)\\&\quad-\lim_{s\to 0}\left\{\mathrm{diag}\left(\frac{q_{ii}(s)}{k_{\mathrm{c},ii}(s)g_{ii}(s)}\right)_{m\times m}^{-1}\mathrm{diag}\left(q_{ii}(s)k_{\mathrm{c},ii}^{-1}(s)g_{ii}^{-1}(s)\right)D_{\Sigma}(s)\right\}\\&=\lim_{s\to 0}\left\{\mathrm{diag}\left(\frac{q_{ii}(s)}{k_{\mathrm{c},ii}(s)g_{ii}(s)}\right)_{m\times m}^{-1}Y_0^*(s)\right\}\end{aligned}$$

考虑到 $\lim_{s\to 0}q_{ii}(s)=1$，因此有 $\lim_{s\to 0}R(s)=\lim_{s\to 0}\left\{\mathrm{diag}(k_{\mathrm{c},ii}(s)g_{ii}(s))Y_0^*(s)\right\}$，故式（4.4）得证。

（2）由式（4.8）有

$$\begin{aligned}\lim_{s\to\infty}R(s)&=\lim_{s\to\infty}\left\{G(s)K_{\mathrm{C}}(s)\Theta(s)^{-1}Y_0^*(s)\right\}+\lim_{s\to\infty}D_{\Sigma}(s)\\&\quad-\lim_{s\to\infty}\left\{G(s)K_{\mathrm{C}}(s)\Theta(s)^{-1}\mathrm{diag}\left(q_{ii}(s)k_{\mathrm{c},ii}^{-1}(s)g_{ii}^{-1}(s)\right)D_{\Sigma}(s)\right\}\end{aligned} \tag{4.14}$$

又由式（4.10）可得

$$\lim_{s\to\infty}R(s)=\lim_{s\to\infty}\left\{G(s)K_{\mathrm{C}}(s)\begin{bmatrix}1 & \cdots & \dfrac{k_{\mathrm{c},mm}(s)q_{11}(s)g_{1m}(s)}{k_{\mathrm{c},11}(s)g_{11}(s)}\\ \vdots & & \vdots\\ \dfrac{k_{\mathrm{c},11}(s)q_{mm}(s)g_{m1}(s)}{k_{\mathrm{c},mm}(s)g_{mm}(s)} & \cdots & 1\end{bmatrix}Y_0^*(s)\right\}$$

$$+\lim_{s\to\infty}\left\{\left\{I-G(s)K_{\mathrm{C}}(s)\begin{bmatrix}1 & \cdots & \dfrac{k_{\mathrm{c},mm}(s)q_{11}(s)g_{1m}(s)}{k_{\mathrm{c},11}(s)g_{11}(s)}\\ \vdots & & \vdots\\ \dfrac{k_{\mathrm{c},11}(s)q_{mm}(s)g_{m1}(s)}{k_{\mathrm{c},mm}(s)g_{mm}(s)} & \cdots & 1\end{bmatrix}\mathrm{diag}\left(\frac{q_{ii}(s)}{k_{\mathrm{c},ii}(s)g_{ii}(s)}\right)\right\}D_{\Sigma}(s)\right\}$$

（4.15）

注意到

$$\lim_{s\to\infty}q_{ii}(s)=\lim_{s\to\infty}\frac{\mathrm{e}^{-\tau(g_{ii}(s))s}}{(\alpha_{ii}s+1)^{\deg(g_{ii}(s))+1}}\prod_{k=1}^{\eta_z(g_{ii}(s))}\left(\frac{z_k-s}{\overline{z}_k+s}\right)=0 \tag{4.16}$$

以及

$$\begin{cases}\lim\limits_{s\to\infty}\dfrac{1}{k_{\mathrm{c},ii}(s)g_{ii}(s)}=a_1<\infty\\ \lim\limits_{s\to\infty}\dfrac{k_{\mathrm{c},jj}(s)g_{ij}(s)}{k_{\mathrm{c},ii}(s)g_{ii}(s)}=a_2<\infty\end{cases}$$

从而有

$$\begin{cases}\lim\limits_{s\to\infty}\dfrac{q_{ii}(s)}{k_{\mathrm{c},ii}(s)g_{ii}(s)}=\lim\limits_{s\to\infty}q_{ii}\lim\limits_{s\to\infty}\dfrac{1}{k_{\mathrm{c},ii}g_{ii}}=0\\ \lim\limits_{s\to\infty}\dfrac{k_{\mathrm{c},jj}(s)q_{ii}(s)g_{ij}(s)}{k_{\mathrm{c},ii}(s)g_{ii}(s)}=\lim\limits_{s\to\infty}q_{ii}\lim\limits_{s\to\infty}\dfrac{k_{\mathrm{c},jj}g_{ij}}{k_{\mathrm{c},ii}g_{ii}}=0\end{cases}$$

进一步有

$$\begin{cases}\lim\limits_{s\to\infty}\begin{bmatrix}1 & \cdots & \dfrac{k_{\mathrm{c},mm}(s)q_{11}(s)g_{1m}(s)}{k_{\mathrm{c},11}(s)g_{11}(s)}\\ \vdots & & \vdots\\ \dfrac{k_{\mathrm{c},11}(s)q_{mm}(s)g_{m1}(s)}{k_{\mathrm{c},mm}(s)g_{mm}(s)} & \cdots & 1\end{bmatrix}=I_{m\times m}\\ \lim\limits_{s\to\infty}\mathrm{diag}\left(q_{ii}(s)k_{\mathrm{c},ii}^{-1}(s)g_{ii}^{-1}(s)\right)=0\end{cases}$$

因此，由式（4.14）可以最终得到

$$\lim_{s\to\infty} R(s) = \lim_{s\to\infty}\left\{G(s)K_{\mathrm{C}}(s)Y_0^*(s)\right\} + \lim_{s\to\infty} D_{\Sigma}(s)$$

故式（4.5）得证。

注 4.6 由于大部分实际系统大多在低频段工作，式（4.4）表明带有 IDOB 的实际不确定闭环系统的行为类似于没有干扰的标称闭环系统。换句话说，IDOB 与外环的 MPC 控制器的结合能够加强运行系统的鲁棒和干扰抑制性能。

注 4.7 式（4.5）表明 IDOB-MPC 多变量运行反馈控制能够确保系统在高频段具有开环系统的特征，从而高频的测量噪声能够被控制系统过滤掉。

注 4.8 由于 IDOB 的实现比较简单，并且 IDOB 的引入没有过多增加 MPC 控制的计算复杂性。另外，IDOB 和 MPC 的设计可以分开进行，使得 IDOB-MPC 集成运行反馈控制系统的设定值跟踪性能和干扰抑制性能可以分别通过改变相应的可调参数进行在线调整。因此，基于 IDOB-MPC 的集成运行反馈控制方法在实际工程应用的实施比较方便。

注 4.9 所提 IDOB-MPC 集成运行反馈控制框架在工程实施时可做进一步的简化设计，如图 4.8 所示。由于该简化的 IDOB-MPC 运行反馈控制结构在观测器设计时没有考虑基础反馈控制系统，基础反馈控制系统的控制误差以及系统的不确定性均被作为被控多变量运行过程的输入干扰进行处理，因此所提 IDOB-MPC 集成运行反馈控制方法在具体工程开发和实现时非常简便，并且其运行控制性能相对于图 4.7 中考虑基础反馈控制系统时的情况未受多大影响。

4.2.3 基于 IDOB-MPC 的磨矿过程集成运行反馈控制设计及仿真实验

冶金磨矿过程运行时，其运行性能均会受到各种干扰综合作用的影响，这主要包括原矿石颗粒大小和矿石硬度的波动、各种不确定动态以及耦合效应等。如果不及时对这些干扰因素进行有效监测和抑制，将对磨矿运行指标造成影响，严重时还会影响磨矿整体运行的稳定性和安全性。对于第 3 章研究的国际通用的一段棒磨开路、二段球磨机-水力旋流器闭路磨矿过程（图 3.14），由于其原矿石成分相对稳定、生产相对平稳、具有明显运行的工作点，可以进行近似过程建模，因此可以借助于干扰观测技术，采用基于模型的 DOB-MPC 集成运行控制方法对其进行运行反馈控制。从前面建立的磨矿过程在稳定工作点的近似数学模型（表 3.4～表 3.6）可以看出，磨矿过程是一个复杂的多输入输出时滞过程，并且其对象模型的主对角元素具有明显的非最小相位特性，为此采用提出的基于改进 IDOB-MPC 的集成运行反馈控制方法，如图 4.9 所示。上层运行反馈控制系统由两部分构成，即常规先进 MPC 控制器部分以及增加的改进干扰观测器部分。

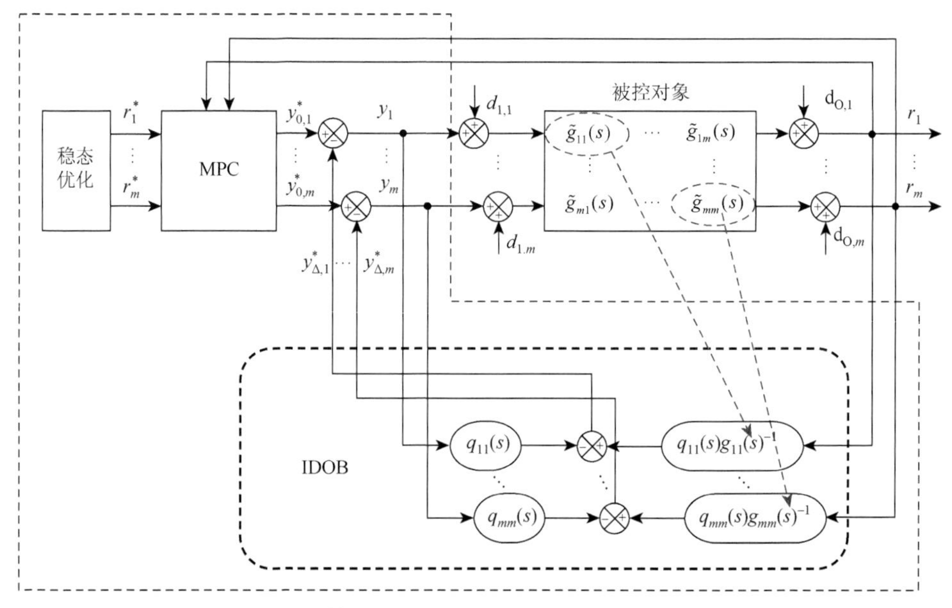

图 4.8　简化的 IDOB-MPC 运行反馈控制结构

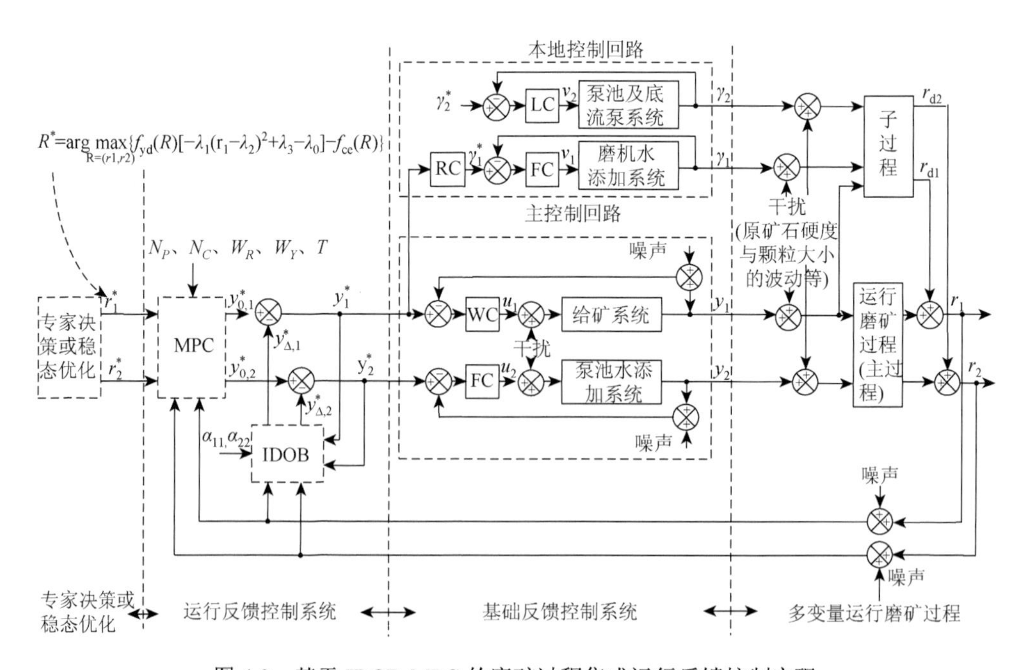

图 4.9　基于 IDOB-MPC 的磨矿过程集成运行反馈控制实现

WC 为称重控制器；FC 为流量控制器；LC 为液位控制器；RC 为比值控制器

3.3.2 节得到了磨矿系统主过程模型为

$$\begin{bmatrix} r_1 \\ r_2 \end{bmatrix} = \begin{bmatrix} g_{11} & g_{12} \\ g_{21} & g_{22} \end{bmatrix} \begin{bmatrix} y_1 \\ y_2 \end{bmatrix} \tag{4.17}$$

即

$$\begin{bmatrix} r_1 \\ r_2 \end{bmatrix} = \begin{bmatrix} \dfrac{-0.5(-2.2s+1)\mathrm{e}^{-8.5s}}{(1.2s+1)(20s+1)} & \dfrac{0.057(70s+1)\mathrm{e}^{-1.5s}}{(1.8s+1)(17s+1)} \\ \dfrac{2.67\mathrm{e}^{-6s}}{(14s+1)(2s+1)} & \dfrac{0.91(-4.8s+1)\mathrm{e}^{-0.8s}}{(3.6s+1)(2.2s+1)} \end{bmatrix} \begin{bmatrix} y_1 \\ y_2 \end{bmatrix}$$

由于式（4.17）的主对角元素 g_{11} 和 g_{22} 为非最小相位时滞系统，因此经典 DOB 设计方法以及文献[30]、[31]提出的改进 DOB 设计难以对其进行应用，于是采用所提出的改进 IDOB 设计方法。根据前面设计公式及其简化设计方法，选择如下广义滤波器来设计 IDOB：

$$\mathrm{diag}(q_{11}, q_{22}) = \mathrm{diag}\left(\frac{(-2.2s+1)\mathrm{e}^{-8.5s}}{(2.2s+1)(\alpha_{11}s+1)}, \frac{(-4.8s+1)\mathrm{e}^{-0.8s}}{(4.8s+1)(\alpha_{22}s+1)} \right)$$

MPC 预设定控制器的相关参数确定如下：控制步长 T=10，控制水平 N_C=50，预测水平 N_P=120，输入权值 W_Y=diag(4, 4)，输出权值 W_R=diag(1.5, 0.75)。

图 4.10 为阶跃输出干扰下摄动磨矿系统在 IDOB-MPC 运行反馈控制方法和常规单 MPC 运行反馈控制方法时的干扰抑制（图 4.10(a)）和干扰估计（图 4.10(b)）性能，图 4.11 为相应的操作变量曲线。可以看出，提出的 IDOB 对非最小相位时滞系统具有较好的干扰估计性能。这是因为 IDOB-MPC 控制系统对干扰的估计与实际干扰能非常吻合，正是因为其好的干扰估计能力使得提出的 IDOB-MPC 方法能对干扰进行较好的抑制。例如，相对于常规单 MPC 运行反馈控制方法，提出的方法具有较快的收敛速度、较短的调节时间以及较小的基础反馈控制系统设定值调节幅度。另外，还观察到提出的具有较小调节参数 α_{11} 和 α_{22} 的 IDOB-MPC 运行反馈控制系统可以加快干扰抑制性能，但是却导致较大并且抖动的动态响应；如果 α_{11} 和 α_{22} 选择过小将使得运行反馈控制系统对测量噪声非常敏感，甚至系统的稳定性也难以保证。

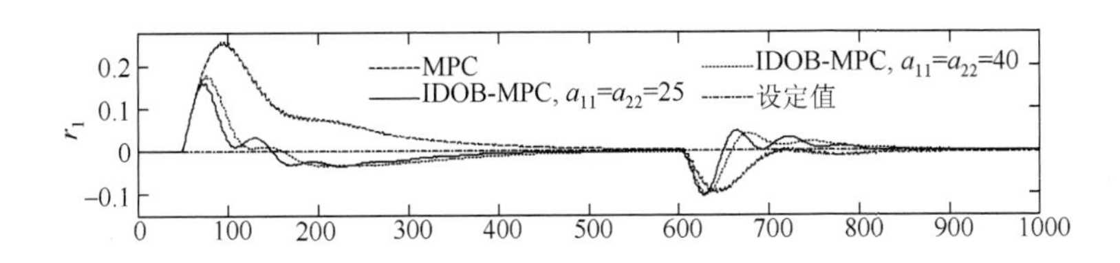

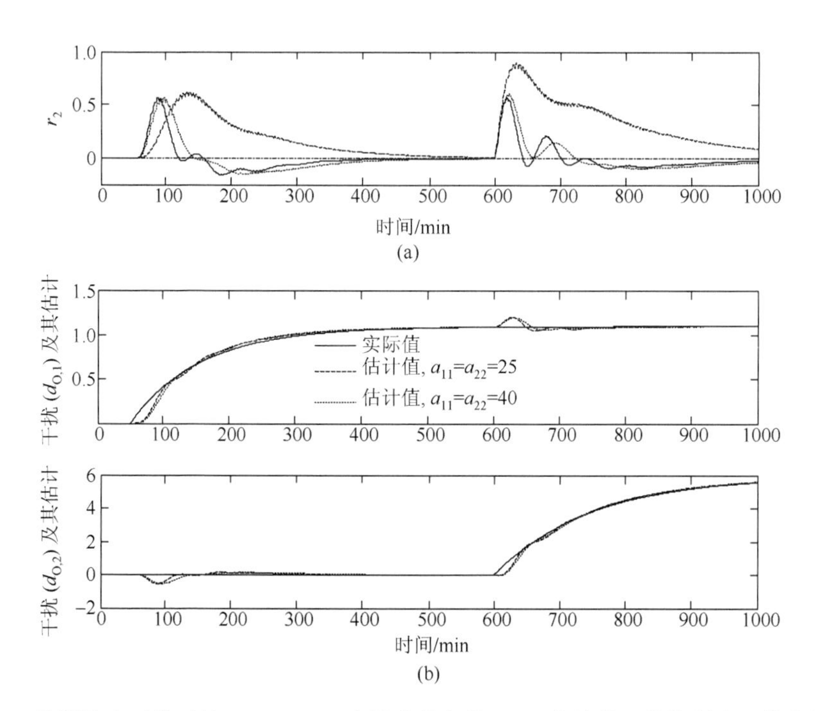

图 4.10　阶跃输出干扰下的 IDOB-MPC 方法和常规单 MPC 方法的干扰抑制和干扰估计性能

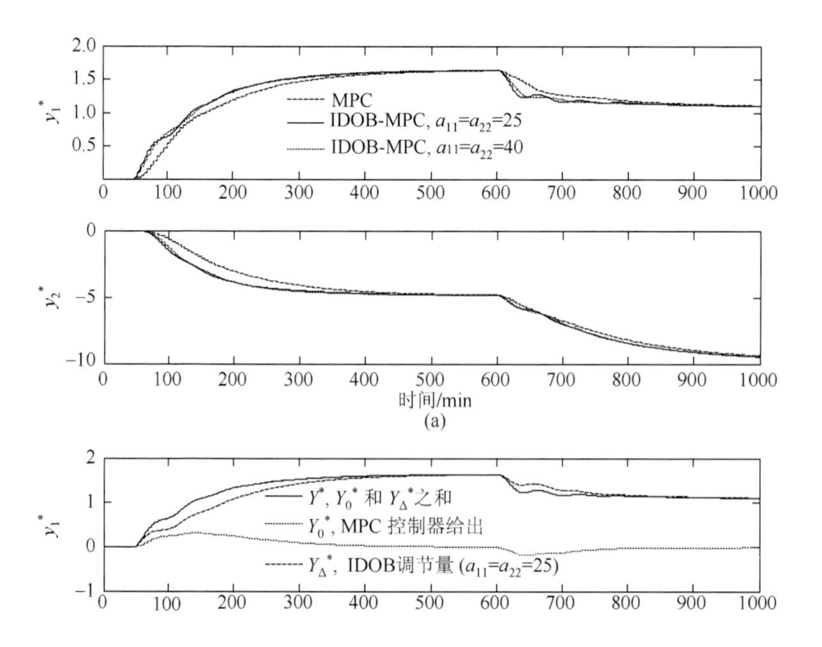

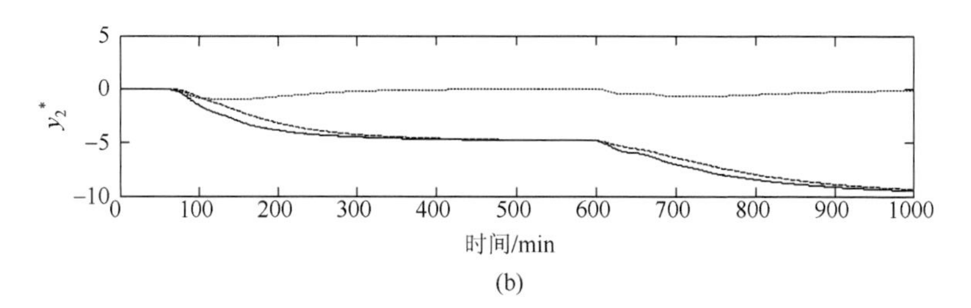

(b)

图 4.11 阶跃输出干扰下的 IDOB-MPC 集成方法和常规单 MPC 方法的基础控制系统设定值响应曲线

图 4.12 所示为提出的 IDOB-MPC 集成运行反馈控制方法和常规基于单 MPC 的运行控制方法控制下的摄动磨矿系统对正弦型输入干扰的抑制（图 4.12(a)）和估计（图 4.12(b)）性能。从图中可以看出，建立的 IDOB 能够对正弦型干扰进行很好的估计和有效抑制。所提 IDOB-MPC 运行反馈控制下的 r_1 和 r_2 的波动幅值较之 MPC 运行控制时明显要小。尽管两种方法控制下的运行指标波动几乎相同，但是所提方法控制下的干扰抑制响应速度明显较快。因此，IDOB-MPC 集成运行反馈控制方法能够有效克服正弦型输入干扰的影响，对运行指标进行更好的控制。

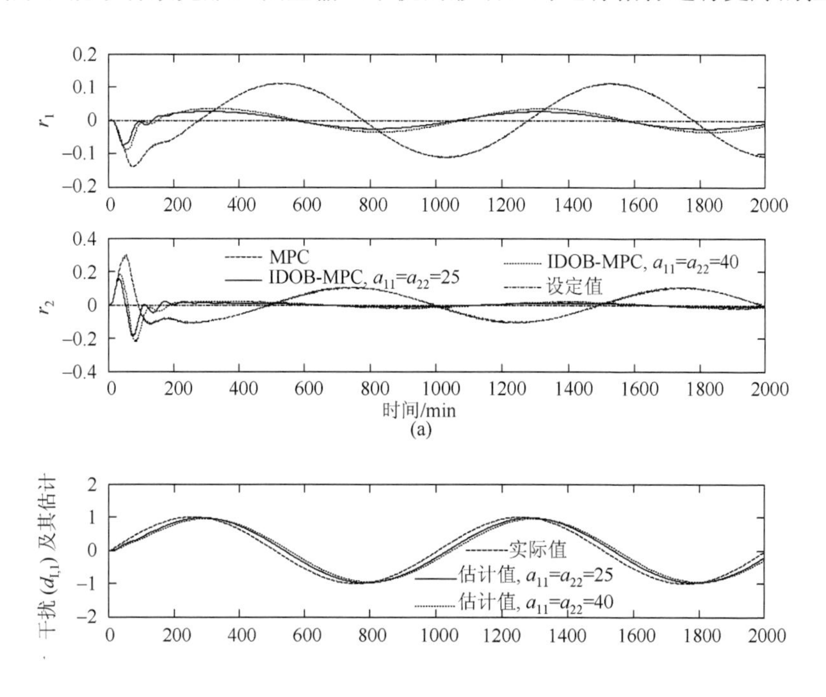

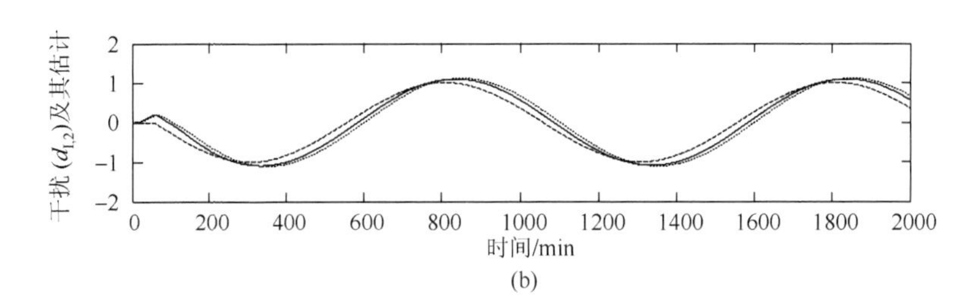

(b)

图 4.12　IDOB-MPC 集成运行反馈控制方法和常规单 MPC 运行控制方法下的摄动磨矿系统对正弦型输入干扰的抑制性能和估计

图 4.13 所示为 IDOB-MPC 集成运行反馈控制方法控制下的摄动磨矿系统整体运行效果。仿真实验中，上层基于最大化经济利润的稳态优化计算的磨矿最优经济运行工作点是{ r_1^*=77%， r_2^*=210t/h}。为了模拟原矿石矿粒大小和硬度的波动等外部干扰对磨矿运行的影响，将几路不同类型的干扰在不同时刻引入到运行磨矿系统中。从图 4.13 所示的运行曲线中可以看出，所提 IDOB-MPC 集成方法控制下的磨矿系统能够对干扰进行有效抑制，并且整体运行效果要明显好于传统基于单 MPC 控制的运行反馈方法。

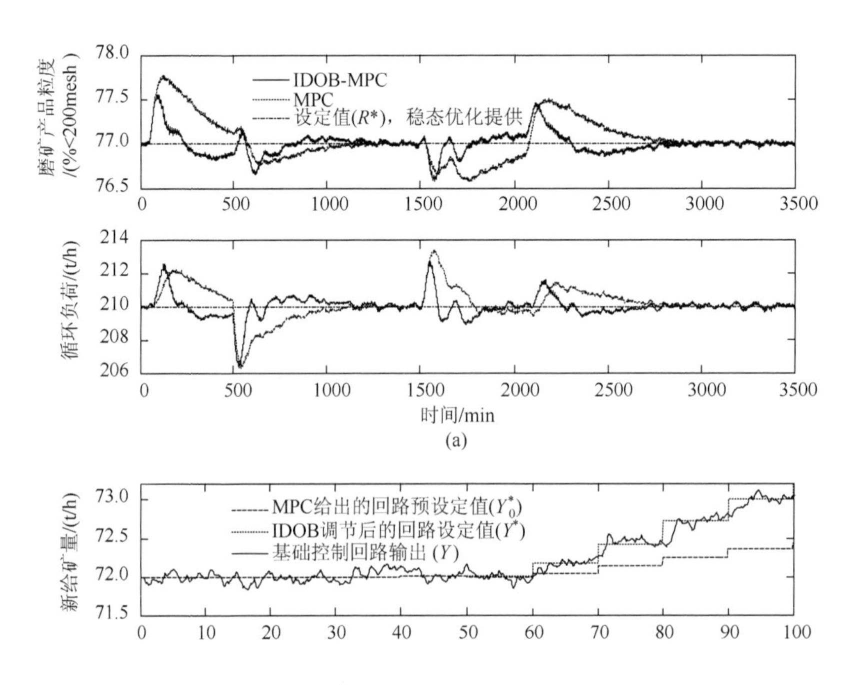

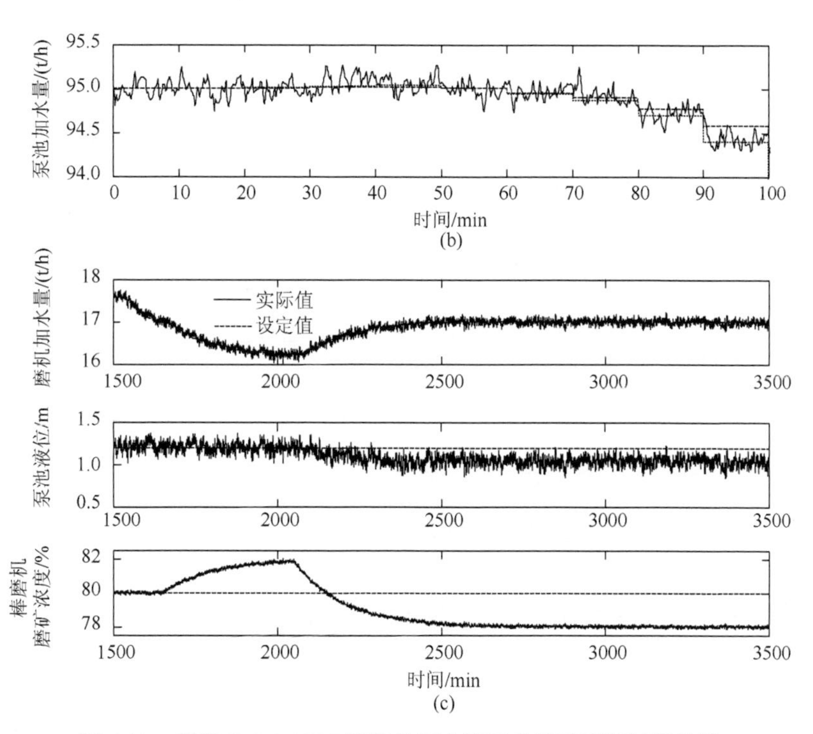

图 4.13 所提 IDOB-MPC 运行控制方法下的磨矿系统运行效果

4.3 基于 MDOB-MPC 的集成运行反馈控制方法及在磨矿过程的仿真实验

经典 DOB 设计方法、文献[30]、[31]针对时滞系统提出的改进 DOB 设计方法以及本书前述针对非最小相位时滞系统提出的改进 IDOB 设计方法的共同问题是这些 DOB 都是针对单变量系统提出和设计的。虽然它们可通过将被控多变量系统的主对角元素与 DOB 构成图 4.14 所示的多回路 DOB 形式来对 MIMO 时滞或非时滞系统的干扰观测问题进行处理[30, 31]。但是由于被控系统的多变量本质，多回路 DOB 组的估计干扰之间互相耦合，这使得这些基于单变量 DOB（single-variable DOB，SDOB）的多变量反馈控制只能获得有限的干扰抑制性能。另外，由于受 SDOB 自身的耦合影响，SDOB-MPC 运行反馈控制系统的设定值跟踪和解耦性能相对于没有 SDOB 的单个 MPC 多变量系统会受到影响。针对上述实际难题，本节将提出一种基于 MIMO 系统近似逆的多变量干扰观测（MDOB）设计方法，并在此基础上提出基于 MDOB-MPC 的集成运行反馈控制方法。

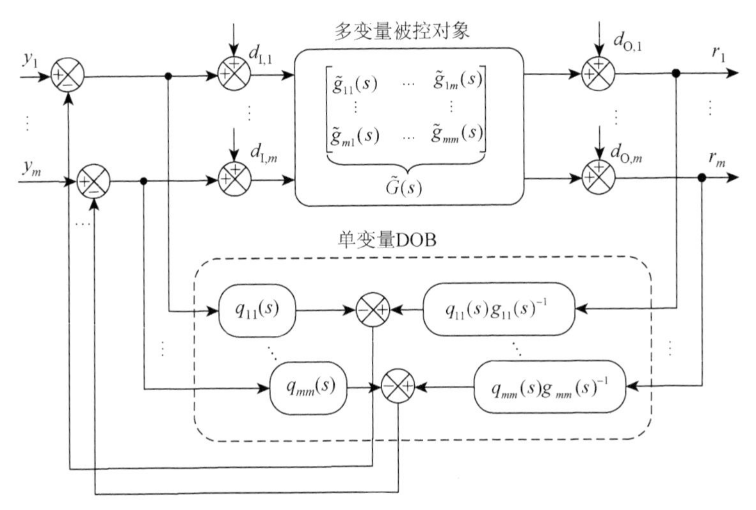

图 4.14　基于单变量 DOB 的多变量系统多回路干扰观测

4.3.1　基于 MIMO 系统近似逆的 MDOB 设计

提出的多变量时滞系统的 MDOB 如图 4.15 所示。图中 $\tilde{G}(s)$、$G(s)$ 分别表示 $m\times m$ 维被控多变量运行过程及其标称模型；$g_{ij}(s)$ 和 $g_{ij0}(s)$ 为严格正则且稳定的传递函数；$g_{ij0}(s)$ 为 $g_{ij}(s)$ 的无时滞部分；$Y(s)=[y_i(s)]_{m\times1}$ 和 $R(s)=[r_i(s)]_{m\times1}$ 分别表示 $\tilde{G}(s)$ 的 m 维输入输出变量；$D_{\rm I}(s)=[d_{{\rm I},i}(s)]_{m\times1}$ 和 $D_{\rm O}(s)=[d_{{\rm O},i}(s)]_{m\times1}$ 为运行过程的 m 维输入输出干扰。

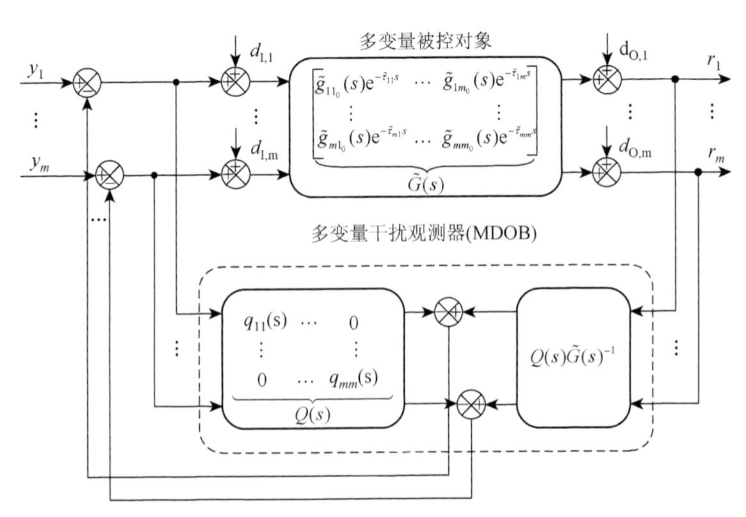

图 4.15　多变量系统的多变量干扰观测器

可以看出 MDOB 就是构成一个围绕未知被控 MIMO 过程：

$$\tilde{G}(s)=\begin{bmatrix} \tilde{g}_{11}(s) & \cdots & \tilde{g}_{1m}(s) \\ \vdots & & \vdots \\ \tilde{g}_{m1}(s) & \cdots & \tilde{g}_{mm}(s) \end{bmatrix}=\begin{bmatrix} \tilde{g}_{11_0}(s)\mathrm{e}^{-\tilde{\tau}_{11}s} & \cdots & \tilde{g}_{1m_0}(s)\mathrm{e}^{-\tilde{\tau}_{1m}s} \\ \vdots & & \vdots \\ \tilde{g}_{m1_0}(s)\mathrm{e}^{-\tilde{\tau}_{m1}s} & \cdots & \tilde{g}_{mm_0}(s)\mathrm{e}^{-\tilde{\tau}_{mm}s} \end{bmatrix}$$

的内环路来抑制多路过程输入干扰 $D_\mathrm{I}(s)=[d_{\mathrm{I},i}(s)]_{m\times 1}$ 和输出干扰 $D_\mathrm{O}(s)=[d_{\mathrm{O},i}(s)]_{m\times 1}$，使得内环路的输入输出特性来近似多变量过程 $\tilde{G}(s)$ 的标称模型：

$$G(s)=\begin{bmatrix} g_{11}(s) & \cdots & g_{1m}(s) \\ \vdots & & \vdots \\ g_{m1}(s) & \cdots & g_{mm}(s) \end{bmatrix}=\begin{bmatrix} g_{11_0}(s)\mathrm{e}^{-\tau_{11}s} & \cdots & g_{1m_0}(s)\mathrm{e}^{-\tau_{1m}s} \\ \vdots & & \vdots \\ g_{m1_0}(s)\mathrm{e}^{-\tilde{\tau}_{m1}s} & \cdots & g_{mm_0}(s)\mathrm{e}^{-\tau_{mm}s} \end{bmatrix} \tag{4.18}$$

MDOB 的性能调节通过在线改变广义滤波器矩阵：

$$Q(s)=\begin{bmatrix} q_{11}(s) & \cdots & 0 \\ \vdots & & \vdots \\ 0 & \cdots & q_{mm}(s) \end{bmatrix} \tag{4.19}$$

的相关参数来实现。

由图 4.15 可以看出，MDOB 的设计基于开环 MIMO 系统 $G(s)$ 的逆 $G(s)^{-1}$。理想情况下，$G(s)^{-1}$ 为如下的形式：

$$G(s)^{-1}=\left[\frac{G^{ji}(s)}{\det(G(s))}\right]_{m\times m} \tag{4.20}$$

式中，$\det(G)$ 为多变量矩阵模型 $G(s)$ 的行列式；$G^{ji}(s)$ 表示 $G(s)$ 中与 $g_{ij}(s)$ 对应的代数余子式，这里假定 $\det(G)\neq 0$。

注意到，对于一个多变量、多输入输出时滞系统 $G(s)$，$G(s)^{-1}$ 通常包含非因果的预测因子和 RHP 不稳定极点。另外，$G(s)^{-1}$ 也可能是非正则系统。这些情况都将造成设计的 MDOB 的不稳定以及无法物理实现。因此，为了使 $G(s)^{-1}$ 稳定并且可物理实现，$G(s)^{-1}$ 必须相乘一些元素来抵消这些预测因子、移除 RHP 极点，并且确保正则性。由于 $Q(s)$ 是 $G(s)^{-1}$ 的左乘因子，因此可以通过对 $Q(s)$ 表达式的合理设置来完成该任务。根据 IMC 理论中的 H_2 最优性能规范[44, 235-237]，采用如下广义滤波器矩阵 $Q(s)$：

$$Q(s)=Q_1(s)Q_2(s)Q_3(s)=\operatorname{diag}\left(q_{ii}(s)\right)_{m\times m} \tag{4.21}$$

式中

$$Q_1(s)=\mathrm{diag}(\mathrm{e}^{-\tau(q_{ii})s})_{m\times m}$$

$$Q_2(s)=\mathrm{diag}\left(\prod_{k=1}^{\eta_z(q_{ii})}\left(\frac{z_k-s}{\overline{z}_k+s}\right)\right)_{m\times m}$$

$$Q_3(s)=\mathrm{diag}\left(\frac{\left[1+\frac{N_{ii}}{1!}(\alpha_{ii}s)+\frac{N_{ii}(N_{ii}-1)}{2!}(\alpha_{ii}s)^2+\cdots+\frac{N_{ii}!}{(N_{ii}-M_{ii})!M_{ii}!}(\alpha_{ii}s)^{M_{ii}}\right]}{(\alpha_{ii}s+1)^{N_{ii}}}\right)_{m\times m}$$

$$=\mathrm{diag}\left(\frac{1}{(\alpha_{ii}s+1)^{N_{ii}}}\sum_{k_{ii}=0}^{M_{ii}}\left(\frac{N_{ii}!}{(N_{ii}-k_{ii})!k_{ii}!}(\alpha_{ii}s)^{k_{ii}}\right)\right)_{m\times m}$$

$Q_1(s)$ 项用于抵消 $G(s)^{-1}$ 中的预测因子；$Q_2(s)$ 用于消除 $G(s)^{-1}$ 的不稳定极点；$Q_3(s)$ 项为低通滤波器；α_{ii} 为可调滤波器时间参数；M_{ii} 和 N_{ii} 分别为 $Q_3(s)$ 的分子分母阶数，满足 $0\leqslant M_{ii}\in\mathbf{Z}$ 以及 $M_{ii}<N_{ii}\in\mathbf{Z}^+$。这里 $Q_3(s)$ 有两个作用，其一是通过选择合理的 M_{ii} 和 N_{ii} 参数来使得 $Q(s)G(s)^{-1}$ 为正则的；其二就是通过在线调节滤波器时间常数 α_{ii} 来获得期望的干扰观测性能。

注 4.10 为了简单起见，$Q_3(s)$ 中的参数 M_{ii} 通常可取值为 M_{ii}=0，这意味着低通滤波器 $Q_3(s)$ 将简化为如下简单形式：

$$Q_3(s)=\mathrm{diag}\left(1/(\alpha_{ii}s+1)^{N_{ii}}\right)_{m\times m}$$

记 $G_{\mathrm{IV}}(s)=Q(s)G(s)^{-1}$，结合式（4.20）和式（4.21）可以得到

$$\begin{aligned}G_{\mathrm{IV}}(s)&=Q(s)G(s)^{-1}\\&=\mathrm{diag}(\mathrm{e}^{-\tau(q_{ii})s})_{m\times m}\times\mathrm{diag}\left(\prod_{k=1}^{\eta_z(q_{ii})}\left(\frac{z_k-s}{\overline{z}_k+s}\right)\right)_{m\times m}\\&\quad\times\mathrm{diag}\left(\frac{1}{(\alpha_{ii}s+1)^{N_{ii}}}\sum_{k_{ii}=0}^{M_{ii}}\left(\frac{N_{ii}!}{(N_{ii}-k_{ii})!k_{ii}!}(\alpha_{ii}s)^{k_{ii}}\right)\right)_{m\times m}\times\frac{\left[G^{ji}(s)\right]_{m\times m}}{\det(G(s))}\end{aligned}\tag{4.22}$$

注意到 $\tau(q_{ii})$ 和 $\eta_z(q_{ii})$ 是 $Q(s)$ 的两个关键参数，其值由运行过程的标称模型 $G(s)$ 的特性决定。为了得到稳定可实现的解耦控制器，新加坡国立大学的 Wang 等在文献[235]中推导了一系列设计方程来建立解耦 IMC 控制开环系统的时间延迟和非最小相位零点的特性刻画。受益于 Wang 的工作，对 MDOB 设计时 $\tau(q_{ii})$ 和 $\eta_z(q_{ii})$ 必须满足的条件进行了类似推导。

定理 4.2 如果多变量时滞过程 $G(s)$ 的逆 $G_{\mathrm{IV}}(s)=Q(s)G(s)^{-1}$ 稳定且物理可实现，那么广义滤波器矩阵 $Q(s)=\mathrm{diag}(q_{ii}(s))_{m\times m}$ 满足

$$\tau(q_{ii}) \geqslant \tau(\det(G)) - \min_{j\in m}\tau(G^{ji}), \quad \forall i \in m \tag{4.23}$$

$$\eta_z(q_{ii}) \geqslant \eta_z(\det(G)) - \min_{j\in m}\eta_z(G^{ji}), \quad \forall i \in m;\ z \in \mathbf{Z}^{+}_{\det(G)} \tag{4.24}$$

证明 由式（4.22）可知

$$g_{\mathrm{IV},ij}(s) = q_{ii}G^{ji}/\det(G) \tag{4.25}$$

如果 $G_{\mathrm{IV}}(s)$ 可实现，那么 $g_{\mathrm{IV},ij}(s)$ 的时滞必须满足

$$\tau\left(g_{\mathrm{IV},ij}(s)\right) = \tau\left(q_{ii}G^{ji}/\det(G)\right) \geqslant 0 \tag{4.26}$$

否则 $G_{\mathrm{IV}}(s)$ 可能包含实际物理系统中不能实现的预测因子。那么根据定义 3.1 以及 $\tau(\cdot)$ 的属性（定义 3.1），由式（4.26）可以得到

$$\begin{aligned} &\tau(q_{ii}) + \tau(G^{ji}) - \tau(\det(G)) \geqslant 0 \\ &\Rightarrow \tau(q_{ii}) \geqslant \tau(\det(G)) - \tau(G^{ji}), \quad \forall i \in m \end{aligned} \tag{4.27}$$

注意到 $\tau(\det(G)) - \min_{j\in m}\tau(G^{ji}) \geqslant \tau(\det(G)) - \tau(G^{ji})$，从而可以选择

$$\tau(q_{ii}) \geqslant \tau(\det(G)) - \min_{j\in m}\tau(G^{ji})$$

使得条件式（4.27）成立。

然后，考虑 $Q(s)$ 的非最小相位零点要求。根据 3.3 节 $\eta_z(\bullet)$ 的定义及特性，一个稳定的 G_{IV}，其非最小相位零点必须满足

$$\eta_z\left(g_{\mathrm{IV},ij}(s)\right) = \eta_z\left(q_{ii}G^{ji}/\det(G)\right) \geqslant 0$$

由此，可以得到

$$\begin{aligned} &\eta_z(q_{ii}) + \eta_z(G^{ji}) - \eta_z(\det(G)) \geqslant 0 \\ &\Rightarrow \eta_z(q_{ii}) \geqslant \eta_z(\det(G)) - \eta_z(G^{ji}), \quad \forall i \in m;\ z \in \mathbf{C}^{+} \end{aligned} \tag{4.28}$$

因此，可以选择 $\eta_z(q_{ii}) \geqslant \eta_z(\det(G)) - \min_{j\in m}\eta_z(G^{ji})$，使得条件式（4.28）成立。

由于 $G(s)$ 稳定，从而 $G^{ji}(s)$ 也稳定。容易得到对于 $\forall i \in m, z \in \mathbf{C}^{+}$，有 $\min_{j\in m}\eta_z(G^{ji}) \geqslant 0$，因此有 $\eta_z(\det(G)) - \min_{j\in m}\eta_z(G^{ji}) \leqslant \eta_z(\det(G))$ 以及

$$\eta_z(\det(G)) - \min_{j\in m}\eta_z(G^{ji}) = \eta_z\left(\frac{\det(G)}{(s-z)^{\min_{j\in m}\eta_z(G^{ji})}}\right) = \eta_z\left(\sum_{j=1}^{m} g_{ij}\left(\frac{G^{ij}}{(s-z)^{\min_{j\in m}\eta_z(G^{ji})}}\right)\right) \geqslant 0$$

从而可以得到 $0 < \eta_z(\det(G)) - \min_{j\in m}\eta_z(G^{ji}) \leqslant \eta_z(\det(G))(\forall i \in m, z \in \mathbf{C}^{+})$。这意味着 $q_{ii}(s)$ 不需要 $z \in \mathbf{Z}^{+}_{\det(G)}$ 之外的其他 RHP 零点，即

$$\eta_z(q_{ii}) \geqslant \eta_z(\det(G)) - \min_{j\in m}\eta_z(G^{ji}), \quad \forall i \in m;\ z \in \mathbf{Z}^{+}_{\det(G)}$$

因此条件式（4.24）得证。

注 4.11　在设计多变量多时滞系统 $G(s)$ 的 MDOB 时，$\det(G)$ 和 G^{ji} 具有如下的复杂高阶多时滞形式：

$$\widehat{\phi}(s)=\sum_{j=1}^{\xi}\left(\left(\sum_{i=0}^{m_j}\widehat{b}_{j,i}s^i\Big/\sum_{i=0}^{n_j}\widehat{a}_{j,i}s^i\right)\mathrm{e}^{-\tau_j s}\right)$$

需要采用 3.1 节所提模型近似方法将其转化为如下的二阶单时滞模型：

$$\phi(s)=\frac{b_2s^2+b_1s+b_0}{a_2s^2+a_1s+1}\mathrm{e}^{-Ls}$$

以便对其提取时滞和非最小相位零点。

注 4.12　式（4.23）和式（4.24）分别表示了 MDOB 对 $Q(s)$ 的时滞和非最小相位零点要求。通常情况下，式（4.23）和式（4.24）中的 $\tau(q_{ii})$ 和 $\eta_z(q_{ii})$ 都可取对应条件式的最小值。

注 4.13　由于 $G_{\mathrm{IV}}(s)$ 不是多变量时滞系统 $G(s)$ 的真实逆，这里将式（4.22）定义的 $G_{\mathrm{IV}}(s)$ 称为多变量多时滞系统 $G(s)$ 的近似逆。

注 4.14　由式（4.20）和式（4.22）可以得到

$$\begin{aligned}G_{\mathrm{IV}}(s)-G(s)^{-1}&=Q(s)G(s)^{-1}-G(s)^{-1}\\&=\mathrm{diag}\left(\frac{\mathrm{e}^{-\tau(q_{ii})s}}{(\alpha_{ii}s+1)^{N_{ii}}}\sum_{k_{ii}=0}^{M_{ii}}\left(\frac{N_{ii}!}{(N_{ii}-k_{ii})!k_{ii}!}(\alpha_{ii}s)^{k_{ii}}\right)\prod_{k=1}^{\eta_z(q_{ii})}\left(\frac{z_k-s}{\overline{z}_k+s}\right)-I\right)G(s)^{-1}\end{aligned}$$

这意味着 $G(s)$ 的近似逆 $G_{\mathrm{IV}}(s)$ 与其理想或者真实逆 $G(s)^{-1}$ 之间的误差由 $Q(s)$ 的设计参数决定。由于 $\tau(q_{ii})$ 和 $\eta_z(q_{ii})$ 通常由式（4.23）和式（4.24）分别决定，N_{ii}、M_{ii} 仅用于确保 $G_{\mathrm{IV}}(s)$ 的正则性，因此 $G_{\mathrm{IV}}(s)$ 与 $G(s)^{-1}$ 的误差很大程度取决于滤波器时间常数 α_{ii} 的数值。

注 4.15　$Q(s)$ 中可调参数 α_{ii} 是非常重要的参数，其调节应考虑系统干扰抑制性能和鲁棒性能之间的权衡。较小的 α_{ii} 可以加快干扰抑制速度，但会折损系统的鲁棒性能，且造成 R 和 Y^* 对测量噪声敏感。另外，过小的 α_{ii} 还会造成系统的不稳定。实际工程中，要求控制系统具有较好的鲁棒性能以处理实际存在的各种干扰和不确定动态。因此，在设计实际的 MDOB 以及相应控制系统时，建议选择相对大的可调参数 α_{ii}。

4.3.2　基于 MDOB-MPC 的集成运行反馈控制设计及性能分析

1. 实现结构

基于提出的多变量干扰观测器结构，提出了图 4.16 所示的具有一般意义的基于 MDOB-MPC 的工业过程集成运行反馈控制结构。相对于图 4.6 的基于 IDOB-MPC 运行反馈控制结构，其区别在于图 4.16 中的 DOB 为多变量干扰观测器。同样，上层稳态优化根据特定的经济性能指标计算出稳态最优运行点 $R^*=[r_1^*,\cdots,r_m^*]$，并将其传递给 MPC 动态优化层。MPC 动态优化就是通过最小化如下的性能函数：

$$\min_{\Delta Y_0^*(t)\cdots\Delta Y_0^*(t+N_C-1)} J=\sum_{j=0}^{N_P}\left(\Delta R(t+j)^{\mathrm{T}}W_R\Delta R(t+j)\right)+\sum_{j=0}^{N_C-1}\left(\Delta Y_0^*(t+j)^{\mathrm{T}}W_Y\Delta Y_0^*(t+j)\right)$$

计算出基础反馈控制系统各控制回路的预设定值 Y_0^*，并下达给底层基础控制回路。基础反馈控制系统跟踪该设定值从而迫使被控过程运行在指定工作点。如果没有过程干扰和过程不确定动态，基础反馈控制系统将一直保持之前的设定值。否则，MDOB 将会及时响应干扰和不确定动态，产生基础控制系统设定值 Y^* 的补偿增量 Y_Δ^*。随着基础控制系统跟踪其修改后的设定值，逐渐消除过程干扰和不确定动态，获得期望的运行控制指标和最优经济性能。

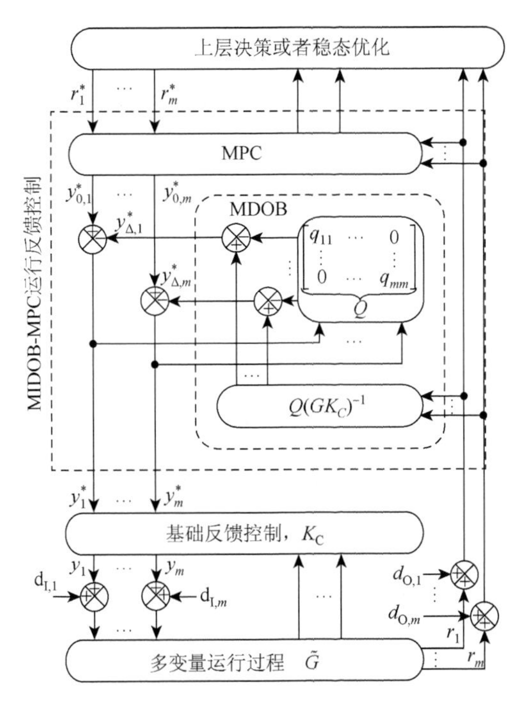

图 4.16 基于 MDOB-MPC 的运行反馈控制策略

注 4.16 图 4.17 为图 4.16 所示的 MDOB-MPC 运行反馈控制结构的多变量干扰观测器的详细结构。可以看出，这里的被控对象为被控运行过程与基础反馈控制系统构成广义被控对象，因此图 4.17 中的 MDOB 是图 4.15 所示结构在运行反馈控制层的扩展。

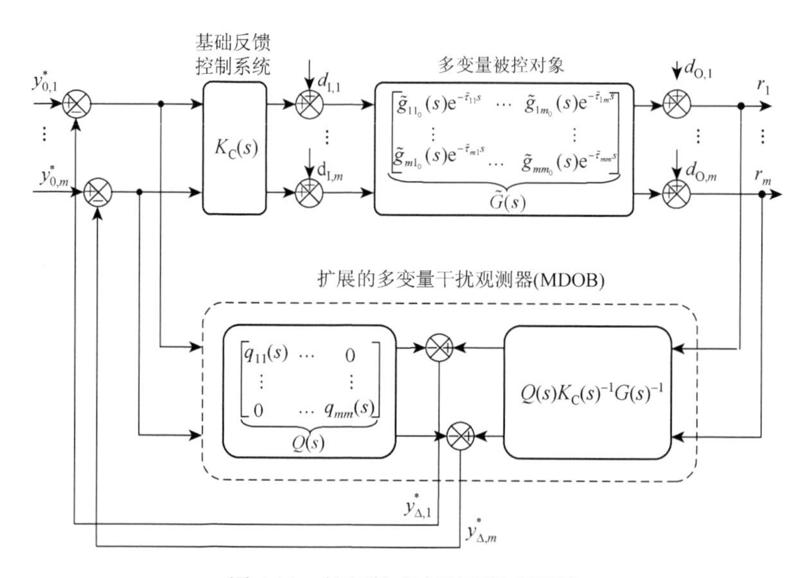

图 4.17　扩展的多变量干扰观测器

定理 4.3 如果图 4.16 所示扩展多变量干扰观测器稳定且可物理实现，那么广义滤波器 $Q(s)=\mathrm{diag}(q_{ii}(s))_{m\times m}$ 满足

$$\tau(q_{ii})\geqslant\tau(\det(G))+\tau(k_{\mathrm{C},ii})-\min_{j\in m}\tau(G^{ji}),\quad\forall i\in m \tag{4.29}$$

$$\eta_z(q_{ii})\geqslant\eta_z(\det(G))+\eta_z(k_{\mathrm{C},ii})-\min_{j\in m}\eta_z(G^{ji}),\quad\forall i\in m;z\in\mathbf{Z}^+_{k_{\mathrm{C},ii}\det(G)} \tag{4.30}$$

证明 与定理 4.2 类似，为了节省篇幅这里省略。

2. 性能分析

采用类似于 4.2 节的性能分析方法，同样给出图 4.16 所示的 MDOB-MPC 集成运行反馈控制结构的一个等价结构，如图 4.18 所示。同样，输入干扰 $D_{\mathrm{I}}(s)$ 以及 DOB 的输出 $Y_{\Delta}^*(s)$ 均被转化为系统输出干扰；运行过程 $\tilde{G}(s)$ 与基础控制系统 $\tilde{K}_{\mathrm{C}}(s)$ 的不确定性被等价转化为标称系统 $G(s)$ 的输出干扰 $D_{\Delta}(s)$；$D_{\Sigma}(s)=D_{\mathrm{O}}(s)+D_{\Delta}(s)+\hat{D}_{\mathrm{I}}(s)$ 为所有加到运行过程输出干扰效应的综合，而 $\hat{D}_{\mathrm{E}}(s)$ 为干扰 $D_{\Sigma}(s)$ 的估计，

$\Delta D(s)$ 为干扰估计或抑制的误差。

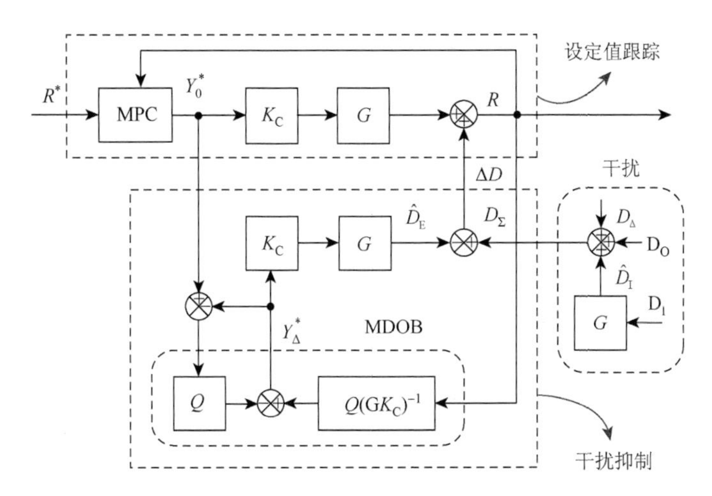

图 4.18 MDOB-MPC 集成运行反馈控制的等价框图

定理 4.4 如果假设 4.2 满足，那么 MDOB-MPC 集成运行反馈控制满足

$$\lim_{s\to 0} R(s)=\lim_{s\to 0}\left(G(s)K_C(s)Y_0^*(s)\right) \tag{4.31}$$

$$\lim_{s\to \infty} R(s)=\lim_{s\to \infty}\left(D_\Sigma(s)+G(s)K_C(s)Y_0^*(s)\right) \tag{4.32}$$

证明 由图 4.18 可得

$$\begin{cases} Y_\Delta^*(s)=Q(s)\left(G(s)K_C(s)\right)^{-1}R(s)-Q(s)\left(Y_0^*(s)-Y_\Delta^*(s)\right) \\ R(s)=D_\Sigma(s)+G(s)K_C(s)\left(Y_0^*(s)-Y_\Delta^*(s)\right) \end{cases} \tag{4.33}$$

即

$$\begin{cases} Y_\Delta^*(s)=Q(s)K_C(s)^{-1}G(s)^{-1}D_\Sigma(s) \\ R(s)=\left(I-G(s)K_C(s)Q(s)K_C(s)^{-1}G(s)^{-1}\right)D_\Sigma(s)+G(s)K_C(s)Y_0^*(s) \end{cases} \tag{4.34}$$

因此有

$$\begin{aligned} \lim_{s\to 0} R(s)=&\lim_{s\to 0}\left(I-G(s)K_C(s)Q(s)K_C(s)^{-1}G(s)^{-1}\right)\lim_{s\to 0} D_\Sigma(s) \\ &+\lim_{s\to 0}\left(G(s)K_C(s)Y_0^*(s)\right) \end{aligned} \tag{4.35}$$

注意到

$$\lim_{s\to 0} Q(s)=\lim_{s\to 0}\operatorname{diag}\left(\mathrm{e}^{-\tau(q_{ii})s}\times\prod_{k=1}^{\eta_z(q_{ii})}\left(\frac{z_k-s}{\overline{z}_k+s}\right)\right)_{m\times m}$$

$$\times\lim_{s\to 0}\operatorname{diag}\left(\frac{\left[1+\frac{N_{ii}}{1!}(\alpha_{ii}s)+\frac{N_{ii}(N_{ii}-1)}{2!}(\alpha_{ii}s)^2+\cdots+\frac{N_{ii}!}{(N_{ii}-M_{ii})!M_{ii}!}(\alpha_{ii}s)^{M_{ii}}\right]}{(\alpha_{ii}s+1)^{N_{ii}}}\right)$$

$$=I_{m\times m}$$

以及 $D_\Sigma(s)$ 有界，从而可进一步得到

$$\begin{aligned}\lim_{s\to 0}R(s)&=\lim_{s\to 0}0\times\lim_{s\to 0}D_\Sigma(s)+\lim_{s\to 0}\left(G(s)K_{\mathrm{C}}(s)Y_0^*(s)\right)\\&=\lim_{s\to 0}\left(G(s)K_{\mathrm{C}}(s)Y_0^*(s)\right)\end{aligned}$$

故式（4.31）得证。同理，注意到

$$\begin{cases}\lim\limits_{s\to\infty}Q(s)=\lim\limits_{s\to\infty}\operatorname{diag}\left(\mathrm{e}^{-\tau(q_{ii})s}\times\prod\limits_{k=1}^{\eta_z(q_{ii})}\left(\dfrac{z_k-s}{\bar{z}_k+s}\right)\right)_{m\times m}\\ \qquad\times\lim\limits_{s\to\infty}\operatorname{diag}\left(\dfrac{\left[1+\frac{N_{ii}}{1!}(\alpha_{ii}s)+\frac{N_{ii}(N_{ii}-1)}{2!}(\alpha_{ii}s)^2+\cdots+\frac{N_{ii}!}{(N_{ii}-M_{ii})!M_{ii}!}(\alpha_{ii}s)^{M_{ii}}\right]}{(\alpha_{ii}s+1)^{N_{ii}}}\right)\\ \qquad=0_{m\times m}\\ \lim\limits_{s\to\infty}\left(I-Q(s)\right)=I_{m\times m}\end{cases}$$

从而式（4.32）也可容易得到。

注 4.17 由式（4.32）可推出

$$\begin{aligned}\Delta D(s)&=D_\Sigma(s)-G(s)K_{\mathrm{C}}(s)Y_\Delta^*(s)\\&=D_\Sigma(s)-G(s)K_{\mathrm{C}}(s)Q(s)K_{\mathrm{C}}(s)^{-1}G(s)^{-1}D_\Sigma(s)\\&=G(s)K_{\mathrm{C}}(s)\left(I-Q(s)\right)K_{\mathrm{C}}(s)^{-1}G(s)^{-1}D_\Sigma(s)\end{aligned}\tag{4.36}$$

这意味着干扰抑制误差 $\Delta D(s)$ 受控于 $Q(s)$，由于 $Q(s)$ 的形式固定，其关键设计参数 $\tau(q_{ii})$ 和 $\eta_z(q_{ii})$ 分别由式（4.29）和式（4.30）确定，且 N_{ii}、M_{ii} 参数值的选择仅用于保证表达式 $Q(s)\left(G(s)K_{\mathrm{C}}(s)\right)^{-1}$ 的正则性，因此 $\Delta D(s)$ 的大小在很大程度取决于广义滤波器的可调时间参数 α_{ii} 的取值。

推论 4.1 如果假设 4.2 成立，那么 MDOB-MPC 集成运行反馈控制系统的干扰估计误差具有零稳态特性，即

$$\lim_{s\to 0}\Delta D(s)=0_{m\times 1}\tag{4.37}$$

证明 由图 4.17 可以得到 $R(s)=\Delta D(s)+G(s)K_{\mathrm{C}}(s)Y_0^*(s)$，进一步有

$$\lim_{s\to 0}R(s)=\lim_{s\to 0}\Delta D(s)+\lim_{s\to 0}G(s)K_{\mathrm{C}}(s)Y_0^*(s)\tag{4.38}$$

结合式（4.31）与式（4.38）即可得到式（4.37）。

注 4.18 注意到大部分实际系统都在低频段工作，因此式（4.31）或式（4.36）表明受益于基于 MDOB 的工业过程运行先进反馈控制，各种干扰作用下的不确定动态运行过程的稳态行为与标称系统（无干扰、无不确定动态）一致。换句话说，MDOB 的引入大大加强了系统的干扰抑制性能以及鲁棒性能。另外，式（4.32）表明提出的 MDOB-MPC 多变量运行反馈控制能够确保系统在高频段类似于开环系统，这有助于在实际工程中过滤掉高频的测量噪声。

定理 4.5 对于 4.2 节所提的 IDOB-MPC 集成运行反馈控制，如图 4.6 所示，若假设条件 4.2 满足，那么可以得到

$$\lim_{s\to 0}\Delta D(s)=-\lim_{s\to 0}\left\{G(s)K_{\mathrm{C}}(s)-\mathrm{diag}\left(k_{\mathrm{c},ii}(s)g_{ii}(s)\right)\right\}Y_0^*(s) \tag{4.39}$$

证明 由图 4.7 可以得到 $\Delta D(s)=R(s)-G(s)K_{\mathrm{C}}(s)Y_0^*(s)$，即

$$\lim_{s\to 0}\Delta D(s)=\lim_{s\to 0}R(s)-\lim_{s\to 0}\left\{G(s)K_{\mathrm{C}}(s)Y_0^*(s)\right\} \tag{4.40}$$

根据定理 4.1 有

$$\lim_{s\to 0}R(s)=\lim_{s\to 0}\left(\mathrm{diag}\left(k_{\mathrm{c},ii}(s)g_{ii}(s)\right)Y_0^*(s)\right)$$

代入式（4.40），即有式（4.39）。

注 4.19 式（4.39）表明基于 IDOB-MPC 的运行反馈控制系统的干扰抑制性能受多变量 MPC 反馈控制解耦性能的影响。

定理 4.6 如果 $D_{\Sigma}=0$，那么 MDOB-MPC 运行反馈控制系统的输出满足

$$R(s)=G(s)K_{\mathrm{C}}(s)Y_0^*(s) \tag{4.41}$$

而基于 IDOB-MPC 的运行反馈控制（图 4.7），其输出仅具有如下特性：

$$R(s)=G(s)K_{\mathrm{C}}(s)\times\begin{bmatrix}1 & \cdots & \dfrac{k_{\mathrm{c},mm}(s)q_{11}(s)g_{1m}(s)}{k_{\mathrm{c},11}(s)g_{11}(s)}\\ \vdots & & \vdots\\ \dfrac{k_{\mathrm{c},11}(s)q_{mm}(s)g_{m1}(s)}{k_{\mathrm{c},mm}(s)g_{mm}(s)} & \cdots & 1\end{bmatrix}^{-1}Y_0^*(s) \tag{4.42}$$

证明 对于提出的基于 MDOB-MPC 集成运行反馈控制，由式（4.41）可得

$$R(s)=G(s)K_{\mathrm{C}}(s)Y_0^*(s)+\left(I-G(s)K_{\mathrm{C}}(s)Q(s)K_{\mathrm{C}}(s)^{-1}G(s)^{-1}\right)D_{\Sigma}(s)$$

因为 $D_{\Sigma}=0$，那么就有式（4.41）的 $R(s)=G(s)K_{\mathrm{C}}(s)Y_0^*(s)$ 成立。

对于基于 IDOB-MPC 的运行反馈控制，由式（4.6）有

$$R(s)=G(s)K_{\mathrm{C}}(s)\Theta(s)^{-1}Y_0^*(s)+\left\{I-G(s)K_{\mathrm{C}}(s)\Theta(s)^{-1}\operatorname{diag}\left(q_{ii}(s)k_{\mathrm{c},ii}^{-1}(s)g_{ii}^{-1}(s)\right)\right\}D_{\Sigma}(s)$$

由于 $D_{\Sigma}=0$，并且根据式（4.8）有

$$\Theta(s)=\begin{bmatrix} 1 & \cdots & \dfrac{k_{\mathrm{c},mm}(s)q_{11}(s)g_{1m}(s)}{k_{\mathrm{c},11}(s)g_{11}(s)} \\ \vdots & & \vdots \\ \dfrac{k_{\mathrm{c},11}(s)q_{mm}(s)g_{m1}(s)}{k_{\mathrm{c},mm}(s)g_{mm}(s)} & \cdots & 1 \end{bmatrix}$$

从而式（4.42）可由上述两式联立求得。

注 4.20 式（4.41）表明如果没有过程干扰和模型失配，那么 MDOB-MPC 集成运行反馈控制与没有 DOB 的单 MPC 控制的设定值跟踪性能一样，即 MDOB 的引入不会改变原有 MPC 的设定值跟踪和解耦性能。而式（4.42）意味着尽管没有过程干扰和模型失配，IDOB 的引入仍然对原有 MPC 运行反馈控制的设定跟踪和解耦性能造成影响。

4.3.3 基于 MDOB-MPC 的磨矿过程集成运行反馈控制设计及仿真比较

将 MDOB-MPC 集成运行反馈控制应用于图 3.14 所示一段棒磨开路、二段球磨机-水力旋流器闭路的国际通用磨矿回路对象。仿真过程中，上层稳态优化器与 3.3 节相同，MPC 动态优化控制器的设计与 4.2 节基于 IDOB-MPC 的磨矿过程运行反馈控制相同，不同的是其中的 DOB 在这里选用了本节提出的扩展 MDOB。根据前面得到的磨矿过程运行控制模型以及基础反馈控制系统设计模型，可以得到式（4.43）所示的广义运行过程模型：

$$G(s)K_{\mathrm{C}}(s)=\begin{bmatrix} \dfrac{(2.2s-1)\mathrm{e}^{-9s}}{(24s^2+21.2s+1)(3s+2\mathrm{e}^{-0.5s})} & \dfrac{(7.98s+0.114)\mathrm{e}^{-1.5s}}{30.6s^3+80s^2+38.6s+2} \\ \dfrac{5.34\mathrm{e}^{-6.5s}}{(28s^2+16s+1)(3s+2\mathrm{e}^{-0.5s})} & \dfrac{(-8.736s+1.82)\mathrm{e}^{-0.8s}}{7.92s^3+20.2s^2+12.6s+2} \end{bmatrix} \tag{4.43}$$

采用提出的 MDOB 设计公式，即可求得

$$B_{\mathrm{IVE}}(s)=Q(s)\left(G(s)K_{\mathrm{C}}(s)\right)^{-1}=\begin{bmatrix} b_{\mathrm{IVE},11}(s) & b_{\mathrm{IVE},12}(s) \\ b_{\mathrm{IVE},21}(s) & b_{\mathrm{IVE},22}(s) \end{bmatrix}$$

式中，$B_{\mathrm{IVE}}(s)$ 中每一个元素的具体表达式如下：

$$b_{\mathrm{IVE},11}(s)=\frac{(-4.368s+0.91)(1.5s+\mathrm{e}^{-0.5s})}{\Omega(7.92s^2+5.8s+1)(\alpha_{11}s+1)^{N_{11}}},\quad b_{\mathrm{IVE},12}(s)=\frac{(3.99s+0.057)(1.5s+\mathrm{e}^{-0.5s})\mathrm{e}^{-0.7s}}{\Omega(30.6s^2+18.8s+1)(\alpha_{11}s+1)^{N_{11}}}$$

$$b_{\mathrm{IVE},21}(s)=\frac{2.67(-4.8s+1)(0.5s+1)}{\varOmega(28s^2+16s+1)(\alpha_{22}s+1)^{N_{22}}},\quad b_{\mathrm{D},22}(s)=\frac{(1.1s-0.5)(0.5s+1)\mathrm{e}^{-2.5s}}{\Omega(24s^2+21.2s+1)(\alpha_{22}s+1)^{N_{22}}}$$

$$\varOmega=\frac{106.4289s^2+18.2162s+1}{0.1557s^2+0.1632s+0.6072}$$

由于 MDOB 具有可调参数α_{11}、α_{22}。因此，首先通过仿真实验来探讨α_{11}和α_{22}如何影响运行控制系统的控制性能。图 4.19 所示为N_{11}、N_{22}一定的条件下，不同α_{11}、α_{22}取值下的系统干扰抑制性能。可以看出，较小的α_{11}、α_{22}取值可以加快系统的干扰抑制速度，但过小的α_{11}、α_{22}造成r_1、r_2和y_1^*、y_2^*抖动的动态响应，甚至不稳定，并且对测量噪声敏感。相反，增加α_{11}、α_{22}的取值，虽然会减缓系统的干扰抑制速度，但增加了系统的鲁棒性能。这在实际工程中有利于保持系统的稳定性能。在具体工程实施时，一般应选取较为保守的 DOB 可调参数值。这个仿真实验也说明可调参数α_{ii}的调节应考虑系统干扰抑制性能和鲁棒性之间的权衡。

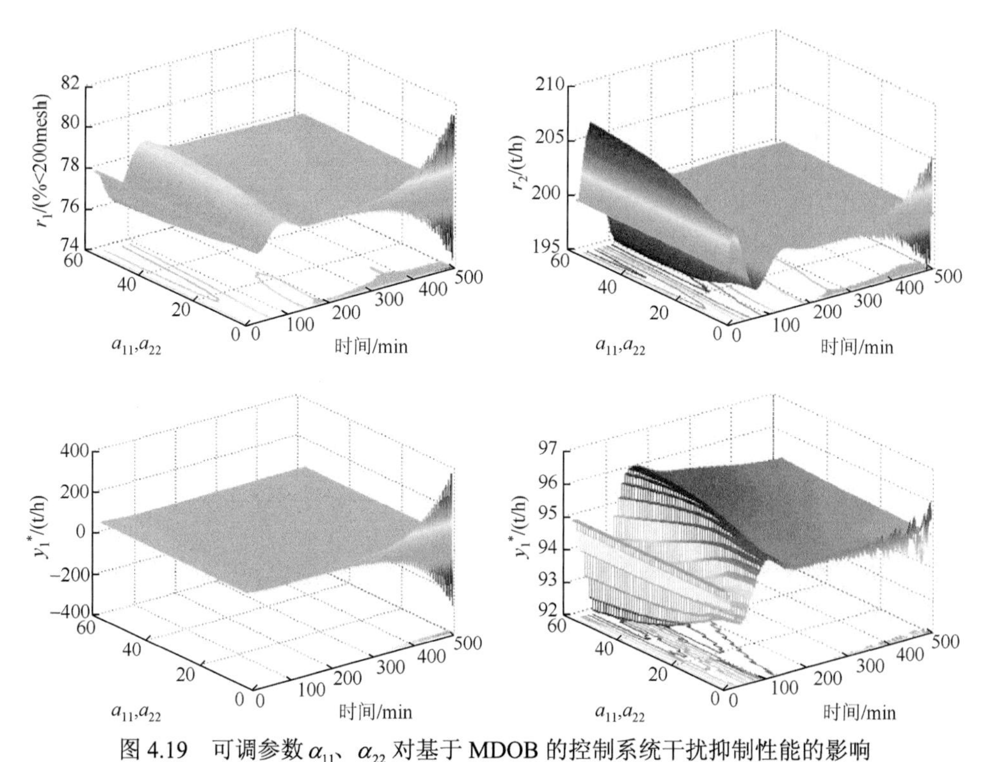

图 4.19 可调参数α_{11}、α_{22}对基于 MDOB 的控制系统干扰抑制性能的影响

负载干扰 10/(50s+1)在 t=50 min 时加入到系统输入通道 y_1，α_{11}、α_{22}同时从 4 到 57 进行取值

然后，给出几个仿真比较来说明所提 MDOB 的有效性及先进性。图 4.20～图 4.23 分别为输入通道 y_1 混入带有测量噪声的方波干扰、输入通道 y_2 混入带有测量噪声的斜坡型干扰、输出通道 r_1 混入带有测量噪声的斜坡型干扰、输出通道 r_2 混入带有测量噪声的方波型干扰时 MODB、SDOB（这里指提出的 IDOB）以及 MPC 的干扰估计和干扰抑制性能。其中每个图的图(a)表示实际的干扰以及对它的估计，而图(b)表示不同策略下的磨矿产品粒度 r_1 和循环负荷 r_2 的动态响应图。

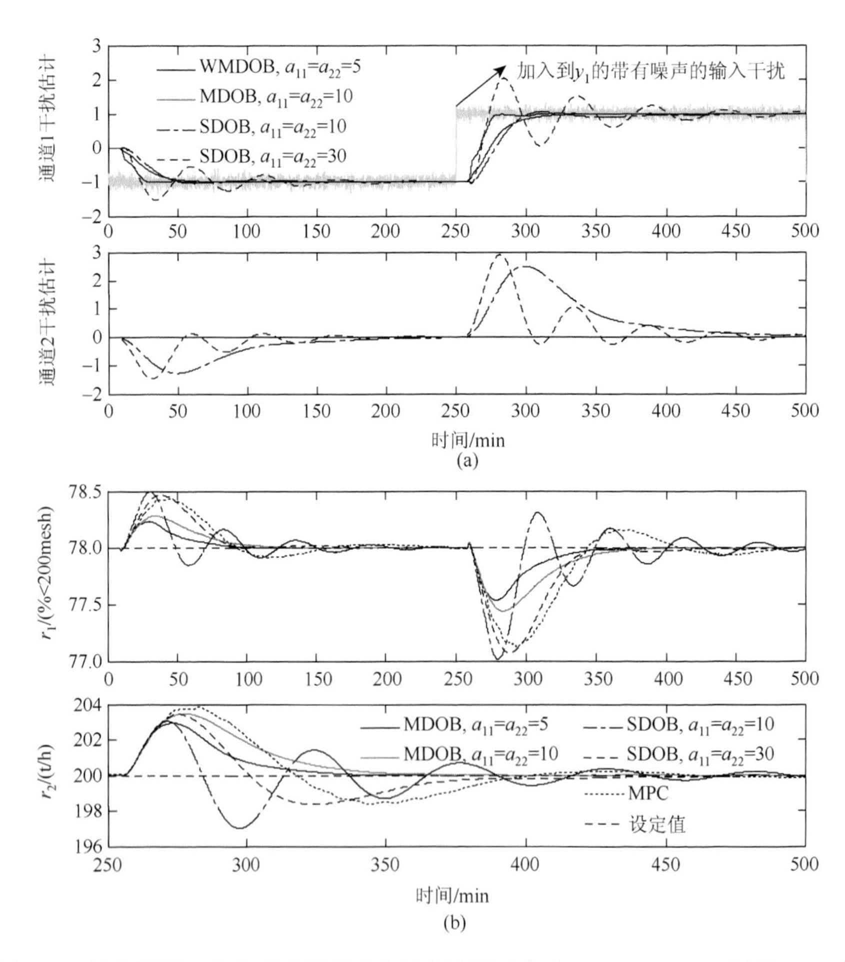

图 4.20　输入通道 y_1 混入带有测量噪声的方波型干扰时 MODB、SDOB 以及 MPC 的干扰估计和干扰抑制性能

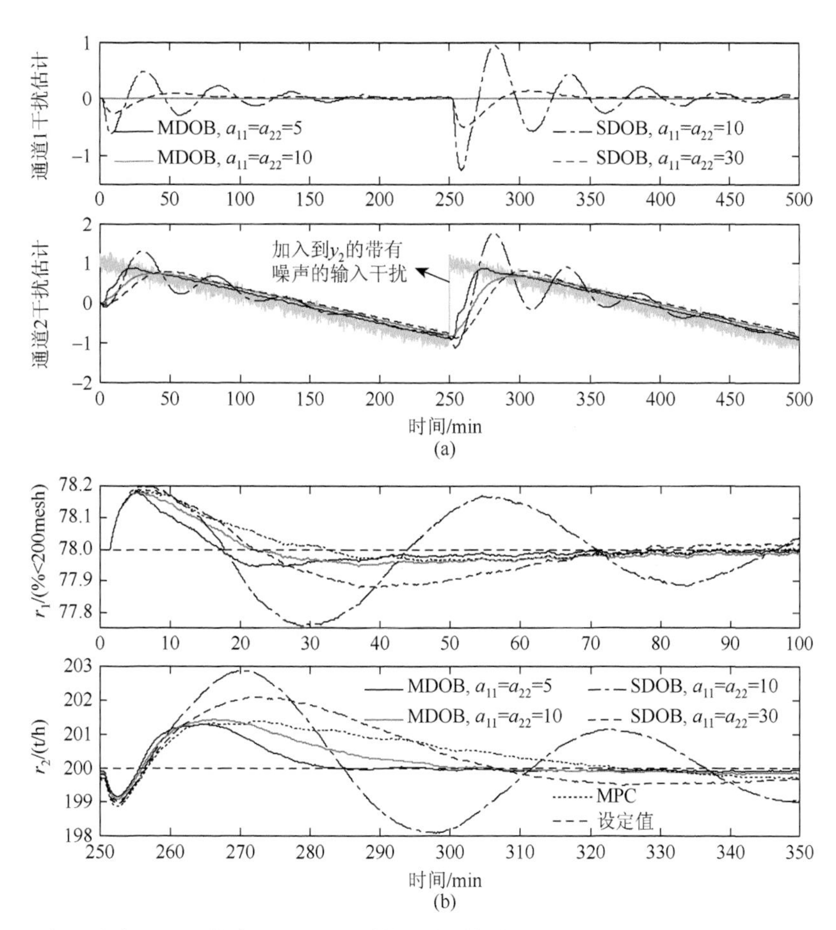

图 4.21 输入通道 y_2 混入带有测量噪声的斜坡型干扰时 MODB、SDOB 以及 MPC 的干扰估计和干扰抑制性能

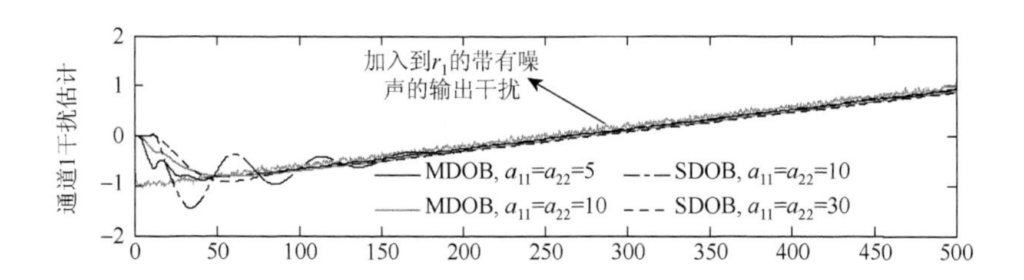

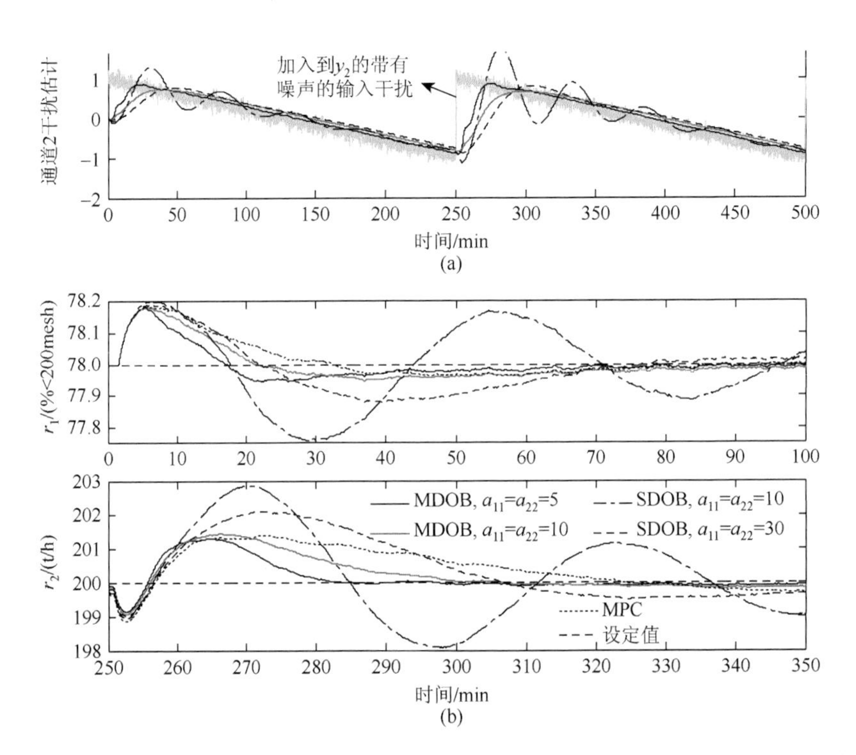

图 4.22 输出通道 r_1 混入带有测量噪声的斜坡型干扰时 MODB、SDOB 以及 MPC 的干扰估计和干扰抑制性能

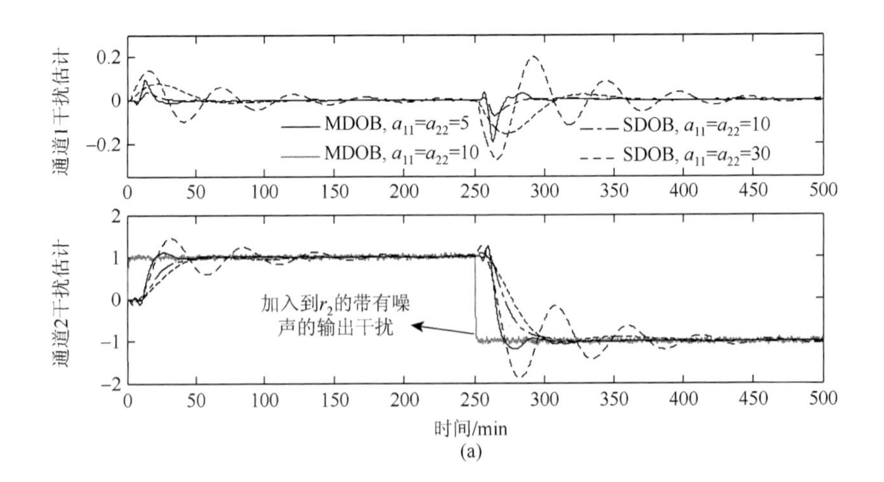

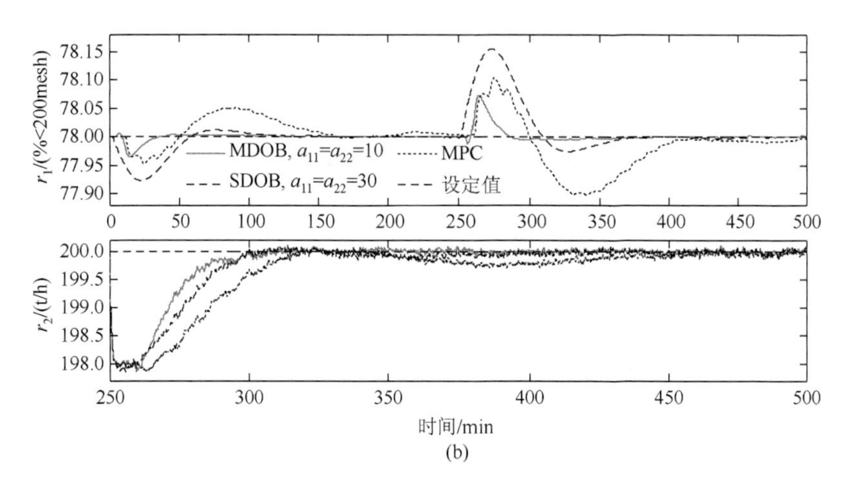

图 4.23 输出通道 r_2 混入带有测量噪声的方波型干扰时 MODB、SDOB 以及 MPC 的干扰估计和干扰抑制性能

可以看出，MDOB 的干扰估计性能要远好于 SODB 的干扰估计性能，除了高频的测量噪声，MDOB 在干扰通道的干扰估计与实际干扰是一致的，而在非干扰通道（无干扰的通道）的干扰估计几乎是零，这在输入干扰的情况尤其突出。这也说明 MDOB 的使得干扰通道的外部干扰不能影响非干扰通道中的参数，即 MDOB 不但具有优越的干扰估计性能，还具有良好的干扰解耦性能，这是常规 SDOB 以及 IDOB 都无法比拟的。正是由于 MDOB 良好的干扰估计和干扰解耦性能，其对干扰抑制的能力尤其突出。从图 4.20～图 4.23 中图 (b) 明显看出，MDOB 对干扰抑制的速度和强度均远好于 SDOB 以及单个 MPC 反馈控制器。

然后，对磨矿过程 MDOB-MPC、SDOB-MPC、MPC 三种运行反馈控制下的闭环响应运行效果进行了仿真实验，仿真效果如图 4.24 所示。可以看出，MDOB-MPC 集成运行反馈控制的干扰抑制性能依然很好，SDOB-MPC 的干扰抑制性能虽然较之 MDOB-MPC 差，但还是要好于单个 MPC 控制。另外，特别要指出的是当运行磨矿系统只有运行指标设定值 r_1^*、r_2^* 变化时，MDOB-MPC 控制下的实际运行指标 r_1、r_2 以及回路设定值 y_1^*、y_2^* 动态响应的形状与单个 MPC 控制下的响应形状几乎一样。这说明，MDOB 的引入没有影响原 MPC 控制的设定值跟踪和解耦性能。但是，SDOB-MPC 运行反馈控制策略不具有这个特性，其干扰抑制性能虽然好于单个 MPC 运行反馈控制，但是破坏了 MPC 系统的设定值跟踪和解耦性能。

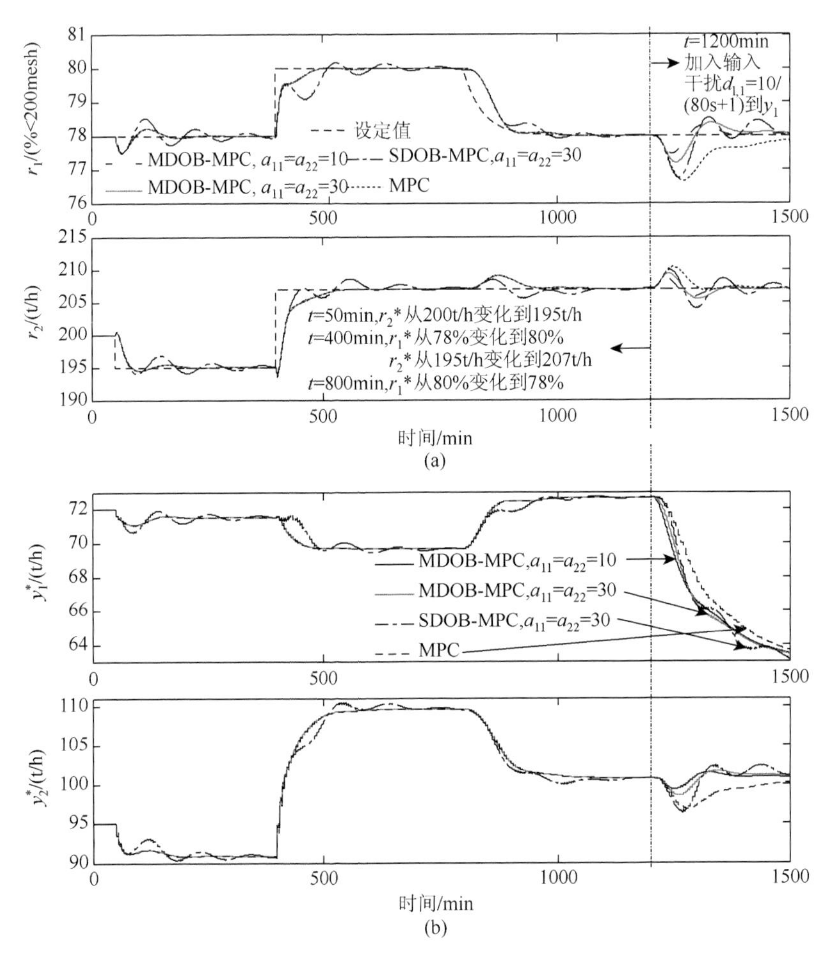

图 4.24　磨矿过程 MDOB-MPC、SDOB-MPC、MPC 三种运行反馈控制作用下的闭环响应效果

最后，对基于 MDOB-MPC 的磨矿过程集成运行反馈控制方法的整体运行控制性能进行仿真及评估。考虑到由于过程固有的惯性和时滞特性，进入稳态的基础反馈控制系统在其设定值改变时需要经历一定的时间达到新的稳态，因此将底层基础反馈控制设定值的更新频率设置为 10min 一次。另外，考虑到磨矿运行指标检测的采样频率要远慢于底层基础控制系统各过程参数的采样频率。因此，仿真实验时用零阶保持器将它们的采样频率分别固定为 2min 和 0.1min。

图 4.25 为 MDOB-MPC 集成运行反馈控制、传统单个 MPC 运行反馈控制

以及第 3 章提出的扩展 2-DOF 解耦的运行反馈控制作用下的磨矿系统运行控制曲线（其中，图 4.25(a)为不同控制方法下的运行指标的运行曲线，图 4.25(b)为不同控制方法下的基础反馈控制系统设定值的变化曲线以及实际响应曲线，图 4.25(c)为 MDOB-MPC 集成运行反馈控制下的磨机给水、磨矿浓度以及泵池液位等变量的运行曲线）。稳态优化给出的磨矿系统的初始运行工作点为 $\{r_1^*=77\%,\ r_2^*=210\text{t/h}\}$，该工作点对应的基础反馈控制系统的设定值为 $\{y_1^*=72\text{t/h},\ y_2^*=95\text{t/h}\}$。在 t=1250 min 时刻，上层稳态优化由于生产运行条件以及约束条件的变化，通过重新优化计算，给出磨矿系统运行的新的工作点为 $\{r_1^*=78\%,\ r_2^*=205.5\ \text{t/h}\}$。

由图 4.25 可以看出，当磨矿过程 r_1^*、r_2^* 改变时，MDOB-MPC 集成运行控制系统能够对基础控制设定值进行自动更新使得磨矿系统快速进入新的工作点。为了模仿原矿石硬度和矿粒大小的波动等外部干扰以及相关关键过程参数的波动对磨矿系统运行的影响，仿真实验中将几路不同的负载干扰在不同时间混入磨矿系统。从图 4.25 中可以观察到 MDOB-MPC 控制下的磨矿过程能够对这些干扰进行快速抑制，并且其控制效果远好于传统单个 MPC 运行反馈控制时的效果。相对于第 3 章提出的基于改进 2-DOF 解耦的运行反馈控制方法，基于 MDOB-MPC 的集成运行反馈控制方法虽然在解耦性能方面稍逊（这是因为 MDOB-MPC 混合反馈控制系统的解耦性能主要取决于 MPC 控制器的解耦性能），但是在干扰抑制能力以及系统的整体运行性能方面要好于基于改进 2-DOF 解耦的运行反馈控制方法。另外，对磨矿过程在改进 2-DOF 解耦运行反馈控制和传统单个 MPC 运行反馈控制时的控制效果进行比较，可以看出基于改进 2-DOF 解耦的磨矿过程运行反馈控制方法在设定值跟踪、解耦以及干扰抑制方面均要好于传统基于 MPC 的运行反馈控制方法。

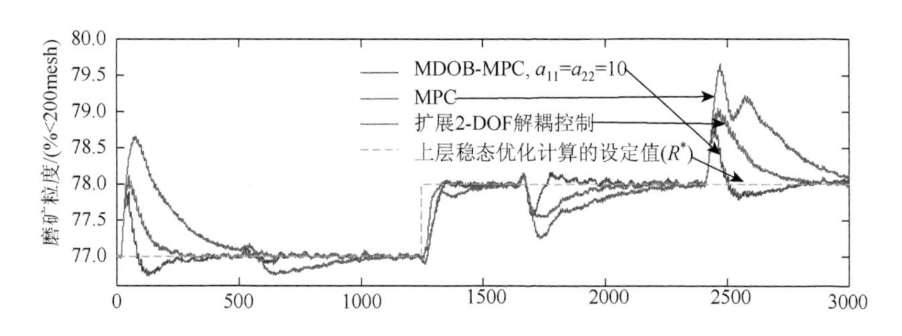

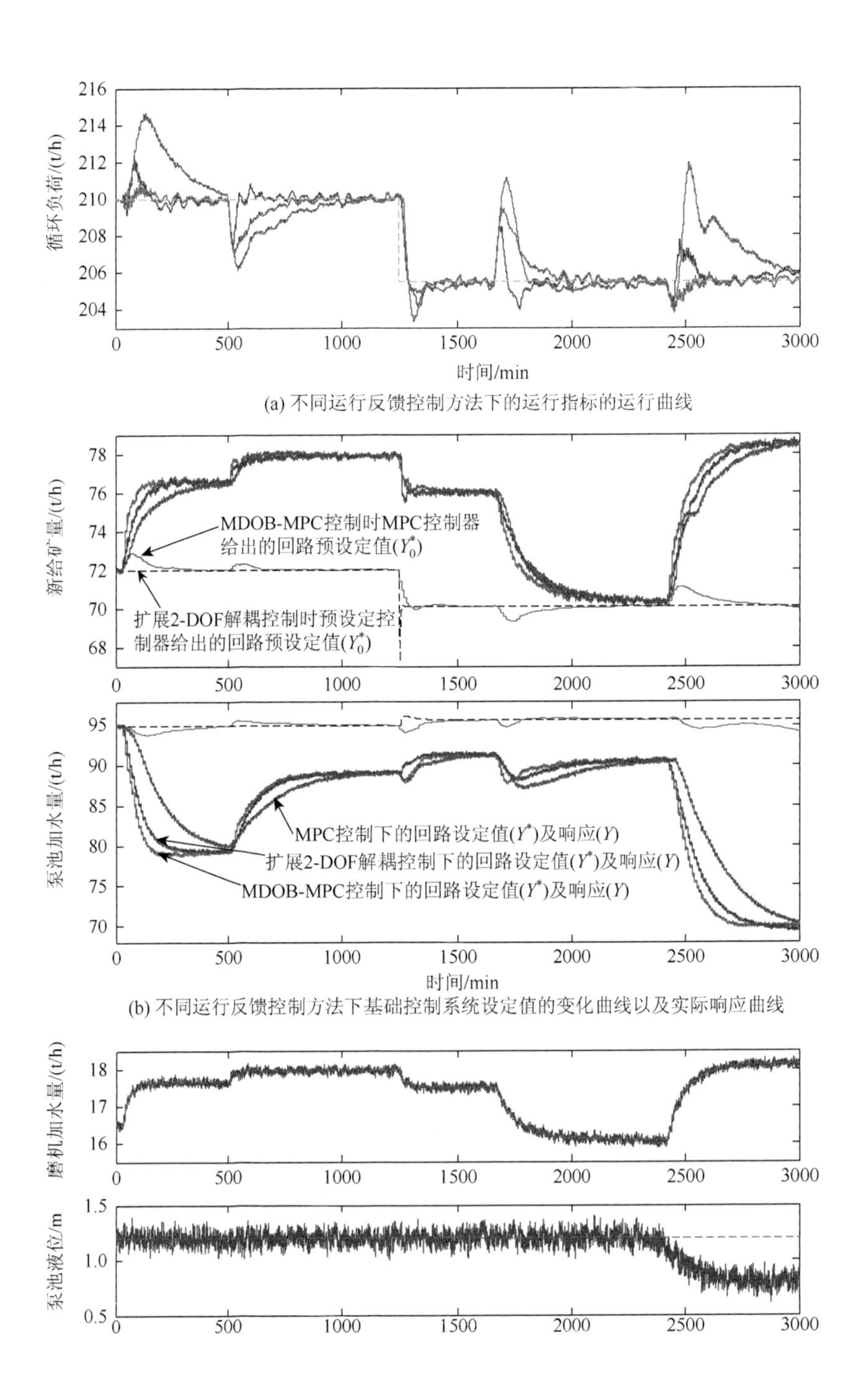

(a) 不同运行反馈控制方法下的运行指标的运行曲线

(b) 不同运行反馈控制方法下基础控制系统设定值的变化曲线以及实际响应曲线

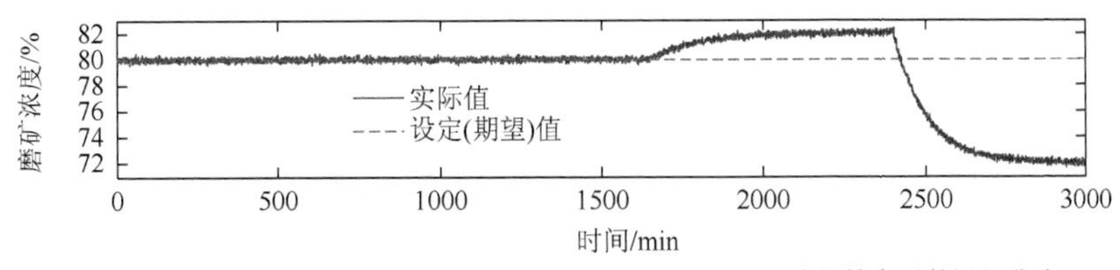

(c) 本地控制回路的磨机给水、磨矿浓度以及泵池液位等变量的运行曲线

图 4.25 MDOB-MPC 运行反馈控制下的磨矿过程运行性能

本实验表明 MDOB-MPC 集成运行反馈控制方法能够在动态不确定环境中取得较好的运行控制性能。并且系统的整体运行性能要好于第 3 章提出的基于改进 2-DOF 解耦的运行反馈控制方法以及传统基于单个 MPC 的运行反馈控制方法。

4.4 本章小结

针对常规基于 MPC 运行反馈控制方法在控制具有较强外部干扰和不确定动态运行环境的工业过程时控制性能的不足，在常规 MPC 运行反馈控制基础上，引入干扰观测（DOB）技术，研究基于 DOB 与 MPC 的工业过程集成运行反馈控制方法。

首先，针对已有常规 DOB 设计技术仅适用于最小相位时滞或非时滞系统，提出了适用于非最小相位时滞系统的 DOB 设计新方法，并对其性能进行分析了。基于改进的 IDOB 设计方法，提出了基于 IDOB-MPC 的工业过程集成运行反馈控制新方法，以及在国际通用的一段棒磨开路、二段球磨-水力旋流器闭路的可建模两段磨矿过程的设计实例以及仿真实验表明：提出的方法要优于基于单个 MPC 的运行反馈控制方法。

其次，针对已有 DOB 设计都是针对单变量系统，借助于 3.1 节提出的模型近似算法，提出了基于多变量时滞系统近似逆的多变量干扰观测器（MDOB）设计方法，并对 MDOB 的干扰抑制和干扰观测性能进行了理论分析，与 IDOB 进行了比较。在此基础上，提出了基于 MDOB-MPC 的工业过程集成运行反馈方法及在一段棒磨开路、二段球磨-水力旋流器闭路的两段磨矿过程的仿真实验和比较研究。结果表明提出的基于 MDOB-MPC 的磨矿过程集成运行反馈控制方法在干扰抑制、干扰观测以及过程整体运行控制性能方面均要优于基于 IDOB-MPC 的磨矿过程运行反馈控制方法、基于单个 MPC 的磨矿过程运行反馈控制方法以及第 3 章提出的基于改进 2-DOF 解析解耦的磨矿过程运行反馈控制方法。

第5章　数据驱动两段全闭路磨矿智能运行反馈控制及工业应用研究

第3章和第4章以国际通用的可建模典型闭路磨矿为背景，分别提出了两类基于模型的运行反馈控制方法及与已有方法的比较研究。这些方法适用于矿石成分与给矿粒级稳定且可建立过程近似数学模型的磨矿对象。但是在我国广泛使用的赤铁矿磨矿过程，由于受原矿石成分与性质反复波动、设备状况以及其他生产环境变化的影响，其数学模型往往难以建立，或者建立的数学模型因适应性差而不能应用。另外，受矿石类别、成分与性质的显著波动，粒度计等昂贵仪表难以在此进行连续应用，需要不断进行维护和标定，因而难以对粒度进行在线检测。通常只能通过人工采样进行离线化验，而化验过程滞后时间长，无法满足运行指标的在线反馈控制的需要。这种情况下，自优化控制、RTO以及第3章和第4章研究的基于模型的运行反馈控制方法难以在此进行应用。

随着人工智能技术和计算机技术的快速发展，使基于智能技术的建模、控制和优化成为可能，并得到了越来越广泛的关注[109-118]。ANN、Fuzzy、RBR、CBR等智能技术的一个最主要特性是可脱离过程数学模型而模仿或接近人的思维习惯进行各种决策操作，并能摒弃人的主观性及随意性，因而被广泛应用于复杂工业过程的建模、控制与决策中[119-127]。同时，随着先进自动化与仪表技术、通信技术的发展，大量的新型仪表、传感技术、网络化仪表应用于生产制造过程，可以获得大量过程数据。生产线的操作专家也积累了丰富的经验和知识。因此，将丰富的过程生产数据和操作员的经验知识相结合，并借助于智能建模与控制技术，研究基于数据与智能技术的运行反馈方法是解决难建模复杂工业过程运行反馈控制问题的有效途径[20]。

本章针对矿石成分和性质不稳定、给矿石粒级范围较宽、运行指标不可在线测量且化验过程滞后、工况动态时变、难以用精确数学模型描述的复杂赤铁矿两段全闭路磨矿过程，提出基于数据与知识的智能运行反馈控制方法，取得了显著的工业应用成效。

5.1　两段球磨全闭路复杂赤铁矿磨矿系统及其运行控制问题

5.1.1　赤铁矿两段全闭路复杂磨矿过程简介

虽然我国的铁矿资源丰富，但大多为低品位的赤铁矿、褐铁矿及菱铁矿等难选矿石，其品位一般为 33%左右。由于这种矿石成分和性质复杂、可磨性差、硬度大、有用矿物嵌布不均匀且矿石粒级范围较宽，利用常规的磁选方法难以从这些原料中提取出高品位的铁质成分。因此，为了改善对弱磁性赤铁矿等矿石的分选效果，除了在工艺上通常采用竖炉预先对矿石进行高温还原磁化焙烧使弱磁性的赤铁矿变成强磁性矿物外，还需要采用两段全闭路磨矿回路对原矿石进行有效破碎和解离。这样一个具有中国特色的典型两段式赤铁矿闭路磨矿通常由球磨机和螺旋分级机构成的一段磨矿，以及由球磨机和水力旋流器构成的二段磨矿组成，如图 5.1 所示，具体工艺流程如下。

经处理过的原矿石和一定比例的磨机给水进入一段球磨机（简称磨机Ⅰ）进行研磨，球磨机筒体绕水平轴线以较快的转速回转时，装在筒内的矿石与水的混合物料以及磨矿介质在离心力和摩擦力的作用下，随着筒体达到一定的高度，当自身的重力大于离心力时，便脱离筒体内壁抛射下落或滚下，由于冲击力而击碎矿石。同时在磨机转动过程中，磨矿介质相互间的滑动运动对原料也产生研磨作用。磨碎后的物料通过空心轴颈排出，顺流进入螺旋分级机进行分级，同时在螺旋分级机入口补加一定量的分级机补加水。螺旋分级机中粗矿粒沉于螺旋分级机槽底，由螺旋片的旋转推向上部，通过返砂槽进入一段磨机再磨；而细粒级矿浆浮游在水中由螺旋分级机溢流堰排出，进入二段磨矿泵池，同时在泵池入口补加一定量的泵池加水，以使混合后的矿浆达到一定的浓度。泵池内的矿浆由底流泵打入二段磨矿的水力旋流器（简称旋流器），矿浆在旋流器内部离心力的作用下进行分级，细粒级矿浆（即旋流器溢流）从溢流口排出进入后续的选别作业工序（如磁选、浮选等），粗粒级矿浆（即旋流器返砂）排入二段磨机（简称磨机 II）再磨。

5.1.2　两段全闭路磨矿过程的综合复杂动态特性分析

图 5.1 所示的两段全闭路赤铁矿磨矿过程，具有典型的多变量、非线性、强耦合、时变以及时滞等综合复杂特性，具体表现如下。

1. 多关键参量难以在线检测

图 5.1 所示磨矿过程中，表征一段磨矿产品质量的螺旋分级机溢流粒度（PPSc）、表征最终产品质量的旋流器溢流粒度（PPSh）、磨机生产率、磨机负荷、磨矿浓度等都是难以进行在线检测的物理量。

2. 多变量和耦合交互

图 5.1 所示的两段闭路磨矿回路是一个多变量动态系统，磨矿产品粒度和磨机生产率等受多种过程因素的制约，如矿石成分和性质、新给矿量、磨矿浓度、磨机负荷等。一段磨矿和二段磨矿之间以及同段磨矿回路各参数之间均存在强烈耦合和交互，如新给矿量、磨机给矿水、分级机补加水等过程输入与分级机溢流浓度和溢流粒度之间存在较强耦合，而这些过程参量以及分级机溢流浓度和分级机溢流粒度与二段磨矿路的输出变量之间耦合强烈。

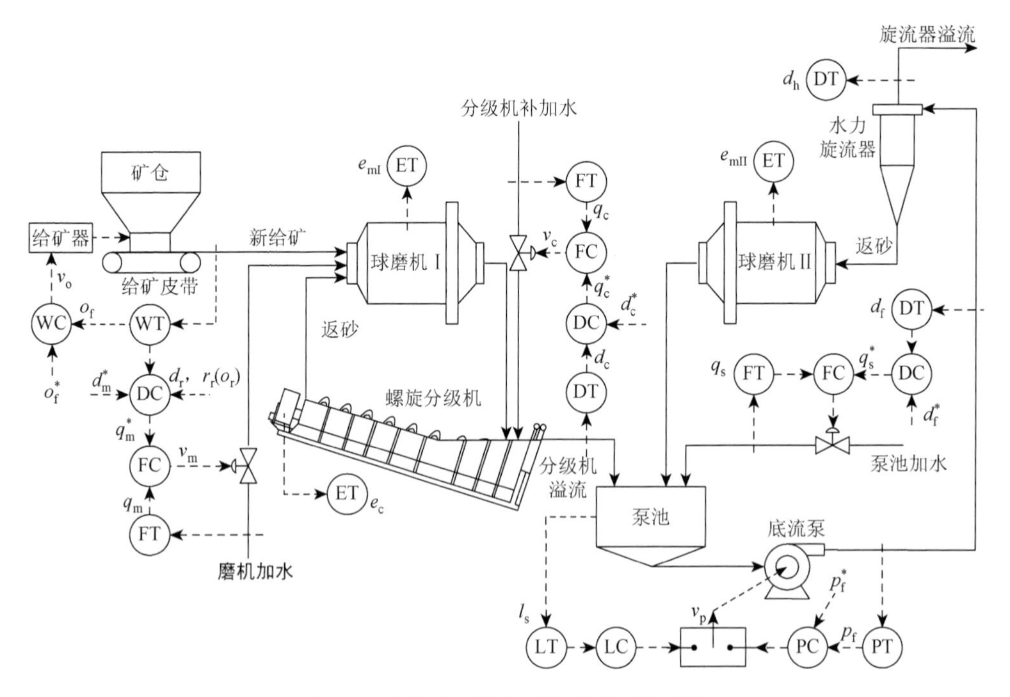

图 5.1　赤铁矿两段全闭路磨矿回路系统

图 5.1 中相关变量及符号解释如表 5.1 所示。

表 5.1　图 5.1 中变量与符号解释

变量	含义
o_f	新给矿量（t/h）
r_r, o_r	分别表示返砂比和返砂量（%）
p_f, l_s	分别表示旋流器给矿压力（kPa）、泵池液位（m）
d_c, d_r, d_f, d_h, d_m	分别表示分级机溢流浓度、分级机返砂浓度、旋流器给矿浓度、旋流器溢流矿浆浓度、磨机 I 内矿浆浓度（%）
q_m, q_c, q_s	分别表示磨机 I 给矿水量、分级机补加水量及泵池加水量（m^3/h）
e_{mI} , e_{mII} , e_c	分别表示磨机 I 驱动电机电流、磨机 II 驱动电机电流以及分级机驱动电机电流（A）
v_o, v_p	给矿变频器频率和底流泵变频器频率（Hz）
v_m, v_c, v_s	分别表示 q_m, q_c, q_s 的加水阀门开度（%）
-C, -T	控制器与检测仪表
W-, P-, F-, L-, D-, E-	分别表示称重、压力、流量、液位、浓度及电流
上标*	相关基础反馈控制回路的设定值

3. 严重非线性

各个参量之间基本都是未知的非线性动态关系，难以用数学模型尤其是线性模型对其进行描述和刻画。例如，磨矿浓度与分级机返砂量、磨机生产率与磨机填充率、分级机溢流粒度与分级机溢流浓度以及旋流器的动态特性与旋流器给矿矿浆浓度、旋流器给矿压力之间均表现出明显的非线性动态关系。

4. 参数以及动态特性时变

磨矿介质即钢球和衬板的磨损、分级机螺旋片的磨损以及旋流器给料口、溢流口、沉砂口的磨损，都会改变磨矿过程对象的动态特性。另外，表征给矿矿石硬度的矿石可磨性和表征给矿矿石粒度特性的块粉比参数随矿石性质的变化而变化，并且同一类矿石该类参数也往往不完全相同。

5. 大时滞

磨矿过程中的各个组成设备和过程，如球磨机、螺旋分级机、泵池、水力旋流器以及矿石给矿皮带对原矿石的输送过程、各个管道对矿浆的运送过程等是典型的时滞特性对象。再加上两个闭路磨矿回路循环的影响，这使得从一段磨矿给矿到最终旋流器溢流产品被检测的过程具有极大的滞后时间。

6. 多源干扰和不确定动态

影响过程运行性能的主要干扰因素为原矿石硬度 k_m 及矿粒大小 k_r 的波动。另外，两段磨矿回路之间的关联交互、各个过程参数与运行指标的耦合以及磨机衬板、螺旋分级机螺旋片尺寸的磨损、水力旋流器给矿直径、溢流口直径、沉沙口直径等结构参数的不确定动态变化均会对磨矿过程运行造成不利影响，甚至造成磨矿过程控制的不稳定。

注 5.1 两段全闭路磨矿回路的一段磨矿回路（简称 GCⅠ）和二段磨矿回路（简称 GCⅡ）均是两个物理闭环的系统，这使得磨矿系统运行时不容易稳定，并且对各个测量的估计参数不敏感。

注 5.2 在实际工程操作中，原矿石硬度 k_m 及颗粒大小 k_r 两个参数难以对其进行数字描述，因而通常采用有序数字{1, 1.5, 2, 2.5, 3}用来标定由领域专家进行语言描述的 k_m 的等级{差，较差，一般，较好，好}以及 k_r 的等级{大，较大，一般，较小，小}。例如，$k_m = 3$，说明矿石可磨性好，矿石较软易于研磨；$k_r = 1$，说明块粉比大，矿石难磨。

5.1.3 两段全闭路磨矿过程运行控制问题及现状

图 5.1 所示的两段闭路磨矿有两个重要的运行指标：磨矿产品粒度（product particle size，PPS）和磨机生产率（grinding production rate，GPR）。磨矿粒度是磨矿生产过程最为重要的质量指标，通常以-200 目（mesh）百分含量表示（即%, -200mesh 或%＜200mesh）。磨机生产率是体现磨矿过程生产效率的另一个重要的生产指标，直接制约着整个选矿过程的生产效率水平。在实际工程中，磨机生产率通常不能由单一的过程参数进行衡量，必须结合多个物理量的数值进行综合评定。图 5.1 所示的磨矿能够反映磨机生产率高低的两个重要参数有一段磨机台时处理量和磨机作业率等。

国内大部分综合化大型选厂，其矿石原料通常含有多种矿石，如赤铁矿、菱铁矿、褐铁矿、镜铁矿等，显然不同的矿石具有不同的成分和性质。实际上，即便是同一种矿石，其矿石性质、矿粒大小也会大不相同。对于特定的磁选或者浮选等选别作业流程，每一种矿石都有一个适宜选别的磨后产品粒度范围，粒度过粗和过细都不利于有用矿物的选别。磨后粒度过粗，矿石未能单体解离，这显然不利于矿石在选别过程的有效选离。而磨后产品粒度过细，矿石大多已泥化，同样也难以在选别过程将有用矿物分选出来，并且由于矿石在细磨过程中消耗了过多的能量，造成粒度过细不利于节能减排的需求和选厂经济收入最优化。因此，与常规定值控制不同，对磨矿粒度的控制应采用区间优化控制的方式，即将 PPS 控制在工艺要求的期望范围$(s_{\mathrm{d}}-s_{\Delta},s_{\mathrm{d}}+s_{\Delta})$内，其中，$s_{\mathrm{d}}$表示磨矿粒度期望设定值，$s_{\Delta}$表示磨矿粒度合格标准。在 PPS 指标合格的前提条件下，GPR 通常需要最大化操作。另外，合格的磨矿产品质量和较高的磨机生产率又意味着磨矿过程最有效的能耗利用。

图 5.1 所示的两段全闭路磨矿，有两个磨矿粒度指标，即螺旋分级机溢流矿浆粒度（PPS of classifier overflow slurry，PPSc）和水力旋流器溢流矿浆粒度（PPS of hydrocyclone overflow slurry，PPSh）。PPSc 反映了一段磨矿的产品质量指标，而 PPSh 却表示两段磨矿的最终产品质量。由于 PPSc 的状态很大程度决定着 PPSh 的好坏，因此对 PPSc 也应像 PPSh 那样进行严格监督和控制。

根据对图 5.1 所示复杂磨矿过程的动态机理进行分析，确定影响 PPS 和 GPR 的关键过程变量为磨机新给矿量o_{f}，螺旋分级机溢流矿浆浓度d_{c}，磨机 I 内的矿浆浓度d_{m}，旋流器给矿矿浆浓度d_{f}以及旋流器给矿压力p_{f}。

（1）保持球磨机给矿量稳定，使其不波动或波动范围很小，对保证磨矿产品质量、稳定磨矿过程都是很重要的因素，同时从经济效益的角度应保证球磨机的最大处理能力。

（2）对格子型球磨机来说，一个比较合适的磨矿浓度是实现高效率磨矿的前提，磨矿浓度的过高或过低都会产生负面的影响，如球磨机“胀肚”等事故。

（3）螺旋分级机溢流浓度在某种程度上与螺旋分级机溢流粒度有一定的关系（图 2.14），并且溢流浓度的高低将会影响分级机返砂量的多少和返砂浓度大小，从而影响球磨机的磨矿效率和球磨机的处理量，因此控制分级机溢流浓度是控制磨矿产品质量好坏、磨矿效率的重要环节。

（4）为了保证水力旋流器在生产上的稳定及其产品质量的稳定，必须控制旋流器的给矿压力，保证旋流器的工作状况最佳（沉砂呈伞状，角度不能过大或过小），防止产品质量的波动，同时也防止旋流器给矿泵池被打空或打冒。

（5）旋流器的溢流粒度与旋流器的给矿浓度有一定的关系，此参数配合旋流器的给矿压力将是控制旋流器溢流产品质量和分级效率的重要工作参数。

因此，对上述运行控制指标进行优化的运行控制目标可通过调节o_{f}、d_{m}、d_{c}、d_{f}、p_{f}等关键过程变量来实现。设置基础反馈控制用于对影响运行控制指标的关键过程变量o_{f}、d_{m}、d_{c}、d_{f}、p_{f}进行定跟踪控制，并保证系统的闭环稳

定性以及磨矿生产的安全连续控制和逻辑启停控制。图 5.1 所示两段全闭路磨矿过程的基础反馈系统设置的主要控制回路如下。

（1）磨机新给矿量 o_f 的单控制回路。用于调节磨机新给矿量 o_f，其操作变量为电振给矿机频率 v_o。

（2）分级机溢流浓度 d_c 的串级控制回路。用于通过调节分级机补加水量 q_c 来控制分级机溢流浓度 d_c，分级机补加水阀门开度 v_c 作为操作变量用来调节 q_c。

（3）磨矿浓度 d_m 的前馈控制回路。用于控制一段球磨机磨矿浓度 d_m 的前馈控制回路，磨矿浓度控制器的输出作为磨机给矿水 q_m 控制器的设定值，而磨机给矿水加水阀门开度 v_m 用来对 q_m 进行调节。

（4）旋流器给矿压力 p_f 的单控制回路。控制旋流器给矿压力 p_f，其操作变量为底流泵变频器频率 v_p。

（5）旋流器给矿浓度 d_f 的串级控制回路。用于通过控制泵池加水量 q_s 来控制旋流器给矿浓度 d_f 的串级控制回路，其中泵池加水阀门开度 v_s 用来调节 q_s。

注 5.3（给矿压力与泵池液位的选择控制结构） 为了防止泵池打空和打冒，设置一个本地控制回路用于控制泵池液位 l_s。由于 l_s 允许在其约束范围内上下波动，因此对其采用超松弛控制方式，其操作变量同样为底流泵变频器频率 v_p。由图 5.1 可以看出，l_s 的超松弛本地控制回路和 p_f 的单控制回路构成了如下典型的选择控制结构：

（1）当 l_s 在其约束范围内波动时，p_f 控制回路启动而 l_s 控制回路关闭；

（2）当 l_s 超出其约束范围时，p_f 控制回路关闭而 l_s 控制回路起作用，通过调节泵池转速以使得 l_s 进入其约束范围。

各基础回路控制器主要采用的是 PI/PID 控制律，这是因为 PID 控制律具有结构简单、稳定性好和鲁棒性强的特点。但是，考虑到 d_m 不能进行在线检测，因而采用式（5.1）所示的由物料平衡原理推导的经验数学模型作为 d_m 的前馈控制律

$$q_m^* = \left((100 + r_r)/d_m^* - r_r/d_r - 1\right)o_f \tag{5.1}$$

式中，d_r 和 r_r 通常由领域专家根据特定的磨矿回路流程进行人工标定。

实际磨矿生产中，为了获得良好的运行控制性能，通常需要技术工人或者经验操作员根据其感知到的生产工况和边界条件信息对上述底层回路控制器的合适设定值进行人工调整，如图 5.2 所示，其中 $I_o = \{I_{oI}, I_{oII}\}$ 表示相关工况信息，下标“Ⅰ”和下标“Ⅱ”分别表示 GCⅠ和 GCⅡ，I_{oI} 主要包括 s_{aI}、e_{mI}、e_c，而 I_{oII} 主要包括 s_{aI}、s_{aII}、e_{mII}；$I_b = \{I_{bI}, I_{bII}\}$ 为边界条件信息，主要包括 k_m、k_r 以及为了保证安

全生产的一些过程变量的上下限值；$s_d=\{s_{dI},s_{dII}\},s_a=\{s_{aI},s_{aII}\}$ 分别为 PPS 的期望设定值和实际化验值。

图 5.2 所示的人工监视操作通常可归纳为：首先通过仪表测量、眼睛观察、耳听以及手工触摸等方式获得当前磨矿系统的一些必要生产信息和过程数据，并对其进行分析和处理；然后根据操作员自身积累的操作经验，得到运行指标控制误差和关键过程变量的一些对应调节关系，以及过程变量之间的一些内在关系；最后给出底层基础反馈控制系统的合理设定值。

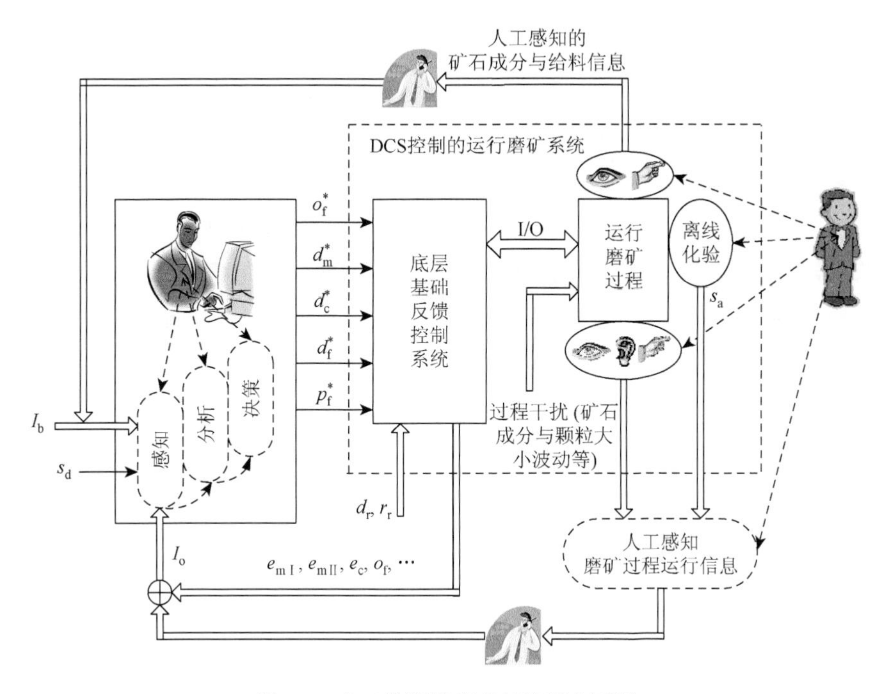

图 5.2　人工监视的磨矿过程控制系统

5.2　数据驱动的赤铁矿两段球磨全闭路复杂磨矿智能运行反馈控制策略

5.2.1　智能运行反馈控制策略

如果磨矿运行的边界条件不发生变化且系统中无干扰，即原矿石成分和性质以及颗粒大小稳定或者保持不变，则上述基于操作员调节基础控制回路设定值的人工监督可以在很短的时间内凭借长期积累的经验找到恰当的操作值。但是由于各种干扰的存在以及磨矿生产边界条件的多变性，另外由于操作员自身经验的限制，这种基于人工操作给出关键过程变量设定值的半自动操作模式使得操作员难以及时跟踪目标，并有时会做出错误的操作，所以最终的运行指标以及经济效益得不到有效的保证。显然这对于追求优质高效以及节能降耗的现代选矿生产是很不利的。

针对磨矿过程的上述实际工程难题，融合过程丰富的运行数据和操作知识，集成案例推理（CBR），人工神经网络（ANN）以及模糊（fuzzy）推理等智能建模与控制技术，提出针对图 5.1 所示复杂赤铁矿两段全闭路磨矿过程的混合智能运行反馈控制方法，如图 5.3 所示。其中，$s_{\mathrm{p}}=\{s_{\mathrm{pI}},s_{\mathrm{pII}}\}$ 为磨矿粒度的软测量估计值；Ω_{oI}、Ω_{oII} 分别为软测量模型 I 和模型 II 辅助变量；$\Delta s_{\mathrm{pd}}=\{\Delta s_{\mathrm{pdI}},\Delta s_{\mathrm{pdII}}\}$ 为 s_{p} 和 s_{d} 之间的误差；$\Delta s_{\mathrm{ad}}=\{\Delta s_{\mathrm{adI}},\Delta s_{\mathrm{adII}}\}$ 为 s_{a} 和 s_{d} 间的误差；$\Theta^*=\{o_{\mathrm{f}}^*,d_{\mathrm{m}}^*,d_{\mathrm{c}}^*,d_{\mathrm{f}}^*,p_{\mathrm{f}}^*\}$ 为基础反馈控制器设定值；$\Theta_0^*=\{\Theta_{\mathrm{I},0}^*,\Theta_{\mathrm{II},0}^*\}$ 为基础反馈控制器预设定值；$\Theta_{\mathrm{I},0}^*=\{o_{\mathrm{f},0}^*,d_{\mathrm{m},0}^*,d_{\mathrm{c},0}^*\}$ 为一段磨矿回路控制器预设定值；$\Theta_{\mathrm{II},0}^*=\{d_{\mathrm{f},0}^*,p_{\mathrm{f},0}^*\}$ 为二段磨矿回路控制器预设定值；$\Delta\Theta=\{\Delta\Theta_{\mathrm{M}},\Delta\Theta_{\mathrm{A}}\}$ 为 Θ^* 的调节增量，下标“M”和“A”分别表示主调节器和辅调节器。

该智能运行控制系统通过响应边界条件和运行工况的变化对底层基础反馈控制器设定值进行在线调整和修正，从而替代操作员的前述手工监督操作。提出的基于数据与知识的磨矿过程智能运行反馈控制方法各个组成部分如下。

（1）回路预设定模块（loop pre-setting controller，LPSC）。LPSC 采用 CBR 技术，根据期望的磨矿运行控制指标以及各种磨矿生产边界条件，计算出底层基础控制系统各回路控制器的预设定值或初始设定值 $\Theta_0^*=\{\Theta_{\mathrm{I},0}^*,\Theta_{\mathrm{II},0}^*\}=\{(o_{\mathrm{f},0}^*,d_{\mathrm{m},0}^*,d_{\mathrm{c},0}^*),(d_{\mathrm{f},0}^*,p_{\mathrm{f},0}^*)\}$。

（2）神经网络粒度动态软测量（PPS softsensor module，PSSM）。PSSM 采用 ANN 软测量技术给出 PPS 的实时估计值 $s_{\mathrm{p}}=\{s_{\mathrm{pI}},s_{\mathrm{pII}}\}$，从而克服了 PPS 难以用常规方法进行连续在线测量的难点。

（3）多变量模糊调节器（fuzzy adjustor，FA）。FA 由主、辅两个调节器构成，采用模糊推理技术进行设计，用于实时计算出底层基础回路设定值 $\Theta^*=\{(o_{\mathrm{f}}^*,d_{\mathrm{m}}^*,d_{\mathrm{c}}^*),(d_{\mathrm{f}}^*,p_{\mathrm{f}}^*)\}$ 的动态调节增量 $\Delta\Theta=\{\Delta\Theta_{\mathrm{M}},\Delta\Theta_{\mathrm{A}}\}$，从而补偿磨矿边界条件的变化以及各种外部干扰对运行控制指标造成的影响。

在磨矿系统运行之初或边界条件发生显著变化时，LPSC 根据表征磨矿过程当前运行工况的特征描述变量，如 PPS 期望设定值s_d、工况信息I_o以及边界条件信息I_b，对案例库中的相似案例进行案例检索并找到与当前特征描述最为相似的案例。该最相似案例的解特征即为当前案例推理的解，该解将作为回路控制器的预设定值输出到相应的基础控制系统。然后，LPSC 关闭，而 PSSM 开始实时或以一定时间间隔进行 PPS 软测量操作。如果某个时刻 PPS 估计值 s_p 超出期望区间(s_d-s_Δ, s_d+s_Δ)，则 FA 的主调节器将打开，根据 s_p 与期望设定值 s_d 的误差 Δs_{pd}，以一种可有效提高磨机生产率 GPR 的算法，计算出基础控制回路设定值的补偿增量$\Delta\Theta_M$，并将该增量补加到原回路控制器设定值之上以作为回路控制器的新设定值。另外，离线化验间歇式地给出磨矿粒度的化验值s_a，而 FA 的辅调节器根据 PPS 化验值s_a与期望值s_d的误差Δs_{ad}对回路设定值进行选择性的辅助调节。

5.2.2　几点说明及一般性推广

为了更详细地阐述图 5.3 所示的智能运行反馈控制策略，现对其作进一步的说明。另外，将图 5.3 所示的控制策略推广为具有一般意义和通用性的基于数据与知识的复杂工业过程智能运行反馈控制结构，以说明其潜在的推广应用价值。

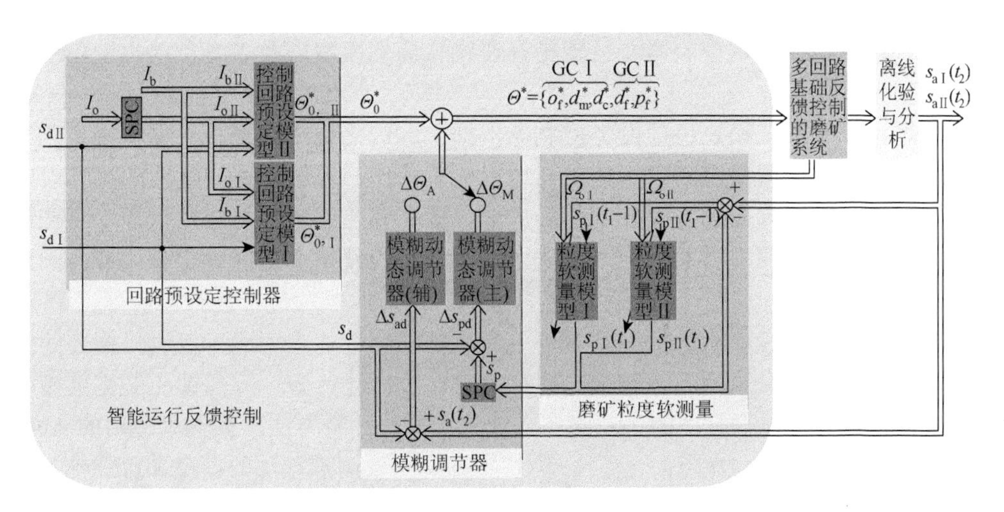

图 5.3　数据驱动的复杂磨矿过程智能运行反馈控制策略

注 5.4（控制策略总体评判）　图 5.3 所示的混合结构与策略的运行反馈控制

框架集成了优化设定、软测量建模、反馈校正、统计过程控制等多种技术，尽管每一个功能单元或者模块都是已有的控制和建模技术，但是它们在所提控制框架下的创新性集成却可以产生更好和更可靠的控制性能，这是因为所提混合控制结构与策略具有如下特征。

（1）LPSC 用于保证运行控制系统的标称性能；FA 用于消除磨矿过程运行中各种不确定动态和干扰的影响以增强控制系统的性能；PSSM 作为在线运行软仪表用于解决 PPS 难以在线检测且化验过程滞后的问题。

（2）LPSC、PSSM、FA 以及底层基础反馈控制系统组成一个从底层基础反馈到上层运行反馈，针对 PPS 的新型优化与闭环反馈控制框架，显然这是采用常规控制方法难以实现的。由于是闭环控制，并且分散模块集中管理且相互促进，因而能够保证复杂磨矿系统具有较高的运行性能。

注 5.5（实现方面） 提出的基于数据与知识的智能运行反馈控制方法由于采用混合多块结构，因而易于在实际工业生产控制中实现和组合：LPSC、FA 可以利用实际工业过程的历史经验数据或领域专家知识进行集成建模，PSSM 可以采用之前的历史数据进行建立（如果过程及其控制系统运行了一段时间）或者通过工业试验进行数据采样而建模（如果过程控制是刚刚投入运行或运行不久）。

注 5.6（一般性推广） 将图 5.3 所示的控制策略推广为更具一般性的基于数据与知识的复杂工业过程智能运行反馈控制结构，如图 5.4 所示，主要包括基础控制系统设定值预设定控制器、运行指标在线软测量模型以及多变量动态校正模型等几部分。

过程控制系统设定值预设定控制器根据上层优化与决策系统根据特定工艺给出的运行指标期望值及其目标范围与边界约束条件，求解回路控制器的标称设定值。工业过程运行控制需要控制产品质量、效率以及能耗等多运行指标，这些运行指标的实现需要根据运行工况变化对控制回路的设定值进行设定和调节。因此可以采用优化的方法也可以采用智能决策的方法对此模块进行设计。

运行指标在线软测量模型建立相关易测辅助变量与难测运行控制指标之间的动态关系，从而对难测的运行指标进行实时在线估计，为运行反馈控制提供相应的反馈信息。可根据具体的工业对象，选择多种软测量方法，如这里选用的 ANN 方法以及其他 CBR 方法等。另外，为了提高单一软测量方法的精度和可靠性，可以采用几种方法相结合的混合智能软测量方法。如可选用由多智能软测量模型、可信度因子智能推理模型以及最终参数推理模型构成的混合智能软测量方法。

为了克服过程运行的各种干扰和时变动态对运行指标的不利影响，设计动态校正模型用于根据运行指标的控制偏差对基础回路控制器设定值进行动态校正。

工业过程的综合复杂特性，使得传统基于过程精确数学模型的调节方法在此不适用，但多年的生产实际，积累了丰富的过程数据和领域专家知识，因而可以采用专家知识、模糊推理、CBR 等智能技术，并结合统计过程控制、智能解耦技术进行多变量动态校正机制设计。另外，对于过程动态特性不是十分复杂和严峻的工业过程，可以借鉴经典 PID 控制理论，采用多回路 PI/PID 调节技术来对动态校正模块进行设计。

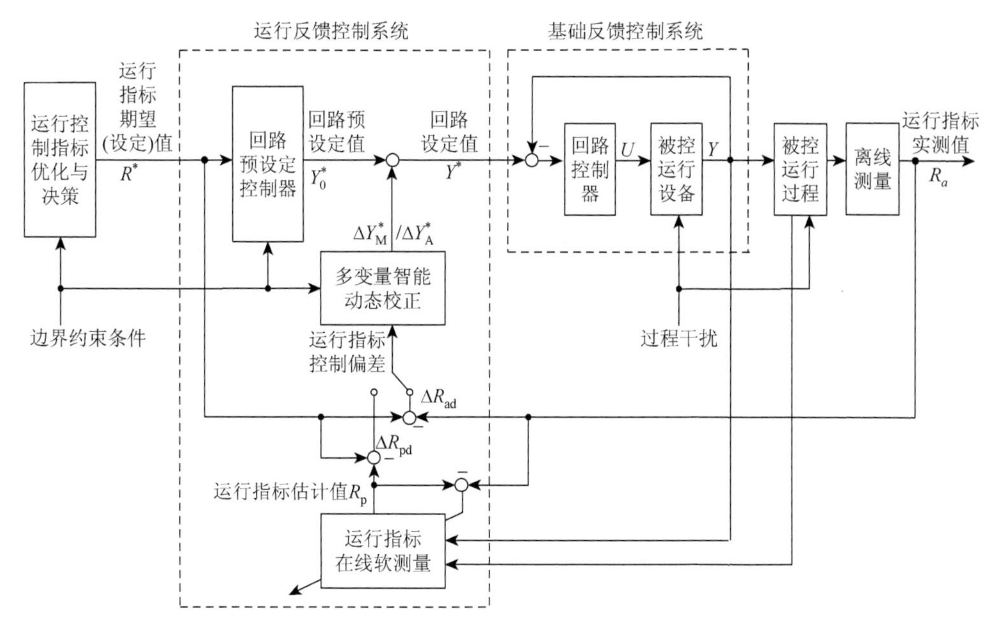

图 5.4　具有一般意义的基于数据与知识的工业过程智能运行反馈控制策略

注 5.7（动态反馈调节机制的必要性）　图 5.3 以及图 5.4 中，动态反馈调节器的设置非常必要并且也极其重要。几乎所有的实际工业系统，其原材料性质波动大、操作条件和运行环境恶劣，造成生产运行的工况条件显著时变，因而其对应的运行工作点也会因而相应改变。

对于基于模型的一般连续生产过程运行优化设定控制，解决运行工作点漂移的最常规方法是在线模型参数校正或定期模型参数更新。只有这样才能使得设定模型反映最新的过程工况变化。然而，其实际工程控制的可操作性以及有效性难以保证。因为实际工业过程的干扰无时无处不存在，其变化规律难以把握和定量刻画，在线模型参数校正的频度难以跟上过程工况的变化。

对于本章研究的基于 CBR 的回路设定值预设定，虽然可以采用输出偏差反馈法再次启动回路设定值 CBR 求解，但是当不可测边界条件和过程干扰的突变引起运行系统明显工作点漂移时，案例库的案例数据往往已经失效或者难以对当前的运行工况进行较为准确的刻画，而要积累足够多反映当前工况的新案例样本数据又需要比较长的时间，因此 CBR 设定系统在此种情况难以找到当前工况下的合适回路控制器设定值解。

因此，采用单一回路设定控制器，并采用输出偏差反馈法对设定控制器进行事件触发和再设定的设定值求解模式难以适应过程复杂工况变化和干扰的突变。为此，需要建立专门的反馈调节机制，根据运行工况的变化对回路预设定值进行在线动态校正，这也是保证运行反馈控制系统实用性、动态品质和运行控制性能的关键。

5.3 数据驱动的两段全闭路磨矿智能运行反馈控制实现算法

5.3.1 PPS 神经网络在线动态软测量

磨矿粒度控制的难点就是难以用常规检测手段进行实时在线检测，因而难以对其进行直接闭环控制。解决该问题的最有效方法是使用软测量技术对其进行实时在线估计。在已有的几种 PPS 软测量方法中，如基于 ANN 的软测量方法以及基于回归模型（如 ARMAX）的软测量方法[258-263]，基于 ANN 的方法应用最广也最有效，因而本章 PSSM 的建模也选用基于 ANN 的方法，并且选用径向基函数神经网络（RBF-ANN），因为 RBF-ANN 具有较好的非线性映射能力和较快的收敛速度[207]。

由于图 5.1 所示的两段闭路磨矿系统的每段磨矿均有磨矿粒度指标（即一段磨矿的分级机溢流粒度、二段磨矿的旋流器溢流粒度），因此设计的 PSSM 由分级机溢流粒度软测量模型（软测量模型Ⅰ）和旋流器溢流粒度软测量模型（软测量模型Ⅱ）构成。设计的两个子软测量模型均采用三层 RBF-ANN 网络结构，分别用于实现式（5.2）和式（5.3）所示的多变量非线性映射：

$$\begin{aligned} s_{\mathrm{pI}}(t_1) = \eta_{\mathrm{I}}(& o_{\mathrm{f}}(t_1-2), q_{\mathrm{m}}(t_1-2), q_{\mathrm{m}}(t_1-1), e_{\mathrm{mI}}(t_1-1), \\ & e_{\mathrm{c}}(t_1-1), d_{\mathrm{c}}(t_1-1), d_{\mathrm{c}}(t_1), s_{\mathrm{pI}}(t_1-1)) \end{aligned} \tag{5.2}$$

$$s_{\mathrm{pII}}(t_1) = \eta_{\mathrm{II}}\left(d_{\mathrm{f}}(t_1-1), d_{\mathrm{f}}(t_1), p_{\mathrm{f}}(t_1), d_{\mathrm{h}}(t_1-1), d_{\mathrm{h}}(t_1), s_{\mathrm{pII}}(t_1-1)\right) \tag{5.3}$$

式中，$\Omega_{\mathrm{0I}} = \{o_{\mathrm{f}}, q_{\mathrm{m}}, d_{\mathrm{c}}, e_{\mathrm{mI}}, e_{\mathrm{c}}\}$ 和 $\Omega_{\mathrm{0II}} = \{d_{\mathrm{f}}, p_{\mathrm{f}}, d_{\mathrm{h}}\}$ 为通过机理分析选取的相关辅助变

量；$\eta_{\rm I}(\cdot)$ 和 $\eta_{\rm II}(\cdot)$ 为未知非线性方程。可以看出，为了捕捉系统的动态以及反映系统的时滞特性，相关输入输出变量的时间序列关系在式(5.2)和式(5.3)进行了体现。

对于 PPS 软测量模型 I、$o_{\rm f}$、$q_{\rm m}$、$d_{\rm c}$ 为基础回路控制的影响分级机溢流粒度的关键参数，$e_{\rm mI}$、$e_{\rm c}$ 为与分级机溢流粒度相关的变量，其中 $e_{\rm mI}$ 反映了磨机负荷的大小，而 $e_{\rm c}$ 反映了螺旋分级机负荷大小。

对于 PPS 软测量模型Ⅱ，$d_{\rm f}$、$p_{\rm f}$ 为基础回路控制的影响旋流器溢流粒度的关键过程变量，$d_{\rm h}$ 为与旋流器溢流粒度关联的关键变量。

1. 样本数据的数字滤波

为了克服辅助变量原始测量数据的各种测量噪声差对神经网络粒度软测量建模及软测量计算精度的影响，对现场仪表获得的原始测量数据进行数据预处理，这里采用数字滤波技术对原始数据进行如下两阶段处理。

（1）采用尖峰滤波算法[80, 212]用于剔除磨矿生产的噪声尖峰跳变数据：

$$\Omega_{\rm E}(\tau)=\begin{cases}\Omega_{\rm o}(\tau), & \left|\Omega_{\rm o}(\tau)-\Omega_{\rm E}(\tau-1)\right|\leqslant\Delta\Omega\\ \Omega_{\rm E}(\tau-1)-\Delta\Omega, & \Omega_{\rm E}(\tau-1)-\Omega_{\rm o}(\tau)>\Delta\Omega\\ \Omega_{\rm E}(\tau-1)+\Delta\Omega, & \Omega_{\rm o}(\tau)-\Omega_{\rm E}(\tau-1)>\Delta\Omega\end{cases}$$

式中，$\Omega_{\rm o}(\tau)$ 为原始测量的软测量辅助变量数据集；t 为采样时间；$\Omega_{\rm E}(\tau)$ 为尖峰跳变滤波后的样本数据集；$\Delta\Omega$ 为最大允许变化值。

（2）采用移动平均滤波算法[80, 212]用于剔除尖峰跳变滤波后软测量辅助变量数据中较小、高频测量噪声波动干扰：

$$\Omega_{\rm F}(\tau)=\Omega_{\rm F}(\tau-1)+\frac{\Omega_{\rm E}(\tau)-\Omega_{\rm E}(\tau-N')}{N'}$$

式中，$\Omega_{\rm F}(\tau)$ 为平均滤波后的辅助变量数据；N' 为平均滤波数据长度。

2. 软测量模型学习算法

RBF-ANN 粒度软测量模型的训练过程如表 5.2 所示。其中步骤(3)～(5)是关键步骤。由于隐层节点数由基函数中心来确定，因而 RBF-ANN 基函数的中心值对其非线性映射能力具有重要作用。基函数中心通常采用聚类分析的方法确定，如 k-means 算法、竞争学习算法等[207]，这里采用如下 k-means 算法来确定网络的中心 $c_i(t)$ 。

表 5.2 RBF-ANN 软测量模型网络训练过程

步骤	内容
（1）	设置初始隐含层节点数量为 N=8 且 k=0，输入采样样本数据
（2）	将基函数数量设置为 N=N+k
（3）	采用 k-means（k-均值）聚类算法得到高斯基函数的网络中心 $C_i(i=1,\cdots,N)$
（4）	求高斯基函数的网络中心半径
（5）	应用加权 RLS 算法对软测量网络输出层节点的连接权值 ω_i 进行训练
（6）	对训练好的软测量模型的估计性能进行评估：如果估计精度满足要求就转步骤（7）结束本次训练；否则令 $k=k+1$，转步骤（2）进行重新训练
（7）	停止训练

（1）（参数初始化）：选取中心 $c_i(0)(1\leqslant i\leqslant m)$ 的初始值和学习速度 $\varepsilon\,(0<\varepsilon<1)$。

（2）（相似度匹配）：对输入 $X(t)$，用最小距离的 Euclid 准则找出最匹配的中心 k：

$$k=\underset{1\leqslant i\leqslant m}{\arg\ \min}\{a_i(t)\},\quad a_i(t)=\left\|X(t)-C_i(t-1)\right\|$$

（3）（参数更新）：用下述更新规则调整 RBF 网络中心：

$$c_i(t)=C_i(t-1),\quad 1\leqslant i\leqslant n;i\neq k$$

$$c_k(t)=C_k(t-1)+\varepsilon\left[X(t)-C_k(t-1)\right]$$

重复步骤（2）和（3）直到找到合适的中心 C_i。由于 k-means 聚类算法是基于线性的学习规则，因而能保证快速收敛。

步骤（3）的 RBF 网络中心确定以后，高斯基函数的宽度即网络中心半径由下式确定：

$$\sigma_j=\frac{d_j}{\sqrt{n_r}},\quad j=1,2,\cdots,n_r$$

式中，d_j 为所选中心之间的最大距离；n_r 为隐层节点个数。这样选择 σ_j 的目的是使高斯函数的形状适度：既不太尖，也不太平。

然后，在步骤(5)中对网络隐含层到输出层的权值 w_{ij} 进行确定。由于 RBF-ANN 输出为隐层节点的线性组合，因而采用收敛速度快的递推最小二乘算法[207]，具体步骤如下。

（1）给定初始权值矢量 $W_i(0)\in\mathbf{R}^{n_r}(i=1,2,\cdots,p)$，逆相关矩阵初始值 $P(0)\in\mathbf{R}^{n_r\times n_r}$，较大的误差能量初始值 $J(0)\in\mathbf{R}$ 以及误差能量迭代终止值 $\varepsilon\in\mathbf{R}$。

（2）由下式计算 $P(k)$：

$$g(k)=P(k-1)Z(k)[\lambda+Z^{\mathrm{T}}(k-1)P(k-1)Z(k)]^{-1}$$
$$P(k)=[P(k-1)-g(k)Z^{\mathrm{T}}(k)P(k-1)]/\lambda$$

式中，$Z(k)\in\mathbf{R}^{n_r}$ 为隐层节点输出；$\lambda\in\mathbf{R}$ 为遗忘因子（一般取 $0.9<\lambda<1$）。

（3）更新网络权值：

$$W_i(k_l)=W_i(k_l-1)+g(k_l)[\rho_i(k_l)-Z^{\mathrm{T}}(k_l)W_i(k_l-1)]$$

（4）计算累积误差能量：

$$J(k_l)=\lambda J(k_l-1)+0.5\sum_{i=1}^{p}[\rho_i(k_l)-Z^{\mathrm{T}}(k_l)W_i(k_l-1)]^2$$

若 $J(k_l)-J(k_l-1)<\varepsilon$，学习结束，否则转步骤（2）继续进行 $P(k)$ 计算。注意到 k_l 是学习的次数，$\rho_i(k_l)\in\mathbf{R}$ 为网络期望输出。

注 5.8　在 RBF-ANN 软测量建模时，利用了控制系统数据库存储的历史数据而没有进行额外的工业试验来收集样本数据，因而对正常磨矿生产不造成影响。但是，由于磨矿系统的时变本质，采用先前样本数据训练得到的软测量系统可能运行一段时间后因不再适应当前工况而估计精度降低。显然，这可以通过在线更新和自适应模型参数对其进行克服。但是在线学习将加重系统负担，并且实践表明其参数自适应带来的模型估计精度改善效果也不明显。因此，在具体实施时采用了定期的离线学习模式：如果软测量系统运行较长的时间或者过程运行工况显著变化时，那么 RBF-ANN 粒度软测量模型将会收集新数据或者利用已有的实时数据重新进行离线训练。

5.3.2　控制系统预设定值的案例推理求解

控制回路预设定控制器（LPSC）作为运行反馈控制的主控制器，可根据感知到的 s_{d}、I_{o} 及 I_{b} 等运行工况和边界条件信息，在线产生底层基础控制器的预设定值 Θ_0^*。为了削弱一段磨矿和二段磨矿之间的时滞和耦合效应，构建两个预设定模型 LPSM Ⅰ 和 LPSM Ⅱ 分别用于通过智能推理，求解一段磨矿和二段磨矿控制回路的预设定值 $\Theta_{\mathrm{I},0}^*$ 和 $\Theta_{\mathrm{II},0}^*$，即分别实现如下多变量非线性映射：

$$\Theta_{\mathrm{I},0}^*=(o_{\mathrm{f},0}^*,d_{\mathrm{m},0}^*,d_{\mathrm{c},0}^*)=\Phi_{\mathrm{I}}(s_{\mathrm{dI}},I_{\mathrm{bI}},I_{\mathrm{oI}})\tag{5.4}$$

$$\Theta_{\mathrm{II},0}^*=(d_{\mathrm{f},0}^*,p_{\mathrm{f},0}^*)=\Phi_{\mathrm{II}}(s_{\mathrm{dII}},s_{\mathrm{dI}},I_{\mathrm{bII}},I_{\mathrm{oII}})\tag{5.5}$$

式中，I_{bI}、I_{oI}、I_{bII} 以及 I_{oII} 的具体变量根据过程机理确定如表 5.3 所示。

表 5.3 I_{bI}、I_{oI}、I_{bII} 和 I_{oII} 的具体变量

变量符号	包括的具体变量及其描述
I_{oI}	s_{pI} 和 s_{aI}；反映磨机 I 负载状态的 e_{mI}；反映分级机返砂状态的 e_{c}
I_{bI}	k_{m} 和 k_{r}；相关约束条件 I_{rI} 如阀门位置约束以及相关关键过程变量的上下限值
I_{oII}	s_{pII} 和 s_{aII}；反映磨机 II 负载状态的 e_{mII}
I_{bII}	k_{m}；相关约束条件 I_{rII} 如阀门位置约束以及相关关键过程变量的上下限值

1. 过程参数的统计过程处理

实际磨矿生产中，即使运行工况稳定，各个过程变量也会围绕其均值反复波动，因此在这些过程变量输入到 LPSC 以及其他模块进行相关运算之前，利用统计过程控制（SPC）技术[80, 264]对其进行统计处理和分析。实际上，SPC 就是执行了人感知外界信息具有的移动平均特性，通常可表示为

$$I_{\mathrm{o},i}=\sum_{j=1}^{K_i} I_{\mathrm{o},i}(j)\Big/K_i \tag{5.6}$$

式中，K_i 为采样数，具体数值根据采样时间和特定需求确定。

2. 回路预设定值案例推理求解

由于领域专家知识和操作员长期积累的优秀操作经验为优化设定问题提供了一个良好的品质模型，因而预设定控制器可以模拟有经验操作员的经验与知识来进行决策。传统的专家系统存在着知识获取困难的问题，而基于案例的推理技术则可以弥补这个缺陷。CBR 起源于从认知科学的角度对人类的推理和学习机制的探索，与传统的专家系统相比，CBR 具有如下一些特点[110-112, 145]。

（1）不需要显式表达的领域模型，通过收集以往的案例就可以获取知识，从而避开了“知识获取瓶颈”的问题。

（2）易于实现、易于维护：为了实现 CBR 系统，只需确定描述案例的主要特征，这比构造显式领域模型要容易得多。系统并不需要一个完善的案例库，因为案例库是渐进增长的，这也就避免了传统专家系统的隐患问题。CBR 系统通过从新的案例获得知识而进行案例学习，这使得系统维护更容易。

（3）采用增强学习，具有较好的自适应能力，特别适合工况时变对象。

本章基于 CBR 的回路预设定模块实现式(5.4)和式(5.5)所示的非线性映射，其预设定值求解的推理流程如图 5.5 所示。主要包括案例检索与匹配、案例重用以及

案例修正与存储等几个过程。另外，在进行案例推理运算之前还需要对所研究的优化设定问题进行案例表示。

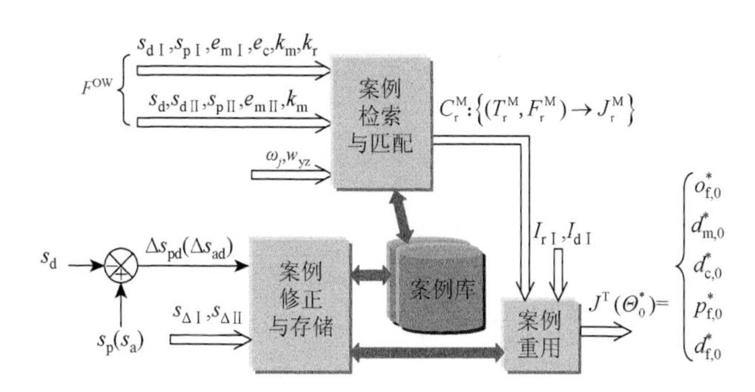

图 5.5　基于 CBR 的回路预设定推理流程

1）案例表示

回路预设定求解问题的案例表示可描述如下：

$$C_k:\left\{\left(T_k,\underbrace{(f_{1,k},\cdots,f_{\alpha_F,k})}_{F_k}\right)\to\underbrace{(j_{1,k},\cdots,j_{\alpha_J,k})}_{J_k}\right\},\quad k=1,2,\cdots,m \tag{5.7}$$

式中，m 为案例数量；C 表示案例；T 表示案例产生时间；F 表示案例描述特征，根据对磨矿机理的深层了解，选取的 LPSM Ⅰ 和 LPSM Ⅱ 的案例描述特征如式（5.8）和式（5.9）所示；J 表示案例解，这里即为基础反馈控制系统的预设定值，如式（5.8）和式（5.9）所示。

$$\begin{cases}C_k:\left\{\left(T_k,\underbrace{(s_{dI,k},s_{pI,k},e_{mI,k},e_{c,k},k_{m,k},k_{r,k})}_{F_k}\right)\to\underbrace{(o_{f,0,k}^*,d_{m,0,k}^*,d_{c,0,k}^*)}_{J_k}\right\},\quad \text{LPSM I} & (5.8)\\ C_k:\left\{\left(T_k,\underbrace{(s_{dI,k},s_{dII,k},s_{pII,k},e_{mII,k},k_{m,k})}_{F_k}\right)\to\underbrace{(p_{f,0,k}^*,d_{f,0,k}^*)}_{J_k}\right\},\quad \text{LPSM II} & (5.9)\end{cases}$$

在 F 和 J 的各属性中，k_m 和 k_r 为有序型属性（OA），而其他为数字型属性（NA）。为了方便起见，通常用有序数对{1, 1.5, 2, 2.5, 3}标定用语言变量表示的 k_m 的{坏，较坏，中，较好，中}以及 k_r 的{大，较大，中，较小，小}。

2）案例检索与匹配

设当前运行磨矿系统的工况描述特征为 $F^{\mathrm{OW}}=(f_1^{\mathrm{OW}},\cdots,f_{\alpha_{\mathrm{F}}}^{\mathrm{OW}})$。定义 F^{OW} 描述的磨矿系统与案例库中的第 k $(1\leqslant k\leqslant m)$ 条案例 $C_k:\{(T_k,F_k)\to J_k\}$ 的相似度为 SIM_k，表示如下：

$$
\begin{cases}
\mathrm{SIM}_k=\sum\limits_{j=1}^{\alpha_{\mathrm{F}}}\omega_j\mathrm{sim}\left(f_j^{\mathrm{OW}},f_{j,k}\right)\\
\mathrm{sim}\left(f_j^{\mathrm{OW}},f_{j,k}\right)=\begin{cases}1-\dfrac{\left|f_j^{\mathrm{OW}}-f_{j,k}\right|}{\max\left(f_j^{\mathrm{OW}},f_{j,k}\right)}, & \mathrm{NA}\\ 1-\dfrac{\left|f_j^{\mathrm{OW}}-f_{j,k}\right|}{5}, & \mathrm{OA}\end{cases}
\end{cases}
\tag{5.10}
$$

式中，α_{F} 表示 F^{OW} 的属性数量，由式(5.8)和式(5.9)可知，LPSM Ⅰ 的属性数量 $\alpha_{\mathrm{F}}=6$，LPSM Ⅱ 的属性数量 $\alpha_{\mathrm{F}}=5$； $\mathrm{sim}\left(f_j^{\mathrm{OW}},f_{j,k}\right)(j=1,\cdots,\alpha_{\mathrm{F}})$ 表示 F^{OW} 与 F_k 案例特征的相似度函数； $\max\left(f_j^{\mathrm{OW}},f_{j,k}\right)$ 表示 f_j^{OW}、$f_{j,k}$ 中最大值；系数 ω_j 表示各个案例属性的特征权值，其值通常可通过领域专家根据具体工艺确定。

案例相似度阈值 $\mathrm{SIM}_{\mathrm{yz}}$ 由式（5.11）确定：

$$
\mathrm{SIM}_{\mathrm{yz}}=\begin{cases}w_{\mathrm{yz}}, & \max\limits_{k=1,\cdots,m}(\mathrm{SIM}_k)\geqslant w_{\mathrm{yz}}\\ \max\limits_{k=1,\cdots,m}(\mathrm{SIM}_k), & \max\limits_{k=1,\cdots,m}(\mathrm{SIM}_k)<w_{\mathrm{yz}}\end{cases}
\tag{5.11}
$$

式中，w_{yz} 为领域专家确定的阈值，可取 $w_{\mathrm{yz}}=0.9$。

案例库中所有满足条件 $\mathrm{SIM}_k\geqslant\mathrm{SIM}_{\mathrm{yz}}$ 的案例都被检索出来作为匹配案例备用，并将其按 SIM_k 及 T_k 降序排列。

3）案例重用

设 $C_r^{\mathrm{M}}:\left\{\left(T_r^{\mathrm{M}},F_r^{\mathrm{M}}\right)\to J_r^{\mathrm{M}}\right\}(r=1,\cdots,h)$ 为通过案例检索后的匹配案例集，h 为匹配案例数量。那么以描述特征 F^{OW} 描述的当前磨矿系统的回路预设定值解 J^{OW} 可表示为

$$
J^{\mathrm{OW}}=\begin{cases}J_1^{\mathrm{M}}, & \mathrm{SIM}_1=1\text{或}\mathrm{SIM}_{\mathrm{yz}}=\mathrm{SIM}_1\\ \dfrac{\sum\limits_{r=1}^{w}(\mathrm{SIM}_r\times J_r^{\mathrm{M}})}{\sum\limits_{r=1}^{w}\mathrm{SIM}_r}, & \text{其他}\end{cases},\quad w=\begin{cases}h, & w<5\\ 5, & \text{其他}\end{cases}
\tag{5.12}
$$

为了安全起见，必须对以上案例重用后的案例解使用其正常生产条件下的上下限值约束才能将案例推理解 $\Theta_0^* = J^{\text{OW}}$ 输出到底层基础反馈控制器。

4）案例修正与存储

案例重用后的解 J^{OW} 作为回路预设定值输出到相应底层回路控制器后，若使得 $|\Delta s_{\text{pd}}| \leqslant s_\Delta$ 或 $|\Delta s_{\text{ad}}| \leqslant s_\Delta$，则说明之前的案例解是合理的，因而不需案例修正；否则若使得 $|\Delta s_{\text{pd}}| > s_\Delta$ 或 $|\Delta s_{\text{ad}}| > s_\Delta$，则说明之前案例解不合理，需要进行案例修正：先由模糊调节器给出相应预设定值 Θ_0^* 的调节量 $\Delta\Theta$，然后以 $J = \Theta_0^* + \Delta\Theta$ 替代原具有最大相似度的匹配案例 C_r^{M} 的解特征，最后对修正后的案例进行存储。

5.3.3　控制系统设定值多变量模糊动态调节

由于原矿石成分和性质的不稳定、给矿石粒级的反复波动，影响磨矿系统运行性能的生产边界条件与工况条件显著时变，造成磨矿系统运行工作点的逐渐漂移。对于基于案例推理的 LPSC，虽然可以根据磨矿粒度在线估计值，采用输出偏差反馈法再次启动 LPSC 进行案例推理求解，但是工况突变时，案例库中的案例难以对当前的运行工况准确刻画，而要积累新案例样本，又需要比较长的时间，因而此种情况下的案例推理设定系统难以进行正确的控制器设定值求解。

为此，在 LPSC 基础上建立基于控制偏差的反馈调节机制，根据粒度控制偏差对基础控制回路设定值进行在线动态校正。为了设计这一反馈调节机制，就需要在对过程信息进行分析和预处理的基础上建立粒度控制偏差与回路控制器设定值偏差之间的内在关系。一种能够摒弃传统基于数学模型方法的有效选择就是智能调节技术。多年的磨矿生产实际积累了丰富的领域专家知识和操作经验，因而采用模糊逻辑推理技术来模拟领域专家或经验操作员的处理思路是建立反馈调节机制的有效方法。构建的多变量模糊调节器（FA）由主、辅两个调节器构成，分别用于实现如下多变量非线性映射：

$$\underbrace{\left(\Delta o_{\text{f,M}}^*, \Delta d_{\text{m,M}}^*, \Delta d_{\text{c,M}}^*, \Delta d_{\text{f,M}}^*, \Delta p_{\text{f,M}}^*\right)}_{\Delta\Theta_{\text{M}}} = \phi_{\text{M}}\left(\Delta s_{\text{pdI}}, \Delta s_{\text{pdII}}, \rho_{\text{M}}\right) \tag{5.13}$$

$$\underbrace{\left(\Delta o_{\text{f,A}}^*, \Delta d_{\text{m,A}}^*, \Delta d_{\text{c,A}}^*, \Delta d_{\text{f,A}}^*, \Delta p_{\text{f,A}}^*\right)}_{\Delta\Theta_{\text{A}}} = \phi_{\text{A}}\left(\Delta s_{\text{adI}}, \Delta s_{\text{adII}}, \rho_{\text{A}}\right) \tag{5.14}$$

式中，$\phi_{\text{M}}(\cdot)$、$\phi_{\text{A}}(\cdot)$ 为未知多变量非线性函数；ρ_{M}、ρ_{A} 为相关影响因素，从 I_{o} 读取。

1. 基于 PPS 在线软测量的模糊主调节

1）统计过程处理

为了模拟人感知外部输入信息的移动平均特性，采用 SPC 技术对粒度软测量模块的短暂输出 $s_p(t_1)$进行如下加权移动平均处理：

$$s_p = \sum_{i=1}^{k_1}(i \times s_p(i \times t_1)) \bigg/ \sum_{i=1}^{k_1} i, \quad k_1 \in \mathbf{Z}^+; k_1 > 1 \tag{5.15}$$

2）系统结构

与 LPSC 及 PSSM 的设计类似，为了削弱一段磨矿和二段磨矿的耦合和时滞效应，针对一段磨矿和二段磨矿分别设计两个单独的模糊调节器，如图 5.6 所示，包括模糊推理机、协调机制、模糊规则库、数据库及知识获取机制等部分。其中数据库对一些中间数据以及必要的过程数据进行存取，知识获取机制就是领域专家与模糊推理系统的一个人机接口，领域专家通过该接口可以对系统的相关规则、系数进行修改。协调机制就是根据 Δs_{pdI}、Δs_{pdII} 的数值特性，给出一种能够在保证磨矿粒度产品质量指标的前提下，有效提高磨机生产率的回路设定值调节方案，而具体调节量由下述的多变量模糊推理算法给出。表 5.4 所示为用 IF-THEN 规则表示的协调机制的操作规则。表中↑、↓、→分别表示上调、下调和不变化。

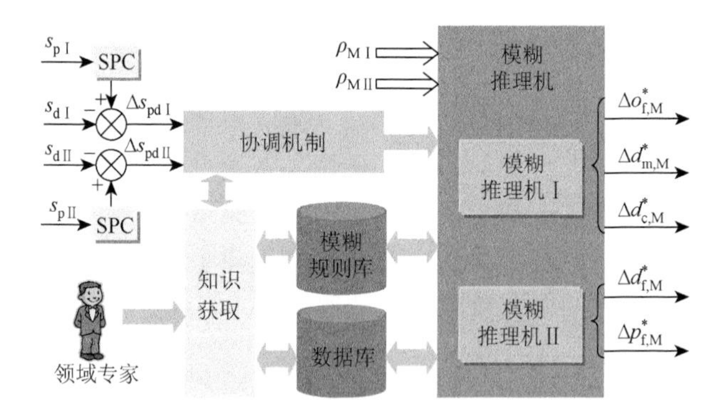

图 5.6　模糊主调节器结构

3）模糊多变量推理算法

为了进行模糊推理，先将 Δs_{pd}、ρ_M、$\Delta\Theta_M$ 等清晰量进行模糊化处理：在 Δs_{pd} 的论域上定义 7 个模糊集，在 ρ_M 的论域上定义 3 个模糊集，在 $\Delta\Theta_M$ 的论域上定义 9 个单值模糊集，Δs_{pd} 和 ρ_M 的隶属度函数分别如表 5.5 和表 5.6 所示。$\Delta\Theta_M$、ρ_M 的

具体表式如表 5.7 所示。考虑到$\Delta o^*_{f,M}$、$\Delta d^*_{m,M}$对矿石性质波动的敏感性，引入自适应因子k_m、k_r，其中σ为相关系数。

根据领域专家知识和Δs_{pd}、ρ_M、$\Delta\Theta_M$的模糊集划分，建立了表 5.8 所示的模糊规则库。模糊规则库中的规则采用如下模糊 IF-THEN 规则形式：

$$R_j: \text{ IF } \Delta s_{pd} \text{ is } \Gamma_j(\Delta s_{pd}) \text{ AND } \rho_M \text{ is } \Gamma_j(\rho_M)$$
$$\to \text{ THEN } \Delta\Theta_M \text{ is } \Gamma_j(\Delta\Theta_M)$$

式中，R_j表示第j条模糊 IF-THEN 规则；$\Gamma_j(\bullet) \in$ {NL, NB, NM, NS, ZO, PS, PM, PB, PL}，符号 NL、NB、NM、NS、PS 等表示模糊集常用的语言变量缩写，N 代表负的、P 代表正的、Z 代表零、S 代表小的、M 代表中的、B 代表大的、L 代表非常大的。

采用乘积运算求取每条规则的适用度$W(R_j)$，采用重心法进行解模糊化运算，即可得到$\Delta\Theta_M$精确加权解，其中权重为规则适用度$W(R_j)$，具体如下：

$$\Delta\Theta_M = \sum W(R_j)\Gamma_j(\Delta\Theta_M) \Big/ \sum W(R_j) \tag{5.16}$$

基础反馈控制器的原设定值加上调节量$\Delta\Theta_M$即为调节后的设定值Θ^*_Δ。

表 5.4　协调机制的操作规则

规则（Rules）	IF	THEN				
Rule 1	$\Delta s_{pdI} > s_{\Delta I}$ AND $\Delta s_{pdII} > s_{\Delta II}$	$o^*_f \uparrow$	$d^*_m \downarrow$	$d^*_c \uparrow$	$d^*_f \to$	$p^*_f \to$
Rule 2	$\Delta s_{pdI} > s_{\Delta I}$ AND $-s_{\Delta II} \leqslant \Delta s_{pdII} \leqslant s_{\Delta II}$	$o^*_f \uparrow$	$d^*_m \to$	$d^*_c \to$	$d^*_f \to$	$p^*_f \to$
Rule 3	$\Delta s_{pdI} > s_{\Delta I}$ AND $\Delta s_{pdII} < -s_{\Delta II}$	$o^*_f \uparrow$	$d^*_m \to$	$d^*_c \to$	$d^*_f \downarrow$	$p^*_f \uparrow$
Rule 4	$-s_{\Delta I} \leqslant \Delta s_{pdI} \leqslant s_{\Delta I}$ AND $\Delta s_{pdII} > s_{\Delta II}$	$o^*_f \to$	$d^*_m \to$	$d^*_c \to$	$d^*_f \uparrow$	$p^*_f \downarrow$
Rule 5	$-s_{\Delta I} \leqslant \Delta s_{pdI} \leqslant s_{\Delta I}$ AND $-s_{\Delta II} \leqslant \Delta s_{pdII} \leqslant s_{\Delta II}$	$o^*_f \to$	$d^*_m \to$	$d^*_c \to$	$d^*_f \to$	$p^*_f \to$
Rule 6	$-s_{\Delta I} \leqslant \Delta s_{pdI} \leqslant s_{\Delta I}$ AND $\Delta s_{pdII} < -s_{\Delta II}$	$o^*_f \to$	$d^*_m \to$	$d^*_c \to$	$d^*_f \downarrow$	$p^*_f \uparrow$
Rule 7	$\Delta s_{pdI} \leqslant -s_{\Delta I}$ AND $\Delta s_{pdII} > s_{\Delta II}$	$o^*_f \to$	$d^*_m \uparrow$	$d^*_c \downarrow$	$d^*_f \uparrow$	$p^*_f \downarrow$
Rule 8	$\Delta s_{pdI} \leqslant -s_{\Delta I}$ AND $-s_{\Delta II} \leqslant \Delta s_{pdII} \leqslant s_{\Delta II}$	$o^*_f \to$	$d^*_m \to$	$d^*_c \to$	$d^*_f \to$	$p^*_f \to$
Rule 9	$\Delta s_{pdI} \leqslant -s_{\Delta I}$ AND $\Delta s_{pdII} < -s_{\Delta II}$	$o^*_f \downarrow$	$d^*_m \uparrow$	$d^*_c \downarrow$	$d^*_f \downarrow$	$p^*_f \uparrow$

表 5.5 Δs_{pd} 的隶属度函数

$\Gamma_j(\Delta s_{pd})$ \ $\mu_\Gamma(\Delta s_{pd})$ \ Δs_{pd}	−6	−5	−4	−3	−2	−1	0	1	2	3	4	5	6
NB	1	0.5	0	0	0	0	0	0	0	0	0	0	0
NM	0	0.5	1	0	0	0	0	0	0	0	0	0	0
NS	0	0	0	1	0.5	0	0	0	0	0	0	0	0
ZO	0	0	0	0	1	1	1	1	1	0	0	0	0
PS	0	0	0	0	0	0	0	0	0.5	1	0	0	0
PM	0	0	0	0	0	0	0	0	0	0	1	0.5	0
PB	0	0	0	0	0	0	0	0	0	0	0	0.5	1

表 5.6 ρ_M 的隶属度函数

$\Gamma_j(\rho_M)$ \ $\mu_\Gamma(\rho_M)$ \ ρ_M	0	1	2	3	4	5
NB	1	1	0	0	0	0
ZO	0	0	1	1	0	0
PB	0	0	0	0	1	1

表 5.7 $\Delta\Theta_M$ 和 ρ_M 的具体表示

参数	$\Delta o^*_{f,M}$	$\Delta d^*_{m,M}$	$\Delta d^*_{c,M}$	$\Delta d^*_{f,M}$	$\Delta p^*_{f,M}$
$\Delta\Theta_M$ 的具体表式	$\sigma_{M_1}k_m+\sigma_{M_2}k_r$	$\sigma_{M_3}k_m+\sigma_{M_4}k_r$	σ_{M_5}	σ_{M_6}	σ_{M_7}
ρ_M 的具体表式	v_m	—	v_c	l_s	l_s

表 5.8 $\Delta o^*_{f,M}$、$\Delta d^*_{f,M}$、$\Delta d^*_{c,M}$、$\Delta p^*_{f,M}$ 以及 $\Delta d^*_{m,M}$ 的模糊调节规则

Δs_{pd} \ $\Delta o^*_{f,M},\Delta d^*_{f,M}/\Delta d^*_{c,M}/\Delta p^*_{f,M}/\Delta d^*_{m,M}$ \ ρ_M	NB	ZO	PB
NB	NB/NL/PB/PB	NL/NL/PL/PB	NL/NB/PL/PB
NM	NM/NB/PM/PM	NB/NB/PB/PM	NB/NM/PB/PM
NS	NS/NM/PS/PS	NM/NM/PM/PS	NM/NS/PM/PS
ZO	ZO/ZO/ZO/ZO	ZO/ZO/ZO/ZO	ZO/ZO/ZO/ZO
PS	PM/PS/NM/NS	PM/PM/NM/NS	PS/PM/NS/NS
PM	PB/PM/NB/NM	PB/PB/NB/NM	PM/PB/NM/NM

2. 基于 PPS 离线化验的间歇式模糊辅助调节

辅助调节器的功能是实现式(5.14)所示的多变量映射。由于实际磨矿生产中，磨矿粒度的采样以及之后送交实验室化验的滞后时间较长，因而辅助调节为“事后”调节。正因如此，辅助调节只能作为主调节的补充，是否进行辅助调节要视具体情况而定：若当前工况稳定，且粒度预报值合格，即 s_p 一直在可控区间（$s_d - s_\Delta, s_d + s_\Delta$）内波动，则不宜施行辅助调节，否则将破坏原系统的稳定性；若工况不稳定，或粒度预报值一直不合格，即 s_p 超出可控区间的范围，就可施行辅助调节作用。辅助调节器的具体实现算法与主调节器相同，这里不再重述。

5.4　工业实验及应用

我国某大型选厂年处理 500 万吨赤铁矿、菱铁矿、褐铁矿等低品位（～33%）矿石。由于这些矿石成分复杂、嵌布粒度细且不均匀、磁性较弱并且硬度较大，因而该选厂采用了八个并行系列的典型两段式赤铁矿全闭路磨矿，每一个系列的磨矿及其重要设备构成如图 5.7 所示。其中球磨机为 Φ3.2m×3.5m 格子型球磨机，螺旋分级机为 2FLG-φ2.4m 双螺旋分级机，旋流器为 FX-350 水力旋流器。

在过去，该选厂磨矿控制与管理都依靠人工操作来完成，因而造成人员冗余、低效率和高成本。基于提出智能运行控制方法设计的层次控制系统的总体结构如图 5.8 所示。底层基础反馈控制系统采用美国 Rockwell 公司的 ControlLogix 5000 控制系统进行设计。ControlLogix 5000 系统是一个广泛用于工业过程与装备控制的多功能控制系统，实现对关键过程变量的回路控制、设备或机组的启停控制、逻辑控制、安全互锁控制以及报警等功能。采用 Rockwell 的 RSView32 监控组态软件开发人机交互平台。操作员可以通过这个平台对基础反馈控制系统设定值进行修改和其他监督操作。由于 RSView32 内建的 Visual Basic Application（VBA）脚本语言与 Microsoft Visual Basic 具有几乎相同的面向对象开发环境和简便易学的语法结构，并且可以方便地和下位机基础控制系统程序以及人机交互 RSView32 平台进行数据通信，轻松地访问 MATLAB、Microsoft Office Access、Visual FoxPro 等第三方应用程序，因而采用 VBA 语言对上层智能运行反馈控制系统进行开发实现。另外，在上层运行反馈控制系统中，安装了用于在线科学计算的 MATLAB 软件、用于承载案例库的 Microsoft Office Access 软件以及用于承载其他相关数据库的 Visual FoxPro 软件等。

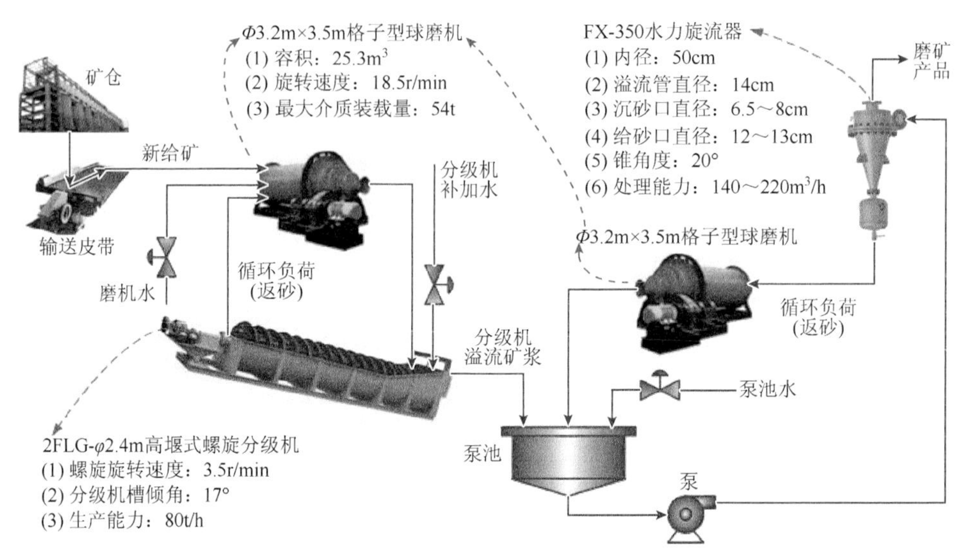

图 5.7　选厂两段闭路磨矿回路流程示意图及其主要设备的规格参数

5.4.1　工业试验

提出的基于数据与知识的磨矿过程智能运行反馈控制方法首先在该选厂的四系列磨矿回路进行了工业测试。为了检验智能运行反馈控制系统对磨矿运行指标的控制及优化性能，进行了反复的工业试验，其中一个比较典型的工业试验如下。

首先，在智能运行反馈控制系统构建过程中，一些主要待定参数或技术根据实际工艺要求确定如下。根据选厂工艺要求，磨矿粒度指标必须控制在（76,80）（%＜200mesh）内，相应的一段磨矿粒度指标必须控制在区间（56,60）（%＜200mesh）内，从而有 $s_{\mathrm{d}}=(s_{\mathrm{dI}},s_{\mathrm{dII}})=(58,78)$ 以及 $s_{\Delta}=(s_{\Delta\mathrm{I}},s_{\Delta\mathrm{II}})=(2,2)$ 。边界约束条件中，一些关键过程参数的上下限值如表 5.9 所示。LPSC 设计中，从众多历史经验数据中各挑选出 80 组典型数据用于构建一段磨矿预设定控制器和二段磨矿预设定控制器的案例库。其中两个子预设定控制器的案例特征权值根据领域专家经验进行确定，如表 5.10 所示。PSSM 设计中，根据实际需要，粒度软测量的计算周期确定为 2min。通过长达 10 多个小时的工业试验，采集了 300 组软测量样本数据，通过数据滤波处理，挑选出 150 组数据用于神经网络训练，100 组数据用于神经网络粒度估计效果检验。通过反复训练和检验，最终得到粒度软测量模型 I 和粒度软测量模型 II 的 RBF-ANN 模型结构分别为 8（输入层）—17（隐含层）—1（输出层）和 6（输入层）—15（隐含层）—1（输出层）。多变量 FA 设计时，确定 SPC 机制的 $k_1=5$ ，Δs_{pd}、Δs_{ad} 的论域取其真实值，$\Delta\Theta_{\mathrm{M}}$、$\Delta\Theta_{\mathrm{A}}$、$\rho_{\mathrm{M}}$、$\rho_{\mathrm{A}}$ 的论域取值如表 5.11 所示。

工业试验具体过程如下。某时刻，由 LPSC 根据表 5.12 所示磨矿工况描述特征 F^{OW}，采用 CBR 算法给出底层各控制回路的初始设定值 Θ_0^*，如表 5.13 所示。磨矿系统在上述初始工作点达到稳态后，绘制了从该时刻开始的智能运行反馈控制下的磨矿粒度控制效果图，如图 5.9 所示（实验中，磨矿粒度实际值通过实验室化验给出，采样周期为 1h。而粒度估计值为 10min 内计算的 5 次粒度软测量输出的加权平均。另外，图中两点划线之间的区域为磨矿粒度的期望目标区间）。通过表 5.14 所示各采样时刻（即 t=10min，t=70min，t=130min，t=190min，t=250min，t=310min，t=370min，t=430min 以及 t=490min）下的粒度估计值与实际化验值的比较可以看出，PSSM 能够较好地根据过程实时数据估计出磨矿粒度值，且估计精度较高，能够满足运行反馈控制系统对磨矿粒度闭环控制的精度要求。

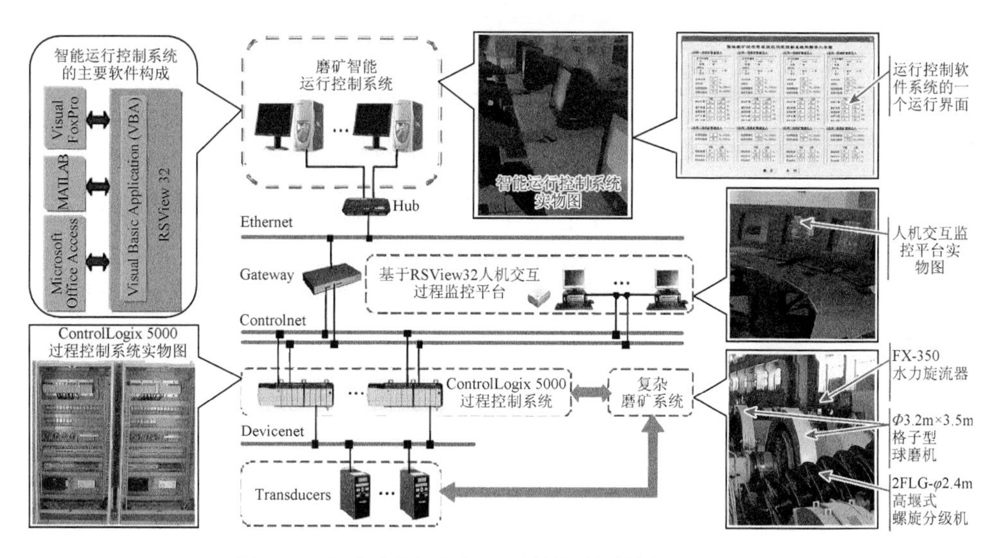

图 5.8　磨矿过程智能运行反馈控制系统的总体结构

表 5.9　工况约束条件

变量	o_{f} /(t/h)	d_{m} /%	d_{c} /%	q_{m} /(m^3/h)	q_{c} /(m^3/h)	d_{f} /%	p_{f} /kPa	l_{s} /m	k_{m}	k_{r}	d_{r} /%	r_{r}
取值或上下限值	65±10	80±2	48±10	12±5	50±10	50±10	125±45	0.75±0.55	1.5	2	80	150

表 5.10　预设定控制器的案例特征权值

	控制回路预设定模型 I						控制回路预设定模型 II				
案例描述特征	s_{dI}	s_{pI}	e_{mI}	e_c	k_m	k_r	s_{dII}	s_{dI}	s_{pII}	e_{mII}	k_m
案例特征权值	4/17	3/17	2/17	2/17	3/17	3/17	4/11	5/22	2/11	1/11	3/22

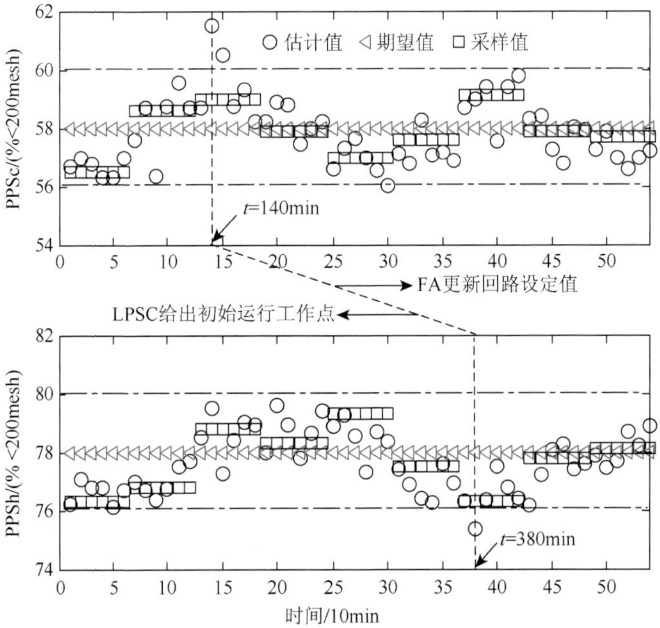

图 5.9　智能运行反馈控制下的磨矿粒度控制效果

由图 5.9 所示的 PPS 控制曲线可以看出，在 LPSC 给出的初始工作点下，磨矿系统在长达 140min 的时间内，使得 PPS 指标均在期望目标范围内，即 $s_p \in (s_d - s_\Delta, s_d + s_\Delta)$ 及 $s_a \in (s_d - s_\Delta, s_d + s_\Delta)$，从而验证了控制回路预设定控制器的有效性和合理性。

当 t=140min 时，有 $s_{pI} = 61.5 \notin (56,60)$ 且 $s_{pII} = 77.9 \notin (76,78)$，这意味着一段磨矿的粒度估计值过细，而二段磨矿粒度合格，这样 FA 打开，并执行如下多变量调节操作。

（1）计算误差 $\Delta s_{pdI} = s_{pI} - s_{dI} = 3.5$，读取磨机加水阀位开度值信息 $v_m = 40\%$。

（2）由表 5.4 的 FA 协调机制的操作 Rule 2 得到此时应有 $o_f^* \uparrow$，即增加磨机新给矿量控制回路的设定值。

（3）由表 5.5 和表 5.6 的隶属度函数以及表 5.11 所示的论域取值得到 $\Gamma(\Delta s_{pdI}) =$

$\{\mathrm{PS,PM}\}$ 和 $\Gamma(v_{\mathrm{m}})=\{\mathrm{ZO}\}$。从而由表 5.8 模糊规则库即得 $\Gamma(\Delta\Theta_{\mathrm{M}})=\Gamma(\Delta o_{\mathrm{f}})=\{\mathrm{PM,PB}\}$。

（4）采用式（5.16）对上述得到的模糊解进行解模糊化运算得

$$\Delta o_{\mathrm{f}}=\frac{\sum\hbar(R_j)\Gamma_j(\Delta\Theta_{\mathrm{M}})}{\sum\hbar(R_j)}=\frac{0.5\times(0.8\times1.5+0.6\times2)+0.5\times(1.2\times1.5+0.8\times2)}{0.5+0.5}=2.9$$

（5）将磨机新给矿量控制回路的设定值更新为

$$o_{\mathrm{f}}^{*}=69.5+2.9=72.4\,(\mathrm{t/h})$$

（6）FA 自动关闭。

由图 5.9 可以看出，经过上述模糊调节后，磨机处理量提高了 2.9t/h，PPS 也逐渐进入了期望区间，即有 $s_{\mathrm{p}}\in(s_{\mathrm{d}}-s_{\Delta},s_{\mathrm{d}}+s_{\Delta})$ 以及 $s_{\mathrm{a}}\in(s_{\mathrm{d}}-s_{\Delta},s_{\mathrm{d}}+s_{\Delta})$，从而验证了 FA 的有效性。当 t=380min 时，观测到 $s_{\mathrm{pI}}=58.9\in(56,58)$及 $s_{\mathrm{pII}}=75.4\notin(76,78)$，这意味着一段磨矿 PPS 合格，而二段磨矿 PPS 估计值显示粒度太粗。从而 FA 又重新启动，通过表 5.4 所示协调机制的操作规则以及相关多变量模糊算法即可对二段磨矿的设定值进行如下更新：$d_{\mathrm{f}}^{*}=49.7-0.93=48.77(\%)$，$p_{\mathrm{f}}^{*}=130+13.3=143.3(\mathrm{kPa})$。之后，虽然各种干扰的存在，$s_{\mathrm{pI}}$、$s_{\mathrm{pII}}$、$s_{\mathrm{aI}}$、$s_{\mathrm{aII}}$ 均有所波动，但是只限于在各自目标区间 $(s_{\mathrm{d}}-s_{\Delta},s_{\mathrm{d}}+s_{\Delta})$ 内小幅变化。

上述长达 540min 的工业试验使得最终的旋流器溢流粒度 PPSh 以及分级机溢流粒度 PPSc 均基本控制期望目标范围内，并且使得磨机处理量增加了 2.9t/h，即提高了磨机生产率 GRP 的运行控制指标。这些实际工业试验效果表明：提出的基于数据与多知识的磨矿过程智能运行反馈控制方法是有效和合理的。

表 5.11　$\Delta\Theta_{\mathrm{M}}$、$\Delta\Theta_{\mathrm{A}}$、$\rho_{\mathrm{M}}$、$\rho_{\mathrm{A}}$ 的论域取值

参数		论域									
		−4	−3	−2	−1	0	1	2	3	4	5
$\Delta\Theta_{\mathrm{M}}/\Delta\Theta_{\mathrm{A}}$	$\Delta o_{\mathrm{f,M}}^{*}$	(−1.6,−1.2)	(−1.2,−0.8)	(−0.8,−0.6)	(−0.4,−0.2)	0	(0.4,0.2)	(0.8,0.6)	(1.2,0.8)	(1.6,1.2)	—
	$\Delta o_{\mathrm{f,A}}^{*}$	(−1.7,−1.5)	(−1.3,−1.1)	(−0.9,−0.7)	(−0.5,−0.3)	0	(0.5,0.3)	(0.9,0.7)	(1.3,1.1)	(1.7,1.5)	—
	$\Delta d_{\mathrm{m,M}}^{*}$	—	(−0.3,−0.15)	(−0.2,−0.1)	(−0.1,−0.05)	0	(0.1,0.05)	(0.2,0.1)	(0.3,0.15)	—	—
	$\Delta d_{\mathrm{m,A}}^{*}$	—	(−0.4,−0.2)	(−0.3,−0.15)	(−0.2,−0.1)	0	(0.2,0.1)	(0.3,0.15)	(0.4,0.2)	—	—
	$\Delta d_{\mathrm{c,M}}^{*}$	−3.5	−2.5	−1.5	−0.5	0	0.5	1.5	2.5	3.5	—
	$\Delta d_{\mathrm{c,A}}^{*}$	−4	−3	−2	−1	0	1	2	3	4	—

续表

参数		论域									
		−4	−3	−2	−1	0	1	2	3	4	5
$\Delta\Theta_{M}/\Delta\Theta_{A}$	$\Delta d_{f,M}^{*}$	−3.4	−2.4	−1.4	−0.4	0	0.4	1.4	2.4	3.4	—
	$\Delta d_{f,A}^{*}$	−3.8	−2.8	−1.8	−0.8	0	0.8	1.8	2.8	3.8	—
	$\Delta p_{f,M}^{*}$	−40	−30	−20	−10	0	10	20	30	40	—
	$\Delta p_{f,A}^{*}$	−45	−35	−25	−15	0	15	25	35	45	—
ρ_{M}/ρ_{A}	v_{m}	—	—	—	—	0	15	30	70	85	100
	v_{c}	—	—	—	—	0	15	30	70	85	100
	l_{p}	—	—	—	—	0	0.2	0.5	1	1.3	1.5

注：括号中的数字为系数 σ 取值。

表 5.12　磨矿工况描述特征

	控制回路预设定模型 I						控制回路预设定模型 II				
案例描述特征	s_{dI}	s_{pI}	e_{mI}	e_{c}	k_{m}	k_{r}	s_{dII}	s_{dI}	s_{pII}	e_{mII}	k_{m}
取值	58%	56.3%	58.5A	21.7A	1.5	2	78%	58%	75.5%	54.4A	1.5

表 5.13　回路控制器的初始设定值解

	控制回路预设定模型 I			控制回路预设定模型 II	
案例解特征	$o_{f,0}^{*}$	$d_{m,0}^{*}$	$d_{c,0}^{*}$	$p_{f,0}^{*}$	$d_{f,0}^{*}$
取值	69.5t/h	79%	48.3%	130kPa	49.7%

表 5.14　图 5.9 的采样时刻下的粒度软测量估计值与实际化验值比较

	采样时刻 t/min	10	70	130	190	250	310	370	430	490
软测量模型 I	化验值/(%<200mesh)	56.5	58.6	59	57.9	57	57.6	59.1	57.9	57.7
	估计值/(%<200mesh)	56.7	57.6	58.7	58.2	56.6	57.1	58.7	58.3	57.3
软测量模型 II	化验值/(%<200mesh)	76.3	76.8	78.8	78.3	79.3	77.5	76.3	77.8	78.1
	估计值/(%<200mesh)	76.2	77	78.5	78	78.9	77.4	76.3	76.2	77.9

5.4.2　工业应用

基于成功的工业试验，将基于数据与知识的磨矿过程智能运行反馈控制方法在该选厂的磨矿作业进行推广应用。目前，该智能运行反馈控制系统已在该选厂磨矿作业稳定运行了多年，其应用效果可通过如下一些统计数据或统计图的比较清楚看出。

图 5.10 和图 5.11 分别为一段磨矿产品粒度和二段磨矿产品粒度在之前人工设定和智能运行控制下的效果比较。可以看出，相对于人工设定，智能运行控制下的磨矿粒度波动较小，基本能够控制在期望目标区间内。另外，生产统计数据还表明，在相同期望目标区间（56, 60）（%<200mesh）下，智能运行反馈控制下的一段磨矿粒度统计均值由之前人工设定下的～56.9（%<200mesh）提高到了～58.1（%<200mesh），最终二段磨矿粒度由之前人工设定时的～76.6（%<200mesh）提高到了现在的～77.9（%<200mesh）。这说明智能运行反馈控制实现了粒度指标的优化。

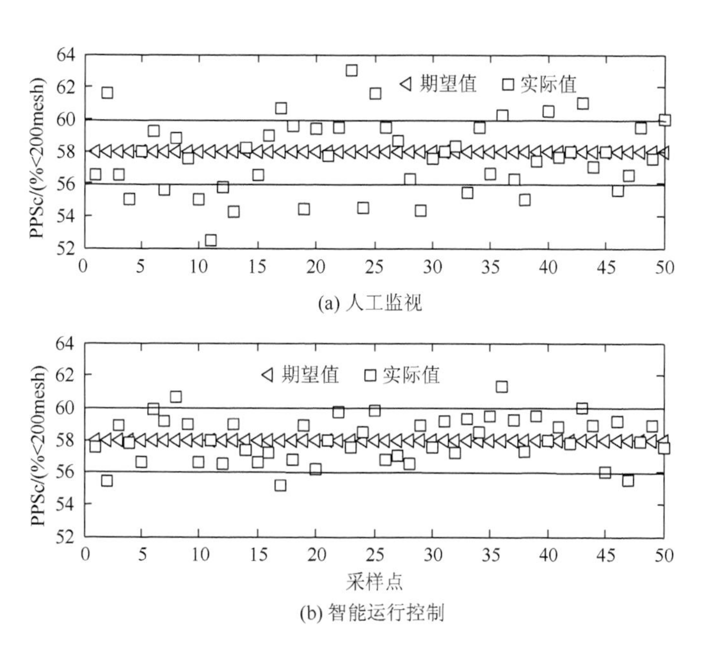

图 5.10　智能运行反馈控制前后一段磨矿粒度控制效果比较

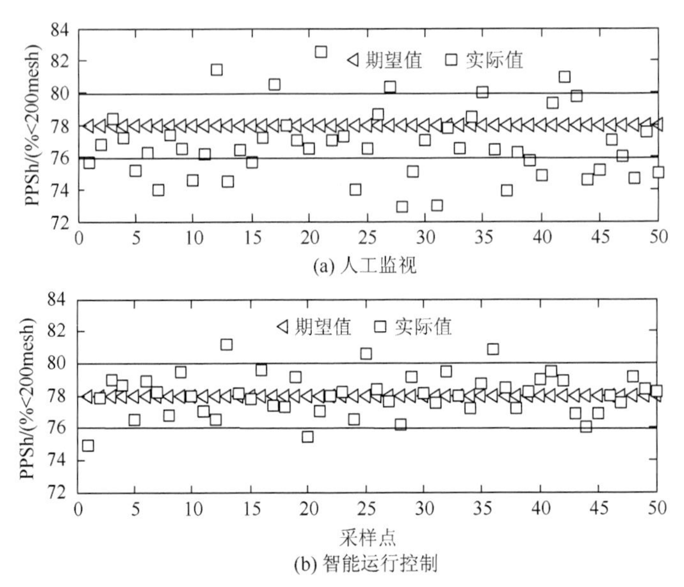

图 5.11　智能运行反馈控制前后二段磨矿粒度控制效果比较

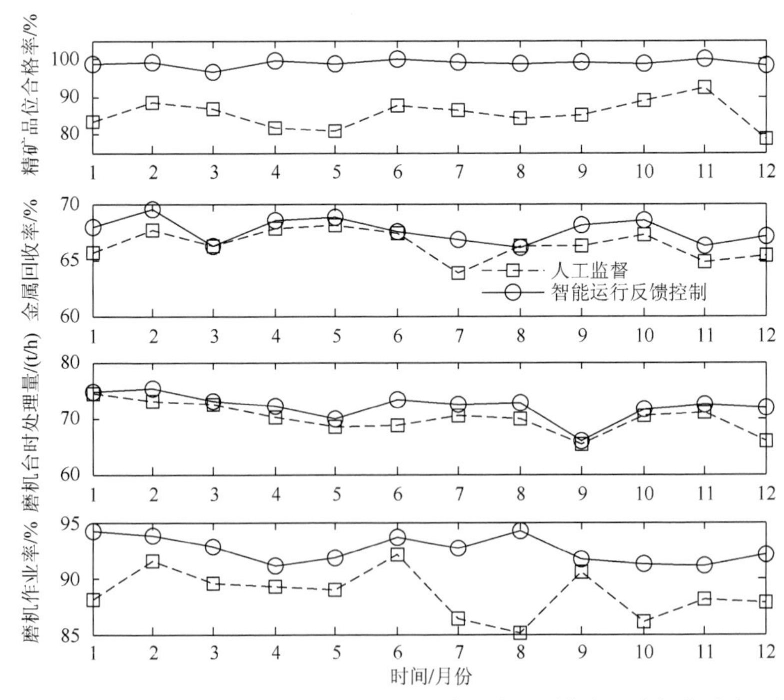

图 5.12　智能运行反馈控制前后精矿品位合格率、金属回收率、磨机台时处理量、及磨机作业率比较

图 5.12 为智能运行反馈控制前后该选矿厂精矿品位合格率、金属回收率、磨机台时处理量及磨机作业率比较的年统计均值比较。图中数据为相应月份各日统计均值的平均，而日统计均值为各采样时刻统计到日的均值。可以看出，智能运行反馈控制后精矿品位合格率较之前人工操作时有了很大提高（提高了～15.77%），并且金属回收率也比之前提高了～1.51%左右。虽然精矿品位合格率和金属回收率的提高不能全部归功于磨矿过程的智能运行反馈控制，但是不能否认一个好的磨矿产品粒度质量将可以大大提高精矿品位合格率及金属回收率水平。另外由图 5.12 还可以看出，智能运行反馈控制下的磨机台时处理量以及磨机作业率均比之前有了较大的提高。根据统计分析，磨机作业率提高了～2.78%，而磨机台时处理量提高了～4.42%。这表明磨矿过程智能运行反馈控制在保证磨矿粒度指标的前提下实现提高磨机生产率的控制目标。

5.4.3　经济效益分析

在该选厂实施智能运行反馈控制系统是一项复杂的控制工程项目，这具体体现在以下几个方面。

（1）首先是控制系统复杂。下层的基础控制系统包括大约 80 台工艺设备需要监视，约 180 台仪器和执行机构设备需要安装，超过 60 个基础控制回路需要组态和调试。上层的智能运行控制系统主要包括 48 个智能模块需要设计和调试。并且每一个模块均需要收集和处理很多组数据和专家知识。

（2）安装调试的环境恶劣。这是因为该选厂是一个运行几十年的老厂，很多工艺设备都已经年久失修，输送管网相互交错且复杂，这使得安装调试的工作空间十分狭小。

（3）系统安装调试过程中，该选厂的日常生产不允许打断和受影响，从而这给控制系统的安装带来很多不便。

为此，项目组整整花了 20 个月的时间才完成该自动化系统的调研、设计、安装和调试。据估计，整个项目资金投资大概为 1500 万人民币，这主要包括设备成本、材料成本、人员费、管理费以及维修费用等。看上去项目的实施似乎成本太高，但是，当智能运行反馈控制在该选厂磨矿生产过程投运并正常运转后，显著的经济效益就逐渐显露出来，这具体表现在以下几个方面。

（1）首先，由于磨矿过程智能运行反馈控制后其磨矿粒度质量指标得到提高并且磨机生产率得到了优化，使得最终的精矿品位和精矿产量均有所提高，这为该选厂产生了大约 600 万元/年的直接经济效应。

（2）其次，磨矿过程智能运行反馈控制后，由于球磨机基本能够运行在最大功率区间，这使得磨机运行效率基本是最优或者次最优的。磨机欠负载尤其是过负载的现象明显少于之前的磨矿生产人工监督控制时的情况。另外，由于磨矿生产及运行得到了各方面优化，运行平稳连续，生产正常的检修减少，能源得到了有效利用，这使得磨矿生产的能源消耗明显减少、设备运行率显著提高，从而每年可为该选厂节约成本约 150 万人民币。

（3）最后，磨矿过程智能运行反馈控制后，先前很多人工操作岗位均被运行反馈控制系统所替代，从而大大减少了生产线工人的数量，这也为该选厂每年节约成本约 180 万人民币。

上述经济数据表明：构建的磨矿过程智能运行反馈控制系统虽然实施过程比较复杂，但是经济利润效益十分明显，不失为一项低成本高回报的控制工程项目，值得在我国各大选矿厂以及具有类似特征的工业过程运行控制中进行推广应用。

5.5 本章小结

我国广泛使用的赤铁矿磨矿过程具有如下一些特有的综合复杂特性：采用具有螺旋分级机进行机械分级的两段全闭路磨矿回流流程、处理的赤铁矿等原矿石成分和性质不稳定、给料粒级较宽、运行指标不可在线测量且化验过程滞后、过程动态存在多变量强耦合、严重非线性，并受运行环境的变化而变化、难以用精确数学模型描述等。本章针对采用人工设定控制以及基于模型的控制方法难以将上述复杂赤铁矿磨矿过程的运行指标控制在期望目标值范围内的实际工程难题，采用运行数据与操作知识，提出一种能够对运行指标和过程运行整体性能进行有效控制的智能运行反馈控制方法。在某大型赤铁矿选矿厂的磨矿生产实际的工业实验及应用表明：提出的智能运行反馈控制方法优化了磨矿粒度指标，提高了磨机生产率，降低了能耗，保证了磨矿生产的安全、稳定和连续运行。所提方法可推广到许多具有类似特性的复杂工业过程控制中，因为所提的方法在如下几个方面显示出了优越性。

（1）集成 CBR、ANN 以及模糊逻辑等混合智能技术。由于这些技术可利用领域专家知识、经验数据及丰富的过程运行数据进行直接建模，因而能够模仿或接近于人的思维习惯，摒弃人的主观性及随意性，并且还能够克服传统基于数学模型建模的诸多缺点，如难以构建精确的过程数学模型、模型适应性差、模型参数需要不断进行更新和调整等。

（2）通过上层控制回路预设定控制器、运行指标动态软测量模型、多变量模糊动态调节器和下层基础反馈控制系统等功能模块的创新结合，实现了磨矿粒度由基底层到上层的直接闭环控制，显然这用常规控制方法难以实现。底层回路控制系统在保证系统稳定的前提下，实现影响运行指标的关键工艺参数的定值跟踪控制，而上层优化设定系统进行智能监督，并对常规基础控制难以直接控制的运行指标进行优化和监控。

（3）与常规定值控制不同，对磨矿粒度采用区间优化控制。实际表明，对于磨矿粒度等运行指标的控制问题而言，区间优化控制较常规定值跟踪控制要合理和有效。这是因为区间控制可避免要求将磨矿粒度控制在某一精确值而对运行磨矿系统进行频繁调整，造成系统不稳定。另外运行指标及其他关键过程变量检测均存在一定的允许误差，区间控制可以减小因这种误差而引起的一些误操作。

（4）提出的智能运行反馈控制方法针对控制系统的各部分采用不同的控制技术，因而易于将其在实际复杂工业过程中实现：回路预设定控制器各案例库中的案例和模糊调节器专家库中的模糊规则可以从实际工业过程的历史经验数据和领域专家知识中得到，而运行指标神经网络软测量建模所需要的样本数据可以从历史数据或者通过实际工业试验获取。

第6章　面向运行优化与安全的闭路磨矿智能运行反馈控制及工业应用

第5章提出的基于数据与知识的智能运行反馈控制方法（图5.3）在实际应用中证明已能够实现磨矿运行指标的优化。但是由于磨机负荷（磨矿过程另一关键指标）监测和控制还是凭人工经验进行操作，具有很大的主观性和随意性。由于操作员经验有限，当原矿石颗粒大小、成分、性质大范围波动造成磨机过负荷故障工况而不能及时准确发现和控制，因而系统安全性和稳定性不足。

因此，针对实际赤铁矿闭路磨矿运行潜在的过负荷故障工况，必须对其进行有效监视、诊断与控制。由于磨矿过程过负荷故障工况的产生并不是控制系统传感器和执行机构发生故障，而是因为基础反馈控制系统设定值的不合理，与当前运行工况与边界条件的变化不一致。为此，要消除故障工况，只能通过相关关联参数的实时监测而对磨机过负荷故障工况进行在线诊断和预报，并根据诊断结果及时调节基础控制系统的设定值，以此消除或减弱即将发生或者已经发生的故障工况。

本章针对我国选厂广泛采用的难建模典型赤铁矿闭路磨矿过程，在第5章基于数据与知识的智能运行反馈控制基础上，提出面向过程运行优化与安全的磨矿过程智能运行反馈控制方法，主要包括过程控制系统设定值优化、运行指标混合智能软测量、正常工况下的多变量动态校正、过负荷智能监测以及故障工况下的多变量动态校正。最后，将所提的方法在我国某大型选厂的磨矿生产作业进行了成功的工业试验与应用。

6.1　球磨机–螺旋分级机闭路磨矿过程及其运行控制问题

6.1.1　球磨机–螺旋分级机闭路磨矿过程简介

图6.1为一个典型中国式赤铁矿闭路磨矿流程，主要由格子型球磨机、螺旋分级机以及相关物料输送设备构成。其中主要设备的型号规格如表6.1所示。磨矿过

程运行时，经处理过的原矿石由矿仓通过电振给矿机落入给矿皮带，并输送到球磨机的入口端。然后矿石和一定比例的磨机给水进入格子型球磨机。球磨机筒体绕水平轴线以较快的转速回转时，装在筒内的矿石与水的混合物料以及磨矿介质在离心力和摩擦力的作用下，随着筒体达到一定的高度，当自身的重力大于离心力时，便脱离筒体内壁抛射下落或滚下，由于冲击力而击碎矿石。同时在磨机转动过程中，磨矿介质相互间的滑动运动对原料也产生研磨作用。磨碎后的物料通过空心轴颈排出，顺流进入螺旋分级机进行分级，同时在螺旋分级机入口补加一定量的分级机补加水。细矿粒浮游在水中从溢流堰排出，进入下段再磨工序或者选别工序。粗矿粒沉于螺旋分级机槽底，由螺旋片的旋转推向上部，通过返砂槽进入球磨机形成循环负荷再磨。

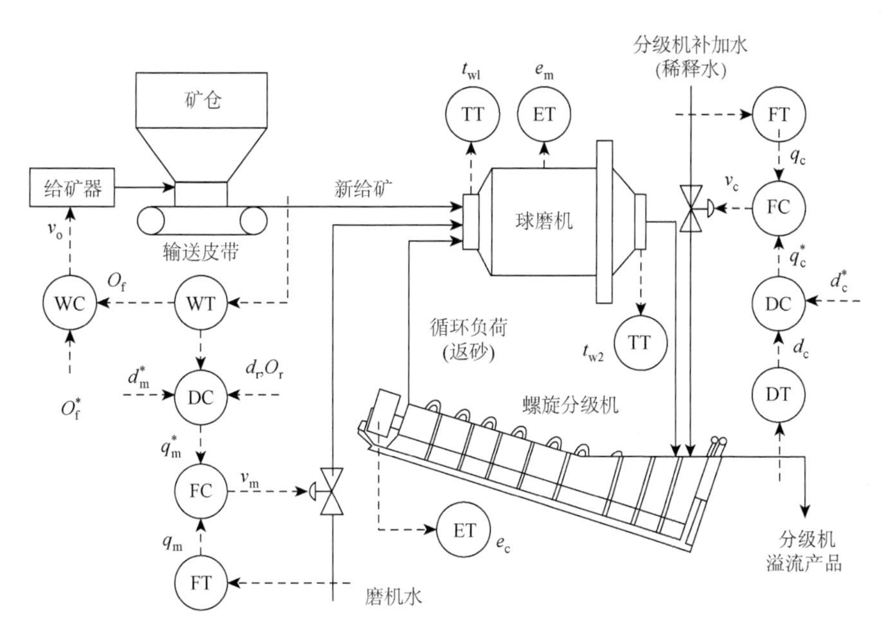

图 6.1　球磨机-螺旋分级机闭路磨矿回路系统示意图

表 6.1　图 6.1 所示磨矿过程主要设备型号

Table 设备	规格型号
格子型球磨机	3200mm×3500mm；矿浆容积：25.3m^3；筒体转数：18.5r/min；最大装球量：54t
螺旋分级机	高堰式双螺旋 2400mm；螺旋旋转速度：3.5r/min；槽坡斜度：17°；生产能力：80t/h

图 6.1 中相关变量及符号解释如表 6.2 所示。

表 6.2　图 6.1 中相关变量及符号解释

变量	含义
o_{f}	磨机新给矿量（t/h）
$d_{\mathrm{m}}, d_{\mathrm{c}}$	分别表示磨机内矿浆浓度（%）和螺旋分级机溢流矿浆浓度（%）
$d_{\mathrm{r}}, o_{\mathrm{r}}$	分别表示螺旋分级机返砂浓度（%）和返砂量（t/h）
$q_{\mathrm{m}}, q_{\mathrm{c}}$	分别表示磨机给矿水流量（m^3/h）和分级机补加水流量（m^3/h）
$v_{\mathrm{m}}, v_{\mathrm{c}}$	分别表示磨机给矿水阀门开度（%）和分级机补加水阀门开度（%）
$e_{\mathrm{m}}, e_{\mathrm{c}}$	分别表示磨机驱动电机电流（A）和分级机驱动电机电流（A）
$t_{\mathrm{w1}}, t_{\mathrm{w2}}$	分别表示磨机前轴温度（℃）和磨机后轴温度（℃）
上标*	相关基础反馈控制器设定值

6.1.2　球磨机–螺旋分级机闭路磨矿过程运行控制问题及其动态特性分析

图 6.1 所示的闭路磨矿有两个重要的运行控制指标，即表征磨矿产品质量的磨矿产品粒度 PPS（即螺旋分级机溢流矿浆粒度）和表征磨矿过程生产效率的磨机生产率 GPR。以-200 目百分含量（%,-200mesh 或者%＜200mesh）表示的磨矿粒度是图 6.1 所示磨矿生产最为重要的质量指标，直接影响着后续生产的产品质量以及整个选矿生产精矿品位的好坏和金属回收率的高低，制约着整条选矿生产线的产品质量。磨机生产率是体现磨矿生产效率的另一个重要的生产指标，它直接制约着整个选矿过程的生产效率水平。由于 GPR 难以直观表示，因而采用磨机台时处理量和磨机作业率对其进行间接评判和表示。

对于特定的磁选或者浮选等选别作业流程，每一种类别的矿石都有一个适宜选别的磨后产品粒度范围，粒度过粗和过细都不利于有用矿物的选别。磨矿产品粒度过粗，矿石未能单体解离，这显然不利于矿石在选别过程的有效选离。而磨矿产品粒度过细，矿石大多已泥化，同样也难以在选别过程将有用矿物分选出来。并且由于矿石在磨细过程中消耗了过多的能量，因此粒度过细也不利于节能减排的需求和造成选厂经济收入的损失。因此，与常规定值控制不同，对 PPS 的控制应采用区间优化控制的方式，即将 PPS 控制在工艺要求的目标范围$(s_{\mathrm{d}}-s_{\Delta}, s_{\mathrm{d}}+s_{\Delta})$内，其中$s_{\mathrm{d}}$表示磨矿粒度期望设定值，$s_{\Delta}$表示允许的磨矿粒度波动值。在磨矿粒度指标合格的前提条件下，GPR 通常需要进行最大化操作。另外，合格的磨矿产品质量和较高的磨机生产率意味着最有效的能耗利用。

除了 PPS 和 GPR 外，在磨矿生产过程中还有一个非常重要的工艺指标即磨机负荷（grinding mill load，GML）需要严格进行监视和控制。

（1）首先，从过程运行安全方面来看，磨矿运行过程中，如果 GML 过大，那么就会导致磨机过负荷。若不能对其采取有效措施进行抑制，那么就有可能导致磨机“胀肚”等重大安全事故的发生。

（2）其次，从过程运行性能方面来看，GML 是影响运行指标 PPS 和 GPR 非常重要的因素。如 GML 过大，名义上可以提高 GPR，但是会造成 PPS 显著变粗，使其达不到工艺生产的粒度需求。

图 6.1 所示的球磨机-螺旋分级机闭路磨矿过程具有固有的复杂动态特性，对运行过程控制造成显著影响，这具体包括如下。

（1）时滞。由于球磨机、螺旋分级机以及皮带等相关物料输送装置都是典型的时滞设备，这使得磨矿运行存在显著的时滞特性。实际上，从矿仓给料到分级机溢流磨矿产品的形成存在很长的时滞时间。

（2）参数耦合。运行指标 PPS 和 GPR 之间，以及它们与关键过程变量之间的动态特性均存在复杂交互作用，通常难以进行协调。例如，一定程度上增加磨机新给矿量 o_{f} 可以相对增加磨机处理量，从而提高磨机生产率 GRP，但这又可能会产生一个较粗的磨矿粒度 PPS。相反，适当减小磨机新给矿量可以获得一个较细的磨矿粒度，但造成磨矿生产率较低。

（3）不确定性和干扰。磨矿过程主要外部干扰即原矿石硬度和矿粒大小的波动随时间和矿石种类显著变化，从而给过程运行及其控制造成很大的不确定性。另外，一些内部干扰，如过程耦合效应以及磨矿介质、金属螺旋片尺寸的磨损等都会对过程运行动态造成影响，甚至造成磨矿过程运行的不稳定。

（4）关键参数不能直接测量。图 6.1 所示磨矿过程的 PPS 和 GRP 等运行指标、GML 以及循环负荷 c_{r}、磨矿浓度 d_{m} 等关键过程参数难以用常规仪表进行连续在线检测。除了系统的固有时滞外，这些参量的离线化验和分析存在较大的滞后时间，这可能会导致系统响应更加迟钝，从而严重影响系统的运行性能。

6.1.3　人工监督操作的球磨机-螺旋分级机闭路磨矿运行控制现状

由于磨矿的上述综合复杂动态特性，难以获得过程的精确动态模型，或者建立的近似数学模型因适应性差而不可用。因此，采用目前广泛应用于化工过程的基于模型的控制方法难以获得满意的控制性能。实际上，尽管少数国家的选厂，如南非采用了知识驱动的控制方法，但是人工监督的多回路 PI/PID 基础反馈控制方案（图 6.2）仍然被我国绝大多数选矿厂的磨矿控制所采用。基于 DCS 的基础反馈控制通过使关键过程变量跟踪给定的设定点，从而使磨矿系统运行在给定的工作点，同时确保闭环系统的稳定性。对于图 6.1 所示球磨机-螺旋分级机闭路磨矿，基础反馈控制系统的主要控制回路如表 6.3 所示，相关检测仪表与执行结构设置如表 6.4 所示。

对于这些基于多回路 PI/PID 的基础反馈控制系统，通常只要过程控制器设计的好，每一个控制回路的控制性能是令人满意的。但是，由于过程的综合复杂动态特性和基础反馈控制系统功能的单一性，过程的整体运行性能却可能无法满足工业生产的实际需求，如产品质量差、效率低、能耗高以及故障工况等。造成这种现象的最重要原因就是回路控制系统的设定值不能正确跟随运行工况的变化。为了获得令人满意的过程整体运行性能，实际工程操作中通常需要工程师或者领域专家根据其感知到的磨矿运行工况信息以及边界条件信息对基础反馈控制系统的设定值进行人工设定和调节，如图 6.2 所示。这种人工监督操作过程通常可以近似描述成表 6.5 所示的几个操作阶段。

由于过程时常存在的原矿石成分与性质以及颗粒大小的频繁变化等未知强外部干扰、不确定过程动态以及多变量交错耦合效应，磨矿过程运行条件随着时间推移而不断变化和波动。另外，由于缺乏足够的操作经验，操作员的人工操作也不可能每次操作都能 100%有效。这些因素使得图 6.2 所示人工监督操作难以及时快速地找到基础反馈控制系统的适宜设定值，常常导致被控运行指标超过其期望范围，甚至造成过负荷等故障工况。因此，人工监督的基础控制安全性和可靠性不足。

表 6.3　基础控制回路设置

控制回路/类别	描述
控制回路 1	在线调节电振给矿机频率 v_o (Hz)使得球磨机新给矿量 o_f (t/h)跟踪其给定设定值 o_f^*
控制回路 2（前馈）	根据 o_f 和分级机返砂量状态 (o_r, d_r) 调节磨机给水流量 q_m (m^3/h)使得磨矿浓度 d_m (%)跟踪给定设定值 d_m^*。磨机给水阀门开度 v_m (%)用来调节 q_m 的大小 前馈控制律模型为 $q_m^* = ((100o_f + o_r)/d_m^* o_f - o_r/o_f d_r - 1)o_f$
控制回路 3（串级）	通过调节分级机补加水流量 q_c (m^3/h)使得螺旋分级机溢流浓度 d_c (%)跟踪给定设定值 d_c^*，其中分级机加水阀门开度 v_c (%)用来对 q_c 进行调节

表 6.4　基础反馈控制系统的测量仪表与执行机构

符号	仪表或传感器	安装位置	用途
WT	核子称	给矿皮带上方	在线测量磨机新给矿量 o_f
DT	放射性浓度计	分级机溢流管道上	在线测量分级机溢流浓度 d_c
FT	电磁流量计	磨机给矿水管道上	在线测量磨机给矿水流量 q_m
		分级机补加水管道上	在线测量分级机补加水流量 q_c
ET	电流计	与球磨机驱动电机相连	在线测量球磨机驱动电机电流 e_m
		与螺旋分级机驱动电机相连	在线测量分级机驱动电机电流 e_c
TT	铂电阻传感器	与球磨机前轴相连	在线测量磨机前轴工作温度 t_{w1}
		与球磨机后轴相连	在线测量磨机后轴工作温度 t_{w2}
—	电动阀门	磨机给矿水管道上	在线调节磨机给矿水流量
		分级机补加水管道上	在线调节分级机补加水流量
—	变频器	与电振给矿电机相连	在线调节球磨机新给矿量

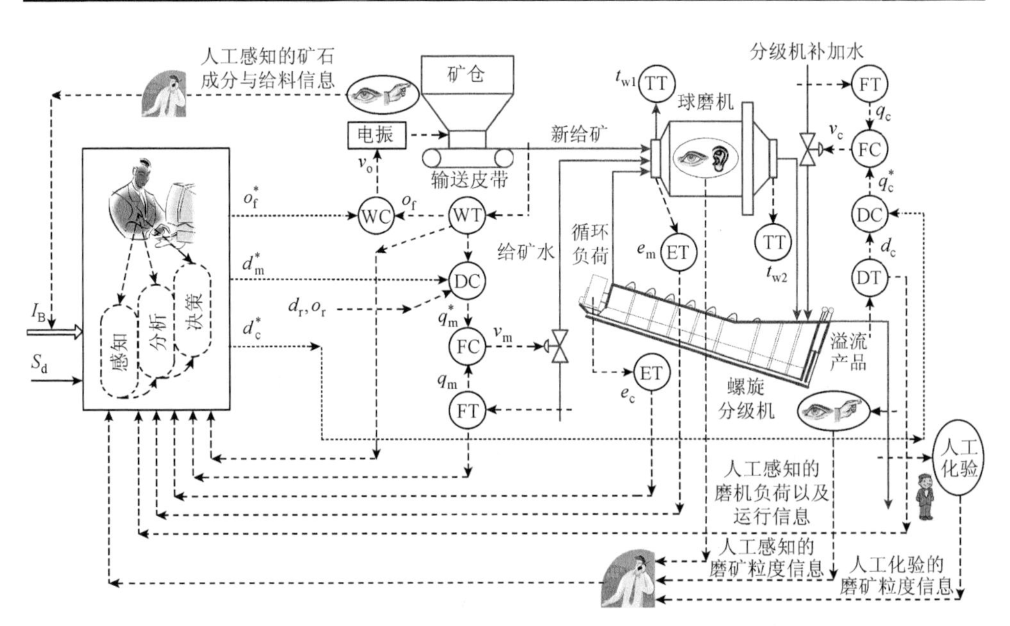

图 6.2　人工监督的磨矿 DCS 系统运行控制现状

I_B 为边界条件，包括 k_m、k_r 以及关键过程参数的上下限值；k_m、k_r 分别表示原矿石硬度和矿粒大小分布

表 6.5　人工监督的几个操作阶段

阶段	运行操作
感知（perception）	通过仪表检测以及人工眼看、耳听和手摸等方式获得需要的磨矿过程运行数据或信息
分析（analysis）	利用感知到的信息在操作人员大脑里建立一个基于知识的模型，从而对不可测的被控运行指标以及相关干扰变量进行近似估计
	根据人工经验，建立回路控制器设定值与过程期望运行性能以及各个回路控制器设定值内部间的关系模型
决策（decision-making）	根据操作员人工经验及大脑中的近似关系模型给出基础反馈控制系统各控制回路设定值

6.2　面向闭路磨矿过程运行优化与安全的智能运行反馈控制策略

6.2.1　磨矿过程运行优化与安全的智能运行反馈控制策略

通过上述分析，面向过程运行优化与安全的磨矿过程运行反馈控制的任务就是：如何通过数据和知识的方法获知运行工况变化以及诊断潜在的磨机过负荷故障工况；在面对运行工况的变化和潜在的磨机过负荷故障工况时，如何调整基础反馈控制系统的回路设定值。通过这种在线设定值调节以获取期望的运行控制指标，从而优化过程运行性能和消除/避免磨机过负荷故障工况，实现磨矿过程的安全、稳定和最优运行。

为了解决这一具有挑战性的实际工程问题，基于图 5.3 和图 5.4 所示的智能运行反馈控制框架，结合稳态优化和混合智能技术，建立了磨矿过程运行优化与安全的智能反馈控制策略，如图 6.3 所示。该智能运行反馈控制系统旨在替代操作员根据运行工况的变化和潜在的磨机过负荷故障工况自动调节回路控制设定值，主要包括：过程控制系统设定值优化模型（loop set-point optimization module，LSOM）；磨矿粒度软测量模型（PPS soft-sensor module，PSM）；多变量智能反馈校正（multivariable intelligent feedback adjustor，MIFA）；基于专家系统的磨机过负荷诊断与调节（overload diagnosis and adjustment module，ODAM）。各个智能模块的组成和功能具体描述如下。

（1）LSOM 根据期望的磨矿粒度指标 s_{d} 和边界约束条件 I_{B}，采用具有自适应 QP 优化技术在线给出底层基础反馈控制系统的最优标称设定值 Y_0^*。

（2）PSM 采用 CBR-ANN 混合智能软测量技术用于对磨矿粒度进行在线估计，以克服磨矿粒度难以用常规仪表直接测量的难题。

（3）MIFA 由基于粒度在线软测量的主反馈调节器和基于粒度离线化验的辅反馈调节器构成，能够以一种有效提高磨机处理量的方式来补偿运行环境的变化对磨矿运行指标造成的影响。①主反馈调节器用于响应磨矿粒度估计值与期望设定值的实时偏差 $\Delta s_{\mathrm{pd}} = s_{\mathrm{p}} - s_{\mathrm{d}}$，通过多变量智能算法产生底层基础控制系统的补偿增量 $\Delta Y_{\mathrm{M}}^{*}$。②辅反馈调节器根据间歇式的磨矿粒度化验值与期望值偏差 $\Delta s_{\mathrm{ad}} = s_{\mathrm{a}} - s_{\mathrm{d}}$，产生底层基础控制系统的补偿增量 $\Delta Y_{\mathrm{A}}^{*}$。

（4）ODAM 由统计过程控制（SPC）、磨机过负荷诊断模块、磨机过负荷调节器构成。①数据驱动的 SPC 用于辨识和跟踪磨机电流等关键参数的实时变化。②磨机过负荷诊断采用知识驱动的专家系统技术，根据 SPC 辨识出的磨机电流下降趋势以及对相关过程参数的变化趋势，对潜在的磨机过负荷故障工况进行在线诊断。③磨机过负荷调节器根据诊断的磨机过负荷工况采用专家推理技术在线给出基础控制系统的过负荷补偿增量 $\Lambda Y_{\mathrm{L}}^{*}$，使得磨机负荷远离过负荷故障工况。

图 6.3 所示的面向运行优化与安全的磨矿过程智能运行反馈控制可归纳成几个典型的操作阶段，如表 6.6 所示。当磨矿系统运行时，LSOM 将根据上层优化决定的运行指标期望目标值 s_{d} 和设备能力、生产规范等各种生产约束 IB 找到基础反馈控制系统的最优标称设定值 Y_0^{*}；Y_0^{*} 确定后，LSOM 关闭而 PSM、MIFA、ODAM 将打开，通过基础反馈控制系统跟踪该设定值，使得磨矿系统运行在该初始工作点；如果磨矿粒度软测量估计值 s_{p} 超出了期望限值范围 $(s_{\mathrm{d}} - s_{\Delta}, s_{\mathrm{d}} + s_{\Delta})$，主反馈调节器将快速响应控制误差 $\Delta s_{\mathrm{pd}} = s_{\mathrm{p}} - s_{\mathrm{d}}$，通过可有效提高磨机处理量的智能多变量校正算法产生回路控制器的补偿增量 $\Delta Y_{\mathrm{M}}^{*}$。另外，通过对磨矿粒度进行定期采样和离线化验分析，可得到间歇式的磨矿粒度化验值 s_{a}。而辅助反馈调节器将根据 s_{a} 的好坏以及该段时间范围内 s_{p} 信息进行综合分析，从而对回路控制器设定值进行辅助调节。

另外，过负荷诊断器将对相关参数进行实时在线监测，若诊断出磨机过负荷工况症状，那么模糊动态反馈调节器将关闭，过负荷反馈调节器将根据诊断的过负荷工况 S_i 及其可信度 Υ_j 对运行磨矿系统进行快速调节，从而给出基础反控制系统的过负荷调节增量 $\Delta Y_{\mathrm{L}}^{*}$。随着基础控制系统各控制回路的输出跟踪其更新的设定值，运行磨矿系统将逐渐消除磨机过负荷工况，从而实现期望的运行性能。

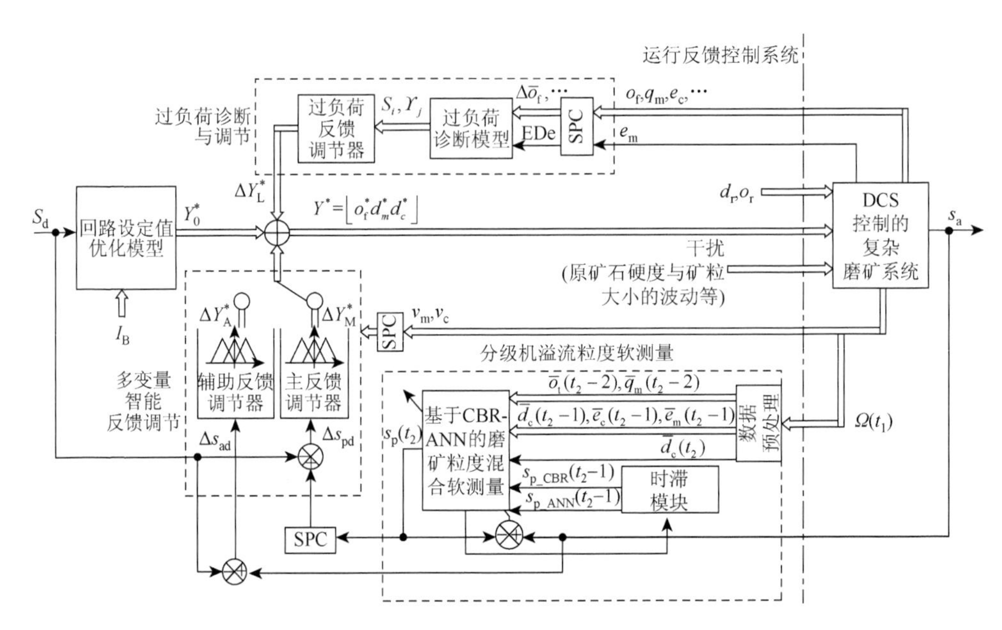

图 6.3 面向运行优化与安全的磨矿过程智能运行反馈控制策略

$Y_0^*=[o_{f,0}^*\ d_{m,0}^*\ d_{c,0}^*]$ 为基础反馈控制系统各控制回路的标称设定值；ΔY_M^*、ΔY_A^*、ΔY_L^* 为回路设定值调节增量，下标M、A、L分别表示主调节、辅调节以及过负荷调节；Ω、$\mho$ 分别表示PSM的辅助变量集和输入矢量；S_i、Υ_j 分别表示诊断的过负荷工况及其可信度

表 6.6 智能运行反馈控制的几个典型操作阶段

操作阶段	LSOM	PSM	MIFA		ODAM	
			MFA	AFA	过负荷诊断	过负荷调节
寻找回路控制器的最优稳态工作点	on	off	off	off	off	off
对磨矿粒度进行在线估计	off	on	on	on	on	on
正常工况磨矿系统回路设定值主反馈调节	off	on	on	on	on	on
正常工况磨矿系统回路设定值辅反馈调节	off	on	off	on	on	on
磨矿过负荷故障工况诊断	off	on	on	on	on	on
故障工况下磨矿系统回路设定值动态调节	off	on	off	off	on	on

6.2.2 几点说明及一般性推广

下面对图 6.3 所示面向运行优化与安全的磨矿过程智能运行反馈控制策略作

进一步的说明。另外，为了说明其潜在的推广应用价值，将图 6.3 所示控制策略推广为具有一般意义和通用性的面向运行优化与安全的复杂工业过程智能运行反馈控制策略。

注 6.1（关于是否采用多目标优化）　从过程运行优化的观点来看，我们期望采用多目标优化技术对磨矿过程的运行指标 PPS 和 GPR 同时进行优化，以此求得过程控制回路的设定值。然而，由于实际磨矿的复杂动态特性以及各种生产约束限制，另外运行指标 GPR 也难以用单一的参量对其进行定性和定量刻画，因而这使得上述多目标设定值优化任务通常难以在实际工程中实现。更为合理也是最为常见的做法是对这些多运行指标采取由主到次的顺序分步对其进行优化和控制，这样可以大大降低问题求解和实现的难度。对于图 6.1 所示的闭路磨矿来说，最重要的是要确保过程运行的安全。在过程运行安全和稳定的基础上，才能对运行控制指标进行优化和控制。其中，首要的运行指标是反映磨矿产品质量的磨矿粒度 PPS。因此，磨矿运行控制的重要任务就是将 PPS 控制在满足工艺要求的期望目标范围内，在此基础上才能力求实现磨矿生产率 GPR 的最优操作。图 6.3 所示的控制策略正是基于这种考虑和需求而提出的，其中过负荷诊断与调节用于确保磨矿过程运行的安全和稳定性，过程控制系统设定值优化基于最小化 PPS 与其期望值设定之间偏差而对回路控制器标称设定值进行求解，而正常工况下的多变量智能反馈校正用于在 PPS 指标合格的基础上实现 GPR 的最优操作。

注 6.2（关于区间优化控制）　与常规定值跟踪控制不同，图 6.3 所示针对磨矿粒度等运行指标的运行反馈控制采用区间优化控制的方式。这是因为运行指标一般不需要控制在某一精确值，而是允许在某一较小范围内上下波动。另外，运行指标及其他关键过程变量的检测均存在一定的测量误差，并且这些测量误差在实际工业是可以容忍的。因此，区间控制可以避免对系统进行不必要的频繁调整，从而造成系统不稳定。

注 6.3（关于数据驱动的 SPC）　考虑到正常工况下的实际物理系统各参数一般会围绕某一数值上下波动，同时也为了模仿人感知信息具有的移动平均特性，在图 6.3 所示的运行控制策略中，很多模块的输入参数都是基于一段时间相应过程变量的统计值。因此，这些过程参数在进入各个功能控制模块进行相关运算时都需要经过统计过程控制（SPC）的统计处理以及相关参数的数据滤波处理。SPC 技术早在 20 世纪 20 年代就由 Shewhart 首次提出，他借助于统计的方法来感知、分析和解释过程或者系统的数值信息[80]。另外，在所提出的控制策略中，SPC 除了对相关参数进行统计处理外，还在磨机过负荷诊断与调节模块中用于辨识和跟踪磨机电流等关键参数的变化。

注 6.4（一般性推广） 可以将图 6.3 所示的智能运行反馈控制策略作一般性推广，给出图 6.4 所示的面向复杂工业过程运行优化与安全的智能运行反馈控制的一般性结构。主要包括过程控制系统设定值优化、运行指标软测量、正常工况下的多变量动态校正、过程监测以及故障工况下的多变量动态校正。

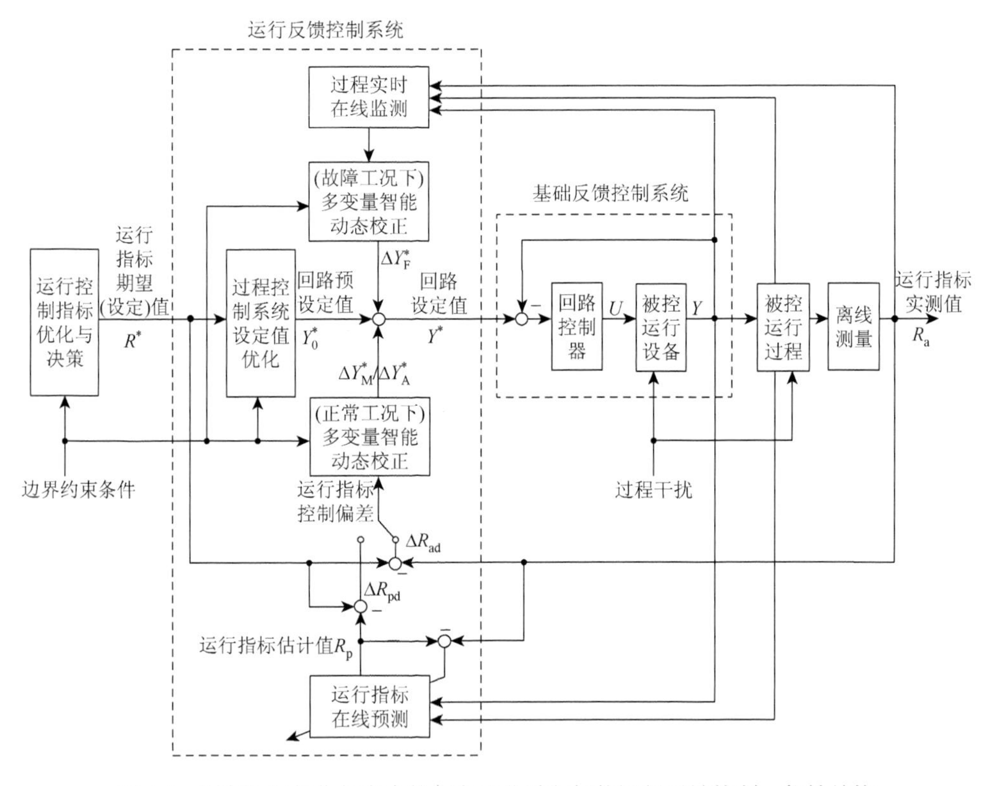

图 6.4 面向运行优化与安全的复杂工业过程智能运行反馈控制一般性结构

（1）过程控制系统设定值优化模型根据工艺指标期望值及其目标范围及边界约束条件，求解底层基础控制器的标称设定值。

（2）运行指标软测量建立相关易测过程辅助变量与运行指标之间的动态关系，从而对难测运行指标进行在线估计，为运行反馈控制提供反馈信息。

（3）（正常工况下）动态校正根据运行指标期望值与估计值或实测值的偏差对基础回路控制器设定值进行多变量动态校正，以克服动态干扰对运行指标的影响。

（4）过程监测模块通过对相关参数的实时监测而对故障工况进行在线诊断和预报。故障工况下的多变量动态校正根据诊断出的故障工况对基础控制器设定值进行调整，从而对故障工况进行抑制和削弱，实现过程的安全运行。

注 6.5（控制策略模块分工）　图 6.3 和图 6.4 所示的混合智能运行反馈控制采用模块化的分块结构。过程控制系统设定值优化用于保证运行控制系统的标称性能；正常工况下的多变量动态校正用于消除各种不确定动态和外部干扰的影响以增强控制系统的运行性能；运行指标软测量用于解决运行指标不能在线检测和过程大时滞特性问题；过程监测与故障工况下的多变量校正用于确保系统运行的安全性和稳定性。

注 6.6（关于控制策略各模块的实现）　图 6.3 和图 6.4 所示的智能运行反馈控制结构，过程控制系统设定值优化可根据具体问题采用常规优化方法（如 LP、QP 算法等）进行设计或者采用智能优化方法（如 GA、CBR 等）进行设计；运行指标软测量模型可根据具体工业对象，选择多种软测量方法，如基于 ANN 的方法、基于 CBR 的方法、基于多元回归模型的方法以及它们的集成或者混合方法；正常工况下的动态校正通常需要综合使用 SPC、多变量解耦与协调技术以及智能技术等混合技术进行设计。过程监测与故障工况下动态校正模型，可以采用数据与知识相结合的方法，并结合智能建模、统计过程控制、主成分分析以及数据滤波与预处理技术进行设计，其中基于数据的方法用于过程在线监测，基于知识的方法用于故障工况诊断与调节。

6.3　面向闭路磨矿运行优化与安全的智能运行反馈控制实现算法

6.3.1　过程控制系统设定值优化

设计的过程控制系统设定值优化模型 LSOM 如图 6.5 所示。其主要功能就是通过最小化 PPS 与其期望设定值的偏差求解底层基础反馈控制系统的最优稳态工作点。

$$Y_0^* = \arg \min_{Y=[o_{\rm f}\ d_{\rm m}\ d_{\rm c}]} J(Y) \tag{6.1}$$

运行优化的性能指标为

$$J(Y) = \| \mathrm{PPS} - s_{\rm d} \|^2 \tag{6.2}$$

考虑的生产约束为

$$\text{s.t.}\begin{cases}(\text{a})\begin{bmatrix}\text{PPS}\\ c_{\text{r}}\end{bmatrix}=\begin{bmatrix}f_{\text{s}}(k_{\text{m}},k_{\text{r}},\alpha_{\text{s},1},\cdots,\alpha_{\text{s},5})\\ f_{\text{c}}(k_{\text{m}},k_{\text{r}},\alpha_{\text{c},1},\cdots,\alpha_{\text{c},5})\end{bmatrix}\begin{bmatrix}o_{\text{f}}\\ d_{\text{m}}\\ d_{\text{c}}\end{bmatrix}+\begin{bmatrix}\alpha_{\text{s},6}\\ \alpha_{\text{c},6}\end{bmatrix}\\ (\text{b})\begin{bmatrix}s_{\text{d}}-s_{\Delta}\\ c_{\text{r,min}}\\ Y_{\min}\end{bmatrix}\leqslant\begin{bmatrix}\text{PPS}\\ c_{\text{r}}\\ Y\end{bmatrix}\leqslant\begin{bmatrix}s_{\text{d}}+s_{\Delta}\\ c_{\text{r,max}}\\ Y_{\max}\end{bmatrix}\end{cases} \tag{6.3}$$

式中，约束（a）表示磨矿粒度 PPS 与磨机循环负荷 c_{r} 关于决策变量 $Y=[o_{\text{f}}\ d_{\text{m}}\ d_{\text{c}}]$ 的稳态模型；约束（b）表示受实际生产约束的 PPS、c_{r} 、Y 的上下限值；$f_{\text{s}}(\cdot)$、$f_{\text{c}}(\cdot)$ 为稳态模型的系数方程，它们为自适应参数（即矿石硬度或可磨性参数 k_{m} 、原矿石颗粒大小参数 k_{r} ）的函数；$f_{\text{s}}(\cdot)$、$f_{\text{c}}(\cdot)$ 中的常量参数 $\alpha_{\text{s}}=\{\alpha_{\text{s},i}\},\alpha_{\text{c}}=\{\alpha_{\text{c},i}\}(i=1,\cdots,6)$ 通过基于过程激励响应采用系统辨识技术进行确定和更新。

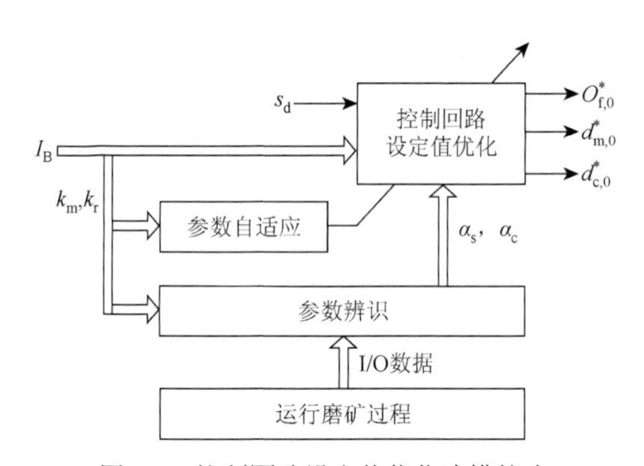

图 6.5　控制回路设定值优化建模策略

注 6.7（关于可调自适应参数）　上述运行设定值优化求解的稳态模型一般是针对一种或者一类矿石而建立的。然而，一个实际的选矿厂通常会处理多种类型的矿石，如黄铁矿、菱铁矿、赤铁矿、褐铁矿以及它们的混合物。不同的矿石种类具有不一样的矿石成分和物理属性，因而其矿石硬度参数也就不一样。另外，即使同一类矿石，矿石硬度等参数也很可能不一样。因此，针对一种矿石（如赤铁矿）建立的上述稳态优化模型就很可能不再适应于另一种矿石（如菱铁矿）的设定值优化问题。注意到 k_{m} （矿石可磨性）和 k_{r} （矿石颗粒分布状况）可以较好地反映矿石类别或者成分的状况。因此，在建立上述稳态优化模型时，可以将 k_{m} 和 k_{r} 作为两个自适应因子用来根据矿石类别或成分的直观变化来对稳态优化模型的参数进行调节。这不但可提高设定值优化问题的准确性，也大大减少了优化模型建模的重复性工作。

由于式(6.1)～式(6.3)所示的优化问题为经典的具有线性约束的二次型规划（quadratic programming，QP）求优问题[80]，因此可以直接采用经典的 QP 设定值优化问题进行求解。

6.3.2　分级机溢流矿浆粒度智能在线预测

5.3.1 节给出了一种动态 RBF-ANN 用于磨矿粒度在线估计的软测量方法，虽然这种方法能够根据实时的辅助变量信息对磨矿粒度进行较好的在线估计，但是单一软测量方法，其可靠性和估计精度还有待提高。为此，在提出的 RBF-ANN 磨矿粒度软测量方法基础上，采用 CBR 建模技术，构建基于 CBR 的磨矿粒度软测量模型，并在此基础上提出基于 CBR-ANN 的磨矿粒度混合智能软测量方法，如图 6.6 所示。软测量系统包括基于 CBR 的磨矿粒度软测量模型、基于 ANN 的磨矿粒度软测量模型、软测量模型可信度因子的案例推理求解模型以及最终磨矿粒度求解模型。首先，CBR 软测量模型和 ANN 软测量模型根据表征当前运行工况的输入变量集 $\mho_{\text{CBR}}$、$\mho_{\text{ANN}}$，各自对粒度进行在线估计，分别得到粒度的估计值 $s_{\text{p\_CBR}}$、$s_{\text{p\_ANN}}$；然后，软测量可信度因子的案例推理求解模型根据当前的工况描述特征给出两个软测量模型估计的可信度系数 u_{CBR}、u_{ANN}；最终粒度求解模型根据两个软测量模型的估计输出 $s_{\text{p\_CBR}}$、$s_{\text{p\_ANN}}$ 及相应的可信度因子 u_{CBR}、u_{ANN} 进行加权平均等分析计算，给出粒度的最终估计值 s_{p}。

注 6.8（为什么采用基于 CBR 的磨矿粒度软测量方法）　虽然基于 ANN 的建模具有许多优点，如其在理论上能以任意精度逼近任意非线性函数映射。但是 ANN 建模也存在一些明显问题，其中一个主要问题是学习能力较弱和泛化能力不强。磨矿过程具有典型工况时变特性，一些影响磨矿粒度的磨机衬板、分级机螺旋片等结构参数随着设备运行而缓慢变化。对于基于 ANN 的软测量建模，为了保证模型的精度就必须进行频繁的模型校正：若进行在线校正势必会加重系统负担，影响实时性和快速性要求，并且校正效果不明显；若离线校正就必须进行人工干预，且要求大量校正数据，所以实施起来比较困难，且时间较长。而基于 CBR 技术的建模却不存在这些问题，它不需模型校正，只在模型运行过程凭借很强的增强学习能力就能克服这种变化的影响，并且模型精度随着模型运行而不断提高。另外，CBR 的这种自学习能力实施起来非常方便，只需要在 CBR 系统运行中通过不断向案例库中添加成功实施的新案例，删减或者修改不符合工况的旧案例和问题案例即可。因此，利用 CBR 建模的这些良好特性，在图 6.6 所示的磨矿粒度混合软测量系统中，增加了基于 CBR 的粒度软测量模型，以弥补基于 ANN 软测量的上述诸多不足。

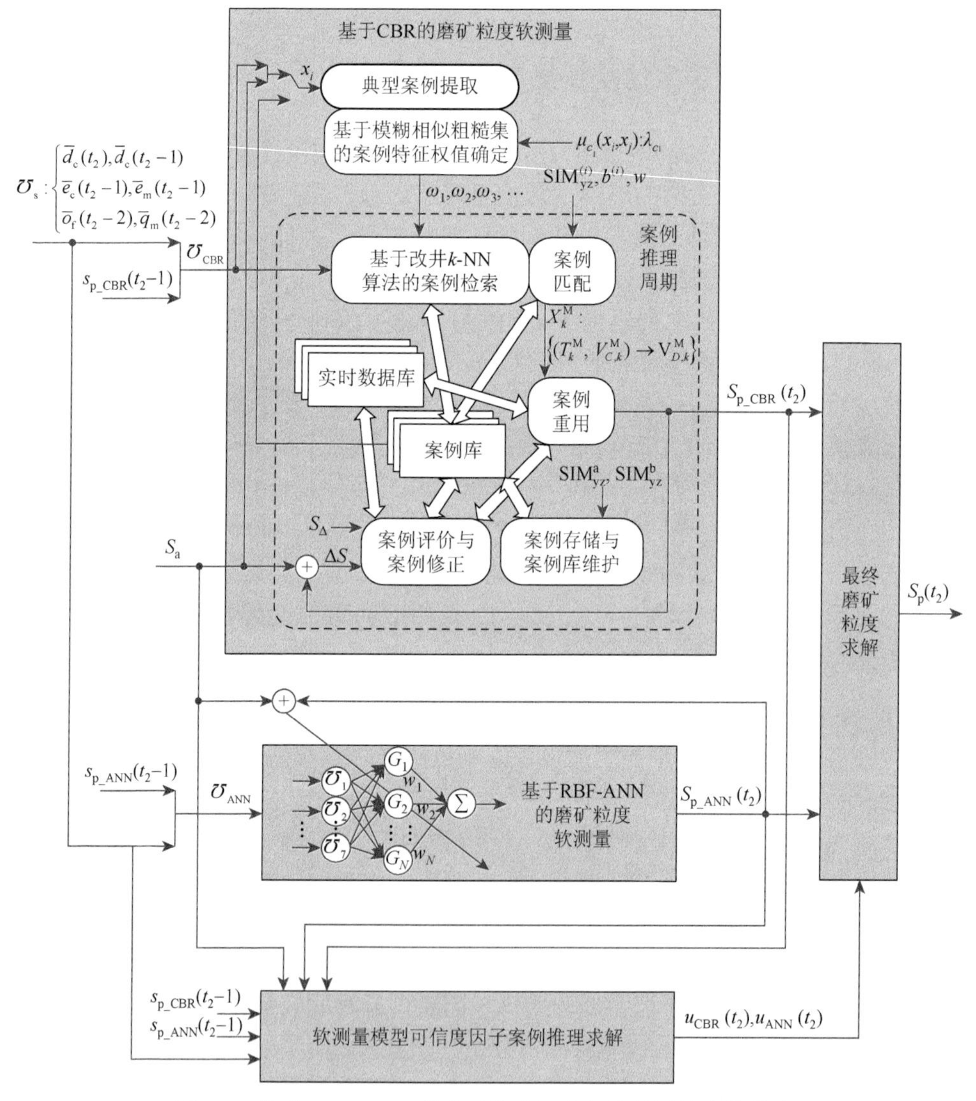

图 6.6　基于 CBR-ANN 的磨矿粒度混合智能软测量建模策略

注 6.9（关于混合软测量结构）　采用图 6.6 所示的混合软测量结构，是为了充分发挥两种软测量方法的各自优点，以提高整个粒度在线软测量的可靠性和估计精度。设计好的两个软测量模型根据实时工况对粒度进行在线估计，而可信度因子求解对当前工况下的两个软测量模型的粒度估计进行评价以确定其可信度大小。最终粒度求解模型根据两个软测量模型的可信度值大小，确定最终的磨矿粒度值。可信度大说明当前工况下的软测量模型较为准确，那么其估计值对最终磨矿粒度值的贡献也较大。另外，两种软测量方法也起到互为冗余的作用，使得软测量系统的可靠性提高。

1. 基于 ANN 的分溢粒度软测量

基于 ANN 的分溢粒度软测量模型仍然采用三层 RBF-ANN 结构，用于实现如下非线性映射：

$$
\begin{aligned}
s_{\mathrm{p\_ANN}}(t_2) &= \sum_{i=1}^{N} w_i G_i(\| \varpi_{\mathrm{ANN}} - C_i \|) \\
G_i(\| \varpi_{\mathrm{ANN}} - C_i \|) &= \exp(-\| \varpi_{\mathrm{ANN}} - C_i \|^2 / 2\sigma_i^2), \quad i = 1, \cdots, N
\end{aligned}
\tag{6.4}
$$

式中，$\varpi_{\mathrm{ANN}} = [\bar{d}_{\mathrm{c}}(t_2) \;\; \bar{d}_{\mathrm{c}}(t_2-1) \;\; \bar{e}_{\mathrm{m}}(t_2-1) \;\; \bar{e}_{\mathrm{c}}(t_2-1) \;\; \bar{o}_{\mathrm{f}}(t_2-2) \;\; \bar{q}_{\mathrm{m}}(t_2-2) \;\; s_{\mathrm{p\_ANN}}(t_2-1)]^{\mathrm{T}}$ 为 ANN 软测量模型的输入矢量（为了尽量反映过程的真实动态，输入矢量中考虑了各个变量的时序特性和输入输出变量的时滞特性）；$\Omega = \{o_{\mathrm{f}}, q_{\mathrm{m}}, d_{\mathrm{c}}, e_{\mathrm{m}}, e_{\mathrm{c}}\}$ 为根据过程机理选取的软测量模型辅助变量；$G_i(\cdot)$ 为高斯基函数；C_i 和 σ_i 分别为 $G_i(\cdot)$ 的网络中心和半径；w_i 为 RBF-ANN 输出层节点的连接权值；N 为隐含层节点数量。另外，式（6.4）中，$\bar{d}_{\mathrm{c}}(t_2)$ 根据下式进行确定：

$$
\bar{d}_{\mathrm{c}}(t_2) = t_1 \sum_{k=1}^{t_2/t_1} d_{\mathrm{c}}(kt_1) / t_2
$$

$\bar{d}_{\mathrm{c}}(t_2-1)$、$\bar{e}_{\mathrm{m}}(t_2-1)$、$\bar{e}_{\mathrm{c}}(t_2-1)$ 等符号意义同上，其中 t_1 表示底层 DCS 采样频率时间常数，为秒级别；t_2 表示软测量时间常数，为了消除高频测量噪声，这里取 $t_2 = 30t_1$。

在基于 RBF-ANN 的软测量建模中，RBF 的神经网络参数 C_i、σ_i 和 w_i 是决定网络非线性能力最为重要的参数，这里同样采用非监督 k-means 聚类算法确定基函数中心参数，而采用加权 RLS 算法对 RBF-ANN 输出层节点的连接权值 w_i 进行训练。基于 RBF-ANN 粒度软测量模型的具体训练算法可参见 5.3.1 节或相关参考文献，如文献[16]、[265]。

2. 基于 CBR 的分溢粒度软测量

基于 CBR 的粒度软测量如图 6.6 所示。主要步骤如下：在具体软测量操作与运算之前，首先通过选取一组典型软测量案例，采用模糊相似粗糙集技术进行离线的案例特征权值确定；然后，软测量系统读取输入变量信息作为当前粒度软测量问题案例的工况描述特征，根据这些特征描述，采用改进的 k-NN 算法在案例库中检索与软测量问题案例相似的案例；接着，通过案例匹配与案例重用等操作，得到软测量问题的案例解，即当前工况描述特征下的粒度估计值；最后，当粒度实际化验值出来后对软测量估计误差进行评价与分析，如果满足精度要求，那么将成功的案例通过案例学习后，有选择地存储到案例库中，如果精度不满足要求，那么进行案例修正。同样，与前面基于 CBR 的控制回路设定相同，基于 CBR 的粒度软测量也包括案例表示、案例检索与案例匹配、案例重用、案例修正与案例存储等几个过程。

1）案例表示

磨矿粒度软测量的案例表示如式（6.5）所示，包括案例产生时间、案例描述特征以及案例解特征构成：

$$X_k:\left\{\left(T_k,\overbrace{(v_{c_1,k},\cdots,v_{c_m,k})}^{V_{C,k}}\right)\to v_{D,k}\right\} \tag{6.5}$$

式中，$k=1,\cdots,n$ 为案例号，n 为案例数量；X_K 表示案例库中的第 k 条案例；T 表示案例产生时间；$C=\{c_1,\cdots,c_m\}$ 表示案例描述特征，这里指 CBR 软测量输入变量信息集，即

$$C=\mho_{\text{CBR}}\Rightarrow$$
$$\{c_1,\cdots,c_m\}=\{\overline{d}_{\text{c}}(t_2),\overline{d}_{\text{c}}(t_2-1),\overline{e}_{\text{m}}(t_2-1),\overline{e}_{\text{c}}(t_2-1),\overline{o}_{\text{f}}(t_2-2),\overline{q}_{\text{m}}(t_2-2),s_{\text{p\_CBR}}(t_2-1)\}$$

D 为案例解特征，这里指磨矿粒度估计值 $s_{\text{p\_CBR}}$。另外，$v_{c_i,k}$ 表示第 k 条案例第 i 个特征属性 C_i 的特征值；$v_{D,k}$ 表示第 k 条案例的解特征值。注意到 C 和 D 均为有理数值属性。

2）案例检索与案例匹配

采用具有相似度阈值动态确定的改进 k-NN 算法进行案例检索。假设案例库中案例为 $X_k:\{(T_k,V_{C,k})\to v_{D,k}\}$，$V_{C,k}=(v_{c_1,k},\cdots,v_{c_m,k})$，而软测量问题案例为 $X^{\text{N}}:\{(T^{\text{N}},V_C^{\text{N}})\to v_D^{\text{N}}\}$，其案例描述特征为 $V_C^{\text{N}}=(v_{c_1}^{\text{N}},\cdots,v_{c_m}^{\text{N}})$，那么定义 $v_{c_i}^{\text{N}}$ 和 $v_{c_i,k}$ 关于属性 c_i 的特征属性相似度

$\mathrm{sim}(v_{c_i}^{\mathrm{N}}, v_{c_i,k})$ 为

$$\mathrm{sim}(v_{c_i}^{\mathrm{N}}, v_{c_i,k}) = 1 - \frac{|v_{c_i}^{\mathrm{N}} - v_{c_i,k}|}{\max(v_{c_i}^{\mathrm{N}}, v_{c_i,k})} \tag{6.6}$$

定义软测量问题案例 X^{N} 与案例 X_k 关于特征属性集 C 的案例相似度 $\mathrm{SIM}(X^{\mathrm{N}}, X_k)$ 为

$$\mathrm{SIM}(X^{\mathrm{N}}, X_k) = \sum_{i=1}^{m} \omega_i \, \mathrm{sim}(v_{c_i}^{\mathrm{N}}, v_{c_i,k}) \Big/ \sum_{i=1}^{m} \omega_i \tag{6.7}$$

式中，ω_i 为案例特征权值。

注 6.10（案例特征权值确定）　案例检索的 k-NN 算法采用特征属性间的加权匹配来估计案例相似度 $\mathrm{SIM}(X^{\mathrm{N}}, X_k)$，因此该算法的重要问题就是案例特征权值确定。专家经验法、领域知识法以及调查统计法等传统方法虽然简单、快捷[266]，但是由于过分依赖主观判断和经验，有时难以获得合理的案例解。文献[267]研究的基于粗糙集（rough set，RS）的案例特征权值确定方法虽然较之传统方法客观、科学，但是依据传统粗糙集的不可分辨关系，要求对案例中定量的连续属性进行离散化，但数据离散化方法会产生案例相似度测量误差，并造成数据丢失，从而导致案例检索和最终软测量案例推理的不准确。模糊相似粗糙集（fuzzy-similarity rough set，SRS）用模糊相似关系代替不可分辨关系，避免了数据离散化，从而可以克服传统粗糙集的上述缺点。为此，本书提出一种基于模糊相似粗糙集的案例特征权值确定方法[268]，用于确定粒度软测量案例推理系统的特征权值，具体方法参见附录 A。

注 6.11（案例相似度特性）　可以看出 $\mathrm{sim}(v_{c_i}^{\mathrm{N}}, v_{c_i,k})$ 定义在[0, 1]之间，且满足对称性（即 $\mathrm{sim}(v_{c_i}^{\mathrm{N}}, v_{c_i,k}) = \mathrm{sim}(v_{c_i,k}, v_{c_i}^{\mathrm{N}}), k = 1, \cdots, n$）和自反性（即 $\mathrm{sim}(v_{c_i}^{\mathrm{N}}, v_{c_i}^{\mathrm{N}}) = 1$），是一种相似关系。对于 $\mathrm{SIM}(X^{\mathrm{N}}, X_k)$，其值越大，就说明软测量问题案例 X^{N} 与案例 X_k 就越相似。

相对于诱导学习和知识向导等案例检索算法，k-NN 算法虽然应用最为普遍，但是其实施效果对 k 值过于敏感：如果 k 值过大，CBR 将会检索出过多的匹配案例，这不便于精确解答；反之如果 k 值过小，CBR 系统就会没有足够多的匹配案例进行问题解答。为了降低常规 k-NN 检索算法对 k 值的敏感性，提高案例推理精度，提出具有动态案例相似度阈值确定的改进 k-NN 算法。其主要思想就是根据每次案例检索的具体情况动态确定案例相似度阈值 $\mathrm{SIM}_{\mathrm{yz}}$，从而保证每次案例操作

都有恰当数量的匹配案例用于之后的问题解答与决策，具体算法如下。

---

①确定 $b^{(i)}$、w、$\mathrm{SIM}_{\mathrm{yz}}^{(i)}$，并使得 $\mathrm{SIM}_{\mathrm{yz}}^{(i)}$ 满足 $0<\mathrm{SIM}_{\mathrm{yz}}^{(w)}<\mathrm{SIM}_{\mathrm{yz}}^{(w-1)}<\cdots<\mathrm{SIM}_{\mathrm{yz}}^{(1)}\leqslant 1$

②If $\mathrm{num}(\mathrm{SIM}(X^{\mathrm{N}},X_k)\geqslant \mathrm{SIM}_{\mathrm{yz}}^{(w)})\geqslant b^{(w)}$

/*Case A*/

/* $\mathrm{num}(\mathrm{SIM}(X^{\mathrm{N}},X_k)\geqslant \mathrm{SIM}_{\mathrm{yz}}^{(w)})$ 为满足 $\mathrm{SIM}(X^{\mathrm{N}},X_k)\geqslant \mathrm{SIM}_{\mathrm{yz}}^{(w)}$ 的案例数量*/

Then If $\mathrm{num}(\mathrm{SIM}(X^{\mathrm{N}},X_k)\geqslant \mathrm{SIM}_{\mathrm{yz}}^{(1)})\geqslant b^{(1)}$

Then $\mathrm{SIM}_{\mathrm{yz}}=\mathrm{SIM}_{\mathrm{yz}}^{(1)}$

Else If $\begin{cases}(\mathrm{num}(\mathrm{SIM}(X^{\mathrm{N}},X_k)\geqslant \mathrm{SIM}_{\mathrm{yz}}^{(1)})<b^{(1)})\\(\mathrm{num}(\mathrm{SIM}(X^{\mathrm{N}},X_k)\geqslant \mathrm{SIM}_{\mathrm{yz}}^{(2)})\geqslant b^{(2)})\end{cases}$

Then $\mathrm{SIM}_{\mathrm{yz}}=\mathrm{SIM}_{\mathrm{yz}}^{(2)}$

…

Else If $\begin{cases}\mathrm{num}(\mathrm{SIM}(X^{\mathrm{N}},X_k)\geqslant \mathrm{SIM}_{\mathrm{yz}}^{(w-2)})<b^{(w-2)}\\\mathrm{num}(\mathrm{SIM}(X^{\mathrm{N}},X_k)\geqslant \mathrm{SIM}_{\mathrm{yz}}^{(w-1)})\geqslant b^{(w-1)}\end{cases}$

Then $\mathrm{SIM}_{\mathrm{yz}}=\mathrm{SIM}_{\mathrm{yz}}^{(w-1)}$

Else If $\mathrm{num}(\mathrm{SIM}(X^{\mathrm{N}},X_k)\geqslant \mathrm{SIM}_{\mathrm{yz}}^{(w-1)})<b^{(w-1)}$

Then $\mathrm{SIM}_{\mathrm{yz}}=\mathrm{SIM}_{\mathrm{yz}}^{(w)}$

Else

/*Case B*/

If $\max\limits_{k=1,2,\cdots,n}(\mathrm{SIM}(X^{\mathrm{N}},X_k))\geqslant \mathrm{SIM}_{\mathrm{yz}}^{(w)}$

Then $\mathrm{SIM}_{\mathrm{yz}}=\mathrm{SIM}_{\mathrm{yz}}^{(w)}$

Else $\mathrm{SIM}_{\mathrm{yz}}=\max\limits_{k=1,2,\cdots,n}(\mathrm{SIM}(X^{\mathrm{N}},X_k))$

③End

上述算法中，Case A 适用于案例检索操作时案例相似度大于 $\mathrm{SIM}_{\mathrm{yz}}^{(w)}$ 的案例比较多的情况；而 Case B 适用于案例检索操作时案例相似度大于 $\mathrm{SIM}_{\mathrm{yz}}^{(w)}$ 的案例比较稀少的情况。最后，所有满足条件 $\mathrm{SIM}(X^{\mathrm{N}},X_k)\geqslant \mathrm{SIM}_{\mathrm{yz}}^{(w)}$ 的案例将会作为匹配案例被检索出来，并将其按相似度 $\mathrm{SIM}(X^{\mathrm{N}},X_k)$ 以及案例时间 T_k 进行降序排序。

3）案例重用

案例重用就是从匹配案例中求解软测量问题案例的案例解。假设案例检索后的匹配案例为 $X_k^{\mathrm{M}}:\{(T_k^{\mathrm{M}},V_{C,k}^{\mathrm{M}})\to v_{D,k}^{\mathrm{M}}\}(k=1,\cdots,n^{\mathrm{M}})$，其中 n^{M} 为匹配案例数量。那么软测量问题案例 X^{N} 的案例解 v_D^{N} 可通过式（6.8）求得：

$$
v_D^{\mathrm{N}}=\begin{cases} v_{D,1}^{\mathrm{M}}, & \max\limits_{k=1,2\cdots,n}(\mathrm{SIM}(X^{\mathrm{N}},X_k))=1 \\ \dfrac{\sum\limits_{k=1}^{b^{(i)}}(\mathrm{SIM}(X^{\mathrm{N}},X_k^{\mathrm{M}})\times v_{D,k}^{\mathrm{M}})}{\sum\limits_{k=1}^{b^{(i)}}\mathrm{SIM}(X^{\mathrm{N}},X_k^{\mathrm{M}})}, & \mathrm{SIM}_{\mathrm{yz}}=\mathrm{SIM}_{\mathrm{yz}}^{(i)} \\ v_{D,1}^{\mathrm{M}}, & \mathrm{SIM}_{\mathrm{yz}}=\max\limits_{k=1,2,\cdots,n}(\mathrm{SIM}(X^{\mathrm{N}},X_k)) \end{cases} \tag{6.8}
$$

式（6.8）表明案例 X_k 与软测量问题案例 X^{N} 的相似度 $\mathrm{SIM}(X^{\mathrm{N}},X_k)$ 越大，那么其案例解特征属性值对最终案例解的贡献也越大。案例重用后，即可得到最终磨矿粒度估计值 $s_{\mathrm{p\_CBR}}$，并将此次的案例操作记录保存到实时数据库。

4）案例评价与案例修正

首先对之前的软测量案例解进行评价，如果成功，即满足精度要求，那么学习并存储（如果有必要）该应用成功的新案例，否则找出失败的原因，对案例进行修正。CBR 粒度软测量模型的案例修正算法如下。

---

①读取粒度的实际化验值 s_{a} 及其采样时间 T_{a}

②在实时数据库中找到 $X^{\mathrm{T_a}}:\{(T^{\mathrm{T_a}},V_C^{\mathrm{T_a}})\to v_{\mathrm{D}}^{\mathrm{T_a}}\}$ s.t. $T^{\mathrm{T_a}}$ 与 T_{a} 匹配最为接近

　　If $\Delta s=\left|s_{\mathrm{a}}-v_D^{\mathrm{T_a}}\right|\leqslant s_\Delta$

　　　/* s_Δ 为规定的软测量估计精度合格标注*/

　　　将 $X^{\mathrm{T_a}}$ 按照之后的案例存储算法进行存储操作

　　Else，在案例库中找出与 $X^{\mathrm{T_a}}$ 相似度最大的案例 X^{Ma}

　　If $\mathrm{SIM}(X^{\mathrm{Ta}},X^{\mathrm{Ma}})<\mathrm{SIM}_{\mathrm{yz}}^{(1)}$

　　　存储修正案例 $\{(T^{\mathrm{Ta}},V_C^{\mathrm{Ta}})\to s_{\mathrm{a}}\}$

　　Else，将 X^{Ma} 用修正案例 $\{(T^{\mathrm{Ta}},V_C^{\mathrm{Ta}})\to S_{\mathrm{a}}\}$ 进行替代

③End

5）案例存储与案例库维护

为了防止 CBR 软测量模型案例库规模过于庞大，也为了提高 CBR 软测量系统的鲁棒性和估计精度，必须对加入案例库的案例进行案例学习，并定期对案例库进行维护。这里对加入案例库的新案例 $X^{\mathrm{Ca}}:\{(T^{\mathrm{Ca}},V_C^{\mathrm{Ca}})\to v_D^{\mathrm{Ca}}\}$，采用如下算法进行案例学习。

---

①确定阈值 $\mathrm{SIM}_{\mathrm{yz}}^{\mathrm{a}},\mathrm{SIM}_{\mathrm{yz}}^{\mathrm{b}}$　s.t.　$0<\mathrm{SIM}_{\mathrm{yz}}^{\mathrm{a}}<\mathrm{SIM}_{\mathrm{yz}}^{\mathrm{b}}<1$

②计算 X^{Ca} 与案例 $X_k,k=1,\cdots,n$ 的案例相似度 $\mathrm{SIM}(X^{\mathrm{Ca}},X_k)$

　　　If $\forall X_i\in X_k$　s.t.　$\mathrm{SIM}(X^{\mathrm{Ca}},X_k)>\mathrm{SIM}_{\mathrm{yz}}^{\mathrm{a}}$

存储 X^{Ca}

/* X^{Ca} 能够用于以后的软测量推理计算*/

Else If $\exists X_i \in X_k$ s.t. $SIM_{yz}^{a} < SIM(X^{Ca}, X_i) \leqslant SIM_{yz}^{b}$

将 X^{Ca} 替代 $X_i:\{(T_i, V_{C,i}) \to v_{D,i}\}$

Else If $\exists X_i \in X_k$ s.t. $SIM(X^{Ca}, X_k) > SIM_{yz}^{b}$

/* $\exists X_i \in X_k$ 与 X^{Ca} 匹配完好*/

舍弃案例 X^{Ca}

③End

案例库中的案例会随着时间的推移而不断增加，如果不采取适当措施，在一段时间后会出现案例重叠大以及案例沼泽问题（swamping problem）。这样不仅使得案例缺乏典型性，又会加大推理的时间，因此必须定期对案例库进行维护。若发现案例库中一些案例长时间不用，则系统自动将其删除，或者提示给系统管理人员进行处理。如果案例库中存在不一致案例，即两个案例的工况描述特征相同而软测量解特征相差甚远，则 CBR 系统将这两个案例提示给系统管理人员。系统管理人员将审视产生不一致的原因并加以修正。若针对某类工况，CBR 软测量模型的案例解的成功率很低，则提示给系统管理人员及时补充该类工况特征的典型案例。案例维护一般通过人机交互的形式进行，并且一般由系统管理员或者有经验的操作员来完成。

3. 粒度软测量模型可信度因子的案例推理求解

上述两个软测量模型建立好之后，接下来的工作是设计粒度软测量可信度因子求解模型。该模型的作用就是在特定工况下，确定两个软测量模型的粒度估计输出的可信度，即要实现如下非线性映射：

$$\begin{aligned}[u_{CBR}(t_2), u_{ANN}(t_2)] = f[&\bar{d}_c(t_2), \bar{d}_c(t_2-1), \bar{e}_m(t_2-1), \bar{e}_c(t_2-1), \\ &\bar{o}_f(t_2-2), \bar{q}_m(t_2-2), s_{p\_CBR}(t_2-1), s_{p\_ANN}(t_2-1)]\end{aligned} \tag{6.9}$$

这里同样采用 CBR 技术来实现式（6.9）所示的非线性映射，以求解每次软测量操作模型的可信度因子 u_{CBR}、u_{ANN}。案例表示为如下多输入多输出形式：

$$X_k:\left\{\left(\left(T_k, \overbrace{(v_{c_1,k}, \cdots, v_{c_8,k})}^{V_{c,k}}\right) \to \overbrace{(v_{d_1,k}, v_{d_1,k})}^{V_{D,k}}\right)\right\} \tag{6.10}$$

式中，案例描述特征 $C=\{c_1,\cdots,c_8\}$ 表示 $\bar{d}_c(t_2)$、$\bar{d}_c(t_2-1)$、$\bar{e}_m(t_2-1)$、$\bar{e}_c(t_2-1)$、$\bar{o}_f(t_2-2)$、$\bar{q}_m(t_2-2)$、$s_{p\_CBR}(t_2-1)$、$s_{p\_ANN}(t_2-1)$ 等软测量模型输入变量，案例解

特征 $D=\{d_1,d_2\}$ 分别表示需要求解的可信度因子 $u_{\text{CBR}}(t_2)$、$u_{\text{ANN}}(t_2)$。同样，$v_{c_i,k}$ 表示第 k 条案例第 i 个特征属性 c_i 的特征值，$v_{d_i,k}$ 表示第 k 条案例第 i 个解特征 d_i 的解特征值。

将建立的两个软测量模型投入运行，通过工业试验的方式按照如下数据配对获得样本数据以建立可信度因子求解模型的初始案例库：

$$\left\{[T_k,v_{c_1,k},v_{c_2,k},v_{c_3,k},v_{c_4,k},v_{c_5,k},v_{c_6,k},v_{c_7,k},v_{c_8,k}]\middle|k=1,\cdots,m\right\}\rightarrow\left\{[v_{d_1,k},v_{d_2,k}]\middle|k=1,\cdots,m\right\}$$

其中可信度因子属性值通过如下计算进行求取：

$$v_{d_1,k}=\begin{cases}1-\dfrac{\left\|s_{\text{p\_CBR}}(t_2)-s_{\text{a}}\right\|}{s_{\text{a}}}, & \left\|s_{\text{p\_CBR}}(t_2)-s_{\text{a}}\right\|<s_{\text{a}}\\ 0, & \left\|s_{\text{p\_CBR}}(t_2)-s_{\text{a}}\right\|\geqslant s_{\text{a}}\end{cases}$$

$$v_{d_2,k}=\begin{cases}1-\dfrac{\left\|s_{\text{p\_ANN}}(t_2)-s_{\text{a}}\right\|}{s_{\text{a}}}, & \left\|s_{\text{p\_ANN}}(t_2)-s_{\text{a}}\right\|<s_{\text{a}}\\ 0, & \left\|s_{\text{p\_ANN}}(t_2)-s_{\text{a}}\right\|\geqslant s_{\text{a}}\end{cases}$$

显然 $0\leqslant v_{d_1,k}\leqslant 1, 0\leqslant v_{d_2,k}\leqslant 1$。

通常，磨矿过程要分期分批处理多种矿石，每一种矿石成分、性质以及颗粒大小是不同的，因而可以针对不同矿石分别建立其对应的案例数据库。另外，基于 CBR 的可信度因子求解也包括案例检索与匹配、案例重用、案例评价与修正、案例存储与案例库维护等几个过程，具体过程可参见 5.3.2 节以及本章基于 CBR 的磨矿粒度软测量模型部分，这里不再重述。

4. 最终磨矿粒度软测量求解

可信度因子 u_{CBR}、u_{ANN} 求解完毕后，由最终粒度求解模型对 u_{CBR}、u_{ANN} 的数值进行分析，根据其相互之间的大小情况，对基于 CBR 的粒度软测量模型和基于 ANN 的粒度软测量模型的估计输出 $s_{\text{p\_CBR}}$、$s_{\text{p\_ANN}}$ 进行处理，以给出最终的粒度软测量输出 s_{p}。具体算法基于如下 9 条 IF-THEN 规则（R_1、R_2、R_3、R_4、R_5、R_6、R_7、R_8、R_9），其中前提条件为可信度因子 u_{CBR}、u_{ANN} 的数值大小，结论后件就是所求解的最终粒度软测量值 s_{p}，具体求解 s_{p} 的推理规则如下：

R_1 : IF　$u_{\text{CBR}}\geqslant 0.95$　AND　$u_{\text{ANN}}<0.6$　THEN　$s_{\text{p}}=s_{\text{p\_CBR}}$

R_2 : IF　$u_{\text{CBR}}<0.6$　AND　$u_{\text{ANN}}\geqslant 0.95$　THEN　$s_{\text{p}}=s_{\text{p\_ANN}}$

$$R_3: \text{IF}\ \ 0.95 > u_{\text{CBR}} \geqslant 0.8\ \ \text{AND}\ \ u_{\text{ANN}} < 0.6\ \ \text{THEN}\ \ s_{\text{p}} = \frac{s_{\text{p\_CBR}} + s_{\text{p\_ANN}} u_{\text{ANN}}}{1 + u_{\text{ANN}}}$$

$$R_4: \text{IF}\ \ u_{\text{CBR}} < 0.6\ \ \text{AND}\ \ 0.95 > u_{\text{ANN}} \geqslant 0.8\ \ \text{THEN}\ \ s_{\text{p}} = \frac{s_{\text{p\_CBR}} u_{\text{CBR}} + s_{\text{p\_ANN}}}{1 + u_{\text{CBR}}}$$

$$R_5: \text{IF}\ \ 0.8 > u_{\text{CBR}} \geq 0.6\ \ \text{AND}\ \ 0.8 > u_{\text{ANN}} \geqslant 0.6\ \ \text{THEN}\ \ s_{\text{p}} = \frac{s_{\text{p\_CBR}} u_{\text{CBR}} + s_{\text{p\_ANN}} u_{\text{ANN}}}{u_{\text{CBR}} + u_{\text{ANN}}}$$

$$R_6: \text{IF}\ \ 0.8 > u_{\text{CBR}} \geqslant 0.6\ \ \text{AND}\ \ u_{\text{ANN}} < 0.6\ \ \text{THEN}\ \ s_{\text{p}} = \frac{s_{\text{p\_CBR}} u_{\text{CBR}} + 0.5 s_{\text{p\_ANN}} u_{\text{ANN}}}{u_{\text{CBR}} + 0.5 u_{\text{ANN}}}$$

$$R_7: \text{IF}\ \ u_{\text{CBR}} < 0.6\ \ \text{AND}\ \ 0.8 > u_{\text{ANN}} \geqslant 0.6\ \ \text{THEN}\ \ s_{\text{p}} = \frac{0.5 s_{\text{p\_CBR}} u_{\text{CBR}} + s_{\text{p\_ANN}} u_{\text{ANN}}}{0.5 u_{\text{CBR}} + u_{\text{ANN}}}$$

$$R_8: \text{IF}\ \ u_{\text{ANN}} < u_{\text{CBR}} < 0.6\ \ \text{THEN}\ \ s_{\text{p}} = \frac{0.6 s_{\text{p\_CBR}} u_{\text{CBR}} + 0.4 s_{\text{p\_ANN}} u_{\text{ANN}}}{0.6 u_{\text{CBR}} + 0.4 u_{\text{ANN}}}$$

$$R_9: \text{IF}\ \ u_{\text{CBR}} < u_{\text{ANN}} < 0.6\ \ \text{THEN}\ \ s_{\text{p}} = \frac{0.4 s_{\text{p\_CBR}} u_{\text{CBR}} + 0.6 s_{\text{p\_ANN}} u_{\text{ANN}}}{0.4 u_{\text{CBR}} + 0.6 u_{\text{ANN}}}$$

6.3.3 正常工况下的控制系统设定值多变量动态反馈调节

实际赤铁矿磨矿生产具有多源不可测未知干扰，原矿石成分、性质以及颗粒大小具有非常强的时变特性，这些因素使得磨矿运行工作点会逐渐远离其初始最优工作点。由 5.2 节可知，为了消除或者缓和这些变化的影响，基于反馈输出偏差的优化设定控制器或者优化模型的参数在线校正和重优化难以发挥作用，必须设置一个专门的在线反馈调节机制来对基础控制回路设定值进行动态校正。对于研究的具有综合复杂动态特性难建模赤铁矿磨矿系统，常规基于精确数学模型的调节方法不能适应于上层运行反馈调节。这里集成数据与操作员优秀操作经验，利用模糊专家推理设计多变量智能反馈校正系统，以在线求解与运行指标控制偏差相对应的控制器设定值调节增量。

设计的多变量智能反馈校正模块包括基于在线软测量的主反馈调节器和基于离线化验的间歇式辅反馈调节器两个功能模块，分别用于实现如下多变量非线性映射：

$$\begin{cases} \underbrace{(\Delta o_{\text{f,M}}^*, \Delta d_{\text{m,M}}^*, \Delta d_{\text{c,M}}^*)}_{\Delta \text{Y}_{\text{M}}^*} = \phi_{\text{M}}(\Delta s_{\text{pd}}, v_{\text{m,}} v_{\text{c}}) \\ \underbrace{(\Delta o_{\text{f,A}}^*, \Delta d_{\text{m,A}}^*, \Delta d_{\text{c,A}}^*)}_{\Delta Y_{\text{A}}^*} = \phi_{\text{A}}(\Delta s_{\text{ad}}, v_{\text{m,}} v_{\text{c}}) \end{cases} \tag{6.11}$$

式中

$$\begin{cases}\Delta s_{\mathrm{pd}}=s_{\mathrm{p}}-s_{\mathrm{d}}=\sum_{i=1}^{k_1}(i\times s_{\mathrm{p}}(i\times t_2))\Big/\sum_{i=1}^{k}i-s_{\mathrm{d}}, \quad k_1\in\mathbf{Z}^{+};k_1>1\\ \Delta s_{\mathrm{ad}}=s_{\mathrm{a}}-s_{\mathrm{d}}\end{cases} \tag{6.12}$$

另外，式（6.11）中给水阀门开度 v_{m} 和 v_{c} 被看做影响多变量反馈校正性能的两个影响因子；式（6.12）中，为了模拟人感觉输入信息具有的平均特性，软测量模型的暂态输出 $s_{\mathrm{p}}(t_1)$ 在进入主反馈调节器前先运用 SPC 机制进行统计处理。

由于辅反馈调节器的实现算法与主反馈调节器的实现算法类似，因此为了简单起见，这里只对主反馈调节器的具体实现进行讨论。设计的主反馈调节器的模块结构如图 6.7 所示，主要包括一个多变量协调器和三个模糊推理机，即 $F_{o_{\mathrm{f}}}$、$F_{d_{\mathrm{m}}}$、$F_{d_{\mathrm{c}}}$ 。

多变量协调器的作用就是对三个模糊推理机进行协调，在每次多变量反馈校正时给出一种能够有效增强磨机处理量从而提高磨机生产率的多变量智能调节策略。多变量协调器的协调流程如图 6.8 所示（其中 s_{Δ} 为粒度合格标准）。其基本调节机理可以描述为：如果 PPS 太细，那么优先增加磨机新给矿量控制器设定值 o_{f}^{*} 而保持磨矿浓度和分级机溢流矿浆浓度控制回路的设定值 d_{m}^{*}、d_{c}^{*} 不变，从而增强磨机处理量；如果 PPS 太粗，为了尽量保持磨机处理量不变，因而优先对 d_{m}^{*}、d_{c}^{*} 进行调节，而保持 o_{f}^{*} 不变。

图 6.7 所示的多变量智能反馈调节器的模糊推理机如图 6.9 所示。其隶属度函数如图 6.10 所示。考虑到各个回路控制器的调节增量 $\Delta Y_{\mathrm{M}}^{*}$ 除了与磨矿粒度的控制效果等关联较大外，其大小与矿石性质相关联，因此在它们的数学表示中引入表征矿石属性的两个自适应因子 k_{m}、k_{r} ，即有

$$\Delta Y_{\mathrm{M}}^{*}=\begin{bmatrix}\Delta o_{\mathrm{f,M}}^{*}\\ \Delta d_{\mathrm{m,M}}^{*}\\ \Delta d_{\mathrm{c,M}}^{*}\end{bmatrix}^{\mathrm{T}}=\underbrace{\begin{pmatrix}b_{\mathrm{M}_1} & b_{\mathrm{M}_2} & 0\\ b_{\mathrm{M}_3} & b_{\mathrm{M}_4} & 0\\ 0 & 0 & b_{\mathrm{M}_5}\end{pmatrix}}_{B_{\mathrm{M}}}\begin{bmatrix}k_{\mathrm{m}}\\ k_{\mathrm{r}}\\ 1\end{bmatrix}$$

根据实际需要，图 6.10 中的 Δs_{pd} 的论域取其实际值，b_{M_1}～b_{M_5}、v_{m}、v_{c} 的论域取值如表 6.7 所示。通过对磨矿过程进行机理分析，并结合领域专家操作经验，提取模糊推理机 $F_{o_{\mathrm{f}}}$、$F_{d_{\mathrm{m}}}$、$F_{d_{\mathrm{c}}}$ 的模糊调节规则，如表 6.8 所示。模糊推理时，各推理规则 R_j 可以表示成如下模糊 IF-THEN 规则形式：

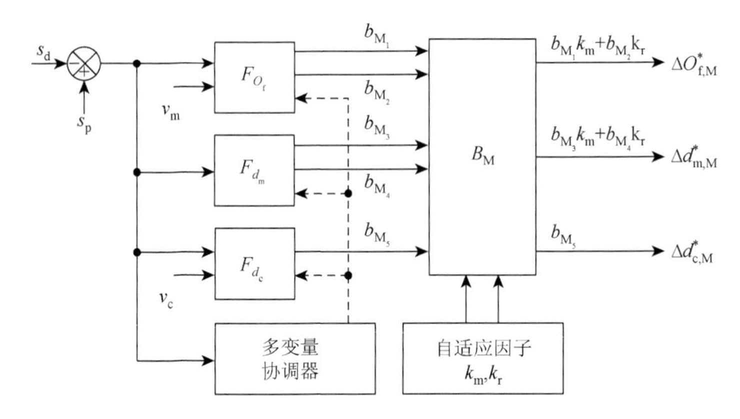

图 6.7　多变量智能反馈调节器结构

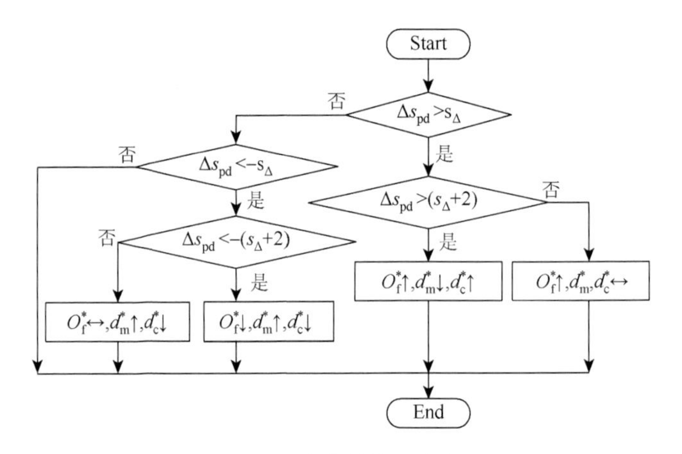

图 6.8　多变量协调流程

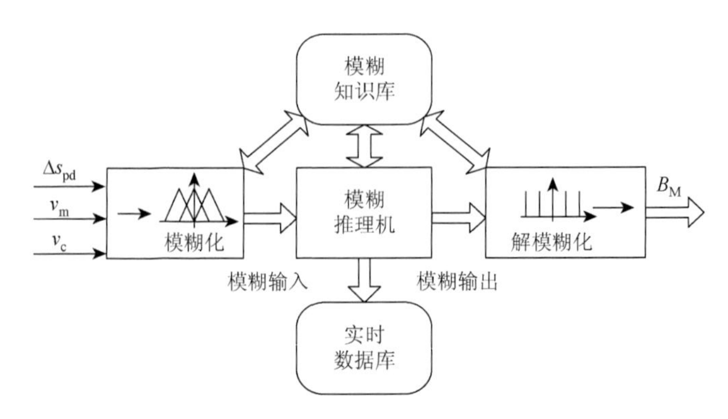

图 6.9　多变量模糊推理机结构

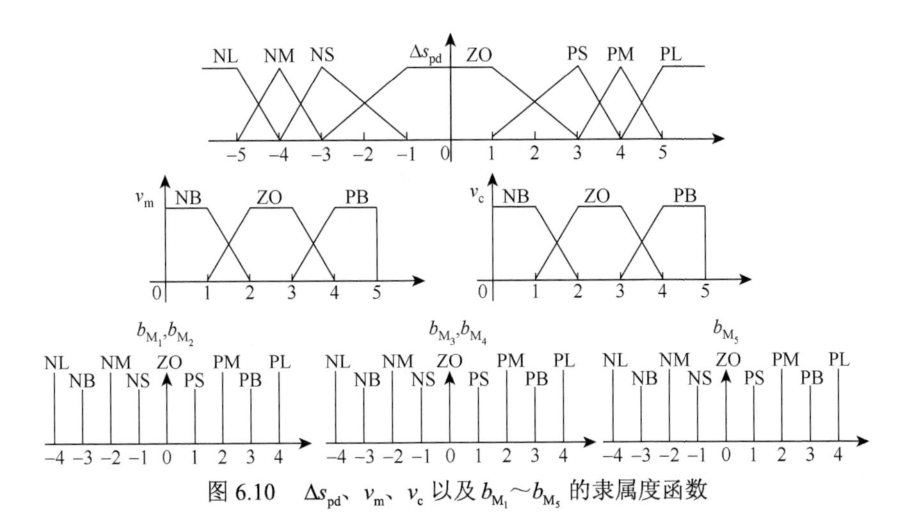

图 6.10　Δs_{pd}、v_m、v_c 以及 b_{M_1}～b_{M_5} 的隶属度函数

表 6.7　b_{M_1}～b_{M_5}、v_m、v_c 的论域取值

参数		ΔY_M^*					v_m/%	v_c/%
		$\Delta o_{f,M}^*$/(t/h)		$\Delta d_{m,M}^*$ /%		$\Delta d_{c,M}^*$ /%		
		b_{M_1}	b_{M_2}	b_{M_3}	b_{M_4}	b_{M_5}		
论域	−4	−1.6	−1.2	—	—	−3.5	—	—
	−3	−1.2	−0.8	−0.3	−0.15	−2.5	—	—
	−2	−0.8	−0.6	−0.2	−0.1	−1.5	—	—
	−1	−0.4	−0.2	−0.1	−0.05	−0.5	—	—
	0	0	0	0	0	0	0	0
	1	0.4	0.2	0.1	0.05	0.5	15	15
	2	0.8	0.6	0.2	0.1	1.5	30	30
	3	1.2	0.8	0.3	0.15	2.5	70	70
	4	1.6	1.2	—	—	3.5	85	85
	5	—	—	—	—	—	100	100

表 6.8　F_{o_f}、F_{d_m}、F_{d_c} 的模糊专家调节规则库

$b_{M_1}/b_{M_2}/b_{M_3}/b_{M_4}/b_{M_5}$		v_m 或 v_c		
		NB	ZO	PB
Δs_{pd}	NB	NB/NB/PB/PB/NL	NL/NL/PB/PB/NL	NL/NL/PB/PB/NB
	NM	NM/NM/PM/PM/NB	NB/NB/PM/PM/NB	NB/NB/PM/PM/NM
	NS	NS/NS/PS/PS/NM	NM/NM/PS/PS/NM	NM/NM/PS/PS/NS
	ZO	ZO/ZO/ZO/ZO/ZO	ZO/ZO/ZO/ZO/ZO	ZO/ZO/ZO/ZO/ZO
	PS	PS/PS/NS/NS/PM	PM/PM/NS/NS/PM	PM/PM/NS/NS/PS
	PM	PM/PM/NM/NM/PB	PB/PB/NM/NM/PB	PB/PB/NM/NM/PM
	PB	PB/PB/NB/NB/PL	PL/PL/NB/NB/PL	PL/PL/NB/NB/PB

$$
R_j:\begin{cases} \text{IF} \ \Delta \text{s}_{\text{pd}} \ \text{IS} \ \Gamma_j(\Delta \text{s}_{\text{pd}}) \\ \qquad \text{AND} \ [v_{\text{m}} \ \text{IS} \ \Gamma_j(v_{\text{m}}) \\ \qquad\quad \text{OR} \ v_{\text{c}} \ \text{IS} \ \Gamma_j(v_{\text{c}})] \\ \text{THEN}\begin{cases} (\text{b}_{\text{M}_1} \ \text{AND} \ \text{b}_{\text{M}_2}) \ \text{ARE} \ \Gamma_j(\text{b}_{\text{M}_1})' \\ (\text{b}_{\text{M}_3} \ \text{AND} \ \text{b}_{\text{M}_4}) \ \text{ARE} \ \Gamma_j(\text{b}_{\text{M}_3}) \\ \text{b}_{\text{M}_5} \ \text{IS} \ \Gamma_j(\text{b}_{\text{M}_5}) \end{cases} \end{cases}
$$

$$
\Gamma_j(\bullet) \in \{\text{NL,NB,NM,NS,ZO,PS,PM,PB,PL}\}
$$

模糊推理完成后，为了得到清晰解 $\Delta Y_{\text{M}}^* = [\Delta \text{o}_{\text{f,M}}^* \ \Delta d_{\text{m,M}}^* \ \Delta d_{\text{c,M}}^*]$，采用重心法进行解模糊化运算，如式（6.13）所示：

$$
\Delta Y_{\text{M}}^* = \begin{bmatrix} \Delta \text{o}_{\text{f,M}}^* \\ \Delta d_{\text{m,M}}^* \\ \Delta d_{\text{c,M}}^* \end{bmatrix}^{\text{T}}
= \begin{bmatrix} \dfrac{\sum[\Theta(R_j)\Gamma_j(\text{b}_{\text{M}_1})]}{\sum\Theta(R_j)} & \dfrac{\sum[\Theta(R_j)\Gamma_j(\text{b}_{\text{M}_2})]}{\sum\Theta(R_j)} & 0 \\ \dfrac{\sum[\Theta(\text{R}_j)\Gamma_j(\text{b}_{\text{M}_3})]}{\sum\Theta(R_j)} & \dfrac{\sum[\Theta(R_j)\Gamma_j(\text{b}_{\text{M}_4})]}{\sum\Theta(R_j)} & 0 \\ 0 & 0 & \dfrac{\sum[\Theta(R_j)\Gamma_j(\text{b}_{\text{M}_5})]}{\sum\Theta(R_j)} \end{bmatrix} \begin{bmatrix} k_{\text{m}} \\ k_{\text{r}} \\ 1 \end{bmatrix} \quad (6.13)
$$

式中，权值 $\Theta(R_j)$ 为采用乘积运算计算得到的每条规则的适应度。

6.3.4 磨机过负荷智能监测与过负荷故障工况多变量反馈调节

磨矿过程中，磨机负荷（GML）是指磨机内瞬时的全部装载量，包括新给矿量、循环负荷量、水量及介质装载量等。GML 是影响磨矿效率及磨矿产品质量好坏的重要因素，特别是当负荷过大而又操作不当时，就会造成磨机“胀肚”危险事故的发生。因此必须对 GML 进行过负荷监测及过负荷控制，这对于保证磨矿产品质量及磨矿生产的安全、连续、稳定运行极其必要[269-272]。

GML 不但与磨机中的物料量有关，还与物料粒径大小及分布有关。而磨机中被磨物料粒径分布是随时变化的，其性质和形态（如硬度、塑性）等因素也都会影响磨机的负荷状态，因此很难用解析的方法对 GML 进行定量描述。另外，由于磨机体积庞大且高速旋转，因而难以用常规测量仪表对 GML 进行直接有效检测以及在此基础上的过负荷控制。实际生产中一般是由操作员通过电流（功率）、声响或振动等间接方法，凭借经验对过负荷故障工况进行人工判断与处理，由于人工操作的主观性和随意性，往往磨机过负荷得不到及时准确的发现和处理，从而造成产品质量的变坏和生产的不稳定，甚至因为磨机“胀肚”而停产。

为此，结合领域专家知识与过程运行数据，采用基于知识的规则推理（RBR）和数据驱动 SPC 技术，设置了磨机过负荷智能监测和过负荷调节模块。首先由 SPC 机制对相关原始测量数据进行统计分析。然后，磨机过负荷监测模块根据统计分析后的信息对 GML 进行智能监测。过负荷调节器根据监测到的过负荷故障工况 S，在线修正回路控制器设定值，各控制回路跟踪修改后的设定值，使得 GML 逐渐远离过负荷故障工况。

1. 基于数据驱动 SPC 的磨机电流运行数据统计分析

理论研究及实际经验均表明：当磨机欠负荷尤其是过负荷时，磨机功率会显著下降，如图 6.11 所示[273, 274]。由于磨机电流与磨机功率是一一对应的，从而当磨机欠负荷和过负荷时，磨机电流 e_{m} 也会显著下降。因此可以根据这个现象对磨

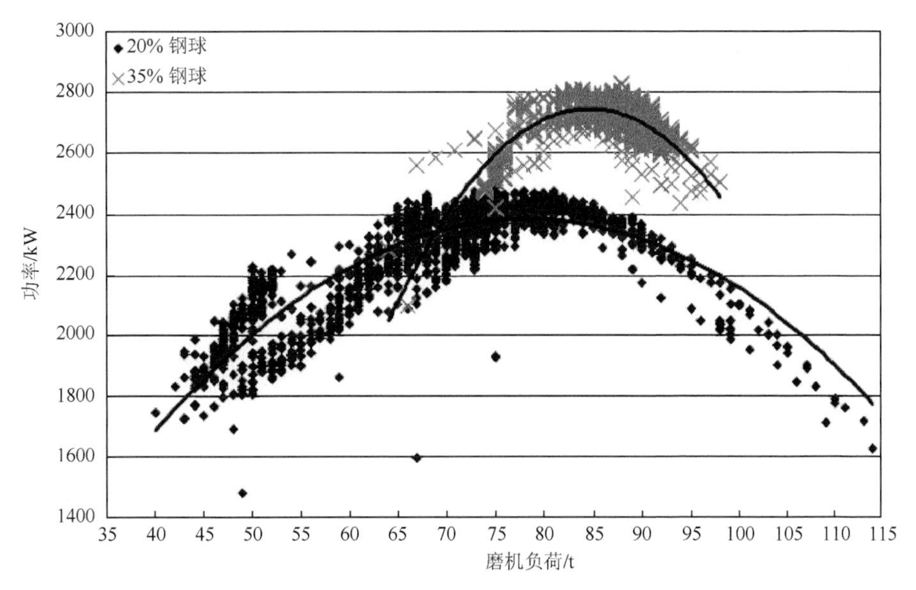

图 6.11　基于实验操作数据绘制的磨机功率——磨机负荷曲线[273, 274]

机过负荷工况进行监测。实际磨矿生产中，由于磨机运行的不均匀性，以及受很多不可测和未知干扰因素的影响，即使在正常运行的稳态工况下，磨机电流也会上下反复波动，如图 6.11 以及图 6.14 所示，其他过程变量，如磨机新给矿量 o_{f}、磨机给矿水 q_{m}、分级机电流 e_{c} 等具有类似特征。因此不能直接利用从检测仪表获得的信息对 GML 进行在线监测与控制，必须先对这些数据进行预处理，否则会造成误判与误控。由于正常的工业生产，大部分过程参数可看做围绕某一均值上下波动的独立变量，因此采用过程监测领域的 SPC 技术对 e_{m}、e_{c}、o_{f} 等变量进行统计分析和处理，具体如下：

$$\begin{cases} \overline{e}_{\mathrm{m}}(t_2)=\dfrac{t_1}{t_2}\displaystyle\sum_{k=1}^{t_2/t_1} e_{\mathrm{m}}(kt_1) \\ u_{e_{\mathrm{m}}}(t_3)=\dfrac{t_2}{t_3}\displaystyle\sum_{k=1}^{t_3/t_2} \overline{e}_{\mathrm{m}}(kt_2) \\ \delta_{e_{\mathrm{m}}}(t_3)=\sqrt{\dfrac{t_2}{t_3-t_2}\displaystyle\sum_{k=1}^{t_3/t_2}[\overline{e}_{\mathrm{m}}(kt_2)-u_{e_{\mathrm{m}}}(t_3)]^2} \end{cases} \tag{6.14}$$

式中，t_1 为底层基础反馈控制系统的采样频率，一般是秒级别的时间常数；t_3 为计算一段时间 e_{m} 的均值期望值 $u_{e_{\mathrm{m}}}$ 和标准方差 $\delta_{e_{\mathrm{m}}}$ 的时间常数，这里选取 $t_2=30t_1$ 和 $t_3=30t_2$。

借鉴 SPC 过程监测领域著名的西电规则（west electric rule）[89, 275]，提出如下基于 SPC 的“类西电规则”用于判断 e_{m} 在指定时间内是否处于下降趋势。

类西电规则 如果下述条件至少有一个满足，那么 e_{m} 即处于下降趋势：

$$\begin{cases} \text{(a)}\ \overline{e}_{\mathrm{m}}(\tau)<\overline{e}_{\mathrm{m}}(\tau-1)<[u_{e_{\mathrm{m}}}(t)-3\delta_{e_{\mathrm{m}}}(t)], \quad 3\delta\text{控制限} \\ \text{(b)}\ \overline{e}_{\mathrm{m}}(\tau)<\overline{e}_{\mathrm{m}}(\tau-1)<\overline{e}_{\mathrm{m}}(\tau-2)<[u_{e_{\mathrm{m}}}(t)-2\delta_{e_{\mathrm{m}}}(t)], \quad 2\delta\text{控制限} \\ (c)\ \overline{e}_{\mathrm{m}}(\tau)<\overline{e}_{\mathrm{m}}(\tau-1)<\overline{e}_{\mathrm{m}}(\tau-2)<\overline{e}_{\mathrm{m}}(\tau-3)<[u_{e_{\mathrm{m}}}(t)-\delta_{e_{\mathrm{m}}}(t)], \quad 1\delta\text{控制限} \end{cases}$$

式中，$\tau<t$。为了简单起见，我们将事件 e_{m} 处于下降趋势简记为 EDe。

2. 磨机过负荷诊断与调节的专家推理系统

由前面分析可知，磨机电流下降并不意味着 GML 过负荷，也可能欠负荷。所以单纯通过磨机电流 e_{m} 来对 GML 过负荷进行监测是不可靠的。引起 GML 增大以致过负荷的原因主要有给矿量 o_{f} 过大、磨矿浓度 d_{m} 过高以及矿石性质变差（如原矿石硬度变硬、粒度变粗等）等。因此，必须综合利用这些多元信息才能对磨机负荷进行较为准确的判定。磨矿过程的前述综合复杂特性，使得难以建立负荷与上述影响因素的解析表达模型。但领域专家知识以及优秀操作员良好的操作经验为磨机过负荷诊断与调节提供了一个良好的品质模型，因此知识驱动且简单实用的 RBR 技术在此可以发挥作用。

注 6.12　实际生产经验表明磨矿介质与混合矿浆的比例不当也是造成磨机过负荷的重要原因，但是由于其可以通过合理和定时的磨矿介质添加机制来有效克服，因而在此不对这种情况进行考虑。

采用 RBR 技术并结合领域专家知识及优秀操作经验得到表 6.9 所示的磨机过负荷智能专家判断规则。规则形式为广泛使用的 IF-THEN 产生式规则，其中主前提条件为事件 EDe，辅助前提条件为其他相关过程变量的变化趋势及状态，结论为磨机过负荷故障工况 S 中的给矿量 o_{f} 过大引起的过负荷故障工况 S_1、磨矿浓度 d_{m} 过高引起的过负荷故障工况 S_2、矿石性质变差引起的过负荷故障工况 S_3 以及各种故障工况相应的可信度 Υ，其中 Υ 表示过负荷工况的严重程度。另外，表 6.9 中，$\Delta\overline{o}_{\mathrm{f}}=\overline{o}_{\mathrm{f}}(t_1)-\overline{o}_{\mathrm{f}}(t_1-1)$，$\overline{o}_{\mathrm{f}}(t_1)$ 为当前实时给矿量的统计均值，其计算方式与 $\overline{e}_{\mathrm{m}}$ 相同，其他类似表达式意义与 $\overline{o}_{\mathrm{f}}(t_1)$ 相同；λ_i 为可调阈值系数，由领域专家根据具体过程以及工艺要求确定。

表 6.9　磨机过负荷诊断规则

前件（antecedent）				后件（consequent）	
主前件	辅前件				
EDe	$\Delta\overline{o}_{\mathrm{f}}>\lambda_{o_{\mathrm{f}}}$	$\Delta\overline{e}_c>\lambda_{e_c}$		S_1	Υ_1
EDe	$\Delta\overline{o}_{\mathrm{f}}>\lambda_{o_{\mathrm{f}}}$			S_1	Υ_2
EDe	$\Delta d_{\mathrm{m}}^{*}>\lambda_{d_{\mathrm{m}}}$	$\Delta\overline{e}_c>\lambda_{e_c}$		S_2	Υ_1
EDe	$\Delta\overline{q}_{\mathrm{m}}<-\lambda_{q_{\mathrm{m}}}$	$\Delta o_{\mathrm{f}}^{*}<\lambda_{o_{\mathrm{f}}^{*}}$		S_2	Υ_2
EDe	$\Delta d_{\mathrm{m}}^{*}>\lambda_{d_{\mathrm{m}}}$			S_2	Υ_2
EDe	$\Delta\overline{q}_{\mathrm{m}}<-\lambda_{q_{\mathrm{m}}}$	$\Delta o_{\mathrm{f}}^{*}<\lambda_{o_{\mathrm{f}}^{*}}$	$\Delta\overline{e}_c>\lambda_{e_c}$	S_2	Υ_2
EDe	$\Delta o_{\mathrm{f}}^{*}<\lambda_{o_{\mathrm{f}}^{*}}$	$\Delta d_{\mathrm{m}}^{*}<\lambda_{d_{\mathrm{m}}^{*}}$		S_3	Υ_1
EDe	$\Delta o_{\mathrm{f}}^{*}<\lambda_{o_{\mathrm{f}}^{*}}$	$\Delta d_{\mathrm{m}}^{*}<\lambda_{d_{\mathrm{m}}^{*}}$	$\Delta\overline{e}_c>\lambda_{e_c}$	S_3	Υ_2

一旦某种类型的过负荷故障工况被诊断出来，则过负荷反馈调节器将根据图 6.12 所示的专家规则对基础反馈控制的设定值进行快速调节，以使得磨机负荷

远离过负荷故障工况。图 6.12 中，$\gamma_k^{(i,j)}(i \in \{1,2,3\}, j \in \{1,2\}, k=1,2,3)$ 表示可调系数，其大小反映了回路控制器设定值的调节强度大小，它们的具体数值通常由领域专家根据实际的过程特性进行确定。

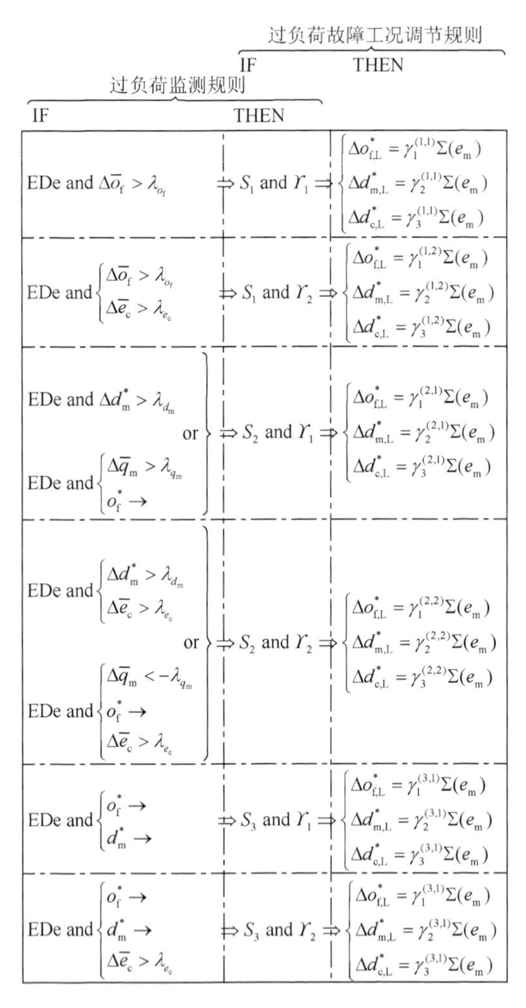

图 6.12　磨机过负荷反馈调节器调节规则

6.4　工业应用

我国某赤铁矿选矿厂的磨矿生产的一段磨矿由图 6.13 所示的 Φ3200mm×3500mm

格子型球磨机和高堰式 2FLG-φ2400mm 螺旋分级机构成。经过前期的过程自动化系统工程项目，该选厂磨矿生产改造了底层的基础反馈控制系统。将 Rockwell Co.的 ControlLogix 5000 PLC 用于底层基础控制系统的回路控制、逻辑顺序控制、I/O 数据获取、报警设置以及网络通信等。另外，基于 Rockwell RSView32 的人机交互监控平台用于操作员人工监督与运行操作。这些人工监督包括监视设备状态、显示过程参数、查询关键过程参数历史和实时趋势、列出系统报警、操作设备启停、打印生产报表以及执行系统的安全管理与用户管理等。

图 6.14 所示为基础反馈控制系统的运行趋势曲线图。可以看出各个基础控制的输出即磨矿新给矿量、分级机溢流浓度以及磨机给水等均能够较好地跟踪其设定值的变化。当原矿石种类、成分以及颗粒大小以及运行动态环境变化频繁时，之前都是通过操作员手动调整基础反馈控制系统的设定值以期望根据运行工况和边界条件的变化来对磨矿系统进行及时调整。但是这种人工调节回路设定值的半手动、半自动化的操作模式不能及时准确地调整基础反馈控制系统的设定值，难以将磨矿粒度、磨机生产率等运行指标控制在工艺要求的目标范围内，容易造成磨机过负荷故障工况。此种情况时，操作人员又只能通过眼看、耳听以及现场工人手摸的方式观察磨机的运转状态，凭经验判断过负荷工况，并通过人工改变基础控制回路的设定值，以期望磨机运行逐渐远离故障工况。大多情况下，操作人员自身的原因常常不能及时准确判断工况和调整底层基础反馈控制回路的设定值，因此通常采取保守的人工停给矿、停机的手段来强制迫使磨机恢复正常工况，图 6.15 所示为一个人工强制停止给矿来排除磨机过负荷的一个操作实例。显然，这种比较极端的调节方法将显著影响磨矿生产的连续性、稳定性和磨矿运行指标的好坏。

为此，将提出的面向过程运行安全与优化的磨矿智能运行反馈控制方法应用于该选矿厂磨矿生产运行实际中，构建的具有层次结构的智能运行反馈控制系统的整体架构如图 6.13 所示，包括硬件/网络架构和软件架构。最上层运行反馈层智能控制系统采用 RSView32 自带的脚本语言 VBA 进行开发，它可以与底层基于 Rockwell ControlLogix 5000 的基础反馈控制系统、基于 Rockwell RSView32 的人机交互平台以及其他第三方应用软件如 MATLAB、Microsoft Office Access 和 Visual FoxPro 进行通信和数据交互。

图 6.16 为一段连续时间的磨矿粒度估计效果。可以看出基于 CBR-ANN 的磨矿粒度混合智能软测量系统能够根据运行工况的变化，根据特定过程输入数据对磨矿粒度进行在线估计，并且估计精度较高，误差基本在±2 范围内，能够满足磨矿粒度在线反馈控制以及磨矿生产对磨矿粒度进行实时监测的要求。

图 6.17 为采用智能运行反馈控制方法控制下的磨矿粒度正常工况下的控制效果。当过程控制系统设定值优化模型给出磨矿过程初始工作点 $Y_0^* = [o_{f,0}^* \ d_{m,0}^* \ d_{c,0}^*] =$ [69.01t/h, 76%, 46.18%] 后，一段时间内磨矿粒度在线软测量值和离线化验值均仅在期望目标范围 (60,64)% 内作小幅波动，从而说明 LPSM 模型的有效性。当 t=150min 时，观测到 $s_p = 66\% < 200\text{mesh}$ 超过了期望目标区间，此时多变量反馈调节器对基础控制系统进行快速调节，将磨机给矿量设定值更新为 $o_f^* = 73.41\text{t/h}$ 。在 t=450min 时，由于运行工况的变化，又观测到 $s_p = 58.8\% < 200\text{mesh}$ ，此时反馈调节器对 d_m^*、d_c^* 进行调节，而保持 o_f^* 不变。经过上述多变量智能反馈调节器的两次调节后，磨机粒度又逐渐进入可控的目标范围内，同时采用合理的调节策略使得磨机处理量有所提高。这说明建立的多变量智能反馈调节器是有效和合理的。另外，通过图 6.17 在采样时刻对磨矿粒度估计值和化验值的比较可知，建立的基于 CBR-ANN 的磨矿粒度软测量模型具有较好的估计精度，其估计误差基本在可接受范围之内。

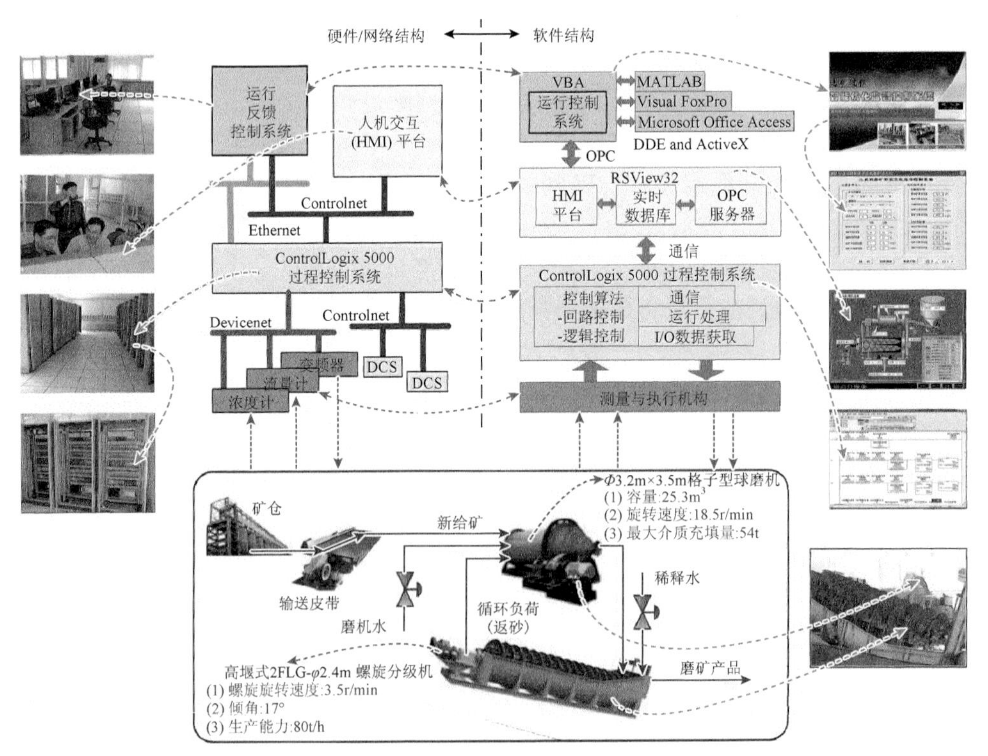

图 6.13　典型球磨机-螺旋分级机磨矿过程（下半部分）及智能运行反馈控制系统的软硬件结构（上半部分）

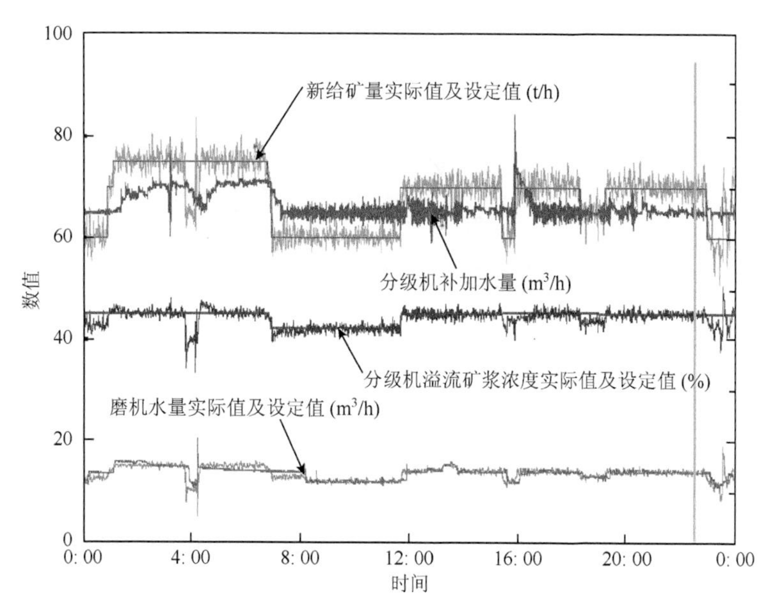

图 6.14　磨矿过程基础反馈控制系统运行曲线

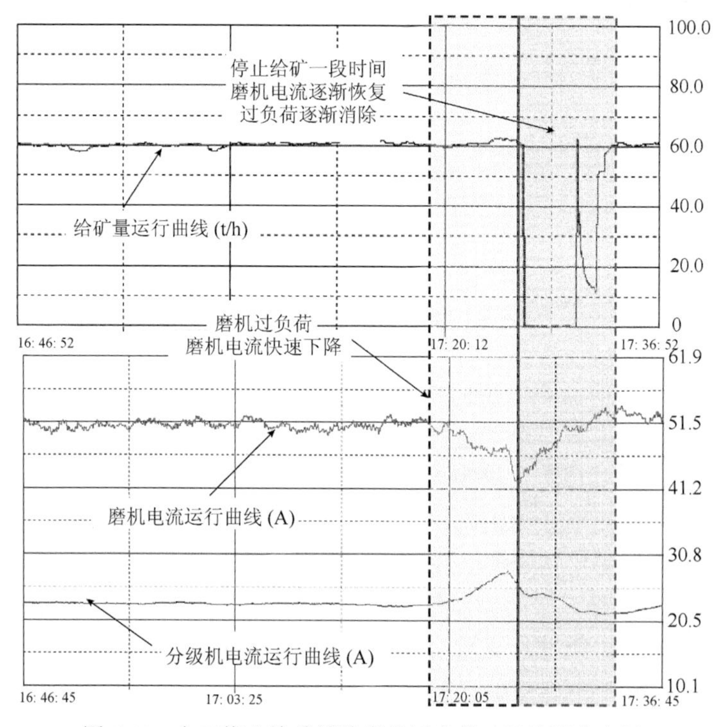

图 6.15　人工停止给矿消除磨机过负荷工况的调节实例

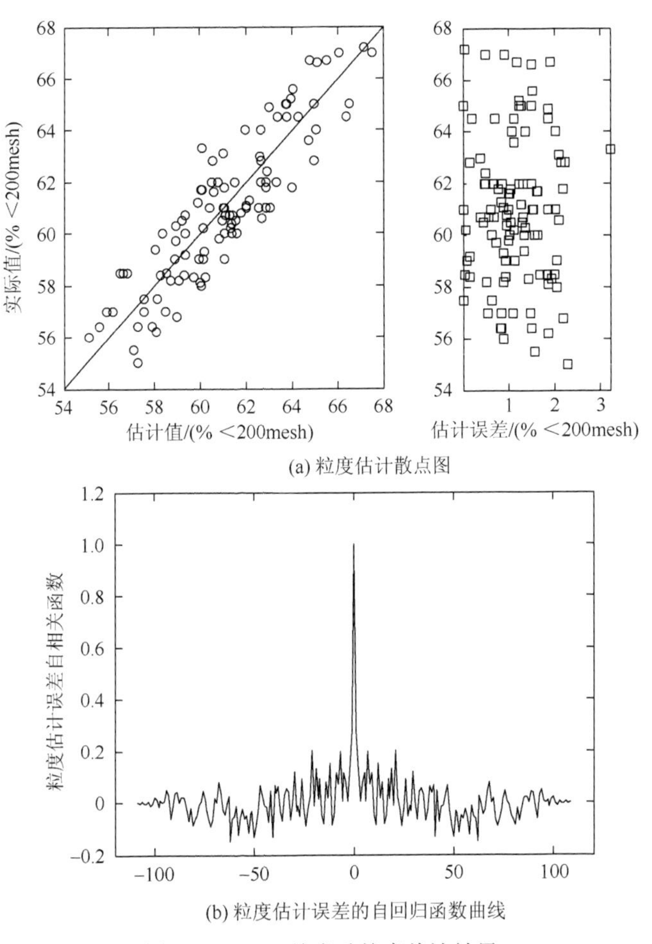

(a) 粒度估计散点图

(b) 粒度估计误差的自回归函数曲线

图 6.16 PSM 的磨矿粒度估计效果

图 6.18 为磨机过负荷工况时所提方法控制下的磨矿过程控制曲线。这里基于专家知识的过负荷诊断器根据磨机电流等的异常变化趋势预先诊断出去磨机过负荷故障工况 S_3，通过过负荷反馈调节器对基础反馈控制系统的设定值进行紧急调整，使得磨机负荷逐渐变为正常，同时也使得磨矿粒度逐渐进入可控的目标范围内。本试验结果表明建立的磨机过负荷诊断与调节模块是有效的。

通过对图 6.19（a）中第一幅图和图 6.19（b）中第一幅图的比较可以看出，所提方法控制下的磨矿粒度具有较小的波动，基本都能控制在期望目标范围内。统计数据还表明，相同目标区间（60, 64）（%<200mesh）下，所提方法控制的磨矿粒度均值为 62.4% < 200mesh，要大于人工监督控制的磨矿粒度均值 59.5% < 200mesh，

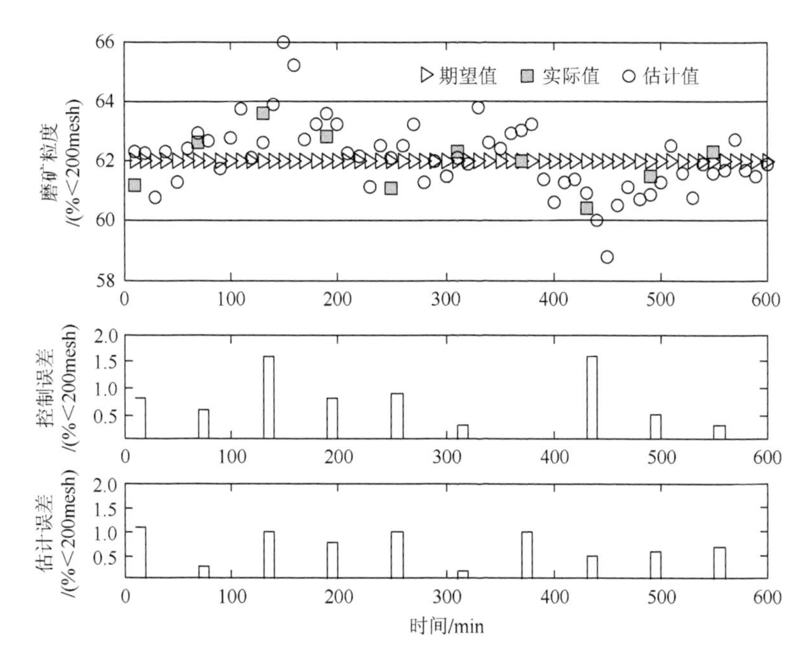

图 6.17　正常工况时所提控制方法下的磨矿粒度控制效果

磨矿粒度的采样值通过离线化验获得，离线采样和化验的频率为 1h；粒度估计值为每 10min 粒度软测量输出的加权平均值；两虚线之间的区域为工艺要求的磨矿粒度目标区间

即所提运行控制方法实现磨矿粒度指标的优化。通过对图 6.19（a）中第二幅图和图 6.19（b）中第二幅图的比较可以观察到所提方法控制下的磨矿小时平均给矿量要远大于人工监督控制时的数值，而给矿量的增加意味着磨机处理量得到了提高。这也可以从图 6.20 人工监督和所提方法控制下的磨机台时处理量和磨机作业率比较清楚地看出（图中数据为每个星期的统计均值）。根据统计分析，磨矿过程智能运行控制后，其磨机台时处理量和磨机作业率分别提高了大约 5.87%和 5.55%。这意味着所提方法控制后，磨矿生产效率得到了提高。另一方面，磨机作业率的显著提高也反映了磨矿过程运行因过负荷故障工况而暂时停车的现象大为减小。结合图 6.19（a）中第三幅图、图 6.19（a）中第四幅图、图 6.19（b）中第三幅图以及图 6.19（b）中第四幅图可以看出，磨矿过程在所提方法控制后，其磨机电流 e_m 和分级机电流 e_c 有了显著提高。由于较大的磨机电流和分级机电流分别意味着较高的磨机处理量和循环负荷，这从而反映了磨矿生产率得到了提高。我们知道，由于大的磨机处理量和循环负荷易于导致磨机过负荷，因此人工监督操作时，为了生产安全和保守起见，就尽量将磨矿运行时的磨机处理量和循环负荷维持在较低的状态。而智能运行反馈

控制时，由于有了过负荷智能监测与调节模块对磨机负荷进行实时在线监测并对潜在过负荷工况进行自动调节，因此磨矿过程能够运行在一个相对高效的理想状态，即具有较大的磨机处理量和循环负荷，磨机又运行安全。

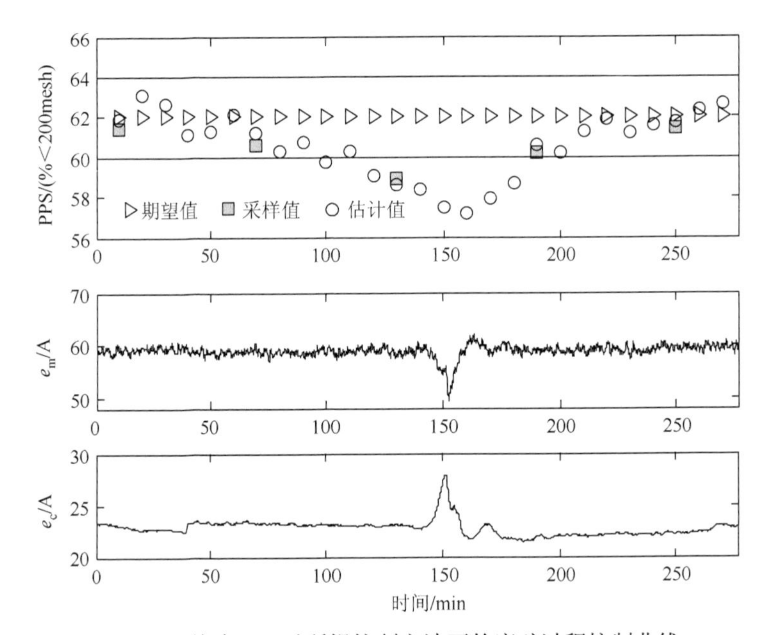

图 6.18　故障工况时所提控制方法下的磨矿过程控制曲线

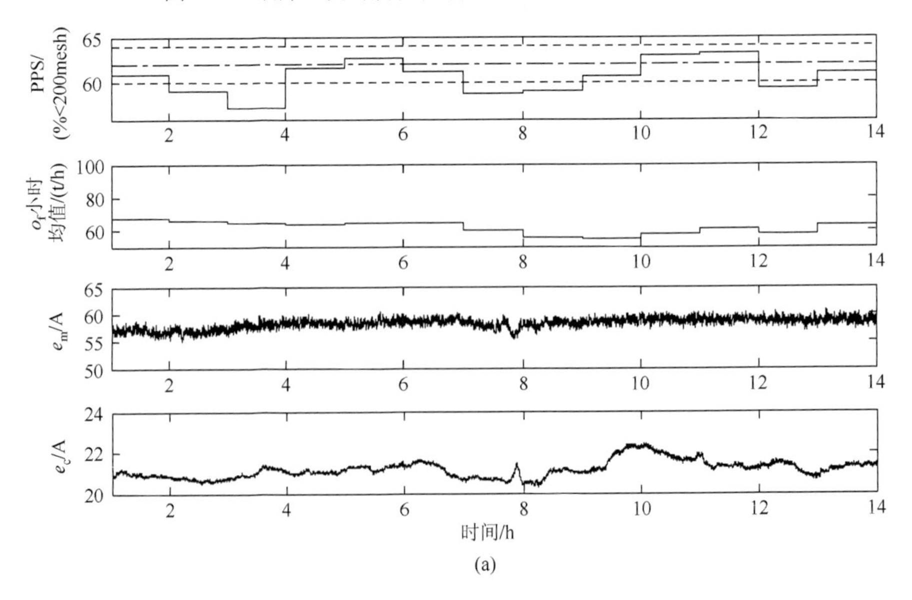

(a)

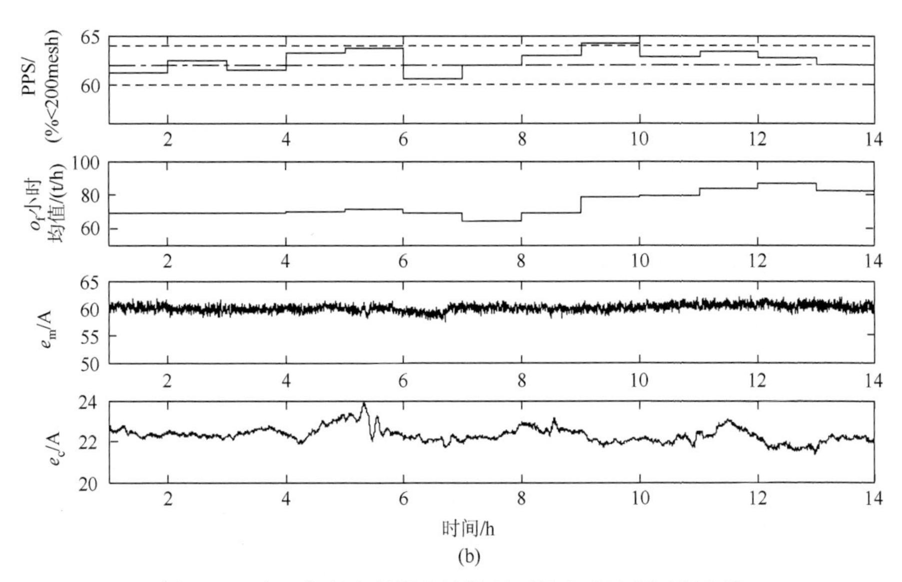

图 6.19　人工监督和所提方法控制下的磨矿过程运行曲线

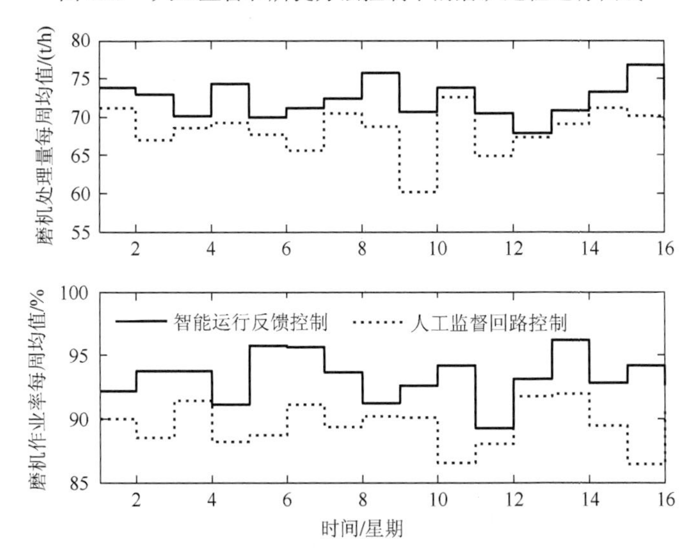

图 6.20　人工监督和所提方法控制下的磨机台时处理量和磨机作业率比较

图 6.21 为磨矿人工监督和所提方法控制下的一段时间磨机电流 e_m 概率分布曲线。图中虚线 LCL 为 e_m 的 3-δ低控制限（即 u-3δ）。通过比较可以看出，磨矿过程在所提方法控制时其磨机电流的概率分布曲线遵循一个更为标准的正态分布，其相应的分布参数为 $u = 60.17$，$\delta = 0.57$。而人工监督控制时，磨机电流的概率分布参数为

$u=57.55$，$\delta=0.83$。通过计算可以得到所提方法控制下的e_{m}大于3δ低控制限的概率为 99.9%。由于其大于 99.7%，因而满足过程监测领域的3δ质量控制标准[18, 24]。而人工监督控制时，$e_{\mathrm{m}} \geqslant u-3\delta$的概率为 99.46%，小于 99.7%，因而不满足3δ质量控制标准。另外，还可以看到所提方法控制下的磨机电流概率分布形状较窄且平均值较大。这说明磨机在大部分时间都运行在最佳磨机负荷附近，这也进一步验证了所提智能运行反馈控制方法能够实现磨矿过程的优化和安全运行。

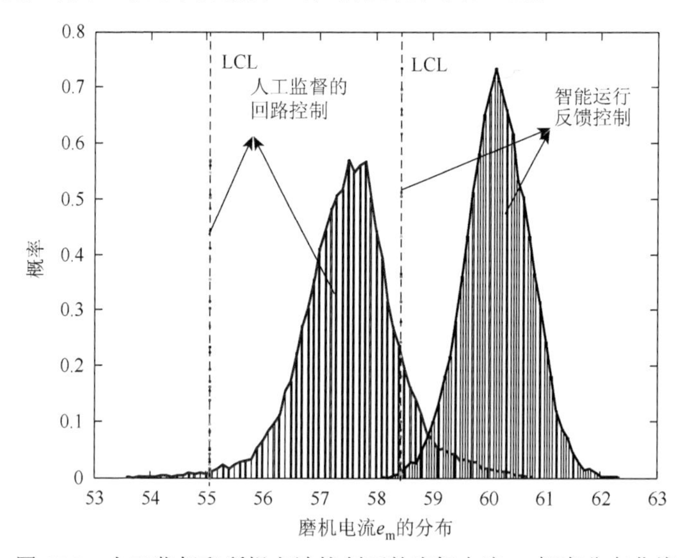

图 6.21 人工监督和所提方法控制下的磨机电流 e_{m} 概率分布曲线

6.5 本章小结

针对球磨机-水力旋流器赤铁矿闭路磨矿过程运行潜在的磨机过负荷故障工况，提出了一种面向磨矿过程运行优化与安全的智能运行反馈方法，包括过程控制系统设定值优化、运行指标软测量、多变量智能反馈校正以及过程故障工况诊断与调节等模块过程。过程控制系统设定值优化用于保证磨矿系统运行的标称性能，多变量智能动态校正模块用于对系统的运行性能进行增强和改进，过程监测与故障工况下的多变量校正用于确保系统运行的安全。另外，软测量模块作为在线运行软仪表用于解决运行指标不能在线检测的问题。我国某大型赤铁矿选矿厂磨矿生产的工业试验及其工业应用表明：所提方法能够将磨矿过程的运行指标控制在期望目标范围，并实现相关指标的性能优化。另外，在优化过程运行性能的同时，还能有效抑制磨机过负荷故障工况的发生，从而实现磨矿过程的安全、稳定运行。

第 7 章　磨矿过程运行反馈控制半实物仿真实验系统的设计及实验

随着自动化技术的进一步发展以及人们对节能降耗的日益关注，工业过程运行反馈控制的理论、方法与技术引起国内外学者越来越广泛的关注，相关理论和算法也相继提出。虽然，这些算法为解决诸如磨矿过程、竖炉焙烧过程、层流冷却过程这类复杂工业过程的运行控制问题提供了途径，也取得较好的控制成效。如第 5 章和第 6 章分别提出的基于数据与多智能融合的智能运行反馈控制方法以及面向过程运行优化与安全的运行反馈控制方法均在实际的复杂磨矿过程生产取得了不错的应用成效，实现了过程的优化运行。但是，目前所研究的更多的运行反馈控制算法仅仅针对一般的数字例子进行了 MATLAB 仿真验证，这与具体工业过程中的验证有着较大的差别，因为控制方法的 MATLAB 实现和工业现场实现有着本质区别。另外，很多复杂工业过程运行在独特的环境中或者处于整个流程生产线最为核心的位置，它的运行状况影响全流程生产的整体运行性能以及安全性，如选矿行业的核心工序磨矿过程、热力系统的前段工序钢球磨煤机制粉系统等。这意味着各种算法的直接工程验证具有一定的风险和难度。因此，如何将研制的运行控制方法在进行实际工程化应用前，先在一个比较真实模拟实际现场环境的仿真系统中进行仿真实验具有重要的研究价值。另外，如果设计的仿真实验系统是基于模块化、组态化以及可移植的，那么上层运行控制软件在实验平台验证成功后，不用多少修改就能移植到实际的工业控制实际工程环境中，因而可以大大减小直接的软件和系统开发工作量，用户就能将大部分精力和人力集中在控制软件系统运行所需要的数据收集和模型建立上。

目前，国外高技术软件公司开发了用于化工过程的 RTO 和预测控制系统相关系列软件，如美国 Aspen Technology 公司研发了 DMCplus 商品化工程优化软件包、美国 Honeywell 公司研发了 RMPCT 优化控制软件以及 Profit Optimizer、AIM Quick Optimizer、PACROS RSROPT、PACROS VSUPCC 等[81, 96, 276]。因此，在使用 RTO、MPC 方法应用于化工过程时就可以直接使用这些专用性的控制软件，而不必开发类似仿真实验系统来对方法进行模拟实际现场环境的仿真实验。

在国内，针对具体工业过程开发了基于监控组态软件的运行控制软件及其仿真系统。然而，基于组态软件的开发模式由于需要专用的监控组态软件，一种型号的监控软件（如 Rockwell 的 RSView32）开发的过程运行反馈系统很难移植到另一种型号的监控系统上（如 Siemens 的 Wincc），从而极大地影响运行反馈控制方法及相关系统软件的推广应用。另外，目前各监控组态软件技术主要被国外先进控制公司（如 AB、Siemens、Honeywell 等）所垄断，那么在监控机上开发的运行优化控制系统不能摆脱对各 DCS 生产厂家的依赖。另外，采用特定组态语言编写的上层运行反馈控制软件也很难移植到实际工业系统可能用其他语言编写的运行控制环境中。因此，亟待开发脱离监控组态软件并且具有自主知识产权的运行控制仿真系统及其专用软件，以服务于我国过程工业界，促进国民经济的发展[277-279]。

针对上述实际问题和需求，设计开发了由过程运行反馈控制层系统、过程监控系统、过程控制系统、过程虚拟对象、过程虚拟执行与检测机构等组成的磨矿过程半实物仿真实验平台。为了摒弃已有基于组态软件的上层运行反馈控制系统开发模式不具开放性和可移植性的缺点，采用 Microsoft Visual Studio 2010 集成开发环境，并采用视窗基金会（windows presentation foundation，MPF）图形显示系统编程语言进行整个平台框架的搭建，开发了集开放性、灵活性、可视化、可组态、可扩展为一体的工业过程运行反馈控制软件系统。基于前面提出的智能运行反馈控制策略，开发了磨矿过程运行反馈控制软件系统并进行了半实物仿真实验，以验证运行控制方法和仿真系统的合理性和有效性。

7.1 磨矿过程运行反馈控制半实物仿真实验系统总体设计

7.1.1 仿真实验系统的总体架构

磨矿过程运行反馈控制半实物仿真实验系统的总体架构如图 7.1 所示。其中，运行控制计算机、过程监控计算机、过程控制（PLC/DCS）系统、虚拟执行机构与检测装置、虚拟对象计算机以及进行通信连接的计算机网络等构成仿真实验系统的硬件平台。软件平台由磨矿过程虚拟对象软件、虚拟执行机构与检测装置软件、过程控制软件、人机交互的监控软件以及运行控制软件等构成。虚拟磨矿过程对象软件实现对磨矿分级过程的动态仿真模拟；虚拟执行机构与检测装置软件系统包括虚拟执行机构软件和虚拟检测装置软件；虚拟执行机构软件实现电动阀门、变频器、伺服电机等执行机构的动态仿真模拟；虚拟检测装置软件实现流量计、称重计、浓度计、压力计等检测仪表的动态模拟；过程控制软件由逻辑控制和磨矿过程基础反馈控制软件两部分组成，分别实现对磨矿过程的顺序逻辑启停控制和磨矿过程的多回路 PI/PID 控制；人机交互的监控软件实现对磨矿过程的人工监督与操作；运行反馈控制用于对提供过程控制软件系统的回路设定值。

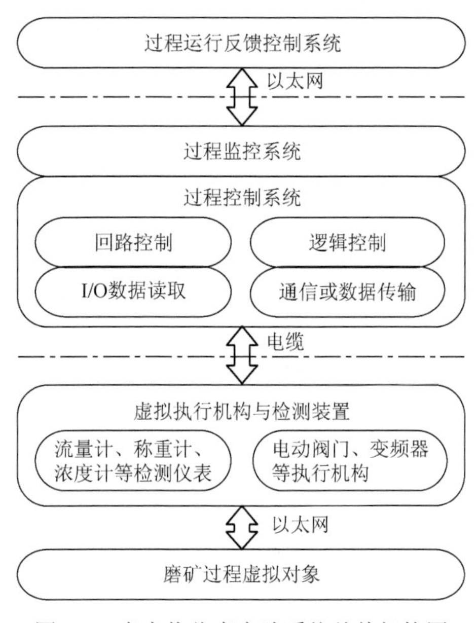

图 7.1　半实物仿真实验系统总体架构图

7.1.2　仿真实验系统的总体功能

磨矿过程运行反馈控制半实物仿真实验系统的主要目的是进行运行反馈控制技术在具有综合磨矿过程系统上的工程验证研究，避免直接在现场中验证算法的风险，同时可根据控制效果来改进算法，提高算法的安全性和可用性，节省控制算法的现场调试时间。因此，所搭建的仿真系统必须尽可能真实模拟现场投运情况，实现下述功能。

（1）磨矿分级过程的动态模拟。仿真系统中的虚拟磨矿过程要尽可能真实地反映磨矿系统的输入输出动态特性，能够利用数据显示、趋势图等方式反映矿仓、球磨机、分级机等设备的状态和关键工艺参数等的动态变化，能够逼真地模拟现场球磨机研磨的动态特性随边界条件的变化情况，能够模拟不同矿石类别和不同尺寸型号的球磨机以保证仿真实验系统中虚拟对象具有一定的通用性。

（2）实现执行机构与检测装置系统的动态模拟。能够利用数据显示、趋势图显示以及动画显示等方式，反映电振给矿机、电动阀门、变频器等执行机构，称重仪、流量计、浓度计、压力计等检测装置的动态物理特性以及输入输出的动态变化，真实地反映磨机分级过程的执行机构与检测装置的动态特性。

（3）以美国 Rockwell 公司的真实 PLC 控制系统作为仿真系统中的过程控制系统，实现磨矿过程的基础反馈控制、逻辑启停控制、安全互锁控制以及输入输出数据的实时快速传送等。搭建该过程控制系统的目的是从工程的角度对上层运行控制算法的可实现性和实用性进行验证，因此，仿真实验系统的过程控制系统选用工业现场常用的控制系统为真实控制系统，以便在仿真实验系统上验证的相关算法能够方便地在工业现场实施和推广应用。

（4）采用工业工程广泛使用的 RSView32 平台设计过程监控系统，以趋势图、数字以及动画的方式显示磨矿过程相关过程参数变化和状态，同时对过程的报警信息、故障信息以及登陆、浏览与操作信息进行显示和存档。同时，过程监控系统还可模拟现场操作员以人机交互的方式对磨矿过程进行人工监督和决策操作的功能。

（5）针对现有上层运行控制软件存在的标准化程度低、可扩展性差、资源无法复用，以及算法与软件系统深度耦合等问题，对运行反馈控制的功能需求进行了深入分析，综合利用计算机、自动化技术基于组件方式研发了工业过程运行反馈控制系统平台软件。平台软件以非编译方式聚合运行反馈控制算法，与 MATLAB 科学计算软件无缝链接，支持 MATLAB、动态链接库（.dll）等多种算法实现方式。通过向算法模块库中添加不同行业的算法模块，可组态实现相应行业的运行控制系统软件的快速二次开发。

（6）半实物仿真实验系统各个组成部分即过程虚拟对象、过程虚拟执行机构与检测装置、过程控制系统、过程监控系统以及过程运行系统均采用模块化设计。因而对这些系统以及相关控制算法的改进工作可以分开进行，从而互不影响。

7.1.3 仿真实验系统软硬件结构设计

工业过程运行反馈控制半实物仿真实验系统中的硬件平台如图 7.2 所示。主要由虚拟对象层、过程控制层以及过程运行控制层构成。其中虚拟对象层包括磨矿过程虚拟对象计算机和磨矿过程虚拟仪表与执行机构装置；过程控制层包括基于 ControlLogix 5000 PLC 的过程控制系统以及磨矿过程监控计算机；运行控制层为过程运行控制计算机。

各个硬件设备的通信方式为：运行控制计算机与过程控制监控计算机之间通过以太网以远程OPC的方式进行通信；过程PLC系统与过程监控计算机之间通过以太网通信；虚拟仪表与执行机构装置与PLC通过电缆、I/O板卡，以标准的4～20mA工业电信号进行数据交互。

磨矿过程运行反馈控制半实物实验系统的软件平台如图7.2所示。具体由磨矿虚拟对象软件平台、虚拟仪表与执行机构装置软件、磨矿控制软件、磨矿过程人机交互监控软件以及磨矿过程运行反馈控制软件等几个分布式子平台组成。

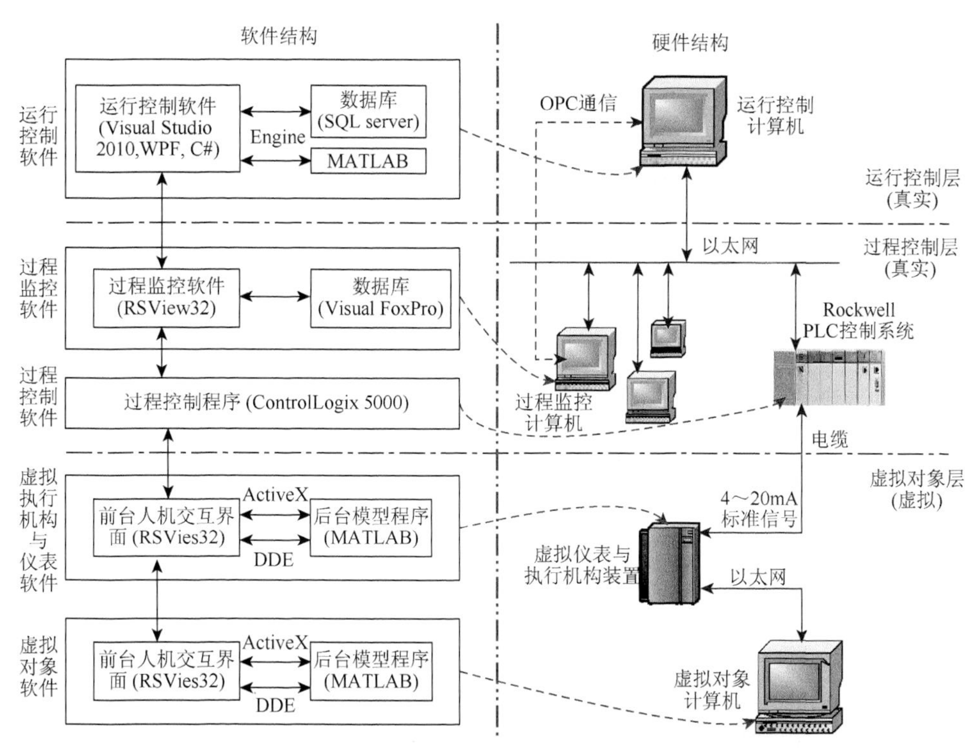

图7.2 磨矿过程半实物仿真实验系统硬件结构和软件结构

（1）磨矿过程虚拟对象软件平台是在对象计算机上用来模拟磨矿分级过程动态机理的软系统，采用MATLAB语言构造过程非线性机理模型程序，采用监控组态软件RSView32作为前台应用程序，演示磨矿过程的对象特性，实现与虚拟执行机构和检测装置之间的数据通信，提供人机交互。对象计算机中的MATLAB和RSView32之间通过DDE和ActiveX相结合的通信方式，实现两者之间的数据通信。磨矿运行过程虚拟对象计算机选用两台 DELL 170 L PC。一台用于实现磨矿过程的模拟仿真，一台用于实现磨矿三维虚拟现实。两台计算机之间，以及两台计算机与虚拟仪表与执行机构系统间，通过一台 TP-LINK TL-SF1024D 以太网交换机进行数据交互。

（2）磨矿过程虚拟执行机构与检测装置用来模拟现场仪表与执行机构，其硬件结构如图 7.3 所示，包括如下部分。

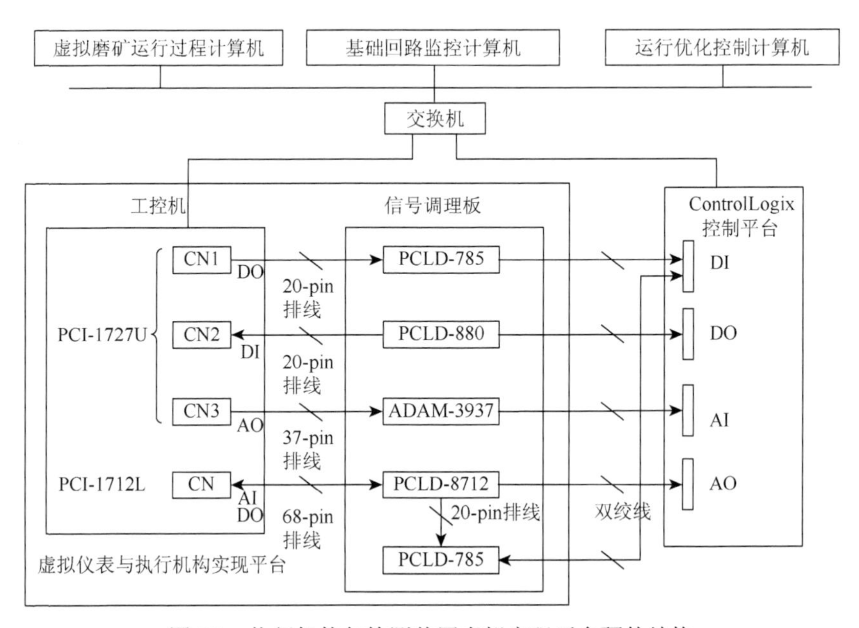

图 7.3　执行机构与检测装置虚拟实现平台硬件结构

①信号调理板。信号柜内配制接线端子，并采用信号电缆连接控制站 I/O 模块的接线端子，将信号调理为采集卡采集标准的信号。信号调理板具体包括：1 块研华模拟量信号调理板 PCLD-880、2 块 PCLD-785 继电器输出板、1 块 ADAM 3937、1 块 PCLD-8712。其中，PCLD-880 提供 40 个接线端子和一个 20-pin 扁平电缆接口；PCLD-785 提供 16 路继电器输出端子和一个 20-pin 扁平电缆接口；ADAM 3937 提供 38 个接线端子和一个 37DB 连接器；PCLD-8712 提供 84 个接线端子，1 个 68-pin SCSI-Ⅱ连接器，1 个 20-pin 数字 I/O 连接器。

②数据采集卡。安装在工控机内，完成模拟量输入信号的数字化、模拟量输出信号的模拟化、数字量输入输出信号的采集，通过扁平电缆连接到信号调理板；数据采集卡包括：1 块研华模拟量输出卡 PCL-1727u 和 1 块研华模拟量输入板

PCL-1712L。其中，PCI-1712L 提供 16 路单端或 8 路差分的模拟量输入（也可单端差分混合使用），2 路 12 位 D/A 模拟量输出通道，16 路数字量输出通道和 16 路数字量输入通道；PCL-1727u 提供 12 路 14 位 D/A 模拟量输出通道，16 路数字量输出通道和 16 路数字量输入通道。

③工控机。安装数据采集卡及相关软件，完成数据采集、执行机构与检测装置模型的建立、与计算机软件平台的通信等功能。工控机选用研华工控机（P4 2.4 512RAM 80G）。

信号调理板与数据采集卡以及信号调理板与 ControlLogix 控制平台 I/O 模块间的连接如图 7.3 所示。信号调理板与数据采集卡间采用计算机扁平电缆。信号调理板与控制站 I/O 模块接线端子间采用标准工业信号电缆。

（3）磨矿过程过程控制采用 ControlLogix 5000 系统设计，用于对磨机新给矿量、磨机给矿水、分级机溢流浓度、分级机补加水等关键过程进行基础回路控制，以及关键设备的启停和安全互锁控制。另外，磨矿过程控制软件在磨矿过程虚拟执行机构与检测装置软件与过程监控软件之间起承上启下的作用，它们之间通过 OPC 进行通信。ControlLogix 控制平台选用具有 13 个插槽的 1756-A13 型机架。插槽 1 安装 1756-PA72 型电源模块，为 PLC 控制系统提供高质量 220VAC 或 24VDC 电源，保证供电的可靠性和安全性。插槽 2 安装 1756-L61 型 CPU 处理器，用于实现基础回路控制算法。插槽 3 和 4 分别安装 1756-CNB 型 ControlNet 控制网接口模块与 1756-ENBT 型 EtherNet/IP（工业以太网）接口模块，用于实现 PLC 控制系统与监控计算机的连接。模拟量输入模块选择 16 通道的 1756-IF16 模块，模拟量输出模块采用 2 个 8 通道的 1756-OF8 模块，数字量输入模块选择 32 通道的 1756-IB32 模块，数字量输出模块采用 32 通道的 1756-OB32 模板，这些 I/O 模块依次安装在插槽 5～9。I/O 模块每个通道相互独立，所有信号与 I/O 模板通过继电器（OMRON，MY2N-J）或者隔离器（北京维盛，WS1525）进行信号隔离。其中模拟量模板全部采用 4～20mA 或 1～5V 标准工业信号。

（4）磨矿过程监控软件采用 RSView32 进行开发，以鲜明的动画、清晰的曲线等形式对磨矿过程运行状况以及控制效果进行直观显示。同时，利用 RSView32 强大的数据处理功能，实现对磨矿过程中各类数据进行采集、记录、归档。另外，磨矿过程监控软件为操作提供一个人机交互平台，操作者通过这个平台可以对运行过程进行直观监视以及相关监督操作。磨矿过程监控计算机为 DELL OptiPlex 170L PC。

（5）磨矿过程运行控制软件采用 C/S 架构模式，基于应用广泛的 Visual Studio

2010 进行开发，组件开发采用 WPF 图形显示系统编程语言、C#等工具。算法开发环境为先进的 MATLAB 2010a，历史数据库使用 Microsoft 公司的 SQL2005。各功能组件在扩展性管理框架（MEF）下实现热插拔，在 MEF 下组件以用户控件的形式存在。运行反馈控制采用三层结构设计：表现层提供人机交互的界面；业务逻辑层为用于系统的具体功能实现；模型层用于运行反馈控制算法模型和数据的存储等。磨矿过程运行控制计算机同样为 DELL OptiPlex 170L PC。

7.2 磨矿过程运行反馈控制半实物仿真实验系统设计与开发

由于设计的半实物仿真系统主要由虚拟对象、虚拟执行机构和检测装置、过程控制系统、过程监控系统以及过程运行控制系统等组成，为此根据层次结构采取从下到上的顺序进行一一介绍。但是由于虚拟对象、虚拟执行机构和检测装置、过程控制系统、过程监控系统在相关文献中已有介绍，因此在此我们只对其进行简单描述，而重点介绍具有可伸缩、可扩展、可复用以及模块化、组态化特点的过程运行控制系统的设计和开发过程。

7.2.1 磨矿过程虚拟层系统以及过程控制层系统的设计与开发

1. 虚拟磨矿对象系统的设计与开发

虚拟对象仿真平台主要完成磨矿过程的对象模型仿真，其结构如图 7.4 所示。由后台 MATLAB 语言编制的模型程序和基于美国 Rockwell RSView32 的前台应用程序组成。

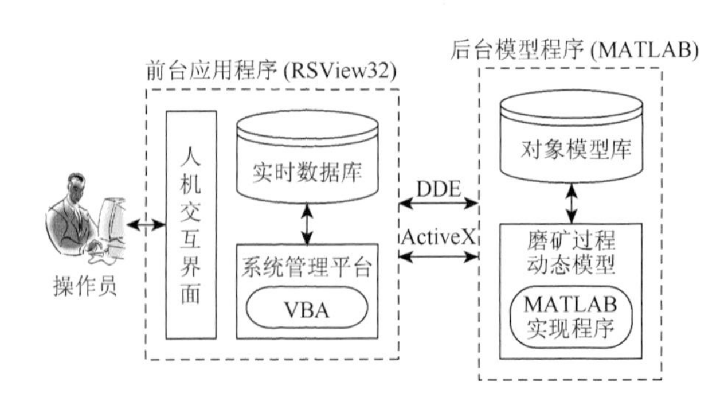

图 7.4　磨矿过程虚拟对象结构

由于 MATLAB 软件具有大量的算法库，适合构造复杂的实际系统模型，并且支持 DDE 和 ActiveX 通信方式，可以便捷地与其他程序和语言交换数据信息，因此采用 MATLAB 编制磨矿过程的后台模型程序，其中磨矿过程近似动态机理模型采用文献[280]、[281]建立的模型。针对磨矿过程的非线性函数和微分方程的模型，利用 MATLAB 语言的数学运算能力，通过函数调用和工具箱等编程手段建立实现工业现场球磨机、螺旋分级机、泵池、水力旋流器等磨矿工艺设备的数学模型。

磨矿过程虚拟对象平台软件采用 RSView32 作为前台程序。RSView32 是基于组件集成技术并用于监视和控制自动化设备和过程的人机界面监控软件。通过组态友好的人机交互界面，可以直观地展示磨矿工艺过程、可以方便在线更新后台 MATLAB 程序的磨矿过程运行参数和结构参数、可以方便快捷地记录运行实时数据和直观地显示历史趋势，并将重要的运行数据存储在 RSView32 的实时数据库中，以供随时查询。另外，通过 RSView32 内置的 VBA 编程语言作为程序接口，实现 RSView32 和 MATLAB 的 ActiveX 通信方式；通过配置 RSView32 中内置 OPC，实现对象计算机和虚拟执行机构与检测装置计算机之间的过程数据传输。另外，可将历史文档、数据表格等嵌入到 RSView32 项目中，显示复杂工业过程模型特性。虚拟对象平台人机界面主要包括起始画面、参数设定画面、工艺流程画面、趋势图显示画面，各主要人机交互界面如图 7.5 所示。

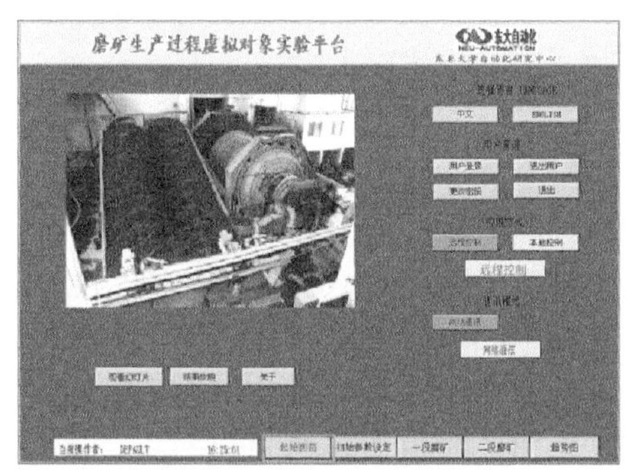

(a) 系统管理画面

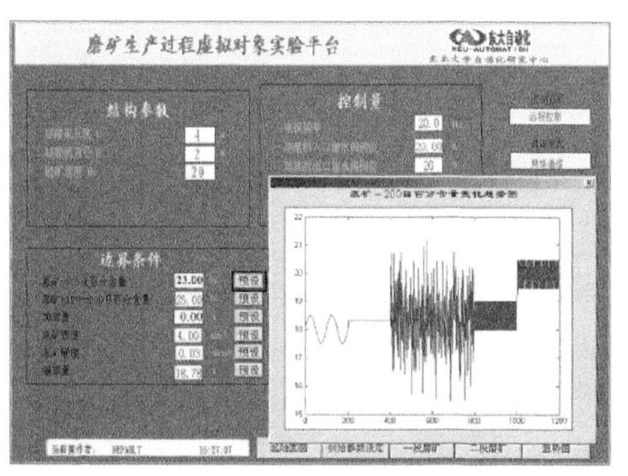

(b) 参数与边界条件设置及显示画面

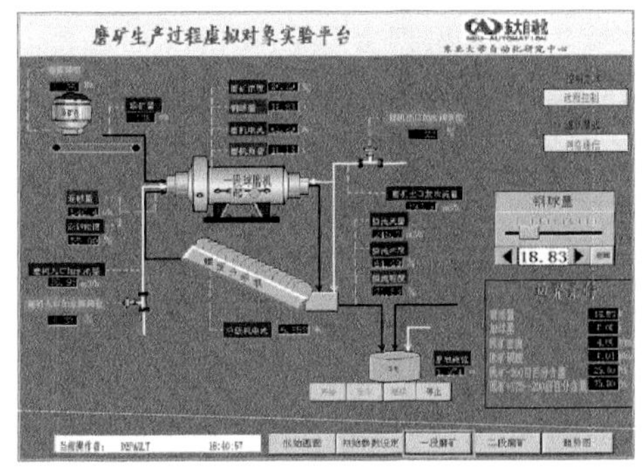

(c) 一段磨矿回路流程及参数显示画面

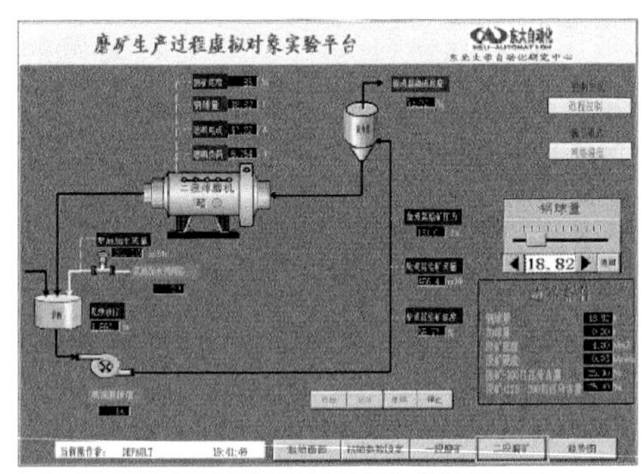

(d) 二段磨矿回路流程及参数显示画面

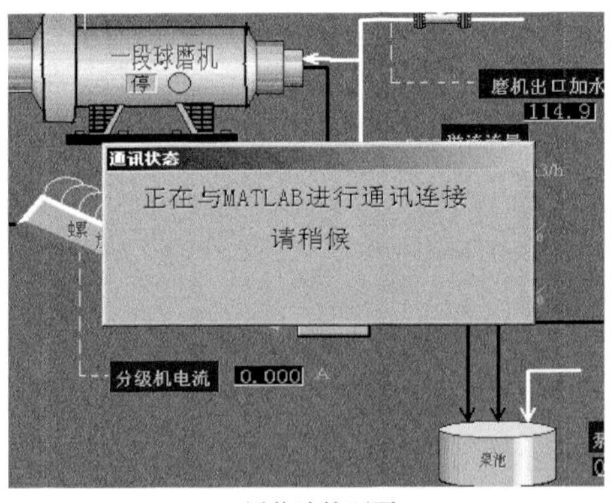

(e) 通信连接画面

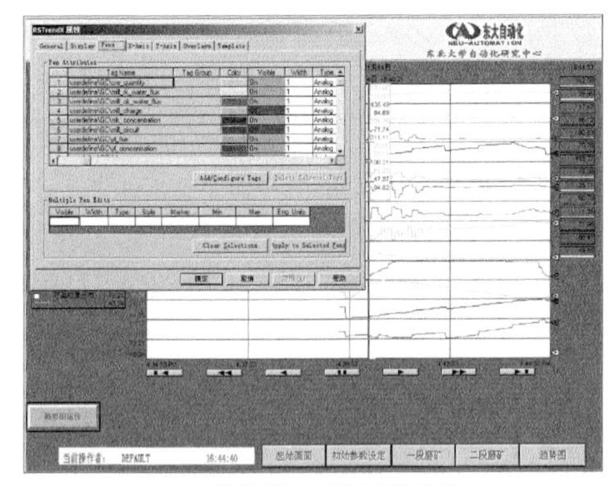

(f) 趋势图显示及属性画面

图 7.5 磨矿过程虚拟对象主要界面

另外，为了便于研究人员熟悉生产工艺并且能够更直接和更逼真地观察各种优化控制技术的控制效果，建立磨矿设备和外围场景的三维模型，并搭建磨矿的虚拟视景场景，以三维动画及声音的形式来模拟，漫游监控现场的生产状态，使观察者可以到达虚拟场景中的任意位置来观察磨矿的生产状态，如图 7.6 所示。磨矿三维虚拟现实软件的运行是基于图形工作站提供的硬件平台，操作系统为中文 Windows 2000 操作系统，三维建模工具主要是 MultiGen 公司的 MultiGen Creator，三维视景开发工具是 CG2 公司的 Vtree，编程软件是微软公司的 Virtual C++6.0。磨矿三维虚拟现实软件可实现手动与自动漫游功能、三维动画展现磨矿生产现场功能、声音特效功能、OPC 通信功能、日志文件功能。

图 7.6 磨矿过程三维虚拟现实软件界面

2. 虚拟仪表与执行机构的设计与开发

虚拟仪表与执行机构装置用来模拟现场的实际检测仪表、变送器和执行机构。本虚拟装置采用研华 Industry Computer 610 工控机。同时采用研华 PCLD-785 I/O 输出板和 PCLD-880 通用螺丝终端板卡实现对过程输入输出数据的采集和传送。

虚拟检测与执行机构装置同样分后台模型程序和前台应用程序。采用 MATLAB 以非线性微分方程组的形式实现虚拟检测仪表与执行机构的后台模型，可模拟仪表的漂移、噪声和执行机构的非线性、饱和、死区等故障特性；采用 RSView32 组态软件作为前台应用程序，动态演示执行机构和检测装置的动态特性，记录运行数据，实现虚拟对象和虚拟装置之间的信号传递，提供人机交互。同样，虚拟执行机构和检测装置工控机上的 MATLAB 和 RSView32 之间通过 DDE 和 ActiveX 相结合的方式进行通信。

磨矿过程虚拟执行机构主要包括电振给矿机、电动阀门、变频器等，而虚拟检测装置包括称重仪、流量计、浓度计、电流计、压力计等。虚拟检测与执行机构装置的人机界面包括系统管理界面、工艺流程界面、执行机构界面、检测装置界面、I/O 量趋势界面以及参数设置界面等，如图 7.7 所示。

磨矿过程虚拟执行机构界面主要显示电振频率及其反馈信号、磨机入口加水（给矿水）阀门开度及其反馈信号、球磨机出口加水（分级机补加水）阀门开度及其反馈信号、泵池补加水阀门开度及其反馈信号和底流泵转速及其反馈信号等信息。点击各模块进行其特性的设置，还可以模拟执行结构的非线性、饱和以及死区等故障特性[282]。

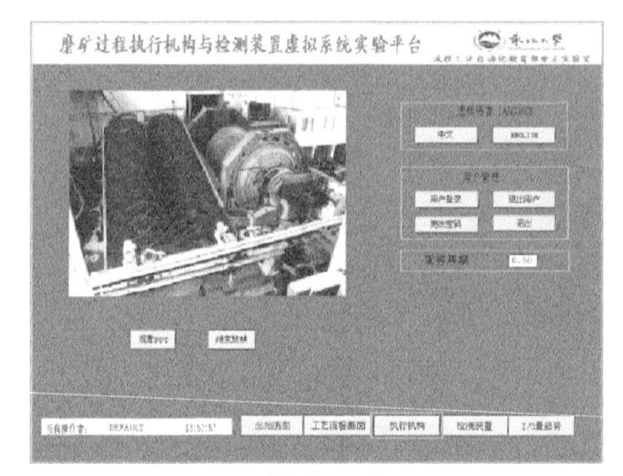

(a) 系统管理画面

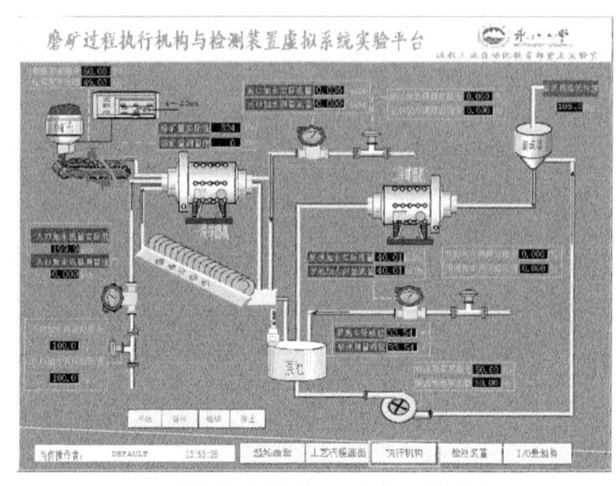

(b) 过程仪表与执行结构参数总览

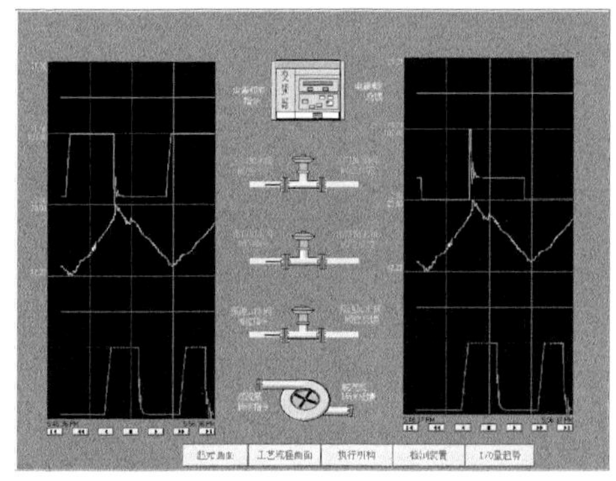
(c) 虚拟执行机构

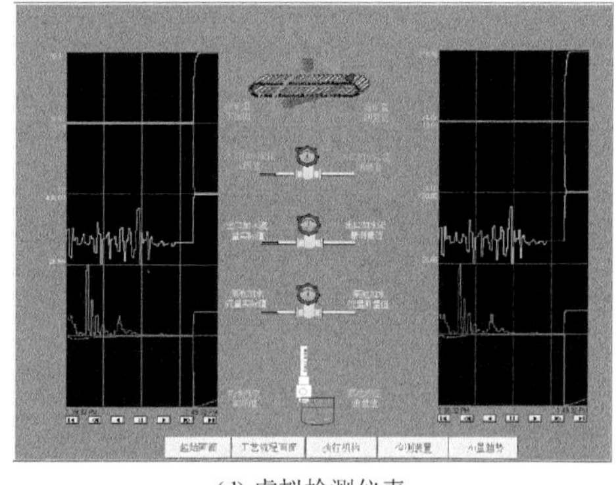
(d) 虚拟检测仪表

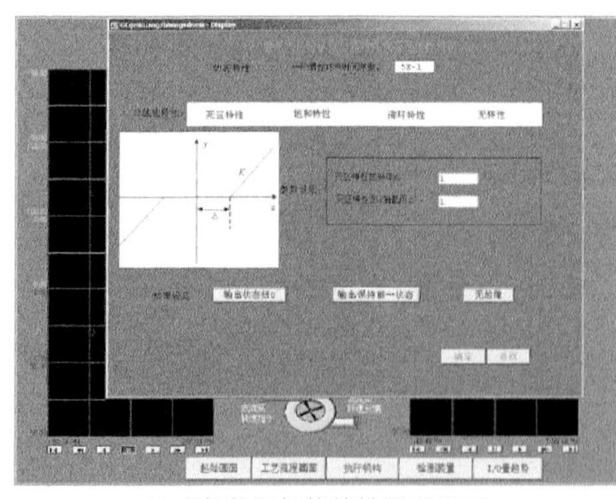
(e) 虚拟执行机构特性设置界面

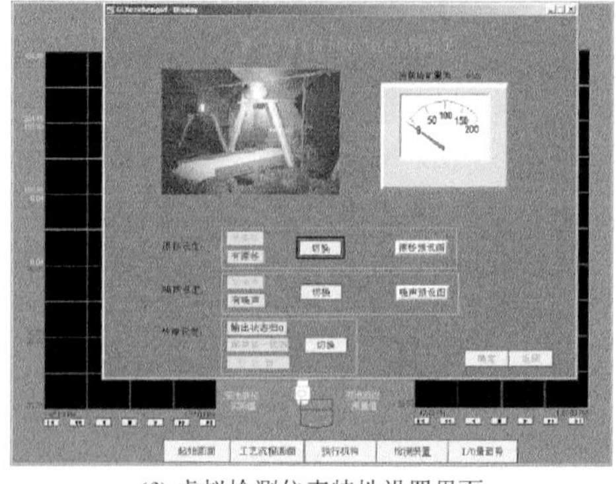
(f) 虚拟检测仪表特性设置界面

图 7.7　磨矿过程虚拟检测仪表与执行机构界面

磨矿过程虚拟检测装置界面中应主要显示磨机新给矿量及其反馈信号、球磨机入口加水流量及其反馈信号、分级机补加水流量及其反馈信号、泵池加水流量及其反馈信号和泵池液位及其反馈信号等模拟量的变化趋势。另外，虚拟仪表还可以模拟实际仪表的漂移、噪声等非正常特性[225]。

3. 过程控制层的设计与开发

研究过程控制软件实现磨矿过程基础回路控制、逻辑启停控制以及安全互锁控制。采用美国 Rockwell RSLogix 5000 进行控制程序编制。该软件是针对 ControlLogix 系统的梯形图逻辑编程软件包，其具有自由格式的梯形图编辑器，使用户在编写程序时专心于应用程序逻辑而不用注意语法的对错，具有强有力的工程校验器、可以方便地修改程序等强大的功能。

磨矿过程主要基础控制回路包括磨机新给矿量控制回路、磨机给水控制回路、分级机补加水控制回路、泵池液位控制回路等。针对这些控制回路，用 RSLogix 5000 开发了磨矿过程的 PLC 控制程序，如图 7.8 所示。磨矿过程监控软件以动画、参数、趋势等形式，对磨矿过程运行状况以及控制效果进行直观显示。同时，利用 RSView32 强大的数据处理功能，实现对磨矿过程中各类数据进行采集、记录、归档。通过磨矿过程监控软件平台，能够在线修改控制器参数，在线选择手动、自动控制，实时接收并显示由上层运行控制产生的回路控制器设定值等。另外，磨矿过程监控软件为操作提供一个人机交互平台，操作者通过这个平台可以对运行过程进行直观的监视以及相关监督操作。

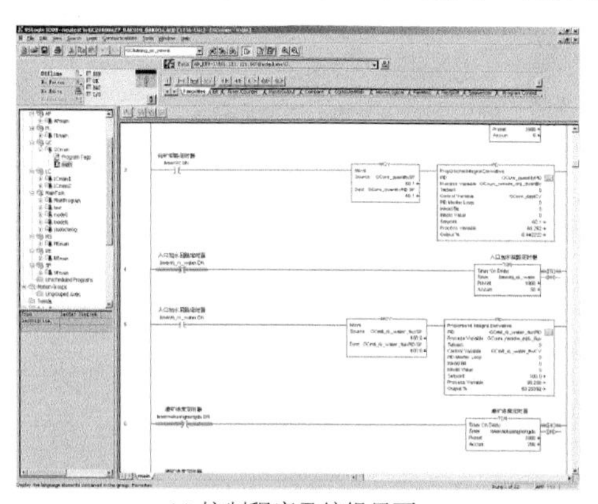

(a) 控制程序及编辑界面

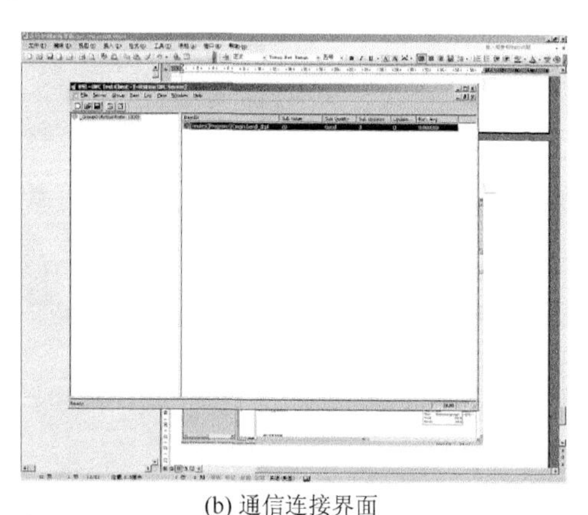

(b) 通信连接界面

图 7.8　磨矿过程 PLC 控制程序界面

磨矿过程监控软件的用户管理功能、在线维护和数据输入输出的处理功能，与虚拟对象平台软件类似，这里不再赘述。监控软件与优化平台软件之间的数据交换由 RSView32 内嵌的 OPCServer 完成，与过程控制系统之间的数据交换由

ControlNet 或 RSLinx 完成。磨矿监控软件平台人机界面主要包括系统管理界面、操作面板界面、控制回路界面、工艺流程界面、趋势图界面等，设计的主要界面如图 7.9 所示。磨矿过程监控软件的功能是监控磨矿各个关键变化的变化趋势，监控各回路设备运行状况，对异常工况进行报警并手动或自动采取措施等。

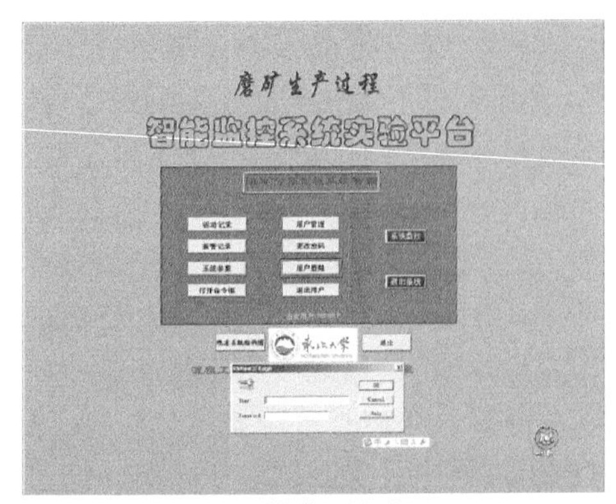

(a) 系统管理界面

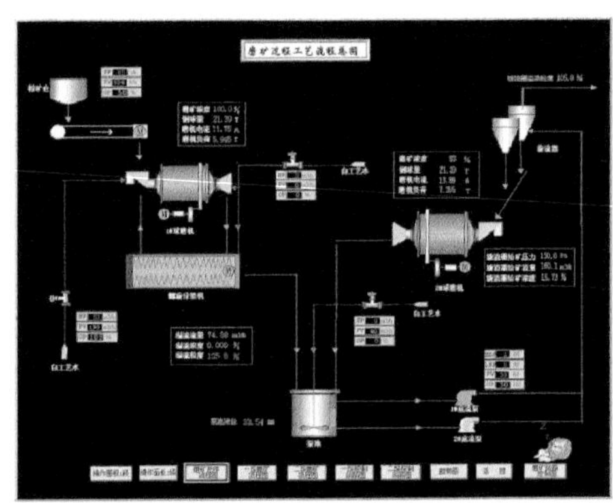

(b) 过程总览界面

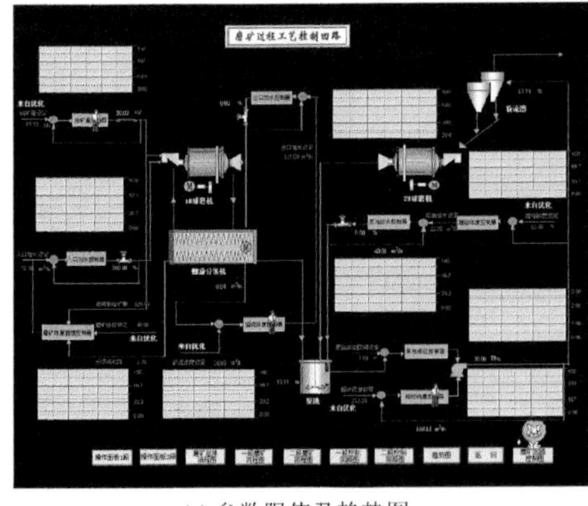

(c) 参数限值及趋势图

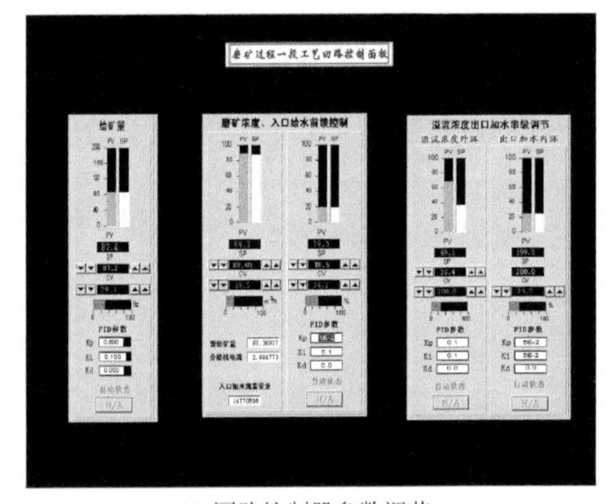

(d) 回路控制器参数调节

图 7.9　磨矿过程监控系统界面

7.2.2　运行反馈控制系统软件平台的设计

1. 软件架构总体设计

运行反馈控制系统软件一方面需要采用运行控制算法，根据实时运行工况调节过程控制系统设定值，另一方面还要对过程运行的状况进行在线监测。因此，从软件工程的角度来看，运行反馈控制系统软件不但需要具有专业的控制软件功能，还需要具有相关系统管理和维护功能。从系统的整体功能出发，需要满足以下功能需求。

（1）安全性：包括用户管理安全需求、数据保存安全需求、生产过程中的安全需求。

（2）易用性：良好的人机交互监视界面且要求界面美观、大方、简洁、易用。

（3）开放性和可复用：运行控制算法库必须具有开放性，同时具体算法必须可复用，相应控制策略要求可重置、修改以及更新。

（4）通用化和平台化：集运行控制与运行监视为一体，能够用于不同流程工业的运行反馈控制。

根据上述需求，基于面向对象及平台化设计的思想，设计了运行反馈控制软件的总体架构，如图 7.10 所示，共由四个不同功能和层次的系统构成，具体包括系统管理层、系统功能模块框架层、数据层和支撑层。

1）系统管理层

主要用于对软件系统进行用户管理、项目管理和策略管理等。系统为研究人员、工程师、操作者等不同用户人员提供相同的登录和操作界面，但是由于具有不同的权限从而确保其在登录系统时间内执行权限范围内的工作：算法研究人员针对运行控制方法的性能等作出正确评价和分析；系统工程师对软件系统的使用性能、设计分析结果的可靠性以及重要参数的选取等做出正确的决策；操作者对软件系统进行操作时，有消息提醒以确保项目按计划顺利进行。

2）系统功能模块框架层

整个平台的核心部位，它提供了各个开放的接口和服务，可以通过灵活调用各个功能模块快速搭建运行优化控制系统。其中功能模块主要包括变量管理模块、通信管理模块、数据管理模块、算法管理模块、控制策略配置模块以及辅助功能模块等。

3）数据层

运行反馈控制软件平台的基础，主要包括过程数据层和系统数据层。过程数据层存储控制项目建立后各个子过程所产生的数据，如边界条件和工艺指标设定值等；系统数据层主要存储系统的一些系统数据信息，如用户名称、用户密码、用户权限、控制项目名称以及控制策略名称等。

4）硬件支撑层

主要包括虚拟磨矿对象和各种硬件设备和设施，如服务器、工作站、DCS/PLC 控制器、网络硬件和防火墙等安全设备。它们是运行反馈控制软件平台不可缺少的硬件基础支撑。

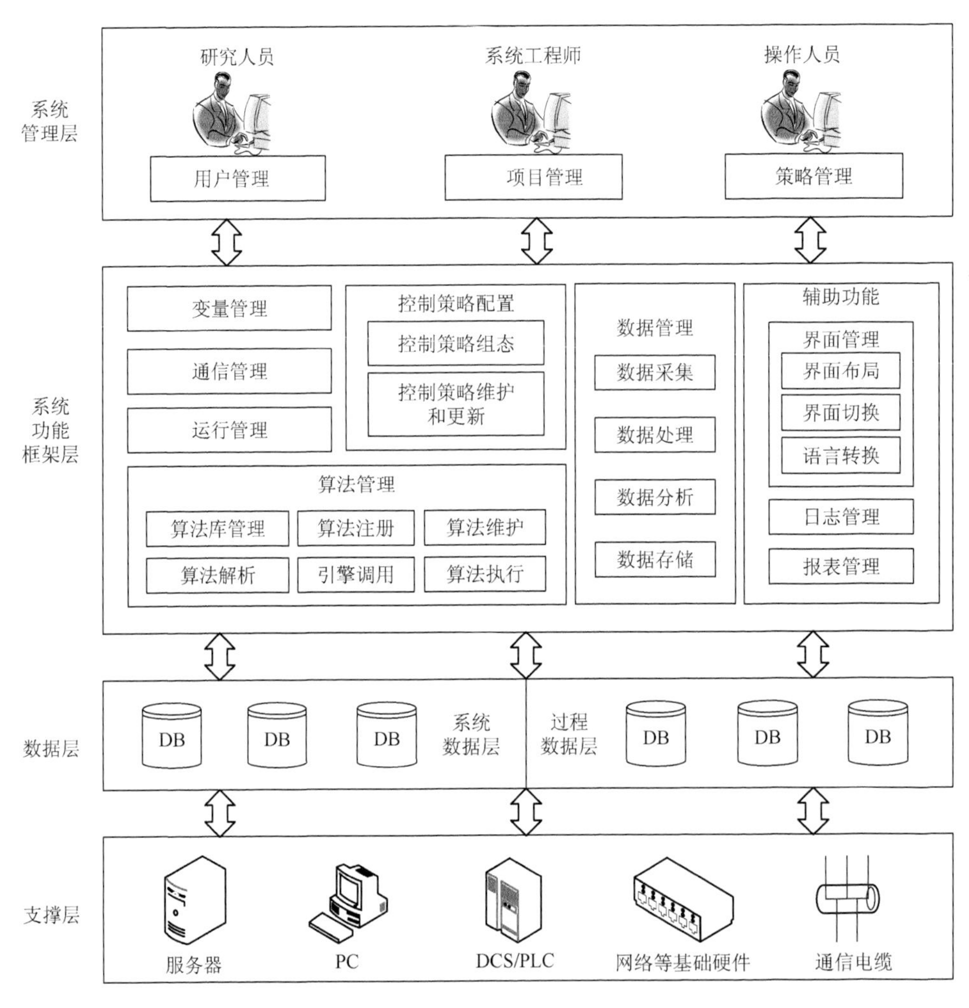

图 7.10　运行控制软件平台总体结构图

2. 功能模块设计

采用组件技术对运行反馈控制系统软件进行设计和开发。通过对运行反馈控制软件平台的功能模块进行分析，将所描述的功能模块都设计成一个单独的组件，降低各个模块之间的功能耦合性，增强安全性和易维护性，以实现软件的可复用、可扩展、可维护等特性。

1）系统管理模块的设计

系统管理包括用户管理、项目管理和策略管理。针对用户管理设计模式中基于角色的权限设计模式和基于操作的权限设计模式常常需要定义新的“角色”的缺点，采用全新的角色-权限-操作的设计模式。此设计模式很容易实现系统管理的功能，并且实现了系统管理模块中用户管理、项目管理和策略管理完美配合。

2）控制策略执行模块设计

运行反馈控制策略执行模块建立在策略配置的基础上，而策略配置是软件与研究人员、工程师之间交互的接口，是控制软件系统不可缺少的重要部分。另外，控制策略执行模块是用户使用频繁的一个模块，其策略组态界面的友好性、易用性直接关系到用户体验效果和推广应用效果。根据所完成的功能，运行反馈控制策略执行模块分为如下几部分：策略图元子模块完成算法注册的主要载体，包括图元的显示和图元的数据；策略图元连接子模块用于组态画面和动画显示。

3）算法管理模块设计

运行优化控制软件平台的核心部分，它主要包括算法库管理、算法注册、算法维护。算法库管理：以工具箱的形式将生产过程中的算法进行整合分类处理。采用类似 Simulink 组件的库管理模式将软件平台中的算法库分成 4 个工具箱：数据源工具箱、智能算法工具箱、通用算法工具箱、下载工具箱以及基本图形模版工具箱。用户可以对已有工具箱进行导入和导出或者进行修改和保存，同时也可以新建工具箱。算法注册：算法定义主要包括算法文件选择和接口定义。算法文件可选择 MATLAB 的.m 函数文件、.dll 文件、JScript/VBScript 脚本文件以及软件自身的集成算法文件；接口定义即用户定义算法模块的 I/O 接口数据。算法维护：其主要目的是增强算法模块的可复用和可扩展性。当某些算法具有通用性时，用户根据需要在已有算法模块的基础上进行相关属性修改而成为新的算法模块；当用户需要对已有算法添加新属性时，也可在原有基础上进行修正，这样降低了开发时间，有利于新算法的研究。算法维护设计与算法注册类似，是在已有算法的基础上进行修改，然后另存为新的算法即可。

4）变量管理模块设计

变量库为运行反馈控制软件平台的核心部分之一。当用户新建一个项目时变量库中是一个空的变量库，用户根据需要添加变量。变量管理模块主要包括两部分：分组管理，对象是变量集合；变量管理，对象是单个变量。分组管理是将具有一些共性的变量组合到一个组，只需设置组名和组类型即可，方便后续对变量进行批量操作。变量管理针对单个变量，可以新建变量、导入变量和导出变量。格式支持 excel、xml、access 文件格式，可以修改变量属性、删除无用的变量。变量的定义是设置变量的私有属性和共有属性，具体包括主要变量名称、类型、变标签、初始值、最大最小值、变量获取方式、读写约束、变量地址、归档属性、标量属性以及备注等信息。

5）通信模块设计

通信模块是运行反馈控制系统与其他应用系统的连接通信枢纽。由于底层PLC/DCS控制系统一般都支持OPC规范，因此采用基于OPC技术设计数据通信模块与底层基础反馈控制系统进行数据交互。这主要包括OPC Client和变量映射模块。OPC Client主要用于异步读取服务器数据，当数据变化时向变量映射模块发出通知。变量映射模块将OPC Client模块中变化的数据保存到系统实时数据库中。控制算法计算完成后，实时数据库中的优化设定数据发生改变，变量映射模块从OPC Client中找到对象的Item进行异步写操作。

6）趋势显示模块设计

由于系统数据只有查询和保存的功能，用户不能随意更改，因此数据趋势显示模块主要针对项目产生的数据进行显示，主要包括数据分组显示、数据实时趋势显示和历史趋势显示功能。数据趋势显示模块前台界面设计成四大区域：标题栏、工具栏、显示区和分组选择区。标题栏主要是对各个模块进行区分；工具栏用于历史趋势查询，具体包括查询起止时间和查询按钮，此栏是以悬浮状态的形式存在；分组选择区用于对同类别的变量进行数据显示，以便分析。

7）界面管理、日志管理以及接口等模块设计

界面管理模块要达到界面的美观、友好、大方、操作便捷，其功能包括界面的风格和颜色选择、界面布局、界面调整、界面语言切换以及屏幕切换等。

日志管理模块需要对运行控制软件中用户的操作活动和报警活动进行管理、纪录以及日后对这些活动纪录进行查询和打印输出。

运行反馈控制软件平台的各个功能模块都是以组件的形式存在的，各个模块既是一个独立的个体，同时又通过内部的通信接口相互关联。由于软件平台涉及的功能模块众多，且相互之间需要频繁的通信连接，因此运行反馈控制软件内部机制采用以数据为中心的Publish/Subscribe模式，简称P/S模式。运行反馈控制软件平台将变量库和算法执行模块设计成事件的订阅者，其余相关模块都作为消息事件的发布者，消息发生变化，发布者以推模式将这些信息传递给各订阅者，订阅者遍历所有的订阅事件后从中获取与自身匹配的消息事件。界面管理、日志管理以及接口等模块的具体设计可参见文献[162]、[277]～[279]。

7.2.3 运行反馈控制系统软件平台的开发

1. 开发与运行环境

运行反馈控制系统软件平台的开发环境为Microsoft Visual Studio 2010集成开

发环境，数据库采用 Microsoft Access 2007。采用 WPF 图形显示系统编程语言进行整个平台框架的搭建。平台中各功能组件利用.NET4 提供的扩展性管理框架（managed extensibility framework，MEF）实现热插拔，在 MEF 下模块以用户控件的形式开发。另外，需要.Net Framework 5.0 以上版本支撑环境、OPC Client 支持，同时注册有 UCCDraw.ocx 控件。考虑到很多算法文件是以 MATLAB 的 m 文件形式存在，因此需要安装 MATLAB。软件开发时采用基于面向对象的 Client/Server（C/S）架构模式，需要的关键技术主要包括.NET 组件技术、MATLAB 接口技术、C#反射技术以及基于 COM/DCOM 的 OPC 通信技术。

2. 功能模块的开发

1）系统管理模块的开发

系统管理模块为运行反馈控制系统软件平台的门户以及初始界面，其功能包括用户信息管理、项目和策略文件信息管理。在各个接口描述的 UML 图中，系统管理信息模块的实现父类为 SystemInfo，其子类包括 User、Project 以及 Strategy。而在 User 类里面又包含 uesr_role 和 action 子类，通过调用相应的方法实现。

2）控制策略配置及执行模块的开发

控制策略的配置与执行模块包括策略图元子对象的属性配置、策略图元连接子对象的配置、图元库的管理以及控制策略运行解析等。

（1）前台界面实现。如图 7.11 所示，采用 MEF 框架以及 WPF 编程环境新建用户控件框架。然后以[Inport]的方式在容器里面加载扩展的 EF++的图形组态控件 UCCDraw.ocx，将其放置在一定的位置。该控件具有基本图形的组态功能，它在提供一个完好画布的同时，还能实现图元的自由拖拽等一些鼠标响应事件如粘贴、剪切等。

（2）策略配置实现。控制策略配置关键在于变量的绑定即连接信息的配置以及图元属性配置。通过算法连接类 public class AlgorithmIOLinkConfig{}实现算法的变量绑定，类中的成员属性用于识别算法模块，public string GetConfigInfo（）{}用于获得算法连接信息，public bool SetConfigInfo（string info）{}用于设置算法连接信息。其余属性通过手动设置，然后通过 public string GetPicturePropertyInfo（）{}获取相应的信息[162]。

（3）执行模块的运行逻辑开发。主要基于 FSM 设计思想，由于开发的软件控制策略所使用的状态机相对来说规模较小，因而采用较为简单的 switch/case 方式进行实现。

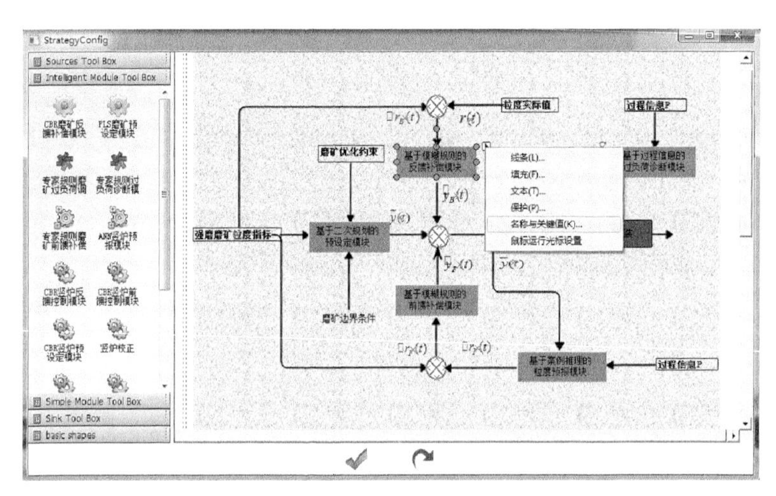

图 7.11　控制策略模块界面

3）算法管理模块开发

算法调用由后台程序负责。为了实现支撑多种实现形式以及日后维护与扩展的需要，系统算法模块的接口定义如下。子类的名称：String SpaceName；算法名称：String AlgrName；算法描述：String AlgrDesc；算法保存位置：String Path；算法输入/输出参数：Parameters ParaMng；向实时数据库读：GetLinkTagData（）；向实时数据库写：SetLinkTagData（）；保存算法 XML 文件：Package Algorithm（）；解析算法 XML 文件：ResolveAlgorithm（）；执行算法：Execute（）[162]。

4）趋势模块开发

采用单例模式进行趋势模块的设计，将趋势进行分组管理，同时设置趋势的线条方式和颜色等属性，并在需要的时候创建实例。

（1）前台界面。采用流行的 Visifire 数据可视化图表控件进行开发。在 WPF 编程环境下，趋势模块的 XAML 主要通过引用 Visifire 图形显示控件设置趋势的横坐标与纵坐标，并根据趋势的分组选择，动态创建 dataseries，根据变量标签与数据库中的标签进行匹配，进而读取数据库变量的值，将数据值动态绑定到控件的横轴和纵轴上进行数据显示。

（2）趋势模块后台程序。后台程序配合人机界面实现趋势分组控制和逻辑控制。当用户以事件触发的方式点击趋势走向按钮时，系统开始响应该事件，通过遍历容器加载趋势模块扩展界面。然后，根据用户的需求进行逻辑控制。为了实现逻辑控制，进行后台程序代码编写，趋势分组信息读取以字典的方式进行分组定义。趋势的属性类为 ItemsAttribute，主要包括变量 Tag、变量 Name、线条 lineType

和线条 LineColor。趋势分组保存采用 xml 形式，程序里面初始化时先调用函数 DeSerializeArrayList（）反序列化至本地文件。若已存在分组先把存在分组的读入界面，以便用户在此基础上进行更改，并通过序列化函数 Serialize-ArrayList（）保存，以减少用户频繁操作。

5）界面布局管理、日志管理以及模块管理等模块的开发

运行反馈控制系统软件平台的界面布局管理模块必须可让用户对当前平台内拥有的框架布局进行修改。系统首次使用时为默认界面，使用后平台将会自动读取并存储默认界面布局。首先是进入界面组态界面，接着读取配置文件，将已配置好的界面读取上来，交换两模块的布局，并保存。或者选中所想配置的模块，进行行列的配置，并查找相邻的模块，判断是否需要伸缩以进行布局设定。界面布局配置模块的接口实现类主要包含界面组态功能实现类 UCUser Content-ConfigControl，局部界面布局信息实现类 DInterface 以及扩展信息实现类 DContent。运行反馈控制系统软件日志管理软件系统采用五级报警，并将其显示在日志中。另外，显示的日志会自动保存在本地数据库以方便日后查询历史日志。运行反馈控制系统软件平台各个模块间的消息传递采用共享内存的机制，在 P/S 的设计模式下，设置一个消息池类进行统一的消息管理。该类中包括许多相关的方法。各个功能模块通过继承 public interface IMessageListener{}接口实现消息池进行相关信息的订阅。信息变化时，发布者以推模式向订阅者发布消息。

关于界面布局管理、日志管理以及模块管理等模块开发的详细开发可参见文献[162]、[277]～[279]。

7.3　磨矿过程运行反馈控制系统软件及半实物仿真实验研究

7.3.1　系统搭建及主要界面

以磨矿过程虚拟对象平台为被控运行对象，基于第 6 章所提出的智能运行反馈控制方法，在工业过程运行反馈控制软件平台上进行磨矿过程运行反馈控制软件的二次开发，主要通过如下步骤完成运行控制软件的搭建工作。

（1）新建磨矿过程运行反馈控制系统项目，生成.pproj 文件。

（2）在运行控制软件平台上新建磨矿过程运行反馈控制系统控制策略，生成.wf 策略文件。

（3）打开变量库，按照变量的属性需求，新建所需变量并保存，生成.xml 数据库文件，有些是通信变量，需要进行 OPC 通信配置。

（4）打开算法封装界面，将提出的面向过程运行优化与安全的智能运行反馈控制算法按照软件平台算法注册要求注册成各个单一的算法模块。

（5）进入软件平台运行界面，按照第 6 章所提出的智能运行反馈控制策略在软件平台上进行控制策略的组态工作。将相应的算法模块通过手动方式拖拽到画布上，按照要求进行相互连接。

（6）双击算法模块进行算法模块变量与建立的变量库中具体变量进行一对一数据映射绑定，然后对组态完毕的运行反馈控制策略进行组态。

在磨矿过程运行反馈控制软件平台组态的磨矿过程运行反馈控制软件的主要人机界面介绍如图 7.12 所示。

（1）在项目管理界面，用户可以根据需要建立项目或打开已经建立的项目。

（2）运行管理界面包括智能运行反馈控制策略图、数据变量的显示方式，界面上方以表格形式显示运行指标目标值、设定值和边界条件，而界面下方显示指标趋势和设定值趋势图，操作按钮包括开环流程和闭环流程方式。

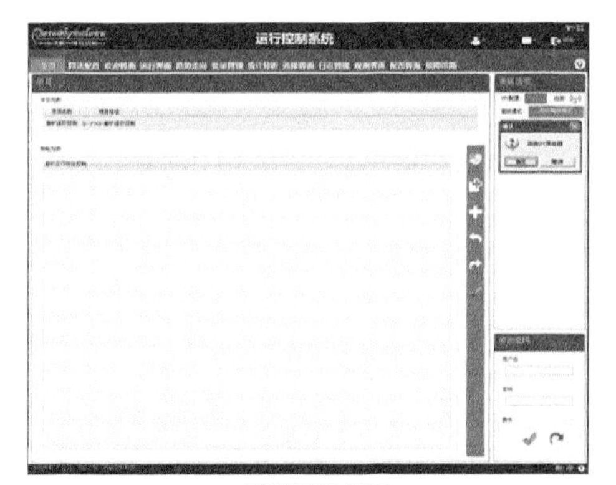

(a) 系统管理界面

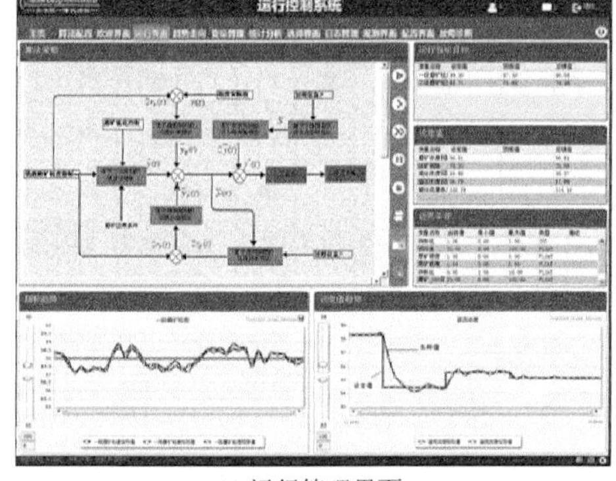

(b) 运行管理界面

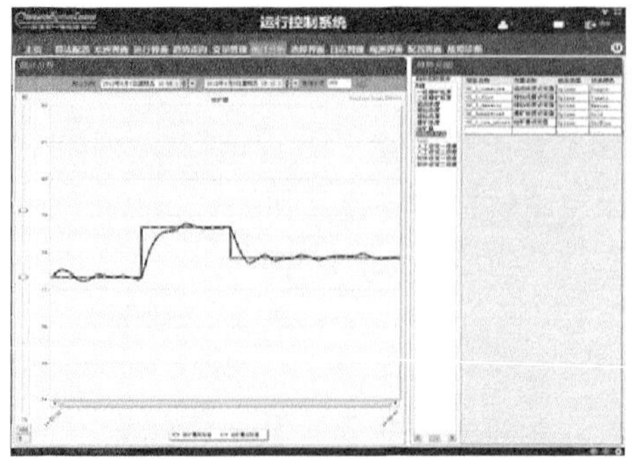

(c) 趋势图变及变量分组界面

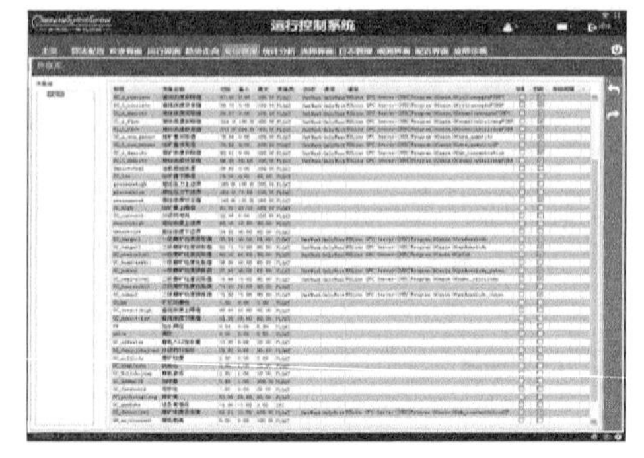

(d) 变量管理界面

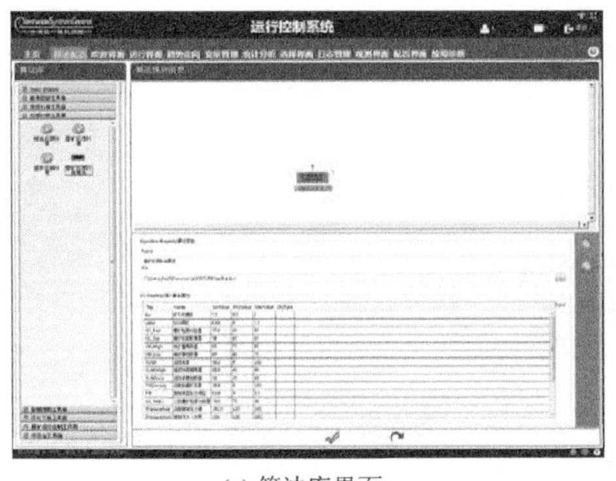

(e) 算法库界面

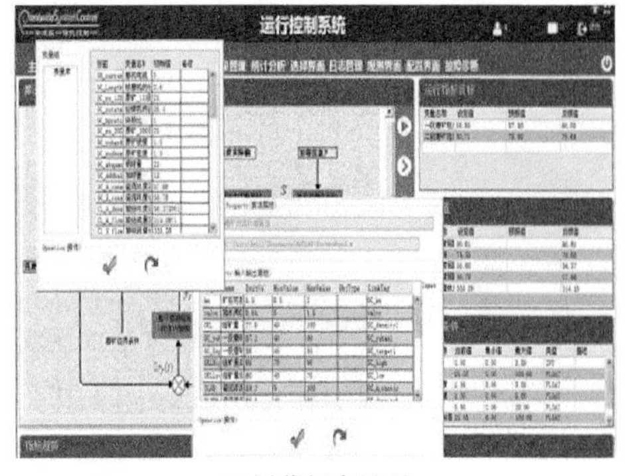

(f) 通信组态界面

图 7.12　磨矿过程运行控制软件主要界面

（3）趋势图上，用户可以将磨矿变量按照对比的形式分为不同的组合，如磨矿粒度控制器设定值和实际值以不同的颜色显示对比分析。

（4）变量数据库里显示变量的名称、变量标签、数据类型、最小值、最大值、当前值和变量类型（网络获取/人工输入）。如果是网络获取，将显示变量的地址、是否存档等信息。如果存档，就能够在趋势图中显示。

算法管理界面包括算法库工具箱，如优化设定算法工具箱、软测量算法工具箱、动态补偿算法工具箱、故障工况诊断与调节算法工具箱、算法下装工具箱等。

7.3.2　半实物仿真实验研究

1. 实验环境

开发建立的磨矿过程运行反馈控制半实物仿真实验系统如图 7.13 所示。其中磨矿过程运行反馈控制系统、磨矿过程监控系统以及磨矿过程虚拟对象分别运行在三台 Lenovo 品牌 PC 上。虚拟仪表与执行结构装置为自主开发设备，而过程控制系统为购买的 Rockwell ControlLogix 5000 控制系统。

磨矿过程运行反馈控制计算机和过程监控计算机由工业以太网连接，通过组态 OPC 进行实时数据通信。磨矿过程监控计算机与 Rockwell ControlLogix 5000 PLC 控制系统之间由控制网总线或以太网总线连接。虚拟仪表与执行机构装置之间通过现场总线连接，传输 1～5V 和 4～20mA 的标准控制信号，并通过研华信号调理装置将标准控制信号转化为模拟或者数字信号传送到虚拟仪表与执行机构装置上。

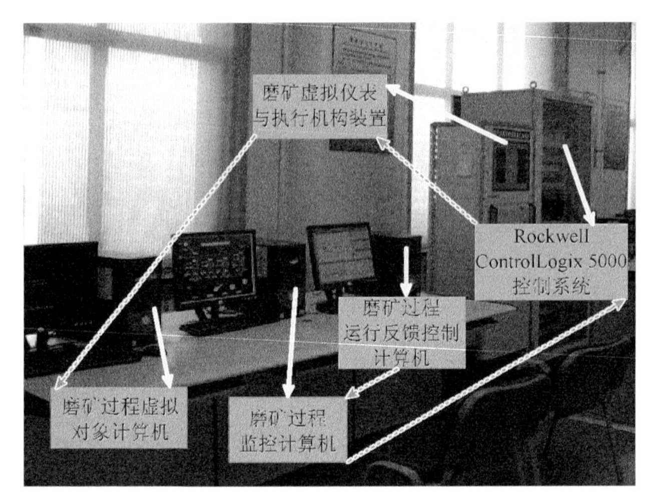

图 7.13　磨矿过程运行反馈控制半实物仿真实验系统

2. 运行反馈控制软件的功能验证

运行反馈控制软件连接 OPC 通信后，将各个变量同底层过程控制系统 PLC 程序中的标签一一连接，从而确认运行反馈控制系统软件中变量和 PLC 中标签连接的是表征同一物理含义的变量。然后，运行半实物仿真实验系统中的各个子系统，观察智能运行反馈控制系统软件中的变量同过程控制系统、过程监控系统、过程虚拟仪表与执行机构装置以及磨矿过程虚拟对象显示的数据是保持一致的，从而验证了运行反馈控制系统软件的数据通信功能完全正常，如图 7.14 所示。

接着，在运行反馈控制系统软件执行各个模块后，其数据能够显示到数据表和趋势图中，在相同的输入情况下，显示的结果同单独运行 MATLAB 的结果一致，从而验证了运行反馈控制系统软件的数据显示功能。

3. 运行反馈控制方法的实验研究

在正常工况下，工艺要求的磨矿过程各关键参数的操作范围为 $o_{\mathrm{f}}^{*}\in[50,80]\mathrm{t/h}, d_{\mathrm{m}}^{*}\in[78,82]\%, d_{\mathrm{c}}^{*}\in[45,65]\%, d_{\mathrm{h}}^{*}\in[40,65]\%, p_{\mathrm{h}}^{*}\in[90,180]\mathrm{kPa}, q_{\mathrm{h}}^{*}\in[280,400]\mathrm{m^3/h}$，得到磨矿过程运行控制性能如图 7.15 所示。磨矿过程运行时，磨矿过程各个设备的结构参数和边界条件采用默认值。在智能运行反馈控制的作用，磨矿过程虚拟对象稳定运行一段时间，各控制回路的输出均跟踪其相应的设定值。为了模拟矿石性质的变化，在 t=11：53 时刻改变边界条件值将矿石可磨性参数设定为 $k_{\mathrm{m}}=2$，此时由过程控制控制系统设定值优化模型通过优化计算给出过程控制系统的设定值

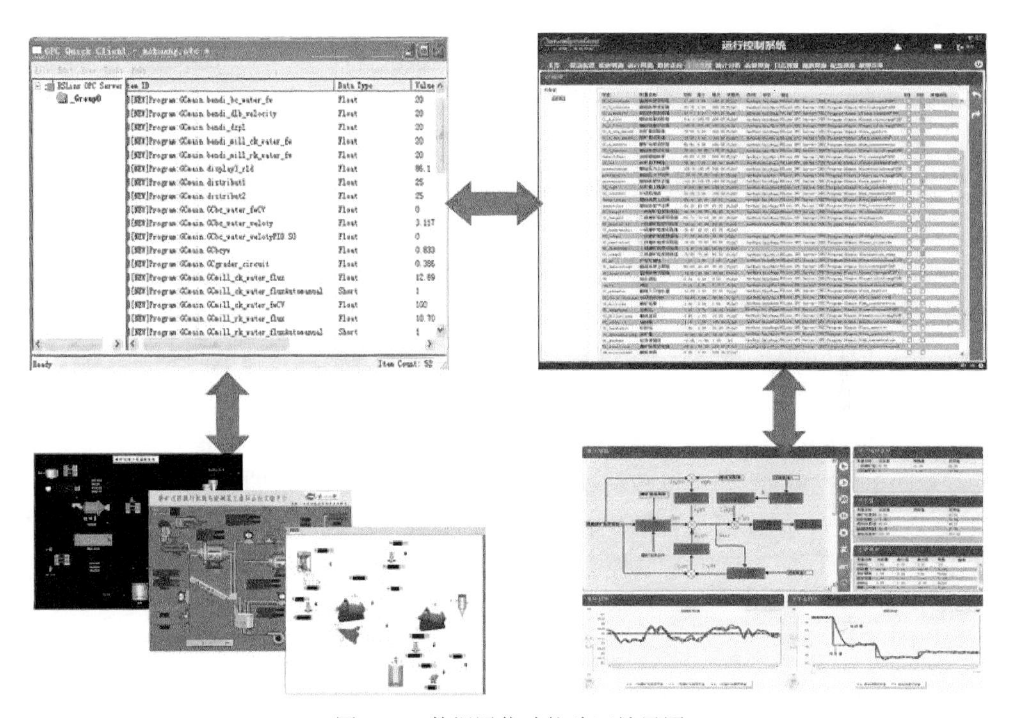

图 7.14　数据通信功能验证效果图

$Y_0^* = \{o_{f,0}^*, d_{m,0}^*, d_{c,0}^*, q_{h,0}^*, p_{h,0}^*\} = \{77.33\text{t/h}, 79.9\%, 57.28\%, 340.18\text{m}^3\text{/h}, 57.68\%\}$。之后的一段时间内，磨矿粒度软测量值以及实际检测值都仅仅在期望目标范围之内波动，这说明过程控制系统设定值优化算法是有效的。

这同时也间接验证运行反馈控制软件系统 OPC 通信以及数据监视功能都是非常正常的。在 t=12：30 时刻，观察到二段磨矿粒度超过了磨矿粒度的期望目标范围（78, 82）（%＜200mesh），这表明磨矿生产过程的产品质量不合格，在这种情况下，多变量智能动态模块被触发，根据多变量智能校正算法将底层过程控制系统的设定值更新为 $o_f^* = 78.68\text{t/h}, d_m^* = 77.5\%, d_c^* = 59.75\%, q_h^* = 330.64\text{m}^3\text{/h}, d_h^* = 59.47\%$。之后的一段时间内，通过各控制回路的实际值跟踪其设定值，使得磨矿粒度控制在了期望的目标范围内。在 t=13：15 时刻，观察到二段磨矿粒度化验值=77.9%＜200mesh，超出了磨矿粒度期望的目标范围，通过多变量智能动态调节算法又重新调整过程控制系统的设定值从而将磨矿粒度控制在期望目标范围内。

上述仿真实验表明，提出的智能运行反馈控制以及设计的运行反馈控制软件是合理和有效的，同时仿真实验也验证了各模块的执行顺序是严格按照智能运行反馈策略运行流程设计方式执行的。下面通过另外一个仿真实验测试在因边界条件发生变化而导致磨机发生过负荷时，磨矿过程在智能运行反馈控制方法作用下的运行性能，得到实验结果如图 7.16 所示。实验中，磨矿过程的起始运行工作点为 $Y_0^* = \{o_{\mathrm{f},0}^*, d_{\mathrm{m},0}^*, d_{\mathrm{c},0}^*, q_{\mathrm{h},0}^*, p_{\mathrm{h},0}^*\} = \{78.05\mathrm{t/h}，78\%，58.28\%，330.58\mathrm{m}^3/\mathrm{h}，58.68\%\}$。之后，通过改变磨矿过程虚拟对象模型的边界条件中的矿石硬度，使矿石硬度变得极差，此时磨机电流由 60A 逐渐下降到 51.3A，过负荷诊断模块开始闪烁，提示磨机处于过负荷状态。然后，过负荷反馈调节器工作，将过程控制系统的设定值分别更新为 $o_\mathrm{f}^* = 75.7\mathrm{t/h}, d_\mathrm{m}^* = 81.45\%, d_\mathrm{c}^* = 55.47\%, q_\mathrm{h}^* = 350.2\mathrm{m}^3/\mathrm{h}, d_\mathrm{h}^* = 55.25\%$ 。通过一段时间的控制回路跟踪更新的设定值，使得磨机过负荷故障得到排除。运行结果表明磨机过负荷故障工况诊断调节模块能够有效地对磨机过负荷进行在线监控、诊断和及时调节。磨矿系统在故障运行一段时间后，磨矿粒度有增大趋势，由于此时磨机不处于过负荷状态，过程控制系统设定值的调整恢复到正常工况下调整状态，因而可以按照正常工况下的实验方法进行调整。可以看出，在之后的实验时间，智能运行反馈控制下的磨矿过程的磨矿粒度均能控制在期望目标范围内。

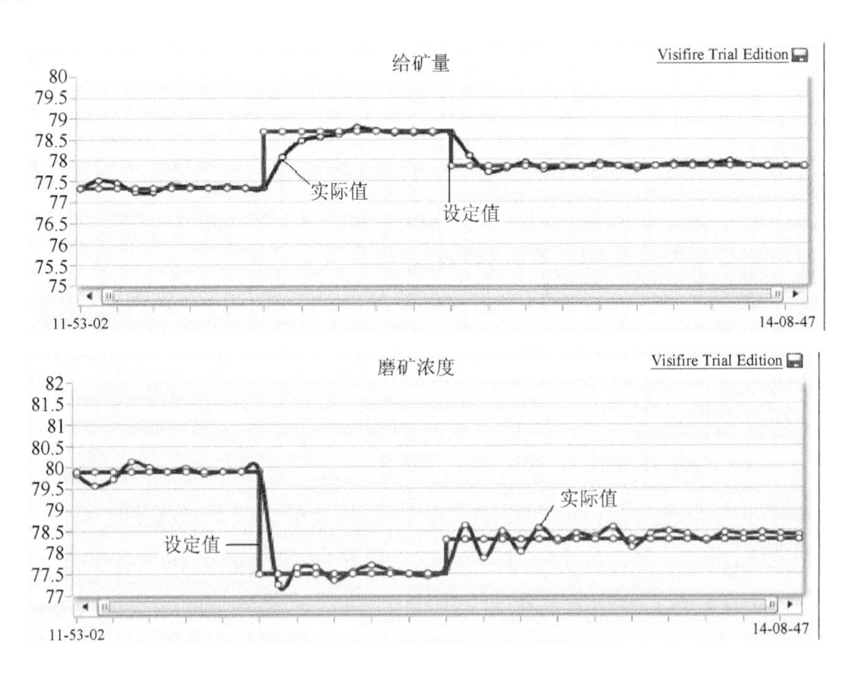

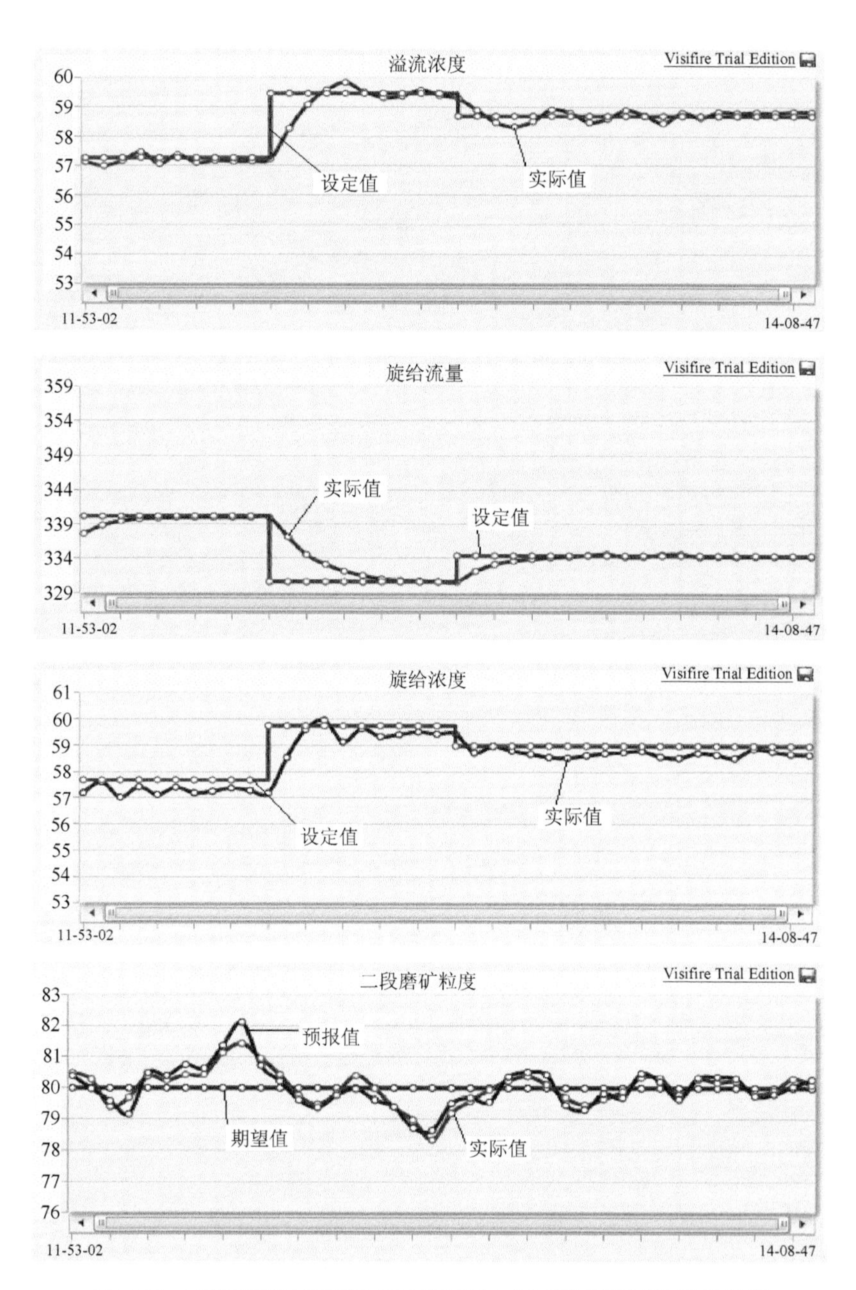

图 7.15　正常工况时智能运行反馈控制方法下的磨矿过程运行效果

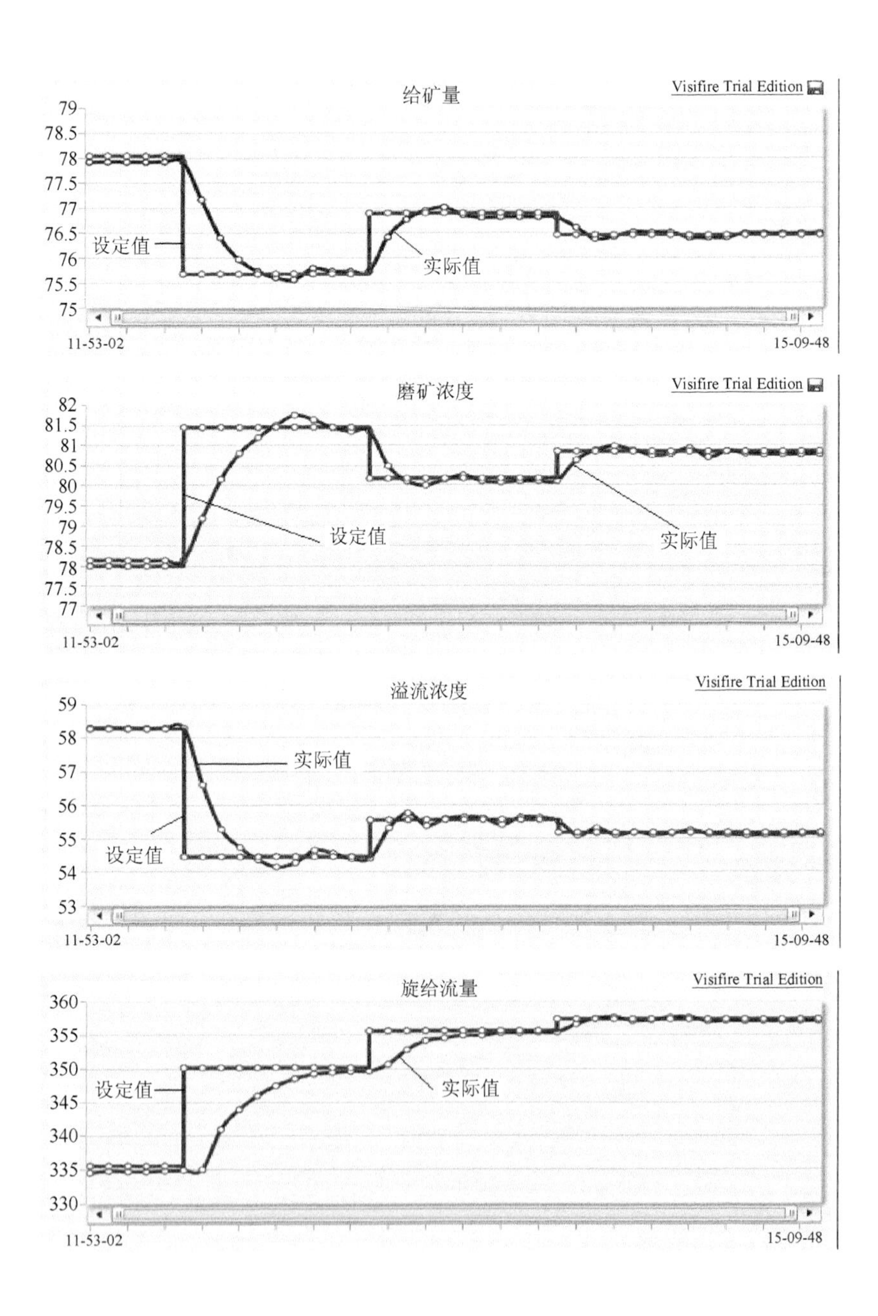

给矿量
Visifire Trial Edition
79
78.5
78
77.5
77
76.5
76
75.5
75
设定值
实际值
11-53-02
15-09-48
磨矿浓度
Visifire Trial Edition
82
81.5
81
80.5
80
79.5
79
78.5
78
77.5
77
设定值
实际值
11-53-02
15-09-48
溢流浓度
Visifire Trial Edition
59
58
57
56
55
54
53
实际值
设定值
11-53-02
15-09-48
旋给流量
Visifire Trial Edition
360
355
350
345
340
335
330
设定值
实际值
11-53-02
15-09-48

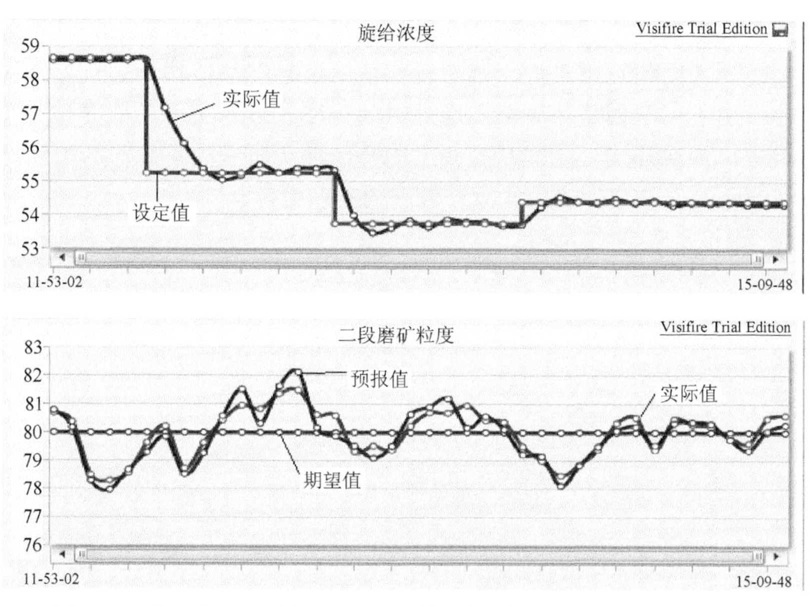

图 7.16　非正常工况时智能运行反馈控制方法下的磨矿过程运行效果

7.4 本章小结

随着工业过程运行反馈控制的理论、方法与技术受到国内外学者越来越广泛的关注，相关理论和算法也相继提出。但是，目前提出的大多控制算法仅仅针对一般的数字例子进行了 MATLAB 仿真验证，这与具体工业过程中的验证有着很大的差别。另外，很多复杂工业过程运行在独特的环境中或者处于整个流程生产线最为核心的位置，它的运行状况影响着全流程生产的整体运行性能以及安全性。这意味着各种算法的直接工程验证是具有一定的风险和难度的。因此，如何将研制的运行控制算法或方法在进行实际工程化应用前，先在一个比较真实模拟实际现场环境的仿真系统中进行仿真实验具有重要的研究价值。本章针对上述问题和需求，自主开发了由过程运行反馈控制系统、过程监控系统、过程控制系统、过程虚拟对象、过程虚拟仪表与执行机构等组成的磨矿过程运行反馈控制半实物仿真实验平台。针对已有基于组态软件的运行反馈控制系统软件开发模式的不足，采用 Microsoft Visual Studio 2010 集成开发环境，并采用 WPF 图形显示系统编程语言进行整个平台框架的搭建，开发了集开放性、灵活性、可视化、可组态、可扩展为一体的磨矿过程运行反馈控制软件系统。设计开发实例表明和仿真验证表明：研发的磨矿过程运行反馈控制半实物仿真实验系统可以较为有效地解决磨矿过程生产条件多变、未建模干扰、产品化验时间长等传统控制系统棘手问题，将运行指标控制在期望范围之内。该系统在使用过程中不依赖于第三方软件，使用灵活方便。由于算法模块与策略图通过封装与注册方式实现，很容易对各算法模块进行改进与再次开发，因而具有高度的开放性。研制的系统对新的运行控制算法和方法的研究以及实际应用均具有较高的推广价值。

第 8 章 结语与展望

8.1 结 束 语

磨矿是使物料粒度减小的过程，在我国国民经济中占有重要的地位。磨矿过程的任务就是使大块的矿物原料粉碎到适宜的粒度，使有用矿物成分从脉石中单体解离，或不同有用矿物成分相互解离，为后续选别提供原料。磨矿过程是典型的高耗能过程，且具有典型的多变量、强耦合、非线性、时变、大时滞等综合复杂动态特性，难以用常规方法对其进行有效控制和操作优化。本书从目前选矿企业对提高产品质量与生产效率以及节能降耗的迫切需求出发，依托国家自然科学基金青年项目、国家 973 计划项目以及中央高校创新基金研究项目，以冶金选矿的两类典型磨矿过程为研究对象，开展以提高产品质量和生产效率为目标的磨矿过程运行反馈控制方法及其应用的研究。

8.2 研究展望

工业过程运行反馈控制是控制领域一个前沿而具有挑战性的研究方向，涉及的知识非常广，包括建模、控制、优化及仿真，需要经典控制理论方法也需要智能建模与控制方法。该研究需要综合运用控制科学、人工智能、计算机、通信以及物理动力学等学科知识，属于多学科交叉研究。因此，本书在冶金磨矿运行反馈控制及其应用方面做了一些探索性工作，但是在很多方面还有待进一步深入或者进行后续研究。

1. 磨矿运行指标多目标优化决策

工业过程的运行优化控制通过回路控制和回路优化设定控制使工业装置优化运行，即将反映产品在加工过程中的质量、效率与消耗相关的运行指标控制在目标值范围内，尽可能提高质量与效率指标，尽可能降低消耗指标。如何决策运行指标的优化目标值成为关键。工业装置的运行指标与所在的生产过程全流程的产品质量、产量、能耗与物耗生产指标密切相关。运行指标与全流程生产指标之间的特性难以采用机理分析的方法建立数学模型，随不同的工业领域而不同，且原料成分波动、生产设备磨损等生产条件变化频繁，因此磨矿运行指标的优化决策涉及多目标智能优化。例如，文献[284]将多目标进化计算与梯度相结合来决策选矿过程的精矿品位、选矿比与精矿产量等指标。研究以企业全局优化为目标的磨矿运行指标多目标智能优化决策方法，对于实现工业装置的运行优化至关重要[285, 286]。

2. 磨矿运行指标软测量

基于模型的运行优化与控制方法所采用的性能指标可用被控变量的数学模型来表示。然而实际磨矿工业过程中，磨矿运行指标，如质量、效率和消耗指标等很难用被控变量的数学模型来表示，往往难以在线测量。为了实现磨矿过程运行优化，需要建立运行指标的预报模型。由于运行指标与被控变量之间的动态特性难以采用机理分析的方法建立数学模型，且随不同的工业领域而不同，因此需要采用数据与知识、机理分析、统计分析与智能计算相结合，研究运行指标的混合智能建模方法。

3. 基于多模型磨矿过程运行反馈控制方法

复杂磨矿过程中，生产边界条件改变、各运行设备或子系统故障、外界干扰等多种因素常常导致被控系统从一个工作点变到另一个工作点，这时系统参数往往发生大范围跳变，这时常规基于单一模型的运行反馈控制系统设计方法无法得到令人满意的控制效果。为了解决上述问题，必须研究基于多模型的磨矿过程运行反馈控制方法。

4. 磨矿过程故障工况预测、诊断与自愈控制

磨矿过程控制系统运行时，尽管控制器、执行机构、检测仪表均运行正常，但由于操作不当造成基础反馈控制系统的设定值不合理，会出现故障工况。故障工况直接影响到磨矿运行指标，会造成产品质量下降、效率降低、消耗增高甚至造成工业系统的瘫痪和危及操作者的人身安全。因此，必须进一步深入研究故障工况的诊断、预报以及排除故障工况的自愈控制方法。采用机理分析与数据和知识相结合、统计方法和智能方法相结合来研究运行工况的故障预测、诊断和自愈控制是可能的有效途径。

5. 多网络环境下的磨矿过程运行控制

为了保证工业装置运行控制的可靠性，磨矿过程的运行反馈控制采用基础反

馈控制层和运行控制层两层结构来实现。基础反馈控制层输入与输出信息传输采用设备网，运行反馈控制的信息传输采用工业以太网，而工业以太网可能出现丢包、延时等，化工过程的 RTO 采用实为开环的方式给出基础反馈控制系统的设定值，因此可以不考虑网络环境的影响。为了克服复杂工业装置运行过程动态特性的不确定性、干扰的不确定性，需要采用闭环反馈控制来实现磨矿过程运行优化和控制，就必须考虑以太网可能出现的丢包、延时等对闭环运行反馈控制的影响。文献[287]、[288]对该类问题进行了初步研究，不同网络环境下的运行闭环反馈控制成为工业过程运行优化与控制的新的方向。

6. 磨矿运行控制的动静态性能分析

磨矿过程运行反馈控制要在整个系统运行过程中将运行指标控制在目标值范围内。这就要求运行反馈控制不仅具有稳定性，而且具有好的动态性能。RTO 由于优化的时间尺度太大，因此不影响整个运行反馈控制系统的稳定性。对于复杂磨矿过程实现反馈闭环运行控制，必须要考虑运行反馈控制系统的稳定性。由于这类工业过程的动态特性难以用数学模型来描述，难以采用已有的控制系统稳定性分析工具。因此，采用解析方法与实验方法相结合，研制磨矿运行反馈控制的动静态性能分析方法，采用实验方法来验证所提出的运行反馈控制的动静态特性是解决这一问题的可能途径之一。

附录 A　基于模糊相似粗糙集的案例特征权值确定

为了进行案例特征权值确定，案例必须表示成粗糙集（rough set）理论的决策表形式，这也称为案例的粗集表示。

定义 A.1（案例的粗集表示）　在粗糙集理论中，决策表一般是一个四元组的知识表达系统 $T=<U,C\bigcup D,V,f>$。在这里，$U=\{x_1,\cdots,x_n\}$ 为案例的非空论域集；$A=C\bigcup D$ 为非空的有限案例属性集合，子集 $C,D\subset A$ 分别为案例的条件属性和决策属性；$V=\bigcup\limits_{a\in A}V_a$ 为案例属性的值域集，V_a 为属性 a 的值域；$f:U\times A\to V$ 为信息函数，对 $\forall x_i\in U$，存在 $f(x_i,a)\in V_a$。

定义 A.2（模糊关系和模糊相似关系）[289，290]　对于任意子集 $B\subseteq A=C\bigcup D$，案例集 $U=\{x_1,\cdots,x_n\}$ 上的模糊关系 R_B 定义为

$$R_B=\{(x,y)\in U\times U:\mu_B(x,y)\}$$

如果 R_B 具有如下性质，那么称为 U 上的模糊相似关系（fuzzy-similarity relation）：

（1）对称性，$\mu_B(x,y)=\mu_B(y,x),\forall x,y\in U$；

（2）自反性，$\mu_B(x,x)=1,\forall x\in U$。

其中，(x,y) 指的是 U 上的案例对 x、y，$\mu_B(x,y)\in[0,1]$ 表示案例对 (x,y) 的相似度，其大小反映了案例对 (x,y) 模糊关系 R_B 的大小。

定义 A.3（相似类和差别类）[289，290]　给定一个有限非空案例集 U，对于任意案例 $x\in U$，基于阈值 λ 的模糊相似关系 R_B 的相似类 R_B^λ 定义为

$$R_B^\lambda(x)=\{y=U:\forall\mu_B(y,x)\geqslant\lambda,yR_B^\lambda x\}$$

式中，$R_B^\lambda(x)$ 表示与案例 x 具有相似度 $\mu_B(x,y)\geqslant\lambda$ 的案例集合。那么差别类即与案例 x 不相似的案例集合定义为：

$$\overline{R}_B^\lambda(x)=\{y\in U:\forall\mu_B(y,x)\geqslant\lambda,y\overline{R}_B^\lambda x\}$$

定义 A.4（模糊相似差别矩阵）[289，290]　对于决策表 $T=<U,C\bigcup D,V,f>$，其中 $U=\{x_1,\cdots,x_n\},C=\{c_1,\cdots,c_n\}$，模糊相似差别矩阵 $M_{\text{sim}}=[m_{i,j}]_{n\times n}$ 定义为

$$m_{i,j}=\begin{cases}c\in C,(x_i\overline{R}_C^{\lambda}x_j)\Lambda(x_i\overline{R}_D^{\lambda}x_j)_{n\times m}, & 1\leqslant i;j\leqslant n\\ \varnothing, & \text{其他}\end{cases}$$

显然$M_{\text{sim}}=[m_{i,j}]_{n\times n}$为主对角阵为$\varnothing$的对称矩阵，所以可用其下三角矩阵来表示，即$1\leqslant j\leqslant i\leqslant n$部分。

定义 A.5（约简和完全约简） 若决策表$T=<U,C\bigcup D,V,f>$独立，若属性集$B\subseteq C$且满足$\text{IND}(B)=\text{IND}(C)$，那么称$B$为$C$的一个约简，其中属性集$B$上的不可分辨关系$\text{IND}(B)$定义为$\text{IND}(B)=\{(x,y)\in U\times U|a(x)=a(y),\forall a\in B\}$。对于$T'=<U,C\bigcup D,V,f>$，$U=\{x_1,\cdots,x_n\}$，如果$B$是$C$的一个约简，且$\forall x_i,x_j\in U$有$x_i\overline{R}_B^{\lambda}x_j$，那么称$T'$为$T$的一个完全约简。即$T'$中没有模糊相似关系意义上的重复对象，也没有冗余属性。

定理 A.1 假设$T=<U,C\bigcup D,V,f>,C=\{c_1,c_2,\cdots,c_m\}$为完全约简的决策表，$M_{\text{sim}}=[m_{i,j}]_{n\times n}$为其模糊相似差别矩阵，那么$\forall c_i\in C$都能在$M_{\text{sim}}$中以独立属性的形式出现。

证明（用反证法） 假设属性$c_i(1\leqslant i\leqslant m)$在$M_{\text{sim}}$中未以独立属性的形式出现，不妨设$M_{\text{sim}}$对应的模糊相似差别函数为$f_M\{c_1,c_2,\cdots,c_m\}$[289, 290]，如果$c_i$不能在$f_M\{c_1,c_2,\cdots,c_m\}$中被$C$集合中别的属性元素吸收掉，那么只有两种可能情况。①与c_i同在某个$m_{i,j}$中的属性在M_{sim}中都不是以独立属性出现的。这种情况就推决策表T可进一步约简，这与T是完全约简的决策表矛盾，所以不成立。从而c_i在差别函数$f_M\{c_1,c_2,\cdots,c_m\}$中能被$C$集合中其他属性元素吸收掉，即意味着$c_i$也是冗余属性，这也与$T$是完全约简决策表的前提条件矛盾。②$c_i$为独立属性，这显然与前述假设矛盾，因而不成立。综上所述，反设不成立，从而定理 A.1 得证。

定理 A.2 假设$T=<U,C\bigcup D,V,f>$为完全约简的决策表，其中$U=\{x_1,\cdots,x_n\}$，$C=\{c_1,\cdots,c_m\}$，且T的模糊相似差别矩阵为$M_{\text{sim}}=[m_{i,j}]_{n\times n}\ (1\leqslant i,j\leqslant n)$。记$M_{\text{sim}}$中与独立属性$c_k\in C$相关的对象集合为$U_k$，并设$c_k$的权值为$\omega(c_k,D)$，那么有

$$\omega(c_k,D)=\text{card}(U_k)/\text{card}(U) \tag{A.1}$$

$$2/n\leqslant\omega(c_k,D)\leqslant 1 \tag{A.2}$$

证明 （1）首先由定理 A.1 可得$C=\{c_1,\cdots,c_m\}$都能在M_{sim}中以独立属性的形式出现，其次由于U_k是M_{sim}中与独立属性$c_k\in C$相关的案例集合，那么去掉c_k，U_k中的案例是不可分辨的，这意味着它们不能正确分类到决策类$U/\text{IND}(D)$之中的案例对象集，那么由正区域的定义（参见文献[291]、[292]）可得

$$\mathrm{POS}_{C-\{c_k\}}(D)=U-U_k \tag{A.3}$$

注意到 T 是完全约简的决策表，则有

$$\mathrm{POS}_C(D)=U \tag{A.4}$$

所以 c_k 的权值 $\omega(c_k,D)$，即式（A.1）可以通过下式求得

$$\begin{aligned}\omega(c_k,D)&=\frac{\mathrm{card}(\mathrm{POS}_C(D))-\mathrm{card}(\mathrm{POS}_{C-\{c_k\}}(D))}{\mathrm{card}(U)}\\&=\frac{\mathrm{card}(U)-\mathrm{card}(U-U_k)}{\mathrm{card}(U)}\\&=\frac{\mathrm{card}(U_k)}{\mathrm{card}(U)}\end{aligned}$$

（2）由 $U_k\subseteq U$ 可得 $0<\mathrm{card}(U_k)\leqslant\mathrm{card}(U)=n$。其次由于在计算 M_{sim} 时是通过案例集 U 中的案例对象两两进行相似度比较进行的，因此容易得到 $\mathrm{card}(U_k)\geqslant 2$。所以最后有

$$\frac{2}{\mathrm{card}(U)}\leqslant\frac{\mathrm{card}(U_k)}{\mathrm{card}(U)}\leqslant\frac{\mathrm{card}(U)}{\mathrm{card}(U)}=1$$

即得到 $\dfrac{2}{n}\leqslant\omega(c_k,D)\leqslant 1$。

综上所述，定理 A.2 得证。

基于模糊相似粗糙集的案例特征权值确定求解步骤如下。

（1）典型案例提取（可通过工业试验获取，也可以在软测量案例库中通过聚类分析算法获取典型案例）。

（2）将选取的典型案例根据定义 A.1 进行案例的粗集表示，即表示成决策表 $T=<U,C\cup D,V,f>$。

（3）对任意 $c_i\in C$，确定相似度 $\mu_{c_i}(x_i,x_j)$ 以及相似度阈值 λ_{c_i} 系数。

（4）根据定义 A.2～A.4，求取模糊相似差别矩阵 $M_{\mathrm{sim}}=[m_{i,j}]_{n\times n}$。

（5）根据求得的 $M_{\mathrm{sim}}=[m_{i,j}]_{n\times n}$，采用基于差别函数的属性约简方法找到条件属性 C 的约简 B。

（6）针对约简的 $T'=<U,B\cup D,V,f>$，重新计算模糊相似差别矩阵 M'_{sim}。

（7）基于完全约简的 M'_{sim}，由定理 A.1 和定理 A.2 进行案例特征权值计算。

注 A.1　求取 $M_{\text{sim}}=[m_{i,j}]_{n\times n}$ 时，当有 $x_i R_A^{\lambda} x_j, x_i, x_j \in U$ 时，这意味着 x_i, x_j 为相似案例，在案例特征权值计算时，选取其一即可。

注 A.2　步骤（7）中的案例特征权值计算基于完全属性约简的差别矩阵求解方法，属性约简采用差别函数方法，而完全约简的决策表通过步骤(4)～(6)获得。

参 考 文 献

[1] 中国社会科学院工业经济研究所. 中国工业发展报告(2012). 北京：经济管理出版社，2012.

[2] 张其仔. 产业蓝皮书：中国产业竞争力报告(2010). 北京：社会科学文献出版社，2010.

[3] 中国法制出版社. 国家中长期科学和技术发展规划纲要(2006～2020). 北京：中国法制出版社，2006.

[4] 刘畅，孔宪丽，高铁梅. 中国工业行业能源消耗强度变动及影响因素的实证分析. 资源科学，2008，30(9)：1290-1299.

[5] 中国节能环保集团公司，中国工业节能与清洁生产协会. 2010 中国节能减排产业发展报告. 北京：中国水利水电出版社，2010.

[6] 十六大报告辅导读本编写组. 十六大报告辅导读本. 北京：人民出版社，2002.

[7] 十七大报告辅导读本编写组. 十七大报告辅导读本. 北京：人民出版社，2007.

[8] 十八大报告辅导读本编写组. 十八大报告辅导读本. 北京：人民出版社，2012.

[9] 柴天佑. 生产制造全流程优化控制对控制与优化理论方法的挑战. 自动化学报，2009，35(6)：641-648.

[10] 柴天佑，丁进良，王宏，等. 复杂工业过程运行的混合智能优化控制方法. 自动化学报，2008，34(5)：506-515.

[11] Chai T Y，Ding J L. Hybrid intelligent control for optimal operation of shaft furnace roasting process. Control Engineering Practice，2011，19(3)：264-275.

[12] Havlena V，Lu J. A distributed automation framework for plant-wide control，optimization，scheduling and planning. Proceedings of 16th IFAC World Congress，Prague，2005.

[13] Charbonnier J C，et al. Technology Road Map to Determine the Research Priorities of the European Steel Industry. EUROFER，1999.

[14] 弓岱伟. 先进控制与优化软件的设计及在电站锅炉气温预测控制中的应用. 中国科学技术大学博士学位论文，2008.

[15] 于政军. 若干复杂钢铁工业过程工艺指标的智能控制及应用研究. 东北大学博士学位论文，2006.

[16] Cutler C R，Perry R T. Real time optimization with multivariable control is required to maximize profits. Computers and Chemical Engineering，1983，7(5)：663-667.

[17] Prett D，Garcia C. Fundamental Process Control. Stoneham：Butterworth Publisher，1988.

[18] Ramirez F W. Process Control and Identification. New York：Academic Press，1994.

[19] Chai T Y. Optimal operational control for complex industrial processes. 2012 International Symposium on Advanced Control of Chemical Processes，Singapore，2012.

[20] Zhou P，et al. Model approximation of multiple delay transfer function models using multiple-point step response fitting. International Journal of Control，Automation，and Systems，2012，10(1)：180-185.

[21] Zhou P，Chai T Y，Zhao J H. DOB design for nonminimum-phase delay systems and its application in multivariable MPC Control. IEEE Transactions on Circuits and Systems-Ⅱ，2012，59(8)：525-529.

[22] Chai T Y，Wu F H，Ding J L，et al. Intelligent work-situation fault diagnosis and fault-tolerant system for roasting process of shaft furnace. Proc of the ImechE，Part I，Journal of Systems and Control Engineering，2007，221(I6)：843-855.

[23] Ding J L，Chai T Y，Wang H. Knowledge-based plant-wide dynamic operation of mineral processing under uncertainty. IEEE Trans on Industry Informatics，2012，8(4)：849-859.

[24] Chai T Y，Zhao L，Qiu J B，et al. Integrated network based model predictive control for set point compensation in industrial processes. IEEE Transactions on Industry Informatics，2013，9(1)：417-426.

[25] 周平，柴天佑，陈通文. 工业过程运行的解耦内模控制方法. 自动化学报，2009，35(10)：1362-1368.

[26] Yan A J，Chai T Y，Yue H. Multivariable intelligent optimizing control approach for shaft furnace roasting process，Acta Automation Sinica，2006，32(4)：636-640.

[27] 周平，代伟，柴天佑. 竖炉焙烧过程运行优化控制系统的开发及实验研究. 控制理论与应用，2012，29(12)：1565-1572.

[28] 周平，柴天佑. 基于多变量解耦控制的工业过程运行层次控制方法. 控制理论与应用，2011，28(2)：199-206.

[29] 周平，柴天佑. 磨矿过程磨机负荷的智能监测与控制. 控制理论与应用，2008，25(6)：1095-1098.

[30] Yang J，Li S H，Chen X S，et al. Disturbance rejection of dead-time processes using disturbance observer and mode predictive control. Chemical Engineering Research and Design，2011，89(2)：125-135.

[31] Chen X S，Yang J，Li S H，et al. Disturbance observer based multi-variable control of ball mill grinding circuits. Journal of Process Control，2009，19(7)：1205-1213.

[32] Chen X S，Zhai J Y，Li S H，et al. Application of model predictive control in ball mill grinding circuit. Minerals Engineering，2007，20(2)：1099-1108.

[33] Chen X K，Su C Y，Fukuda T. A nonlinear disturbance observer for multivariable systems and its application to magnetic bearing systems. IEEE Transactions on Control Systems Technology，2004，12(4)：569-577.

[34] Chen X S，Li Q，Fei S M. Constrained model predictive control in ball mill grinding process. Powder Technology，2008，186(1)：31-39.

[35] Morari M，Stephanopoulos G，Arkun Y. Studies in the synthesis of control structures for chemical processes，Part I：formulation of the problem. Process Decomposition and the Classification of the Control Task. Analysis of the Optimizing Control Structures，AIChE Journal，1980，26(2)：220-232.

[36] Skogestad S. Self-optimizing control：the missing link between steady-state optimization and control. Computers and Chemical Engineering，2000，24(2)：569-575.

[37] Skogestad S. Plantwide control：the search for the self-optimizing control structure. Journal of Process Control，2000，10(5)：487-507.

[38] Skogestad S. Near-optimal operation by self-optimizing control：from process control to marathon running and business systems. Computers and Chemical Engineering，2004，29(1)：127-137.

[39] Jäschke J，Skogestad S. NCO tracking and self-optimizing control in the context of real-time optimization. Journal of Process Control，2011，21(10)：1407-1416.

[40] Halvorsen I J，Skogestad S. Indirect on-line optimization through setpoint control. AIChE 1997 Annual Meeting，Los Angeles，1997.

[41] Halvorsen I J，Skogestad S. Optimal operation of petlyuk distillation：steadystate behavior. Journal of Process

Control，1999，9(5)：407-424.

[42] Bonvin D，Srinivasan B，Ruppen D. Dynamic optimization in the batch chemical industry. Chemical Process Control-VI，2001：255-273.

[43] Cao Y. Direct and indirect gradient control for static optimisation. International Journal of Automation and Computing，2005，2(1)：60-66.

[44] Skogestad S，Postlethwaite I. Multivariable Feedback Control. New York：John Wiley & Sons，1996.

[45] Kassidas A，Patry J，Marlin T，Integrating process and controller models for the design of self-optimizing control. Computers and Chemical Engineering，2000，24(12)：2589-2602.

[46] Wang F Y，Ge X Y，Balliu N，et al. Optimal control and operation of drum granulation processes. Chemical Engineering Science，2006，61(1)：257-267.

[47] Antonio C B，Araujo J，Govatsmark M，et al. Application of plantwide control to the HDA process-I：steady-state optimization and self-optimizing control. Control Engineering Practice，2007，10(15)：1222-1237.

[48] Jensen J B，Skogestad S. Optimal operation of simple refrigeration cycles Part I：degrees of freedom and optimality of sub-cooling . Computers and Chemical Engineering，2007，31(5/6)：712-721.

[49] Jensen J B，Skogestad S. Optimal operation of simple refrigeration cycles Part Ⅱ：selection of controlled variables. Computers and Chemical Engineering，2007，31(12)：1590-1601.

[50] Skogestad S. Control structure design for complete chemical plants. Computers and Chemical Engineering，2004，28(1/2)：219-234.

[51] Kassidas A，Patry J，Marlin T. Integrating process and controller models for the design of self-optimizing control. Computers and Chemical Engineering，2000，24(12)：2589-2602.

[52] Manum H，Skogestad S. Self-optimizing control with active set changes. Journal of Process Control，2012，22(5)：873-883.

[53] Francois G，Srinivasan B，Bonvin D. Use of measurements for enforcing the necessary conditions of optimality in the presence of constraints and uncertainty. Journal of Process Control，2005，15(6)：701-712.

[54] Srinivasan B，Bonvin D，Visser E，et al. Dynamic optimization of batch processes：Ⅱ. role of measurements in handling uncertainty. Computers & Chemical Engineering，2003，27(1)：27-44.

[55] Srinivasan B，Palanki S，Bonvin D. Dynamic optimization of batch processes：Ⅰ. characterization of the nominal solution. Computers & Chemical Engineering，2003，27(1)：1-26.

[56] Kadam J V，Marquardt W，Srinivasan B，et al. Optimal grade transition in industrial polymerization processes via NCO tracking. AIChE Journal，2007，53：627-639.

[57] Bonvin D，Bodizs L，Srinivasan B. Optimal grade transition for polyethylene reactors via NCO tracking. Chemical Engineering Research and Design，2005，83：692-697.

[58] Bazaraa M S，Sherali H D，Shetty C M. Nonlinear Programming：Theory and Algorithms. New York：John Wiley & Sons，2006.

[59] Gros S，Srinivasan B，Bonvin D. Optimizing control based on output feedback. Computers & Chemical Engineering，2009，33(1)：191-198.

[60] Srinivasan B，Biegler L T，Bonvin D. Tracking the necessary conditions of optimality with changing set of active constraints using a barrier-penalty function. Computers & Chemical Engineering，2008，32(3)：279-572.

[61] Baotic M，Borrelli C F，Bemporad A，et al. Efficient on-line computation of constrained optimal control. SIAM J. Control Optim.，2008，47(5)：2470-2489.

[62] Alstad V，Skogestad S. Null space method for selecting optimal measurement combinations as controlled variables. Ind. Eng. Chem. Res.，2007，46：846-853.

[63] Marlin T E，Hrymak A N. Real-time operations optimization of continuous processes. Proceedings of CPC V，AIChE Symposium.Series，1997，93：156-164.

[64] Ochoaa S，Repkea J U，Woznya G. Integrating real-time optimization and control for optimal operation：application to the bio-ethanol process . Biochemical Engineering Journal，2010，53(1)：18-25.

[65] Würth L，Hannemann R，Marquardt W. A two-layer architecture for economically optimal process control and operation . Journal of Process Control，2011，21(3)：311-321.

[66] Engella S，Harjunkoskib I. Optimal operation：scheduling，advanced control and their integration. Computers & Chemical Engineering，2012，47：121-133.

[67] Darbya M L，Nikolaoub M，Jonesc J，et al. RTO：an overview and assessment of current practice. Journal of Process Control，2011，21(6)：874-884.

[68] Chachuata B，Srinivasanb B，Bonvinc D. Adaptation strategies for real-time optimization. Computers & Chemical Engineering，2009，33(10)：1557-1567.

[69] Bonvina D，Srinivasanb B. On the role of the necessary conditions of optimality in structuring dynamic real-time optimization schemes. Computers & Chemical Engineering，2013，51：172-180.

[70] Tatjewski P. Advanced control and on-line process optimization in multilayer structures. Annual Reviews in Control，2008，32(1)：71-85.

[71] Findeisen W，Bailey F N，Brdys M，et al. Control and Coordination in Hierarchical Systems. New York：John Wiley，1980.

[72] 刘金鑫. 赤铁矿磁选过程智能优化控制系统的研究. 东北大学博士学位论文，2008.

[73] 白锐. 生料浆配料过程智能优化控制系统的研究. 东北大学博士学位论文，2007.

[74] Tosukhowong T. An introduction to a dynamic plant-wide optimization strategy for an integrated plant. Computers and Chemical Engineering，2004，29(1)：199-208.

[75] Sequeira E，Graells M，Puigjaner L. Real-time evolution of online optimization of continuous processes. Ind. Eng. Chem. Res.，2002，41：1815-1825.

[76] Basak K，Abhilash K S，Ganguly S，et al. On-line optimization of a crude distillation unit with constraints on product properties. Ind. Eng. Chem. Res.，2002，41(6)：1557-1568.

[77] Shamma J S，Athans M. Gain scheduling：potential hazards and possible remedies. IEEE Control Systems Magazine，1992，12(3)：101-107.

[78] Lawrence D A，Rugh W J. Gain scheduling dynamic linear controllers for a nonlinear plant. Automatica，2005，31(3)：381-390.

[79] 丁进良. 动态环境下选矿生产全流程运行指标优化决策方法研究. 东北大学博士学位论文，2012.

[80] Seborg D E，Edgar T F，Mellichamp D A. Process Dynamics and Control. 2nd ed. New York：John Wiley & Sons，2004.

[81] Qin S J，Badgwell T A. A survey of industrial model predictive control technology. Control Engineering Practice，

2003，11(7)：733-764.

[82] Souzaa G D，Odloaka D，Zaninb A C. Real time optimization(RTO) with model predictive control(MPC). Computers & Chemical Engineering，2010，34(12)：1999-2006.

[83] Morshedi A M，Cutler C R，Skrovanek T A. Optimal solution of dynamic matrix control with linear programming techniques. Proc. Am. Control Conf.，1985：199-208.

[84] Brosilow C，Zhao G Q. A linear programming approach to constrained multivariable process control. Contr. Dyn. Syst.，1988，27：141-181.

[85] Yousfi C，Tournier R. Steady-state optimization inside model predictive control. Proc. Am. Control Conf. 1866，1991：1866-1870.

[86] Muske K R. Steady-state target optimization in linear model predictive control. Proc. Am. Control Conf. 3597，1997：3597-3601.

[87] Sorensen R C，Cutler C R. LP integrates economics into dynamic matrix control. Hydrocarbon Process，1998，9(2)：57-65.

[88] Jing C M，Joseph B. Performance and stability analysis of LPMPC and QP-MPC cascade control systems. AIChE Journal，1999，45(7)：1521-1534.

[89] Zeilinger M N，Jones C N，Morari M. Real-time suboptimal model predictive control using a combination of explicit MPC and online optimization. IEEE Transactions on Automatic Control，2011，56(7)：1524-1534.

[90] Nath R，Alzein Z. On-line dynamic optimization of olefins plants. Computers & Chemical Engineering，2000，24：533-538.

[91] Tosukhowong T，Lee J M，Lee J H，et al. An introduction to a dynamic plant-wide optimization strategy for an integrated plant . Computers & Chemical Engineering，2004，29(1)：191-198.

[92] Ramos C，Senent J S，Blasco X，et al. LP-DMC control of a chemical plant with integral behaviour. Proc. 15TH Triennial World Congress，Barcelona，2002.

[93] Adetola V，Guay M. Integration of real-time optimization and model predictive control. Journal of Process Control，2010，20(2)：125-133.

[94] Tvrzska de Gouvea M，Gouvea D. One-layer real time optimization of LPG production in the FCC unit：procedure advantages and disadvantages. Computers & Chemical Engineering，1998，22(S1)：191-198.

[95] Zanin A C，Tvrzska de Gouvea M，Odloak D. Industrial implementation of a real-time optimization strategy for maximizing production of LPG in a FCC unit. Computers & Chemical Engineering，2000，24(2/3/4/5/6/7)：525-531.

[96] Zanin A C，Tvrzska de Gouvea M，Odloak D. Integrating real-time optimization into the model predictive controller of the FCC system. Control Engineering Practice，2002，10(8)：819-831.

[97] Costa C E S，Freire F B，Correa F B，et al. Two-layer real-time optimization of the drying of pastes in a spouted bed：experimental implementation. 16th IFAC World Congress，Prague，2005.

[98] Lawryczuk M，Marisa P M，Tatjewski P. Efficient model predictive control integrated with economic optimization. Mediterranean Conference on control and automation，2007：1-6.

[99] Lawryczuk M，Marisa P M，Tatjewski P. An integrated structure with economic optimisation and constrained model predictive control：an application to a MIMO pH reactor. The International Conference on 'Computer as a Tool，

2007：785-792.

[100] Timon C D，Philip M W. Implementation of fuzzy logic systems and neural networks in industry. Computers in Industry，1997，32(3)：261-272.

[101] Guan S P，Li H X，Tso S K. Multivariable fuzzy supervisory control for the laminar cooling process of hot rolled slab. IEEE Transactions on Control Systems Technology，2001，9(2)：348-356.

[102] Venkatasubramanian V. Towards a specialized shell for diagnostic expert systems for chemical process plants. Journal of Loss Prevention in the Process Industries，1988，1(2)：84-91.

[103] Ungar L H，Venkatasubramanian V. Artificial Intelligence in Process Systems Engineering：Knowledge Representation. Austin：CACHE，1990.

[104] Quantrille T E，Liu Y A. Artificial Intelligence in Chemical Engineering. San Diego：Academic Press，1991.

[105] RojasGuzman C，Kramer M A. Comparison of belief networks and rule-based systems for fault diagnosis of chemical processes. Engineering Applications of Artificial Intelligence，1993，3(6)：191-202.

[106] Zamarreno J M，Vega P，Garcia L D，et al. State-space neural network for modelling，prediction and control. Control Engineering Practice，2000，8(9)：1063-1075.

[107] Costa Branco P J，Dente J A. Fuzzy systems modeling in practice. Fuzzy Sets and Systems，2001，121(1)：73-93.

[108] Wu M，Nakano M，She J H. A distributed expert control system for a hydrometallurgical zinc process. Control Engineering Practice，1998，6(12)：1435-1446.

[109] Boose J. A survey of knowledge acquisition techniques and tools. Knowledge Acquisition，1989，1(1)：3-38.

[110] Aamodt A，Plaza E. Case-based reasoning：foundational issues，methodological variations，and system approaches. AI Communications，1994，7(11)：39-59.

[111] Pal S K，Shiu S C K. Foundations of Soft Case-based Reasoning. NewYork：John Wiley，2004.

[112] Gonzalez A J，Xu L L，Gupta U M. Validation techniques for case-based reasoning systems. IEEE Transactions on SMC-Part A，1998，28(4)：465-477.

[113] Begum S，Ahmed M U，Funk P，et al. Case-based reasoning systems in the health sciences：a survey of recent trends and developments. IEEE Transactions on SMC-Part C，2011，41(4)：421-434.

[114] Park C S，Han I. A case-based reasoning with the feature weights derived by analytic hierarchy process for bankruptcy prediction. Expert Systems with Applications，2003，23(3)：255-264.

[115] Lin S W，Chen S C. Parameter tuning，feature selection and weight assignment of features for case-based reasoning by artificial immune system. Applied Soft Computing，2005，11(8)：5042-5052.

[116] Xing G S，Ding J L，Chai T Y，et al. Hybrid intelligent parameter estimation based on grey case-based reasoning for laminar cooling process. Engineering Applications of Artificial Intelligence，2012，25(2)：418-429.

[117] Soumitra D，Wierenga B，Dalebout A. Case-based reasoning systems：from automation to decision-aiding and stimulation. IEEE Transactions on Knowledge and Data Engineering，1997，9(6)：911-922.

[118] Arshadi N，Jurisica I. Data mining for case based reasoning in high-dimensional biological domains. IEEE Transactions on Knowledge and Data Engineering，2005，17(8)：1127-1137.

[119] Bloch G，Sirou F，Eustache V，et al. Neural intelligent control for a steel plant. IEEE Transactions on Neural Networks，1997，8(4)：910-917.

[120] Chai T Y，Tan M H，Chen X Y，et al. Intelligent optimization control for laminar cooling. Proc. of the 15th IFAC

World Congress，Barcelona，2002.

[121] Wang W，Li H X，Zhang J T. A hybrid approach for supervisory control of furnace temperature. Control Engineering Practice，2003，11(11)：1325-1334.

[122] Lo C H，Wong Y K，Rad A B. Intelligent system for process supervision and fault diagnosis in dynamic physical systems. IEEE Transactions on Industrial Eelectronics，2006，53(2)：581-592.

[123] Yang C H，Gui W H，Kong L S，et al. Modeling and optimial-setting control of blending process in a metallurgical industry. Computers and Chemical Engineering，2009，33(7)：1289-1297.

[124] Yang C H，Gui W H，Kong L S，et al. A two-stage intelligent optimization system for the raw slurry preparing process of alumina sintering production. Engineering Applications of Artificial Intelligence，2009，22(4/5)：786-795.

[125] Wu M，Xu C H，She J H，et al. Intelligent intergrated optimization and control system for lead-zinc sintering process. Control Engineering Practice，2009，17(2)：280-290.

[126] Wu M，Gao W H，He C Y，et al. Integrated intelligent control of gas mixing-and-pressurization process. IEEE Transactions on Control System Technology，2009，17(1)：68-77.

[127] 王焱，孙一康. 基于板厚板形综合目标函数的冷连轧机轧制参数智能优化新方法. 冶金自动化，2002，3：11-14.

[128] 张卫华，梅炽，等. 铜转炉优化操作智能决策支持系统的研究及应用. 冶金自动化，2003，4：27-30.

[129] Morales E O，Polycarpou M M，Hemasipin N，et al. Hierarchical adaptive and supervisory control of continuous venovenous hemofiltration. IEEE Transactions on Control System Technology，2001，9(3)：445-457.

[130] 谭明皓，柴天佑. 基于案例推理的层流冷却建模. 控制理论与应用，2005，22(1)：248-253.

[131] Pian J X，Chai T Y，Wang H，et al. Hybrid Intelligent Forecasting Method of the Laminar Cooling Process for Hot Strip. New York：ACC，2007.

[132] 片锦香，柴天佑，李界家. 规则与数据却东的层流冷却过程带钢卷曲温度模型. 自动化学报，2012，38(11)：1861-1869.

[133] Sun J S，Wang P C，Wu J H. Case-based expert controller for combustion control of blast furnace stoves. IEEE International Conference on Control and Automation，Guangzhou，2007：3029-3033.

[134] 周平，岳恒，赵大勇，等. 基于案例推理的软测量方法及在磨矿过程的应用. 控制与决策，2006，21(6)：646-650.

[135] 周平，柴天佑. 基于案例推理的磨矿分级系统智能设定控制. 东北大学学报(自然科学版)，2007，28(5)：613-616.

[136] 杨辉，王永富，柴天佑. 基于案例推理的稀土萃取分离过程优化设定控制. 东北大学学报(自然科学版)，2005，26(3)：209-212.

[137] 耿增显，柴天佑. 基于案例推理的浮选过程智能优化设定. 仪器仪表学报，东北大学学报(自然科学版)，2008，29(6)：761-765.

[138] 吴永建，张莉，岳恒，等. 基于案例推理的电熔镁炉智能优化控制. 化工学报，2008，59(7)：1686-1690.

[139] 白锐，柴天佑. 基于数据融合与案例推理的球磨机负荷优化控制. 化工学报，2009，60(7)：1746-1752.

[140] 李海波，郑秀萍，柴天佑. 浮选过程混合智能优化设定控制方法. 东北大学学报(自然科学版)，2012，33(1)：1-5.

[141] 吴志伟，柴天佑，付俊，等. 电熔镁炉熔炼过程的智能设定值控制. 控制与决策，2011，26(9)：1417-1420.

[142] 黄辉，柴天佑，郑秉霖，等. 面向铁钢对应的两级案例推理铁水动态调度系统. 化工学报，2010，61(8)：

2021-2029.

[143] 耿增显，柴天佑，岳恒. 浮选药剂智能优化设定控制方法的研究. 仪器仪表学报，2008，29(12)：2486-2491.

[144] 李勇. 磨矿过程参数软测量与综合优化控制的研究. 大连理工大学博士学位论文，2006.

[145] 周平. 基于案例推理的磨矿粒度软测量方法及其应用研究. 东北大学硕士学位论文，2006.

[146] 卢胜英. 选矿过程电子计算机控制. 金属矿山，1991，(8)：43-47.

[147] Galán Q，Barton G W，Romagnoli J A. Robust control of a SAG mill. Powder Technology，2002，124(3)：264-271.

[148] Najim K，Hodouin D，Desbiens A. Adaptive control：state of the art and application to a grinding process. Powder Technology，1995，82(1)：59-68.

[149] Pomerleau A，Hodouin D，Desbiens A，et al. A survey of grinding circuit control methods：from decentralized PID controllers to multivariable predictive controller. Powder Technology，2000，108(2/3)：103-115.

[150] Lynch A J. Mineral Crushing and Grinding Circuits：Their Simulation，Optimisation，Design and Control. Amsterdam：Elsevier，1977.

[151] Duarte D，Sepúlveda F，Castillo A，et al. A comparative experimental study of five multivariable control strategies applied to a grinding plant. Powder Technology，1999，104(1)：1-28.

[152] Hodouin D. Methods for automatic control，observation，and optimization in mineral processing plants. Journal of Process Control，2011，21：211-225.

[153] Herbst J A，Alba F J，Pate W T，et al. Optimal control of comminution operations. International Journal of Mineral Processing，1988，22(1/2/3/4)：275-296.

[154] Massacci P，Patrizi G. Optimal control and stochastic control policies in mineral and metallurgical processing. Annual Review in Automatic Programming，1985，13(2)：111-120.

[155] Herbst J A，Pate W T，Oblad A E. Model-based control of mineral processing operations. Powder Technology，1992，69(1)：21-32.

[156] Borell M，Backstrom P O，Soderberg. Supervisory control of autogenous grinding circuits . International Journal of Mineral Process，1996，(44/45)：337-348.

[157] Duarte M，Sepúlveda F，Redard J P，et al. Grinding operation optimization of the CODELCO-Andina concentrator plant . Minerals Engineering，1998，11(12)：1119-1142.

[158] Radhakrishnan V R. Model based supervisory control of a ball mill grinding circuit . Journal of Process Control，1999，9(3)：195-211.

[159] Sosa-Blanco C，Hodouin D，Bazin C，et al. Economic optimisation of a flotation plant through grinding circuit tuning . Minerals Engineering，2000，13(10/11)：999-1018.

[160] Lestage R，Pomerleau A，Hodouin D. Constrained real-time optimization of a grinding circuit using steady-state linear programming supervisory control . Powder Technology，2000，124(3)：254-263.

[161] Muñoz C，Cipriano A. An integrated system for supervision and economic optimal control of mineral processing plants . Minerals Engineering，1999，12(6)：627-643.

[162] Dai W，Chai T Y，Yang S Y. Data-driven optimization control for safety operation of hematite grinding process. IEEE Transaction on Industrial Electronics，2015，62(2)：2930-2941.

[163] 周俊武，徐宁. 选矿自动化新进展 . 有色金属(选矿部分)，2011：47-54.

[164] Houseman L A，Schubert J H，Hart J R，et al. PlantStar 2000：a plant-wide control platform for minerals processing .

Minerals Engineering，2001，14(6)：593-600.

[165] Karageorgos J，Genovese P，Baa D. Current trends in SAG and AG mill operability and control . http：//mantacontrols.com.au/Cube/products.html[2014-6-1].

[166] Harris C A，Kosick G A. Expert system technology at the polaris mine. Proc. Canadian Mineral Processors Conf.，Ottawa，1988：25.

[167] McDermott K，Clyle P，Hall M，et al. An expert system for control of No.4 autogenous mill circuit at wabush mines. Proc. Canadian Mineral Processors，1992：20.

[168] Bearman R A，Milne R W. Expert systems：opportunities in the minerals industry . Minerals Engineering，1992，5(10/11/12)：1307-1323.

[169] 汪兴亮. 选矿作业的智能控制. 国外选矿快报，1997，4：18-21.

[170] Yianatos J B，Lisboa M A，Baeza D R. Grinding capacity enhancement by solid concentration control of hydrocyclone underflow . Minerals Engineering，2002，15：317-323.

[171] Chen X S，Li Q，Fei S M. Supervisory expert control for ball mill grinding circuits . Expert Systems with Applications，2008，34(3)：1877-1885.

[172] Harris C A，Meech J A. Fuzzy logic：a potential control technique for mineral processing . CIM Bulletin，1987，80(905)：51-59.

[173] 周平，岳恒，郑秀萍，等. 磨矿过程的多变量模糊监督控制. 控制与决策，2008，23(6)：685-688.

[174] Chen X S，Zhai J Y，Li Q，et al. Fuzzy logic based on-line efficiency optimization control of a ball mill grinding circuit. Proceeding of Fourth International Conference on Fuzzy Systems and Knowledge Discovery，2007，2：575-580.

[175] Bartsch E. Raglan SAG charge controller. Grinding Control Update 1 of 2007. Internal presentation and memo，2006/2007.

[176] Thwaites P. Process control in metallurgical plants—from an xstrata perspective . Annual Reviews in Control，2007，31(2)：221-239.

[177] Valenzuela J，Najim K，Villar R D，et al. Learning control of an autogenous grinding circuit. International Journal of Mineral Processing，1993，40(1/2)：45-56.

[178] Najim K，Villar R D，Valenzuela J. Self-optimization of an autogenous grinding circuit. Minerals Engineering，1995，8(12)：1513-1522.

[179] Conradie A V E，Aldrich C. Neurocontrol of a ball mill grinding circuit using evolutionary reinforcement learning. Minerals Engineering，2001，14(10)：1277-1294.

[180] Tano K，Öberg E，Samskog P O，et al. Comparison of control strategies for a hematite processing plant . Powder Technology，1999，105(1/2/3)：443-450.

[181] Bouché C，Brandt C，Broussaud A，et al. Advanced control of gold ore grinding plants in South Africa. Minerals Engineering，2005，18(8)：866-876.

[182] Zhou P，Dai W，Chai T Y. Multivariable disturbance observer based advanced feedback control design and its application to a grinding circuit . IEEE Transactions on Control Systems Technology，Accepted，2014，22(4)：1474-1485.

[183] 代伟，董翠莲，周平，等. 基于.NET 技术的强磁选过程运行优化控制系统开发. 东南大学学报(自然科学版)，2012，42：132-139.

[184] 丁进良，耿丹，岳恒，等. 竖炉焙烧过程优化操作运行与控制仿真实验平台. 东北大学学报，2009，30(5)：609-612.
[185] 铁鸣，范玉顺，柴天佑. 磨矿流程优化控制的分布式仿真平台. 系统仿真学报，2008，20(15)：4000-4005.
[186] 片锦香，柴天佑，贾树晋，等. 层流冷却系统过程优化控制仿真实验平台. 系统仿真学报，2009，19(24)：5667-5671.
[187] 杨善升，陆文聪，陈念贻. DMOS 优化软件及其在化工过程优化中的应用. 计算机技术，2005，32(4)：36-38.
[188] 代伟，周平，柴天佑. 强磁选过程优化运行的智能设定控制方法. 东北大学学报(自然科学版)，2012，33(8)：1065-1068.
[189] 余刚. 选矿生产全流程综合生产指标优化方法的研究. 东北大学博士学位论文，2013.
[190] 张晓东. 先进控制技术在选矿过程控制中的应用研究. 东北大学博士学位论文，2000.
[191] 段希祥. 碎矿与磨矿. 北京：冶金工业出版社，2006.
[192] 穆拉尔(美)，杰根森(美). 碎磨回路的设计和装备. 北京：冶金工业出版社，1990.
[193] 何方箴. 磨矿回路中循环负荷的计算及应用. 有色矿山，1984，(10)：41-46.
[194] Davis E W. Annual Meeting of the American Institute of Chemical Engineers. Houston：AIChE，1925.
[195] 斯雷普，特尔涅罗，邓庆球，等. 循环负荷和分级过程对磨机生产率的影响 . 国外金属矿山，1998，32：46-51.
[196] 陈炳辰. 磨矿原理. 北京：冶金工业出版社，1989.
[197] 汤健. 磨矿过程磨机负荷的软测量研究. 东北大学博士学位论文，2012.
[198] 毛益平. 磨矿过程智能控制策略的研究. 东北大学博士学位论文，2001.
[199] 曾春水. 关于浓度对磨矿效果的影响. 国外金属矿选矿，1998，(6)：12-15.
[200] 崔兴国. 对弓长岭选厂 φ2.7×3.6 米一次球磨机最佳磨矿浓度的探讨. 国外金属矿选矿，1994，(1)：36-40.
[201] 卜惠萍. 鞍山选厂第一段磨矿浓度现状的分析与探讨. 金属矿山，1988，(5)：53-58.
[202] 选矿手册编辑委员会. 选矿手册(第二卷第二分册，第五六卷). 北京：冶金工业出版社，1999.
[203] Nageswararao K，Wiseman D M，Napier-Munn T J. Two empirical hydrocyclone models revisited. Minerals Engineering，2004，17：671-687.
[204] Plitt L R. A mathematical model of the hydrocyclone classifier. CIM Bulletin，1976，69(776)：114-123.
[205] Radharkrishnan V R. Model based supervisory control of a ball mill grinding circuit . Journal of Process Control，1999，9(3)：195-211.
[206] Wang Z J, Wu Q D, Chai T Y. Optimal-setting control for complicated industrial processes and its application study. Control engineering Practice，2004，12(1)：65-74.
[207] Li H X，Guan S P. Hybrid intelligent control strategy. supervising a DCS-controlled batch process. IEEE Control Systems Magazine，2001，21(3)：36-48.
[208] Chai T Y, Liu J X, Ding J L, et al. Hybrid intelligent control for hematite high intensity magnetic separating process. Measurement and Control，2007，29(40)：171-175.
[209] Wang W, Li H X, Zhang J T. Intelligence-based hybrid control for power plant boiler. IEEE Transactions on Control Systems Technology，2002，10(2)：348-356.
[210] Gopalakrishnan A，Biegler L T. Economic nonlinear model predictive control for periodic optimal operation of gas pipeline networks. Computers & Chemical Engineering，2013，52：90-99.
[211] Sebastian E. Feedback control for optimal process operation. Journal of Process Control，2007，17(3)：203-219.

[212] Zhou P，Chai T Y，Wang H. Intelligent optimal-setting control for grinding circuits of mineral processing process. IEEE Transactions on Automation Science and Engineering，2009，6(4)：730-743.

[213] Zhou P, Chai T Y, Sun J. Intelligence-based supervisory control for optimal operation of a DCS-controlled grinding system. IEEE Transactions on Control Systems Technology，2013，21(1)：162-175.

[214] Zhou P，Chai T Y. Grinding circuit control：a hierarchical approach using extended 2-DOF decoupling and model approximation. Powder Technology，2011，213(1/2/3)：14-26.

[215] Zhou P，Chai T Y. Improved disturbance observer based advanced feedback control for optimal operation of a mineral grinding process. Chinese Journal of Chemical Engineering，2012，20(6)：1206-1212.

[216] Yan A J，Chai T Y，Yu W，et al. Multi-objective evaluation-based hybrid intelligent control optimization for shaft furnace roasting process. Control Engineering Practice，2012，20(9)：857-868.

[217] Wang Q G，Zhang Y. A fast algorithm for reduced-order modeling. ISA Transactions，1999，28(3)：225-230.

[218] Du C L，Xie L H，Soh Y C. H_∞ reduced-order approximation of 2-D digital filters. IEEE Transactions on Circuits and Systems-I，2001，48(6)：688-698.

[219] Davison D J. A method for simplifying linear dynamic systems. IEEE Transactions on Automatic Control，1966，11(1)：93-101.

[220] Hutton M F，Friedland B. Routh approximations for reducing order of linear，time-invariant systems. IEEE Transactions on Automatic Control，1975，20(3)：329-337.

[221] Xu S Y，Chen T W. H_∞ model reduction in the stochastic framework. SIAM J. Control Optim.，2003，43(3)：1293-1309.

[222] Balogh L，Pintelon R. Stable approximation of unstable transfer function models. IEEE Trans. Instrum. Meas.，2008，57(12)：2720-2726.

[223] Whitfield A H，Williams N G. Integral least-squares techniques for frequency domain model reduction. Int. J. Systems Sci.，1988，19(8)：1355-1371.

[224] Liu Y，Anderson B D O. Model reduction with time delay. IEE Proc. D，1987，134(6)：349-367.

[225] Hwang C，Hwang J H. A new two-step iterative method for optimal reduction of linear SISO systems. J. Franklin Institute，1996，333(5)：631-645.

[226] Wang J，Houlis P，Sceeram V，et al. Optimal model reduction of non-causal systems via least squares frequency fitting. IET Control Theory Application，2007，1(4)：968-974.

[227] Xue D Y, Atherton D P. A suboptimal reduction algorithm for linear systems with a time delay. International Journal of Control，1999，60(2)：181-196.

[228] Yang Z J, Hachino T, Tsuji T. Model reduction with time delay combining the least-squares method with the genetic algorithm. IEE Proceedings of Control Theory and Application，1996，143(3)：247-254.

[229] Zhang L，Lam J. Optimal weighted L2 model reduction of delay systems. International Journal of Control，1999，72：39-48.

[230] Mukherjee S S，Mittal R C. Model Order reduction using response-matching technique. J. Franklin Inst.，2005，342(1)：503-519.

[231] Cheng S L，Hwang C. Optimal approximation of linear system by a differential evolution algorithm . IEEE Trans. SMC-A，2001，31(6)：697-707.

[232] Wang L，Li L L，Tang F. Optimal reduction of models using a hybrid search strategy. Applied Mathematics and Computation，2005，168(2)：1357-1369.

[233] Zhang L Q，Huang B. H2 approximation of multiple input/output delay systems. J. Process Control，2004，14(6)：627-634.

[234] Wang Q G. Decoupling Control. Heidelberg：Springer-Verlag，2002.

[235] Wang Q G，Zhang Y，Chiu M S. Decoupling internal model control for multivariable systems with multiple time delays. Chemical Engineering Science，2002，57(1)：115-124.

[236] Liu T，Zhang W D，Gao F R. Analytical decoupling control strategy using a unity feedback control structure for MIMO processes with time delays. Journal of Process Control，2007，17(2)：173-186.

[237] 刘涛. 化工多变量时滞过程的频域解耦设计. 上海交通大学博士学位论文，2005.

[238] Pintelon R，Guillaume P，Rolain Y，et al. Parametric identification of transfer functions in the frequency domain-a survey. IEEE Transactions on Automatic Control，1994，39(11)：2245-2260.

[239] Levy E C. Complex-curve fitting. IEEE Transactions on Automatic Control，1959，4：37-44.

[240] Li Y L，Yu S L，Zheng G. A recursive least squares algorithm for frequency domain identification of non-integer order systems. Information and Control，2007，36(2)：171-175.

[241] Alexander S T，Ghirnikar A L. A method for recursive least squares filtering based upon an inverse QR decomposition. IEEE Transactions on Signal Processing，1993，41(1)：20-30.

[242] Li H X，Lu J S，Yang H S. Model reduction using the genetic algorithm and routh approximation. Journal of Systems Engineering and Electronics，2005，16(3)：632-639.

[243] Han L, Sheng J, Ding F, et al. Auxiliary model identification method for multirate multiinput systems based on least squares . Mathematical and Computer Modeling，2009，50(7/8)：1100-1106.

[244] Ding F, Shi Y, Chen T W. Auxiliary model based least-squares identification methods for Hammerstein output-error systems. Systems & Control Letters，2007，56(5)：373-380.

[245] Ding F, Shi Y, Chen T W. Performance analysis of estimation algorithms of non-stationary ARMA processes . IEEE Transactions on Signal Processing，2006，54(3)：1041-1053.

[246] Yaesh I，Shake U. Two-degree-of-freedom optimization of multivariable feedback systems. IEEE Transactions on Automatic Control，1991，36(11)：1272-1276.

[247] Liaw C M. Design of a two-degree-of-freedom controller for motor drives. IEEE Transactions on Automatic Control，1992，37(8)：1215-1220.

[248] Liu T，Zhang W D，Gao F R. Analytical two-degrees of freedom (2-DOF) decoupling control scheme for multiple input multiple output processes with time delays. Ind. Eng. Chem. Res.，2007，46(2)：540-545.

[249] Youla D，Bongiorno J. A feedback theory of two-degree-of-freedom optimal Wiener-Hopf design. IEEE Transactions on Automatic Control，1985，30(7)：652-665.

[250] Vidyasagar M. Control System Synthesis：A Factorization Approach. Cambridge：MIT Press，1985.

[251] Mirkin L，Zhong Q C. 2DOF controller parametrization for systems with a single I/O delay. IEEE Transactions on Automatic Control，2003，48(11)：1999-2004.

[252] Riccardo S. Architectures for distributed and hierarchical model predictive control. A Review Journal of Process Control，2009，19(5)：723-731.

[253] Choi Y，Yang K，Chung W K，et al. On the robustness and performance of disturbance observers for second-order systems. IEEE Transactions on Automatic Control，2003，48(3)：315-320.

[254] Shim H，Jo N H. An almost necessary and sufficient condition for robust stability of closed-loop systems with disturbances observer. Automatica，2009，45(1)：296-299.

[255] Yoon Y D，Jung E，Sul S K. Application of a disturbance observer for relative position control system. IEEE Transactions on Industry Application，2010，46(2)：849-856.

[256] Yang Z J，Hara S，Kanae S，et al. Robust output control a class of nonlinear systems using a disturbance observer. IEEE Transactions on Control Systems Technology，2011，19(2)：56-268.

[257] Ohnishi K，Nakao M，Miyachi K. Microprocessor-controlled DC motor for load-insensitive position servo systems. IEEE Transactions on Industiral Electronc，1987，31(1)：44-49.

[258] Zhang X D，Wang W，Wang X G. Research of the particle size neural network soft sensor for concentration process. Control Theory and Applications，2002，19(1)：85-88.

[259] Sbarbaro D，Ascencio P，Espinoza P，et al. Adaptive soft-sensors for on-line particle size estimation in wet grinding circuits. Control Engineering Practice，2008，16(2)：171-178.

[260] Ko Y D，Shang H. A neural network-based soft-sensor for particle size distribution using image analysis. Powder Technology，2011，212(2)：359-366.

[261] Du Y，Del Villar R，Thibault J. Neural-net based soft-sensor for dynamic particle size estimation in grinding circuits. International Journal of Mineral Processing，1997，52(2/3)：121-135.

[262] Casali A，Gonzalez G，Torres F，et al. Particle size distribution sort-sensor for a grinding circuit. Powder Technology，1998，99(1)：15-21.

[263] Del Villar R G，Thibault J，Del Villar R. Development of a soft-sensor for particle size monitoring. Mineral Engineering，1996，9(1)：55-72.

[264] Zhou S Y，Sun B C，Shi J J. An SPC monitoring system for cycle-based waveform signals using haar transform. IEEE Transactions on Automation Science and Engineering，2006，3(1)：60-72.

[265] Astrom K J，Wittenmark B. Adaptive Control. New York：Addison Wesley，1995.

[266] Park C S，Han I. A case-based reasoning with the feature weights derived by analytic hierarchy process for bankruptcy prediction . Expert Systems with Applications，2002，23(3)：255-264.

[267] 孙翎，张金隆，迟嘉昱. 基于粗糙集的 CBR 系统案例特征项权值确定. 计算机工程与应用，2003，30：44-46.

[268] Zhou P，Chai T Y，Lu S W. Data-driven soft-sensor modeling for product quality estimation using case-based reasoning and fuzzy-similarity rough sets . IEEE Transactions on Automation Science and Engineering，2014，11(4)：992-1003.

[269] 王泽红，陈炳辰. 球磨机负荷检测的现状与发展趋势. 中国粉体技术，2001，1(1)：19-23.

[270] Nierop M A V，Moys M H. Measurement of load behaviour in an industrial grinding mill. Control Engineering Practice，1997，5(2)：257-262.

[271] Kolacz J. Measurement system of the mill charge in grinding ball mill circuits. Minerals Engineering，1997，10(12)：1329-1338.

[272] Kiangi K K，Moys M H. Measurement of the load behaviour in a dry pilot mill using an inductive proximity probe. Minerals Engineering，2006，19(13)：1348-1356.

[273] Powell M S，van der Westhuizen A P，Mainza A N. Applying grindcurves to mill operation and optimisation.

Minerals Engineering，2009，22(7/8)：625-632.

[274] Powell M S，Morrell S，Latchireddi S. Developments in the understanding of South African style SAG mills. Minerals Engineering，2001，14(10)：1143-1153.

[275] Montgomery D C，Runger G C. Applied Statistics and Probability for Engineers. 3rd ed. New York：Wiley，2003.

[276] 代伟，周平，柴天佑. 运行优化控制集成系统优化设定软件平台的研究与开发. 计算机集成制造系统，2013，4：798-808.

[277] 一体化运行控制系统开发小组. 磨矿过程运行反馈控制仿真软件设计报告. 内部设计报告，2012：24-25.

[278] 代伟. 一体化运行控制软件设计报告. 内部报告，2012：31-33.

[279] 代伟. 一体化运行控制软件操作手册. 内部资料，2012：27-30.

[280] 张艳明. 磨矿过程序贯模块仿真方法中的迭代收敛算法及软件实现. 东北大学硕士学位论文，2012.

[281] Lu S H，Zhou P，Chai T Y. Modeling and simulation of whole ball mill grinding plant for integrated control. Submitted to IEEE Transactions on Automation Science and Engineering，2014，11(4)：1004-1019.

[282] 张海军. 磨矿过程控制仿真实验平台的研究与开发. 东北大学硕士学位论文，2007.

[283] 片锦香. 热轧带钢层流冷却过程建模与控制方法研究. 东北大学博士学位论文，2009.

[284] Yu G，Chai T Y，Luo X C. Multi-objective production planning optimization using hybrid evolutionary algorithms for mineral processing. IEEE Transactions on Evolutionary Computation，2011，15：487-514.

[285] Chai T Y，Qin S J，Wang H. Optimal operational control for complex industrial processes. Annual Reviews in Control，2014，38：81-92.

[286] Chai T Y，Ding J L. Hybrid intelligent control for optimal operation of shaft furnace roasting process. Control Engineering Practice，2011，19(3)：264-275.

[287] Chai T Y，Zhao L，Qiu J B，et al. Integrated network based model predictive control for set point compensation in industrial processes. IEEE Transactions on Industry Informatics，2013，9(1)：417-426.

[288] Liu F，Gao H J，Qiu J，et al. Networked multirate output feedback control for setpoints compensation and its application to rougher flotation process. IEEE Transactions on Industrial Electronics，2013，61(1)：460-468.

[289] Lee J，Park E. Fuzzy similarity-based emotional classification of color images. IEEE Transactions on Multimedia，2011，15(5)：1031-1039.

[290] Jiang Y J，Chen J，Ruan X Y. Fuzzy similarity-based rough set method for case-based reasoning and its application in tool selection. International Journal of Machine Tools & Manufacture，2006，46：107-113.

[291] Pawlak Z. Rough sets . Int'l J. Computer and Information Science，1982，11(5)：341-356.

[292] Pawlak Z. Rough Sets. Theoretical Aspects of Reasoning about Data. Kluwer Academic，1991.